SwiftUI 极简开发

李智威◎著

人民邮电出版社
北京

图书在版编目（CIP）数据

SwiftUI极简开发 / 李智威著. -- 北京 : 人民邮电出版社, 2024.7
ISBN 978-7-115-64252-3

Ⅰ. ①S… Ⅱ. ①李… Ⅲ. ①移动终端－应用程序－程序设计 Ⅳ. ①TN929.53

中国国家版本馆CIP数据核字(2024)第080465号

内 容 提 要

本书从实战应用出发，系统地讲解 SwiftUI 开发的全过程，内容丰富且实用性强，旨在帮助读者快速上手 SwiftUI 开发。

本书共 14 章，从 SwiftUI 的基础概念开始，逐渐深入分析视图、动画、自动布局机制、栏目、代码整理、参数存储、网络请求、架构设计、设备管理、数据存储等主题，为读者提供全面的理论知识和实战技巧。

本书适合对 SwiftUI 感兴趣的读者阅读。无论你是初学者还是有一定经验的开发者，都能够通过本书全面了解 SwiftUI 的基础知识和实战技巧，并将其应用到实际项目中，开发出优秀的 iOS 应用。

◆ 著　　　　李智威
责任编辑　单瑞婷
责任印制　王　郁　胡　南
◆ 人民邮电出版社出版发行　　北京市丰台区成寿寺路 11 号
邮编　100164　　电子邮件　315@ptpress.com.cn
网址　https://www.ptpress.com.cn
北京市艺辉印刷有限公司印刷
◆ 开本：787×1092　1/16
印张：18.5　　　　2024 年 7 月第 1 版
字数：489 千字　　　　2024 年 7 月北京第 1 次印刷

定价：99.80 元

读者服务热线：(010)81055410　印装质量热线：(010)81055316
反盗版热线：(010)81055315
广告经营许可证：京东市监广登字 20170147 号

作者简介

李智威，iOS 独立开发者、高级产品经理、稀土掘金技术社区签约作者，拥有 6 年 B 端 SaaS 产品开发经验，从零开始负责过国内 Top 3 上市企业数智化项目的产品规划工作。独立开发并上架“不言笔记”“Linkcard 卡包”等应用，出版过《SwiftUI 完全开发》等图书。曾获我爱黑“可颂”AI Hackathon 大语言模型应用创新挑战赛优胜奖。

献　　辞

谨以此书献给我最亲爱的家人，以及众多热爱 iOS 的朋友们！

致　谢

感谢人民邮电出版社的编辑单瑞婷老师在我写作的过程中给予的鼓励和帮助，让我能顺利完成本书。

最后感谢我的爱人江佩琦、我的父母、琦琦的父母，还有准备步入职场的我的妹妹，以及在我的人生道路上指引我的张勇老师、曾璐思老师、叶泳成老师、许治老师，感谢你们对我的支持和帮助，为我照亮未来的路。

前　　言

“优雅”，是对一名编程工作者的极高赞誉，也是我对 SwiftUI 最直观的感受。

在 Apple 的 2019 年全球开发者大会（WWDC 2019）上，Apple 正式向全世界推出了全新的现代化开发框架——SwiftUI。也是从那一年开始，我正式接触和自学编程。

有时候，我非常庆幸选择从 SwiftUI 开始学习，其近似“聊天”的声明式语言特征，对非研发出身但对编程充满渴望的初学者非常友好。开发者只需要在脑海中构想 UI 的布局及其元素并告知 SwiftUI，SwiftUI 便可自动且非常优雅地处理 UI 渲染和更新。开发者甚至可以只使用 SwiftUI 提供的一系列组件，例如文字、图片、列表、表单等，通过简单的排列组合，非常轻松地构建出复杂的用户界面。

学习一门编程语言，可能对很多人来说是一件非常枯燥的事情，因为开发者需要了解它的语言特征、底层代码逻辑、数据绑定、共享功能和生命周期管理等。但 SwiftUI 似乎有一种独特的魅力，它很好地将这些复杂的内容融入一种直观且富有创造性的开发体验中，让开发者更加专注于产品的交互和逻辑设计。

SwiftUI 的设计目标是简化 UI 开发流程，提高开发效率，并在不同的环境里实现更高程度的代码共享。正是由于 SwiftUI 的种种优点，我从编程新手逐渐成为能够独立开发并上架应用的编程熟手，最终成为一名 iOS 独立开发者。

随着 SwiftUI 的发展与演进，如今它已成为 Apple 各款产品中主要的 UI 开发框架。

无论是 iOS 14 的桌面小组件，还是 iOS 16 的锁屏小组件，甚至是 WWDC 2023 推出的全新空间计算设备 Apple Vision Pro 及其搭载的空间操作系统 visionOS，它们的开发都离不开 SwiftUI 的支持。

回顾学习 SwiftUI 的整个过程，我曾在互联网上寻找大量相关的教程和图书，却难以找到令人满意的体系化教程和图书，这使我在学习过程中倍感艰辛。

为了能快速地整理和学习 SwiftUI 知识，我尝试在技术论坛上发布一系列和 SwiftUI 入门与实战相关的原创文章。随着时间的推移和文章数量的增加，我竟然不知不觉走上了技术写作的道路。

本书并没有围绕每个核心要点单独讲解，而是从实际案例出发，将 SwiftUI 的使用场景进行串联，体系化地讲解和分享 SwiftUI 的相关知识。

我希望读者能在完成每一个案例之后感受到激动和喜悦，正如我刚开始学习 SwiftUI 一样，保持这份热情，开发出属于自己的应用。

本书组织架构

本书共 14 章，下面是各章的主要内容。

第 1 章详细介绍 Swift 和 SwiftUI 的关系、软硬件要求和项目文件结构等内容。通过对本章的学习，读者将了解 SwiftUI 在编程过程中的特点，掌握项目创建的基础技能。

第 2 章讲解如何使用 SwiftUI 快速创建一个简单的 SwiftUI 项目，并介绍 SwiftUI 中常见组件的使用方法。通过对本章的学习，读者将具备快速使用内置组件搭建 UI 的能力。

第 3 章～第 8 章讲解 SwiftUI 开发中的基础知识，包含动画、视图、布局、代码整理等基础知识，并通过两个项目实战，让读者切身体验应用开发流程，感受 SwiftUI 原生开发的魅力。

第 9 章～第 13 章讲解项目开发中的核心功能，包含参数存储、网络请求、架构设计、设备管理、数据存储等核心功能。在开发中实现这些核心功能，可以让应用不仅仅是静态界面的堆积，更是真正能够交互使用的精美产品。

第 14 章将通过一个项目实战帮助读者巩固本书涉及的 SwiftUI 知识，并结合实际项目流程，开发一款可上架运营的应用。

读者对象

本书适合 SwiftUI 的初学者阅读，也适合作为初级 iOS 开发人员的进阶读物。

勘误和反馈

书中难免会有一些疏漏和不足之处，请读者见谅，也欢迎读者给予指正和反馈。书中的所有案例及其代码都可以从 GitHub（https://github.com/RicardoWesleyli/SwiftUIDeveloper.git）中下载。如果读者有任何宝贵的想法和建议，可以直接发送邮件至 16620164429@163.com，期待与读者的交流。

资源与支持

资源获取

本书提供如下资源：

- 本书源代码；
- 本书思维导图；
- 异步社区 7 天 VIP 会员。

要获得以上资源，您可以扫描下方二维码，根据指引领取。

提交勘误

作者和编辑尽最大努力来确保书中内容的准确性，但难免会存在疏漏。欢迎您将发现的问题反馈给我们，帮助我们提升图书的质量。

当您发现错误时，请登录异步社区（https://www.epubit.com），按书名搜索，进入本书页面，单击“发表勘误”，输入勘误信息，单击“提交勘误”按钮即可（见右图）。本书的作者和编辑会对您提交的勘误进行审核，确认并接受后，您将获赠异步社区的 100 积分。积分可用于在异步社区兑换优惠券、样书或奖品。

与我们联系

我们的联系邮箱是 shanruiting@ptpress.com.cn。

如果您对本书有任何疑问或建议，请您发邮件给我们，并请在邮件标题中注明本书书名，以便我们更高效地做出反馈。

如果您有兴趣出版图书、录制教学视频，或者参与图书翻译、技术审校等工作，可以发邮件给我们。

如果您所在的学校、培训机构或企业想批量购买本书或异步社区出版的其他图书，也可以发邮件给我们。

如果您在网上发现有针对异步社区出品图书的各种形式的盗版行为，包括对图书全部或部分内容的非授权传播，请您将怀疑有侵权行为的链接发邮件给我们。您的这一举动是对作者权益的保护，也是我们持续为您提供有价值的内容的动力之源。

关于异步社区和异步图书

“异步社区”（www.epubit.com）是由人民邮电出版社创办的 IT 专业图书社区，于 2015 年 8 月上线运营，致力于优质内容的出版和分享，为读者提供高品质的学习内容，为作译者提供专业的出版服务，实现作者与读者在线交流互动，以及传统出版与数字出版的融合发展。

“异步图书”是异步社区策划出版的精品 IT 图书的品牌，依托于人民邮电出版社在计算机图书领域多年的发展与积淀。异步图书面向 IT 行业以及各行业使用 IT 的用户。

目　录

第 1 章　未来已来：开始使用 Swift 和 SwiftUI ………… 1

1.1　初识 SwiftUI ………… 1
1.2　Swift 和 SwiftUI 的关系 ………… 2
1.3　学习 SwiftUI 之前的准备工作 ………… 3
1.3.1　Mac 计算机 ………… 3
1.3.2　Xcode 开发工具 ………… 4
1.3.3　iPhone 真机 ………… 5
1.4　创建第一个 SwiftUI 项目 ………… 5
1.5　Xcode 常用功能介绍 ………… 8
1.5.1　代码编辑区域 ………… 9
1.5.2　实时预览窗口 ………… 10
1.5.3　项目预览操作栏 ………… 12
1.6　项目文件结构详解 ………… 16
1.6.1　项目主文件 ………… 17
1.6.2　项目入口文件 ………… 20
1.6.3　Assets 库 ………… 22
1.6.4　Preview Content 文件夹 ………… 23

第 2 章　快速入门：创建第一个 SwiftUI 项目 ………… 24

2.1　视图、视图修饰符、布局方式 ………… 24
2.2　Library ………… 27
2.2.1　Views 栏目 ………… 27
2.2.2　Modifiers 栏目 ………… 29
2.2.3　Code Snippet 栏目 ………… 30
2.2.4　Image 和 Color 栏目 ………… 31
2.2.5　SF Symbols 栏目 ………… 31
2.3　实战案例：每日一句 ………… 32
2.3.1　导入并显示图片素材 ………… 32
2.3.2　使用 Text 视图显示文字 ………… 35
2.3.3　对多个视图进行布局 ………… 36
2.3.4　调整视图的样式 ………… 37
2.3.5　创建“推荐文字”数据集 ………… 39
2.3.6　实现参数绑定 ………… 40
2.3.7　实现随机推荐文字 ………… 41

第 3 章　初探动画：感受 SwiftUI 独特的魅力 ………… 43

3.1　深入浅出使用 Button 视图 ………… 43
3.1.1　创建一个 Button 视图 ………… 43
3.1.2　修改 Button 视图样式 ………… 44
3.1.3　组合多个 Button 视图 ………… 46
3.1.4　自定义按钮样式 ………… 47
3.2　引入条件判断语句 ………… 49
3.2.1　三元运算符 ………… 49
3.2.2　if-else 语句 ………… 50
3.2.3　条件判断语句实践 ………… 52
3.3　神奇的 SwiftUI 动画 ………… 54
3.3.1　给视图添加动画效果 ………… 54
3.3.2　隐性动画和显性动画 ………… 55
3.3.3　转场动画 ………… 57

第 4 章　视图精析：探索 SwiftUI 自动布局机制 ………… 60

4.1　View 和 some View 的区别 ………… 60
4.2　修饰符适用场景 ………… 63
4.2.1　Image 视图常用修饰符 ………… 63
4.2.2　Text 视图常用修饰符 ………… 65

4.2.3 Stack 布局容器常用修饰符……66
4.3 创建可交互的按钮……69
4.4 SwiftUI 界面布局规则……70
4.4.1 视图的尺寸大小……71
4.4.2 视图的位置……72

第 5 章 布局练习：开发一个“个人简介”界面……74

5.1 搭建“基本信息”栏目……74
5.1.1 个人头像……75
5.1.2 个人信息……78
5.1.3 个人介绍……83
5.2 搭建“个人成就”栏目……84
5.2.1 单个数据指标……84
5.2.2 多个数据指标……85
5.2.3 视图背景色……88
5.3 搭建“专栏列表”栏目……89
5.3.1 数据模型……89
5.3.2 单个文章专栏……91
5.3.3 多个文章专栏……92
5.4 项目预览……94

第 6 章 代码整理：让项目代码更加清晰……96

6.1 自定义 some View……96
6.1.1 封面图片视图……97
6.1.2 Slogan 文字视图……97
6.1.3 快捷登录入口视图……98
6.1.4 用户条款视图……99
6.2 自定义结构体……102
6.2.1 自定义 LoginBtnView 视图……103
6.2.2 使用 LoginBtnView 视图……104
6.3 自定义 extension 方法……105
6.4 项目文件整理……107
6.4.1 代码块管理……107
6.4.2 文件夹管理……108

第 7 章 项目实战：开发一款“Note 笔记”应用……111

7.1 搭建 Note 数据模型……111
7.2 搭建“Note 笔记”界面……113
7.2.1 笔记列表……114
7.2.2 界面标题……117
7.2.3 新增按钮……118
7.3 搭建“新增笔记”界面……119
7.3.1 文本框……119
7.3.2 按钮组……121
7.4 实现 App 的相关功能……124
7.4.1 打开弹窗……124
7.4.2 关闭弹窗……126
7.4.3 新增笔记……130
7.4.4 删除笔记……132

第 8 章 项目实战：开发一款“BMI 计算器”应用……134

8.1 Form 视图介绍……134
8.2 搭建“BMI 计算页”界面……137
8.2.1 信息录入……137
8.2.2 参考标准……139
8.2.3 计算按钮……142
8.2.4 界面标题……143
8.3 搭建“BMI 结果页”界面……145
8.3.1 计算结果……145
8.3.2 “重新计算”按钮……148
8.4 实现 App 的相关功能……149
8.4.1 界面跳转……149
8.4.2 返回跳转……151
8.4.3 BMI 计算……152
8.4.4 BMI 结果……153

第 9 章 参数存储：初识数据持久化机制……156

9.1 搭建“常规设置”栏目……156
9.1.1 消息通知……157
9.1.2 深色模式……158
9.2 搭建“个性化”栏目……160
9.2.1 主题颜色……161
9.2.2 系统语言……162
9.2.3 字体大小……164
9.3 搭建“关于我们”栏目……165
9.3.1 意见反馈……165
9.3.2 去 Apple Store 评分……167
9.3.3 关于应用……169

9.4 实现参数持久化方法…………170
9.4.1 UserDefaults…………171
9.4.2 @AppStorage 属性包装器…172

第 10 章 网络请求：连接这个多彩的世界…………174

10.1 从互联网上请求一张图片…………174
10.1.1 使用 AsyncImage 视图…175
10.1.2 添加默认视图…………175
10.1.3 设置不同状态下的视图…176
10.1.4 实现刷新功能…………178
10.2 URLSession 网络请求框架…………180
10.2.1 基础视图搭建…………180
10.2.2 实现网络请求方法…………181
10.3 开发一个“壁纸推荐”界面…………183
10.3.1 数据模型…………184
10.3.2 单张壁纸…………185
10.3.3 壁纸列表…………187
10.3.4 界面标题…………188
10.3.5 网络请求…………189

第 11 章 架构设计：深入浅出 MVVM 模式…………192

11.1 开发一个“历史上的今天”界面…………193
11.1.1 数据模型…………193
11.1.2 视图…………194
11.1.3 视图模型…………196
11.2 搭建底部导航栏…………200
11.3 开发一个“日历”界面…………201
11.3.1 搭建当前年月栏目…………202
11.3.2 实现更新日期方法…………202
11.3.3 实现格式化日期拓展方法…………204
11.3.4 搭建工作周栏目…………205
11.3.5 搭建日历时间栏目…………206
11.3.6 实现获得日期数组方法…207
11.3.7 实现格式化时间拓展方法…………209
11.3.8 实现起始日期匹配方法…210
11.3.9 实现选中当前日期方法…212

第 12 章 设备管理：掌握 Core Services 的奥秘…………215

12.1 开发一个“身份认证”界面…………215
12.1.1 卡片样式…………216
12.1.2 视图界面…………217
12.2 实现“人脸识别”栏目的功能…218
12.2.1 创建 FaceIDAuthManager 数据模型…………218
12.2.2 实现 FaceID 认证方法…218
12.2.3 配置 FaceID 认证权限…219
12.2.4 调用 FaceID 认证功能…220
12.3 实现上传证件功能…………221
12.3.1 实现拍照和图片上传方法…………221
12.3.2 配置相册和相机权限…………223
12.3.3 实现选择上传方式弹窗…223
12.3.4 调用图片上传方法…………225
12.3.5 实现显示上传图片逻辑…227

第 13 章 数据存储：使用 FileManager…230

13.1 搭建底部导航栏…………231
13.2 开发一个“推荐”界面…………232
13.2.1 sentences 文字数组…………232
13.2.2 文字卡片…………233
13.2.3 滑动卡片…………234
13.2.4 “收藏”按钮…………236
13.3 开发一个“笔记”界面…………237
13.3.1 数据模型…………237
13.3.2 视图模型…………237
13.3.3 视图…………238
13.4 实现收藏文字功能…………241
13.4.1 实现获得文字方法…………241
13.4.2 实现添加笔记方法…………243
13.4.3 实现获得当前日期方法…243
13.4.4 调用添加笔记方法…………244
13.4.5 共享 ViewModel 实例…245
13.5 实现数据持久化功能…………246
13.5.1 实现存储笔记方法…………246
13.5.2 实现读取笔记方法…………248
13.5.3 实现删除笔记方法…………249

第 14 章 项目实战：开发一款“目标人生”应用 ······252

14.1 开发一个“启动页”界面 ······252
14.1.1 使用 Launch Screen 文件 ······252
14.1.2 设置 Launch Screen 来源 ······255
14.1.3 预览“启动页”界面 ······255
14.2 开发一个“引导页”界面 ······256
14.2.1 功能卡片 ······256
14.2.2 轮播卡片 ······257
14.2.3 “开始使用”按钮 ······258
14.3 开发一个“创建目标”界面 ······259
14.3.1 目标名称 ······259
14.3.2 达成日期 ······260
14.3.3 日期格式化 ······261
14.3.4 操作按钮 ······263
14.4 实现打开/关闭弹窗功能 ······264
14.4.1 打开弹窗 ······264
14.4.2 通用设置 ······265
14.4.3 关闭弹窗 ······267
14.5 开发一个“首页”界面 ······267
14.5.1 数据模型 ······268
14.5.2 单例模式 ······271
14.5.3 视图模型 ······272
14.5.4 视图 ······273
14.6 实现新增目标功能 ······278
14.6.1 实现新增目标方法 ······278
14.6.2 调用新增目标方法 ······279

第 1 章

未来已来：开始使用 Swift 和 SwiftUI

如果你接触过其他编程语言，就应该会被 SwiftUI 简明的语法特点所吸引。

无论是与 Swift 语言的无缝衔接，还是与 OC（Objective-C）语言的相互兼容，又或者是其声明式语法的简单直观，Swift 的这些优点都表明它可作为一门“面向未来”的语言，帮助开发者高效和方便地创建理想中的应用。

本章将分享使用 SwiftUI 编程前的准备工作，以及创建第一个 SwiftUI 项目的全过程。如果你对 SwiftUI 及项目创建过程已经有所了解，可以选择感兴趣的部分内容进行阅读。

本章将创建一个名为“Chapter1”的 SwiftUI 项目，并在此项目基础上对相关内容进行讲解和分享。

1.1 初识 SwiftUI

SwiftUI 是在 Apple 的 2019 年全球开发者大会上，由 Apple 官方推出的一个可以用来设计 Apple 生态下所有应用的 UI 开发框架。

SwiftUI 可以简单看作 Swift 编程语言和 UI 的组合，其底层编程语言是基于 2014 年 Apple 推出的 Swift 编程语言。在此基础上，SwiftUI 实现了 UI 的可视化声明设计，可以帮助开发者快速搭建 UI 元素、实现 UI 与用户之间的互动，以及存储用户数据等。

SwiftUI 框架采用了声明式编程范式，其语法特征与人们在日常生活中描述物体或事件的方式颇为相似。例如我们需要搭建一个简单的登录界面，如图 1-1 所示。

```
import SwiftUI

struct LoginView: View {
    var body: some View {
        VStack {
            Spacer()
            Image("loginImage")
                .resizable()
                .scaledToFit()
            Spacer()
            Text("微信登录")
                .foregroundColor(.white)
                .padding()
                .frame(maxWidth: .infinity)
                .background(Color.green)
```

```
                .cornerRadius(32)
                .padding()
        }
    }
}
```

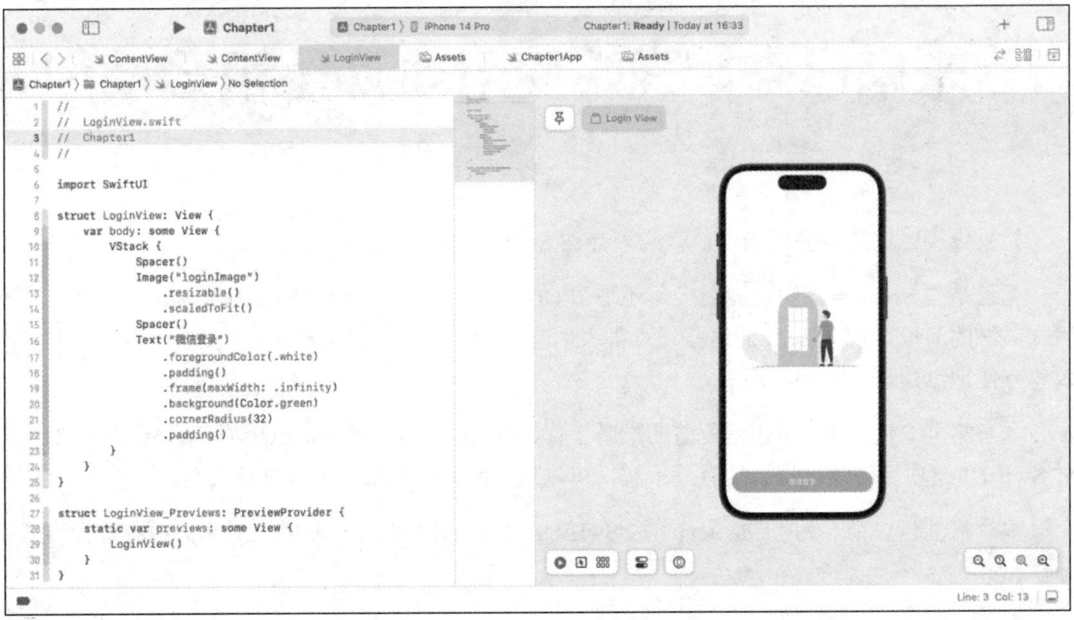

图 1-1 登录界面

在上述案例中，只需要告知 SwiftUI 在界面中放置什么元素、按照什么方式对元素进行排布，SwiftUI 就可以快速实现所需要的页面。

SwiftUI 作为全新的 UI 开发框架，几乎可以应用于 Apple 生态下的所有平台，包含 iOS、iPadOS、macOS。Swift 声明式语言的特点就是用语言描述 UI 元素的样式、状态、交互效果等内容。SwiftUI 可以借助很少的代码，并根据用户的“想法”快速呈现具体的内容。

1.2 Swift 和 SwiftUI 的关系

说到 SwiftUI，就不得不提到底层编程语言 Swift。

2014 年，Apple 正式推出了全新的编程语言 Swift，旨在替代已经使用多年的初代面向对象编程语言 OC。

Apple 称 Swift 语言是“符合直觉的程序性语言”，涵盖数据类型、流程控制以及其他强大的编程语言特性。由于 Swift 语言强大、快速，同时兼容 OC 代码，因此开发者可以很简单地从原本的 OC 项目慢慢过渡到 Swift 项目，使应用开发更加安全和高效。

由于本书将重点放在介绍和使用 SwiftUI 上，这里将不对 Swift 做过多的介绍。如果你之前了解过其他编程语言，例如 C 语言或者 Java，那么学习 Swift 将没有太大难度。

如果你是零基础或者编程基础知识比较薄弱的初学者，建议下载 Apple 官网提供的 Swift 语言学习工具——Swift Playgrounds，并跟随游戏剧情一步一步学习，这对你往后的学习很有帮助。Swift Playgrounds 的界面如图 1-2 所示。

图 1-2　Swift Playgrounds 的界面

目前在互联网上出现最多的提问之一是，入门 iOS 开发是学 Swift 还是学 OC？

随着 Swift 普及率的提高，以及 2023 年 iOS 17 的发布，iOS 13 及以上版本设备的市场占有率达到了 95%，在众多现实条件下，建议读者，特别是独立开发者，可以直接学习 Swift+SwiftUI 的开发方式。

Swift 语言简洁、高效，SwiftUI 拥有简约的声明式语法、绚丽的交互动效，以及精妙的数据处理方式，两者的结合可以帮助你快速实现完美的应用。

1.3　学习 SwiftUI 之前的准备工作

在正式开始编程之前，我们需要提前准备好开发所需的设备和工具。

1.3.1　Mac 计算机

开发一款 iOS 应用，你需要准备一台 Mac 计算机，或者装有 macOS 的设备。建议准备 Apple 旗下的搭载 M 系列芯片并拥有 16GB 以上内存的硬件设备，其强大的性能和低功耗的特点可以帮助你很好地应对应用开发中的各种复杂场景。

本书将全程使用搭载 Apple M2 芯片的 Mac mini 设备，其相关信息如图 1-3 所示。

图 1-3　搭载 Apple M2 芯片的 Mac mini 设备的相关信息

1.3.2　Xcode 开发工具

准备好 Mac 计算机之后，还需要下载 Apple 官网推出的全平台开发工具 Xcode。Xcode 可以帮助开发者快速开发 iOS、iPadOS、macOS、watchOS、tvOS 平台下的相关应用，并且实现编程开发、功能测试、应用打包、应用上传、版本管理等一系列开发流程。

读者可以直接在 Mac 计算机上的 Apple Store 中对 Xcode 进行下载和安装，搜索“Xcode”，选择 Xcode 软件开发工具，单击“获取”，即可下载 Xcode。Xcode 的下载页面如图 1-4 所示。

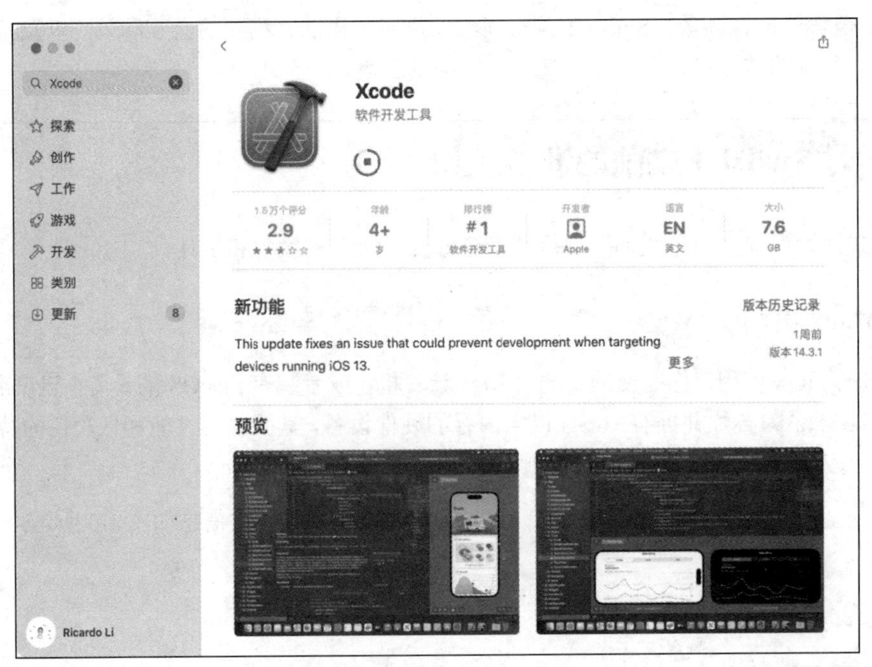

图 1-4　Xcode 的下载页面

在使用 Xcode 时需要注意两点。第一点，Xcode 的安装包占用空间较大（大概 100GB）。除了必要的编辑器，Xcode 还会附带安装用于预览、测试的模拟器设备，因此安装前需要预留足够的存储空间。第二点，开发者需要定期更新 Xcode，以获得最新的功能特性，初次安装和定期更新时，下载和安装都需要较长的时间，因此建议在晚上或者白天空闲时进行。

1.3.3　iPhone 真机

虽然 Xcode 提供了 iOS 模拟器供开发者进行功能测试和应用预览，但在设计某些功能时，模拟器可能会出现一些意想不到的情况。因此除了 Mac 计算机和 Xcode，建议开发者再准备一台运行最新 iOS 版本的 iPhone，用于进行上架前的真机测试，iPhone 模拟器如图 1-5 所示。

图 1-5　iPhone 模拟器

1.4　创建第一个 SwiftUI 项目

下载 Xcode 开发工具并安装完成后，在 Mac 启动台中可以看到 Xcode 软件图标，单击此图标打开 Xcode。初次加载可能需要较长时间，软件加载完成后，映入眼帘的是 Xcode 的欢迎界面，如图 1-6 所示。

在 Xcode 的欢迎界面中，开发者可以创建一个新的 Xcode 项目，也可以从 Git 仓库中克隆一个已有的项目，还可以打开一个已经创建好的本地项目。

当取消勾选底部的默认显示欢迎界面的复选框时，再一次打开 Xcode 将不再显示欢迎界面。开发者可以通过按下键盘快捷键“Command+Shift+1”，重新要求 Xcode 显示欢迎界面。

图 1-6　Xcode 的欢迎界面

开发者也可以通过顶部菜单栏的相关操作，或者按下键盘快捷键“Command+Shift+N”来新建项目。菜单栏的相关操作为选择“File”→“New”→“Project”，即可通过 Xcode 菜单栏新建项目，如图 1-7 所示。

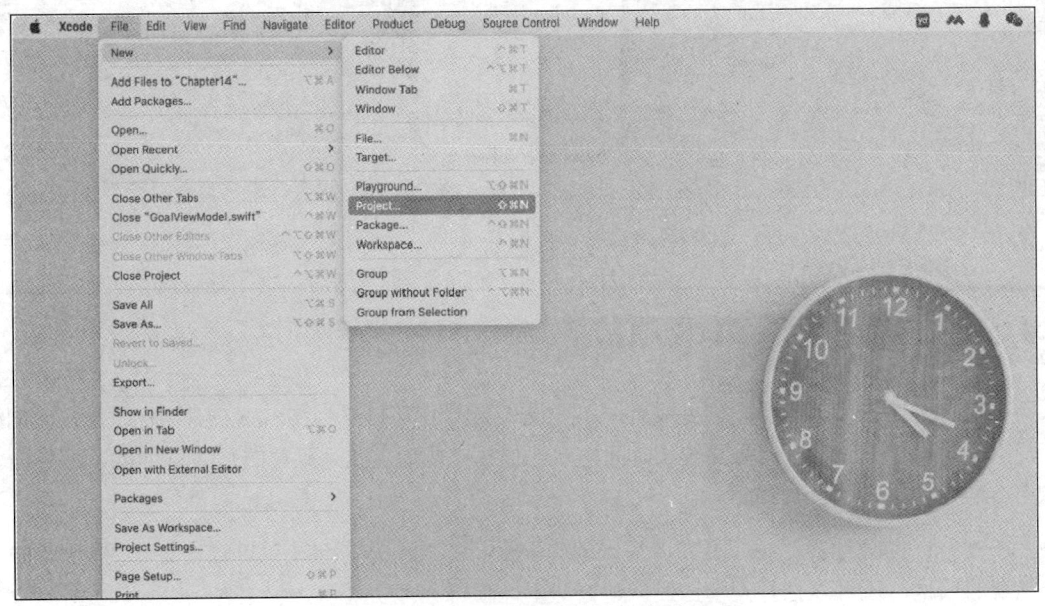

图 1-7　通过 Xcode 菜单栏新建项目

创建项目时，Xcode 会提供 Apple 生态下的项目模板供开发者选择，开发者可以根据实际开发需求选择合适的项目模板，如图 1-8 所示。本书将基于 iOS 应用进行分享，因此这里选择“App”模板。

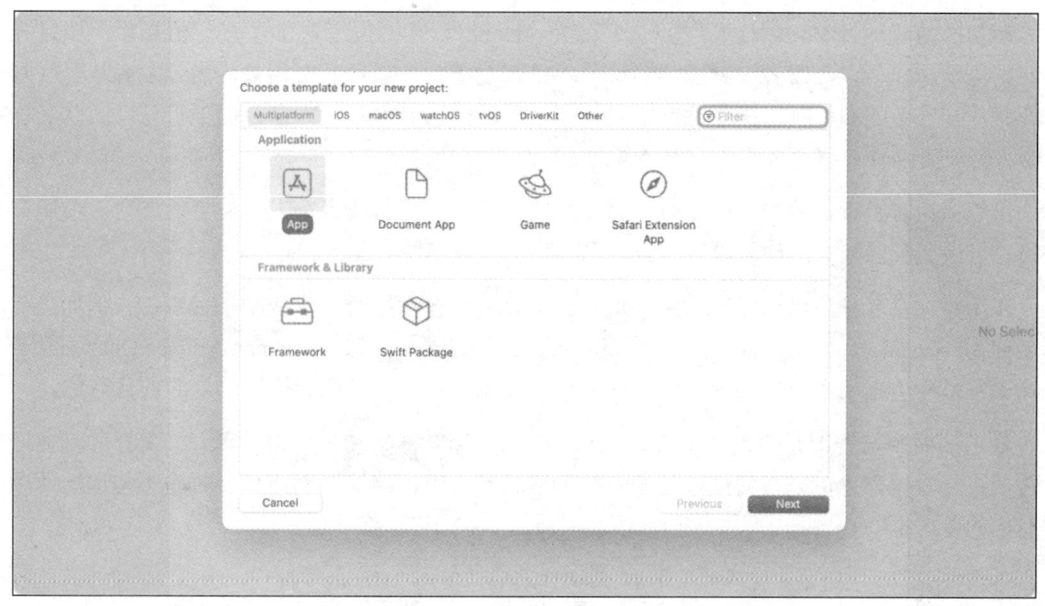

图 1-8　选择合适的项目模板

单击“Next”按钮，接下来需要完善项目基本信息。项目基本信息由项目名称（Product Name）、项目开发团队（Team）、组织标识符（Organization Identifier）、唯一标识符（Bundle Identifier）、是否使用 Core Data 本地数据存储框架（Use Core Data）、是否包含测试（Include Tests）这 6 项内容组成。完善项目基本信息如图 1-9 所示。

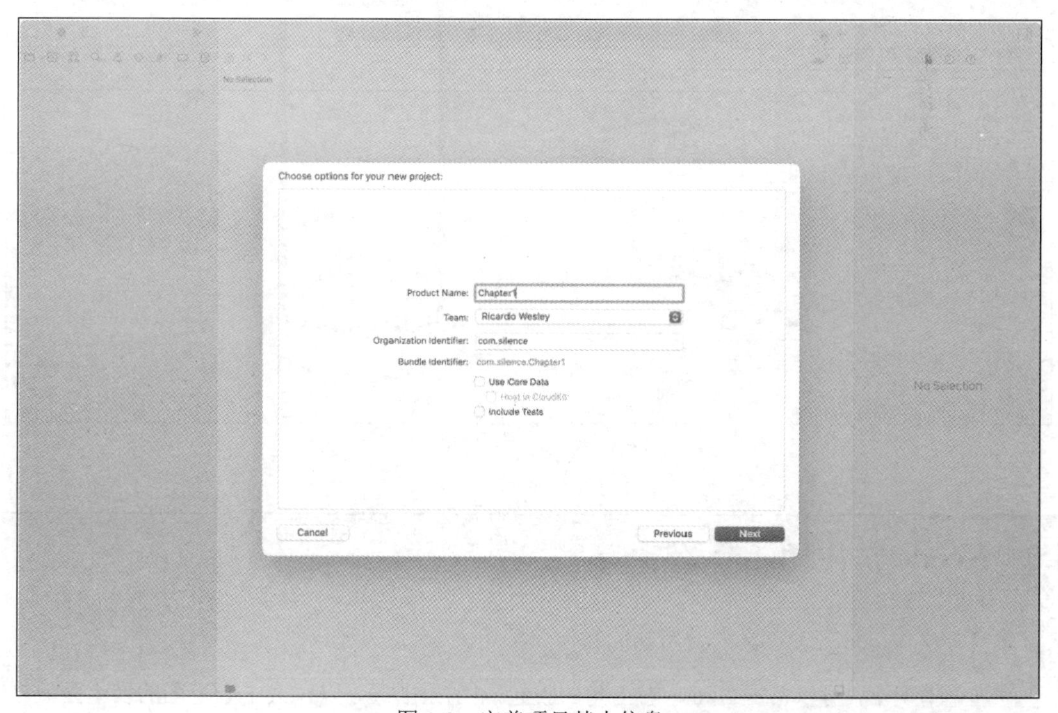

图 1-9　完善项目基本信息

值得注意的是，项目名称建议使用英文名称，由于项目模板创建的示例代码中会使用项目名称作为视图文件名称，因此在非英文情况下可能会出现意想不到的问题。

在初次创建项目时，项目开发团队名称为“None”，当开发者添加了账户信息后，项目开发团队则可以选择个人开发者或者团队名称。项目开发团队与项目紧密相关，当开发者从互联网上下载其他开发者的项目时，在预览前需要将项目开发团队名称转换为自己的项目开发团队名称或者个人开发者名称，方可在模拟器或真机上运行。

组织标识符是项目的唯一标识符，一般填写项目开发团队或者个人开发者的域名，惯用方式是将官方域名反向来写，如果没有官方域名，那么可以填写“com.example”。

在填写项目名称和组织标识符后，Xcode 会将它们自动组合，生成唯一标识符，例如当前项目名称为“Chapter1”，组织标识符为“com.silence”，则唯一标识符为“com.silence.Chapter1”。唯一标识符是应用上架和分发的项目唯一性标识，因此创建项目时请勿使用重复的项目名称。

最后的两项内容即是否使用 Core Data 本地数据存储框架和是否包含测试，读者可以根据项目需要进行设置，也可以在后续项目中自行创建相关内容，因此在创建项目时先不勾选这两项内容对应的复选框。

单击“Next”按钮，选择项目文件的存储目录后，单击“Create”按钮。等待一段时间，Xcode 将会创建一个带有示例代码的 App 项目。App 项目示例如图 1-10 所示。

图 1-10　App 项目示例

1.5　Xcode 常用功能介绍

本节分享 Xcode 开发工具的常用功能和使用技巧。

在通常情况下，可以单击 Xcode 右上角的收起视图按钮，以扩大中心视图的展示区域。收起右侧视图效果如图 1-11 所示。

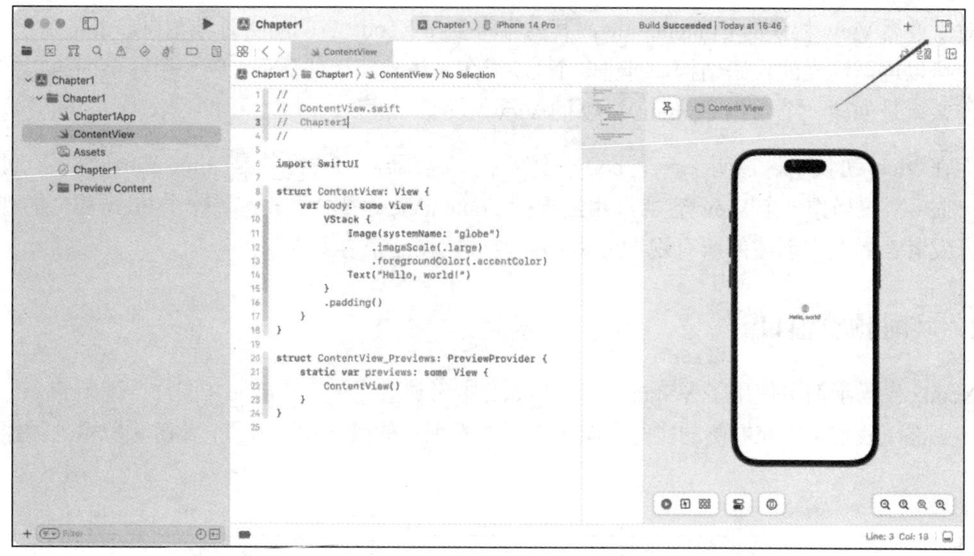

图 1-11　收起右侧视图效果

1.5.1　代码编辑区域

接下来可以看到 Xcode 在创建项目时自动创建的代码示例，首先介绍左侧的代码编辑区域。

Xcode 创建了一个 SwiftUI 文件 ContentView，在 ContentView 文件中，将 SwiftUI 引入项目中，随后声明了一个遵循 View 协议的结构体 ContentView。代码编辑区域如图 1-12 所示。

```
import SwiftUI

struct ContentView: View {
    var body: some View {
        // View 的内容
    }
}
```

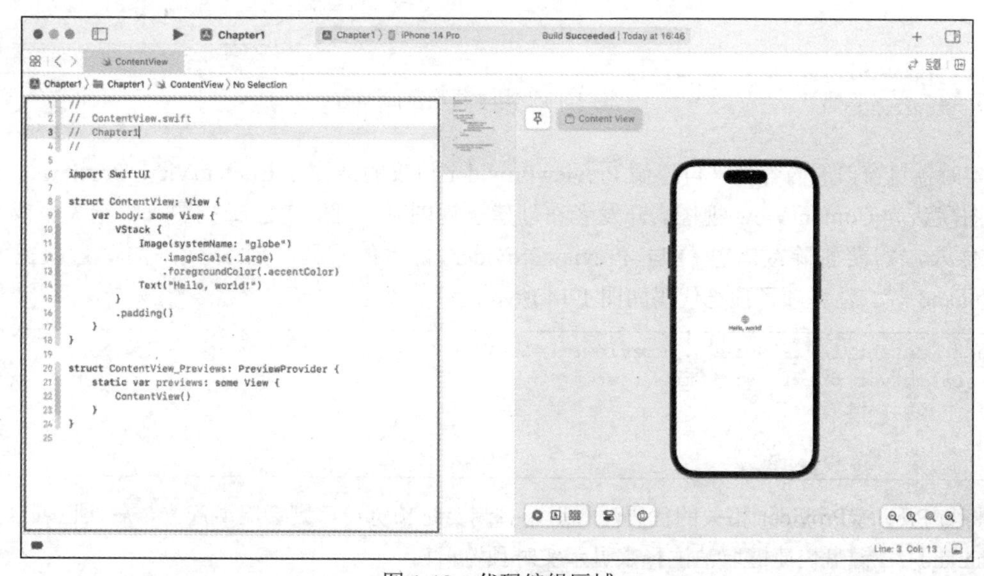

图 1-12　代码编辑区域

对于遵循 View 协议的 ContentView，其内容将会在 Xcode 右侧的实时预览窗口中呈现。因此，开发者可以遵循这样的代码结构，创建多个 UI 视图来搭建应用的界面。要想用通俗的语言描述上述操作，就是创建一个叫作 ContentView 的 View 界面。

而在 View 协议中，声明了一个 body 属性的视图容器，它遵循的是 some View 协议。可以将 some View 协议当作一个 View 容器，相当于在 ContentView 界面中放置了一个 body 属性的视图容器，开发者在界面中创建的所有视图元素都需要放置在这个容器中。

1.5.2　实时预览窗口

Xcode 代码示例中使用了 VStack，在 VStack 中又放置了一个 Image（图片）视图和一个 Text（文字）视图。我们可以在右侧的实时预览窗口中查看项目的最终呈现效果，实时预览窗口如图 1-13 所示。

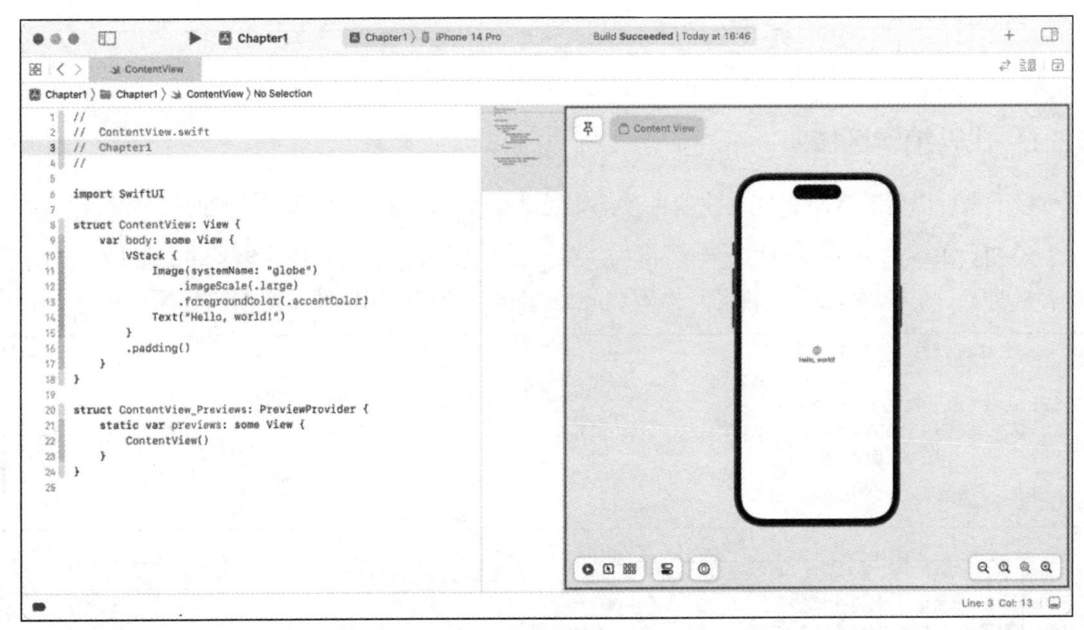

图 1-13　实时预览窗口

实时预览窗口的内容则来自遵循 PreviewProvider 协议的结构体 ContentView_Previews，预览的视图默认为 ContentView 视图。开发者在创建子视图时，可能由于子视图有绑定关系或者有参数传入，需要删除或者注释与 PreviewProvider 相关的代码，注释代码的键盘快捷键为“Command+/”。注释项目预览代码如图 1-14 所示。

```
struct ContentView_Previews: PreviewProvider {
    static var previews: some View {
        ContentView()
    }
}
```

将与 PreviewProvider 相关的代码注释后，右侧实时预览窗口则会隐藏起来，后续也可以按下“Command+/”键盘快捷键取消注释来显示实时预览窗口。

当开发者进行某些操作导致实时预览窗口被 Xcode 隐藏时，还可以通过设置实时预览窗口上方的“Adjust Editor Option”（调整编辑器选项）中的“Canvas”（画布）来显示和隐藏实时预览窗口。“Adjust Editor Option”中的“Canvas”如图 1-15 所示。

```
//
//  ContentView.swift
//  Chapter1
//

import SwiftUI

struct ContentView: View {
    var body: some View {
        VStack {
            Image(systemName: "globe")
                .imageScale(.large)
                .foregroundColor(.accentColor)
            Text("Hello, world!")
        }
        .padding()
    }
}

//struct ContentView_Previews: PreviewProvider {
//    static var previews: some View {
//        ContentView()
//    }
//}
```

图 1-14　注释项目预览代码

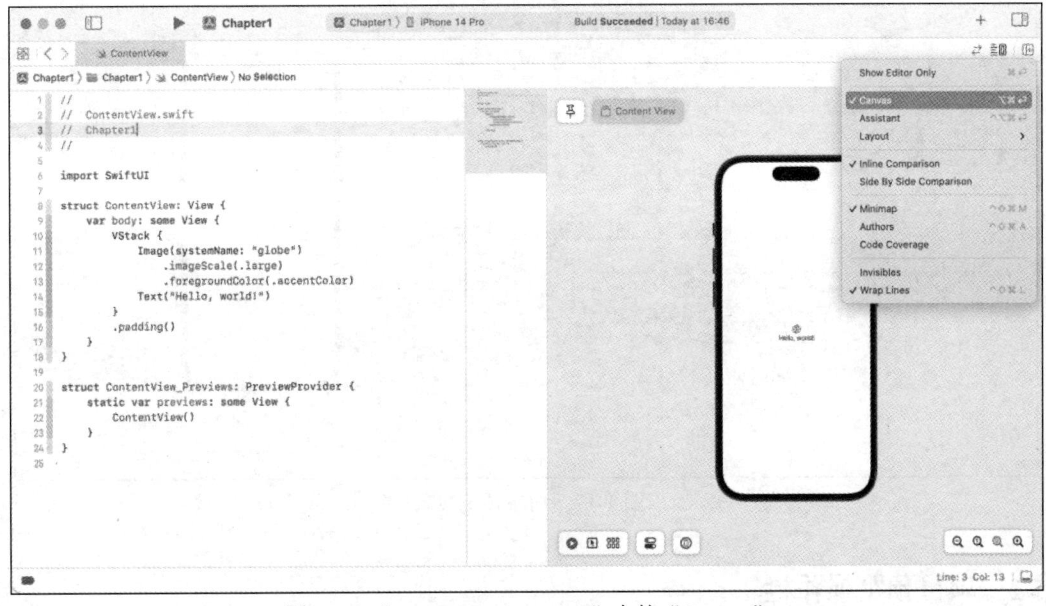

图 1-15 “Adjust Editor Option”中的“Canvas”

编辑代码的另一个常用小技巧是可以启用代码的缩略视图窗口。当代码编辑区域的代码量较大时，可以通过设置“Adjust Editor Option”中的“Minimap”来查看代码的缩略信息，开发者也可以快速定位代码位置。“Minimap”选项如图 1-16 所示。

默认预览的模拟器型号为 iPhone 14 Pro，开发者也可以在 Xcode 顶部菜单栏进行预览设备的切换，选择适合当前项目开发的设备型号进行效果预览。切换预览设备如图 1-17 所示。

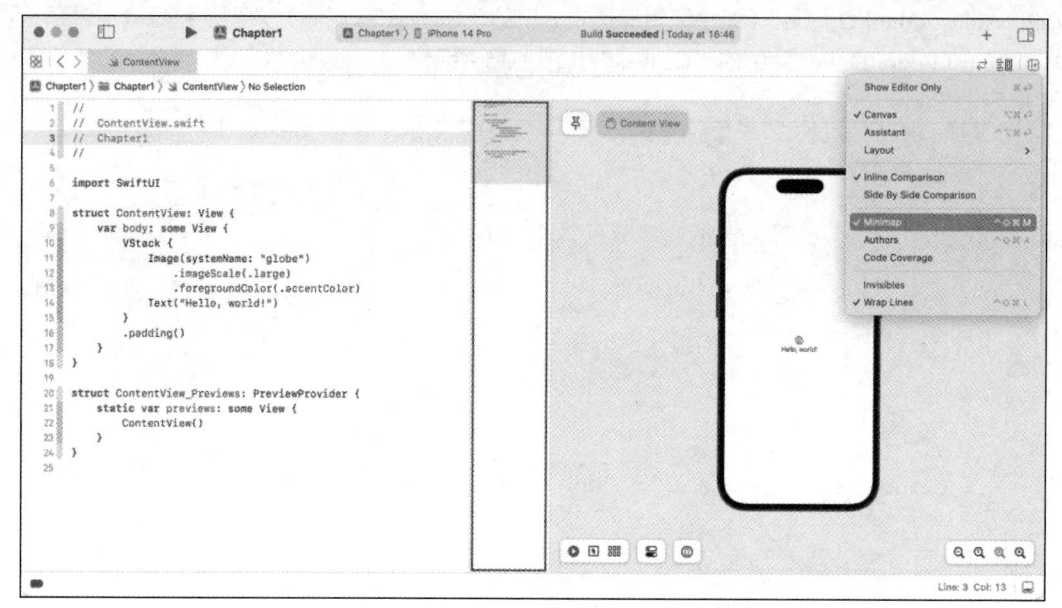

图 1-16 “Minimap”选项

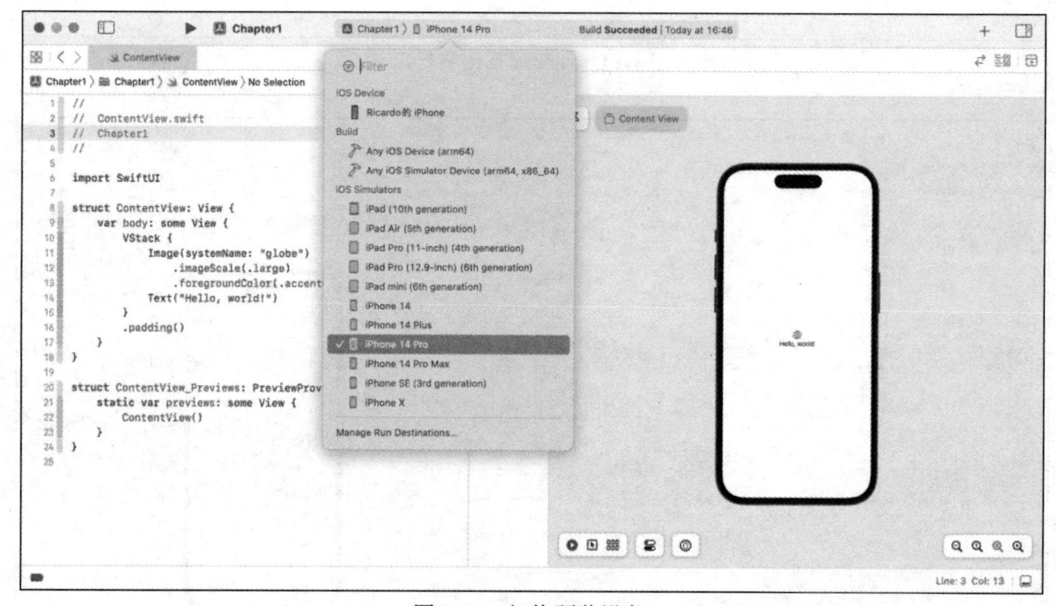

图 1-17 切换预览设备

1.5.3 项目预览操作栏

在实时预览窗口中，预览设备底部的项目预览操作栏提供了项目预览的常用操作。

提高代码编写效率的有效途径之一是实现代码最终效果的实时预览功能。单击项目预览操作栏的“Live”（模拟互动）按钮，即可实现实时模拟界面的交互效果，每当视图相关代码改变时，就会自动实时渲染 UI。当 UI 层级出现结构性调整时，可单击此按钮重新加载预览界面。“Live”按钮如图 1-18 所示。

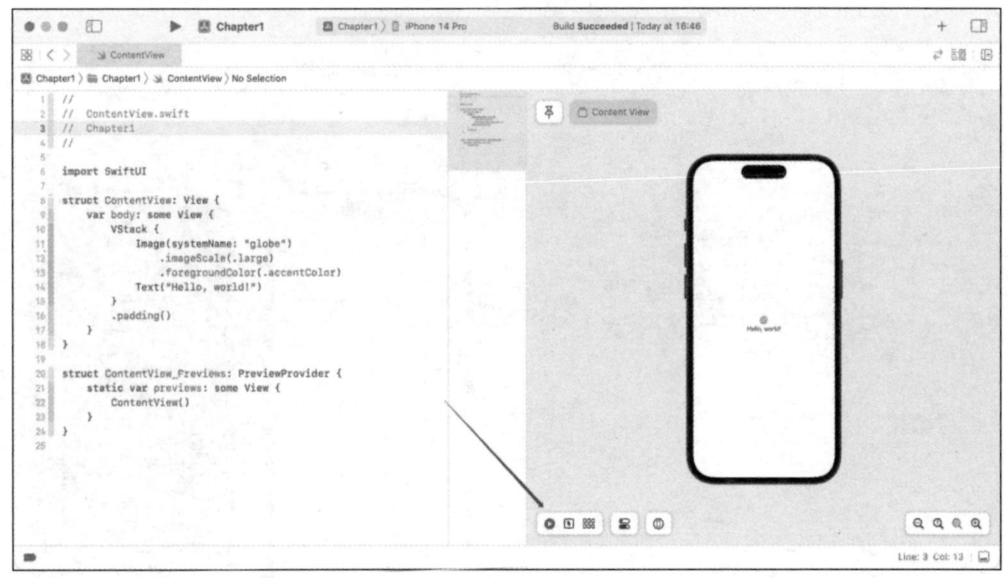

图 1-18 “Live”按钮

“Selectable”（选择模式）按钮可将实时预览窗口效果切换至 UI 元素选择模式。当单击预览设备中的元素时，左侧代码编辑区域将自动定位该 UI 元素对应的代码。在代码编辑区域修改 UI 元素的属性或者增加修饰符时，也可以在实时预览窗口的选择模式下，查看 UI 元素的尺寸大小和修饰效果。“Selectable”按钮如图 1-19 所示。

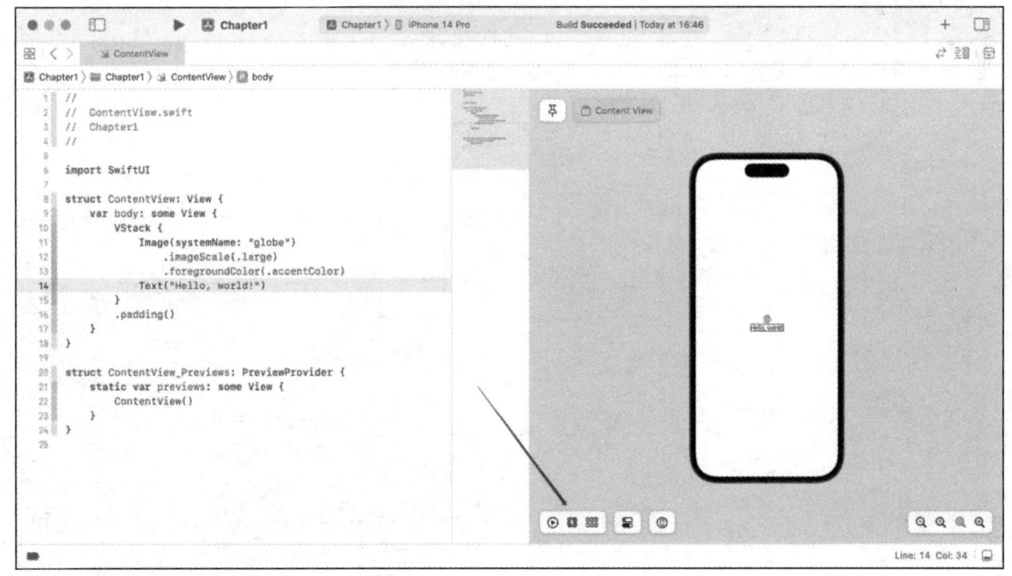

图 1-19 “Selectable”按钮

“Variants”（场景对比）按钮用于快速比较不同场景下设备预览的效果。在 iOS 13 中，Apple 引入了全局“深色模式”的设计理念，也要求所有开发者在开发应用时必须支持深色模式。开发者在开发过程中就可以借助项目预览操作栏中的“Variants”，查看不同场景下的项目效果。

通过“Color Scheme Variants”，开发者可以查看项目在不同颜色场景下的效果，预览浅色模式和深色模式下的效果。颜色场景对比如图 1-20 所示。

图 1-20　颜色场景对比

在实时预览窗口中，也可以通过“Orientation Variants”查看项目在不同设备方向场景下的效果，预览设备在纵向、横向（左边横向、右边横向）场景下的效果，在通常情况下，大多数应用都是纵向布局的，当然，也可以在项目的配置菜单中取消勾选横向展示的功能。设备方向场景对比如图 1-21 所示。

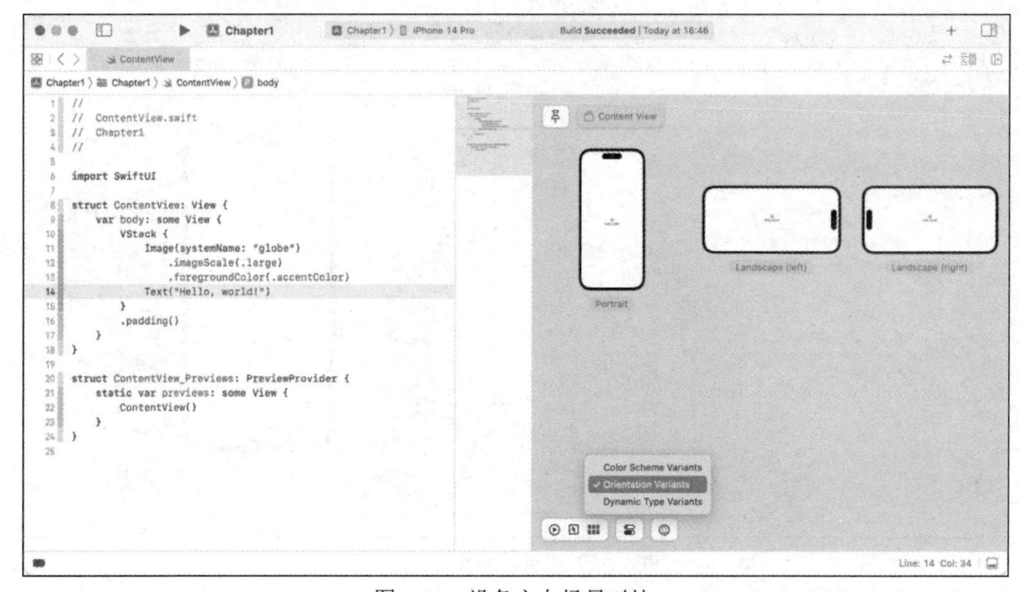

图 1-21　设备方向场景对比

最后一项是“Dynamic Type Variants”（字体大小对比），通过它可以看到开发者选用的不同字体大小在界面中的效果。字体大小的范围从 X Small 到 AX 5，当开发者没有指定字体大小时，系统默认的字体大小是“Large”。字体大小对比如图 1-22 所示。

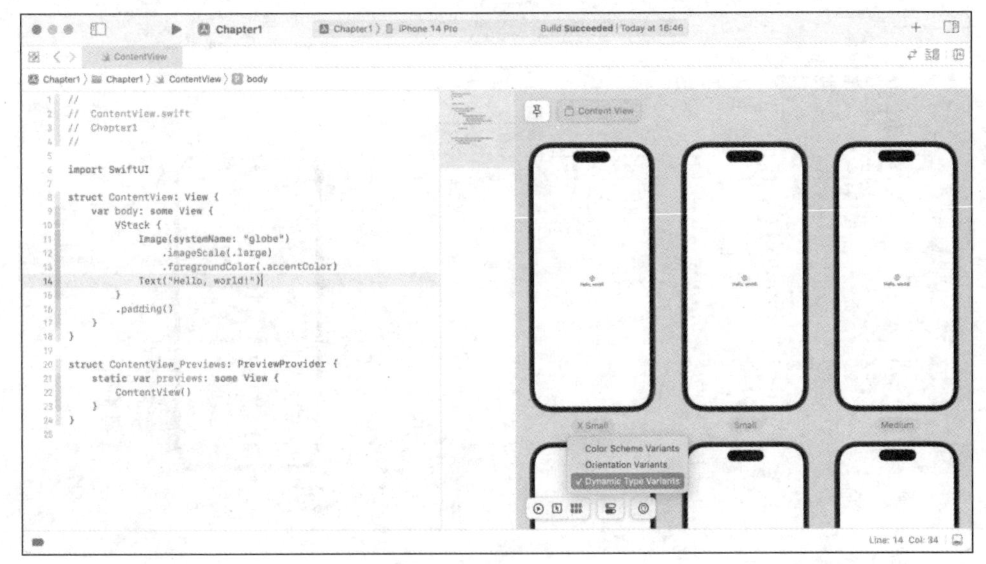

图 1-22　字体大小对比

由于字体大小的选用将影响到 UI 的排版和实际效果，因此开发者最好在 UI 设计上拥有或者借鉴一套设计规范，以设计出精美且优秀的应用。

除了通过“Variants”进行场景对比，如果开发者只想查看某一特定场景下的预览效果，那么可以在单击“Live”按钮后，通过配置“Canvas Device Settings”（画布设备设置）来查看效果，配置“Canvas Device Settings”如图 1-23 所示。

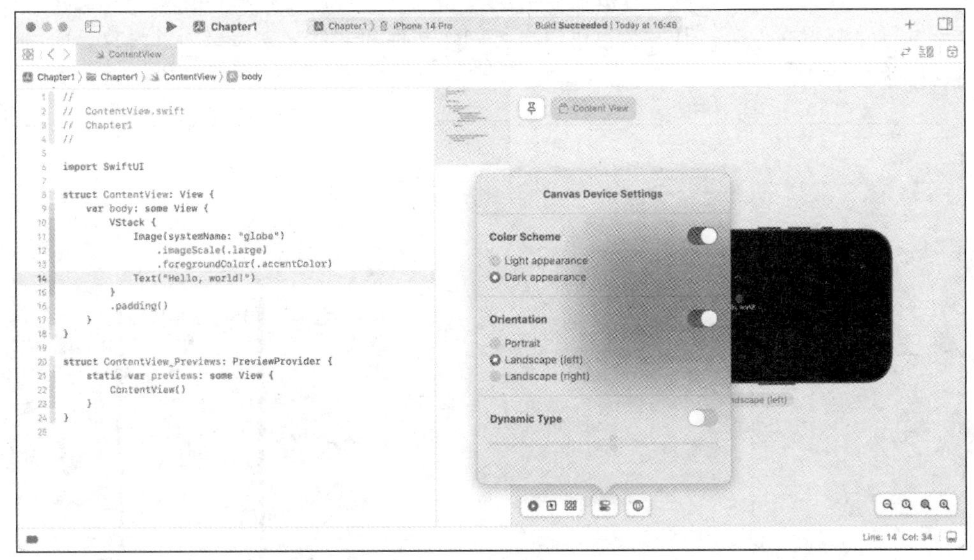

图 1-23　配置“Canvas Device Settings”

在单击“Live”按钮后，也可以开启“Preview on Device”（在设备中预览），于是当开发者接入真机设备时，就可以在实时预览窗口和真机设备上同步预览项目效果。

最右侧的一组按钮则比较简单，用于调整实时预览窗口中设备的预览大小，这里不做过多说明。使用比较频繁的按钮是“Zoom to fit”（自适应缩放）按钮，该按钮让预览设备可以以合适的预览大小呈现，“Zoom to fit”按钮如图 1-24 所示。

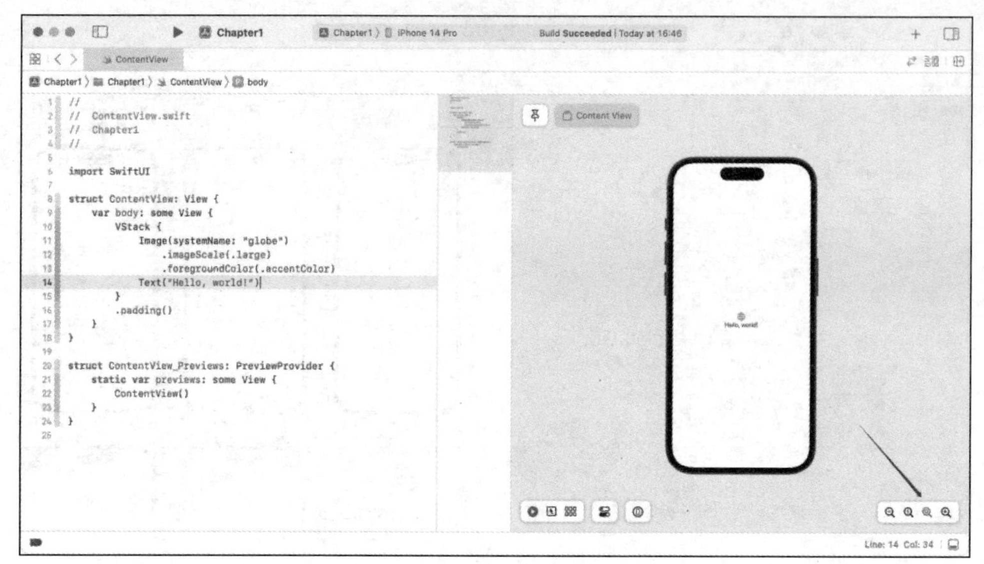

图 1-24　“Zoom to fit”按钮

综上，开发者可以在不借助模拟器和真机设备的情况下，实时预览项目的交互、动画、数据处理、UI 布局等效果。

1.6　项目文件结构详解

最左侧的项目文件导航区域会存放所有与项目相关的文件，包含项目主文件、视图文件、资源库文件、预览配置文件等，开发者也可以自行创建文件和文件夹来完善项目内容。项目文件导航区域如图 1-25 所示。

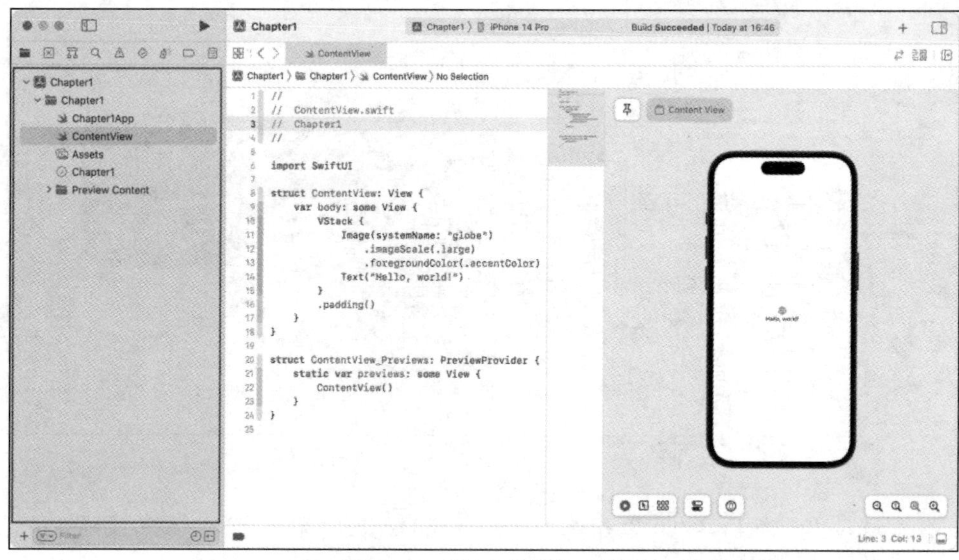

图 1-25　项目文件导航区域

可以看到视图文件 ContentView 放置在项目的文件中，通过单击文件，代码编辑区域和实时预览窗口将会自动切换展示内容。

1.6.1　项目主文件

项目文件导航区域中最上面的“Chapter1”文件为项目主文件，所有与项目相关的文件都会放置在此文件的目录层级之下，且该文件还可以用于进行项目的各项配置。项目主文件如图 1-26 所示。

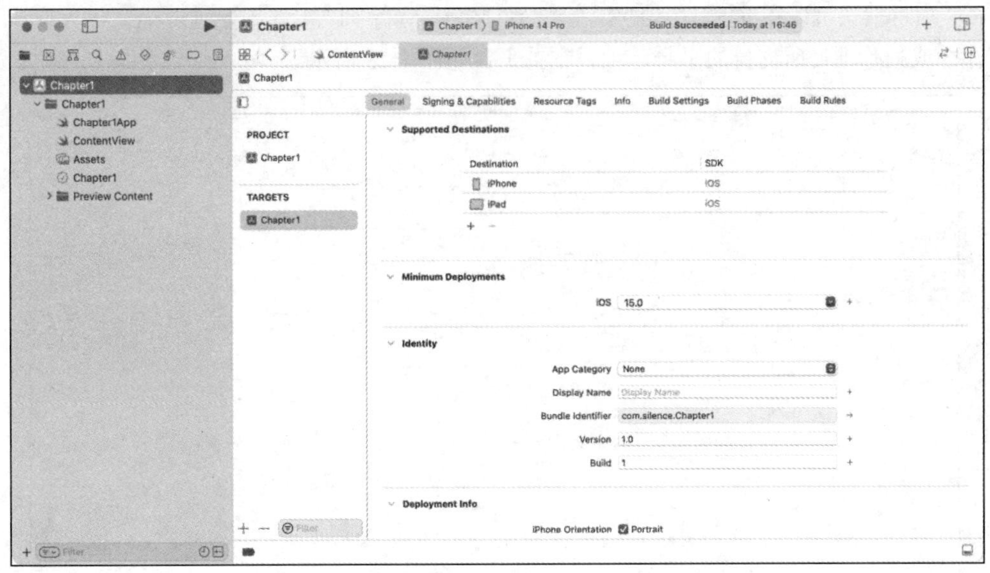

图 1-26　项目主文件

项目主文件分为“PROJECT”和“TARGETS”两部分，PROJECT 部分包含配置该项目的基础信息，包括该项目开发和测试的版本、使用的语言，以及使用的第三方库等情况。

由于 Apple 每年都会更新 SwiftUI 框架的内容，新推出的 UI 视图可能需要较高的 iOS 版本，因此在 PROJECT 部分可以设置该项目开发的版本，项目开发的版本如图 1-27 所示。

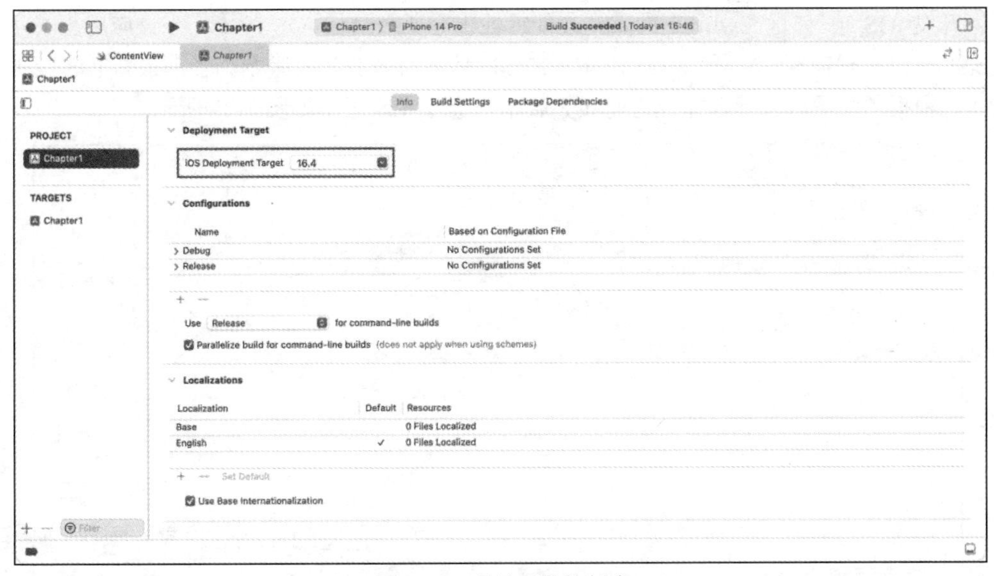

图 1-27　项目开发的版本

其他配置在后续的章节中将会使用，可以先保持默认选项，下面来看 TARGETS 部分。单个

PROJECT 下会有多个 TARGETS。例如该应用除了 iOS 端的项目，还包含 Widget 项目，抑或 watchOS 端的项目，开发者可以在现有的项目基础上直接创建其他子项目，TARGETS 部分就会整合并关联所有的子项目的相关配置。

在当前项目中，可以在 TARGETS 部分的“Supported Destinations”栏目下配置项目支持的平台，iOS 项目默认可以在 iOS、iPadOS、macOS（搭载 M 系列芯片）平台上运行，开发者也可以自行添加或删除项目所支持的平台，项目支持平台如图 1-28 所示。

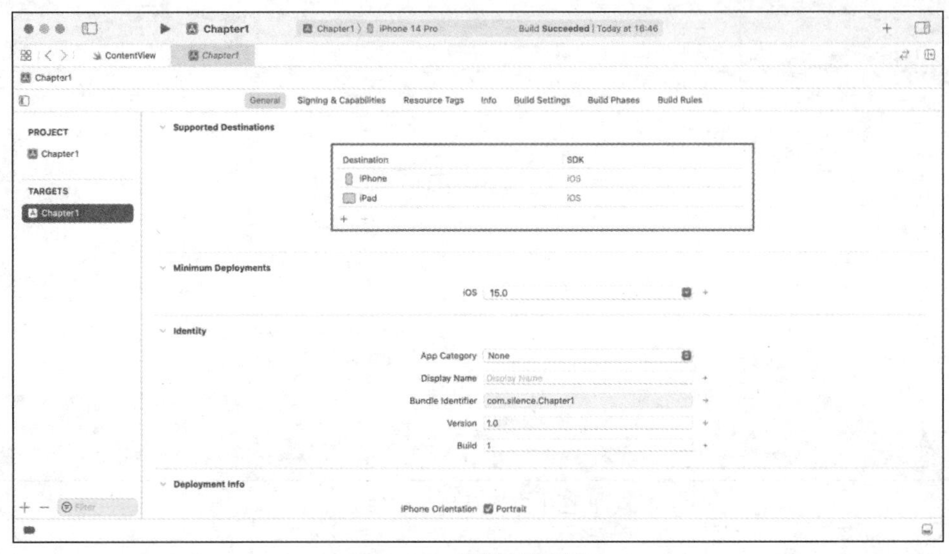

图 1-28　项目支持平台

与项目支持平台相关联的配置还有“Minimum Deployments”栏目，该栏目用于配置项目运行的最低 iOS 版本。每年 Apple 都会对各平台的操作系统进行大版本更新，而每次更新时一些发布较早的产品将不再支持新版本的特性。

当开发 iOS 项目时，SwiftUI 的某些功能特性也会要求最低 iOS 版本，当该应用正式发布到 Apple Store 时，也需要制定最低 iOS 版本。Xcode 默认的最低 iOS 版本为当前最新 iOS 版本，开发者可以根据项目需求自行选择合适的 iOS 版本，最低 iOS 版本如图 1-29 所示。

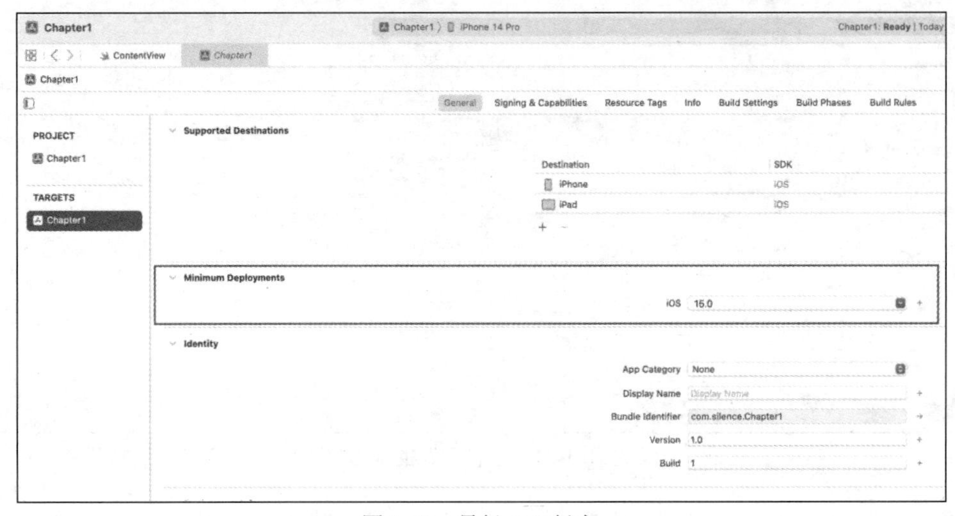

图 1-29　最低 iOS 版本

“Identity”栏目用于设置应用的基本信息，包含应用的分类、显示的名称、标识符、版本号等，应用的基本信息如图 1-30 所示。

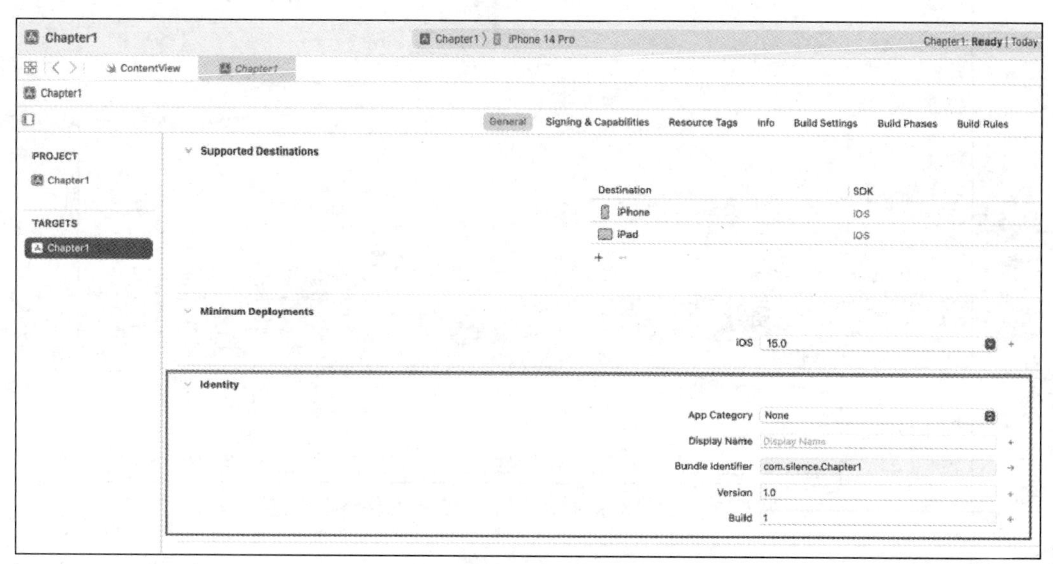

图 1-30　应用的基本信息

“Deployment Info”栏目可以设置项目运行设备的方向及顶部状态栏配置信息，例如设置在 iPhone 设备上运行时，只支持用户手持时的纵向布局，而在 iPad 设备上运行时，支持任意方向布局。

顶部状态栏的配置信息可以根据业务设置为默认，或者只以浅色模式或深色模式固定，抑或在应用运行时不使用顶部状态栏的全屏显示模式。运行设备设置如图 1-31 所示。

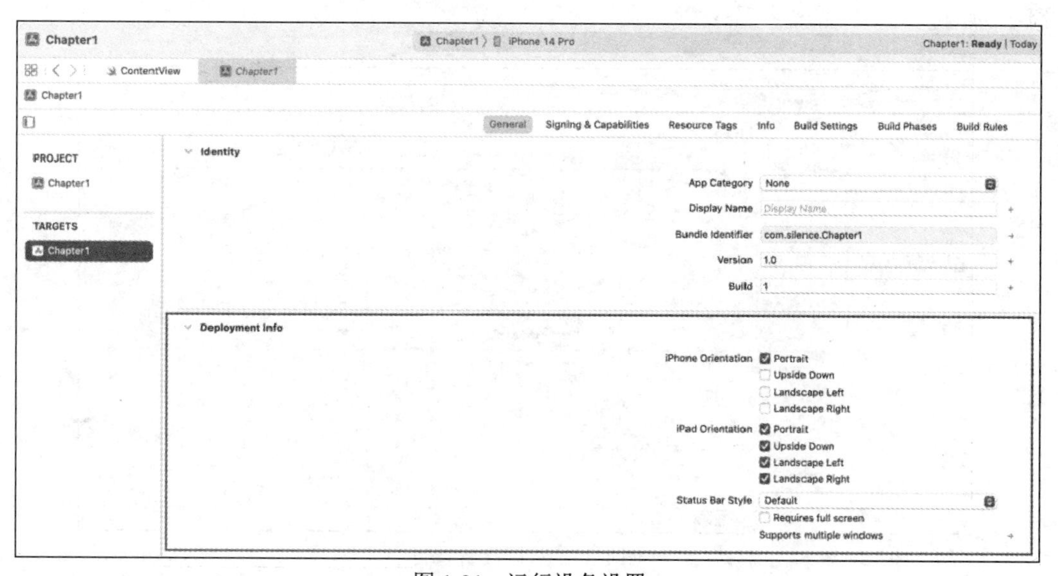

图 1-31　运行设备设置

“App Icons and Launch Screen”栏目可以设置应用图标的来源和启动页的文件路径。应用图标的来源和启动页的文件路径设置如图 1-32 所示。

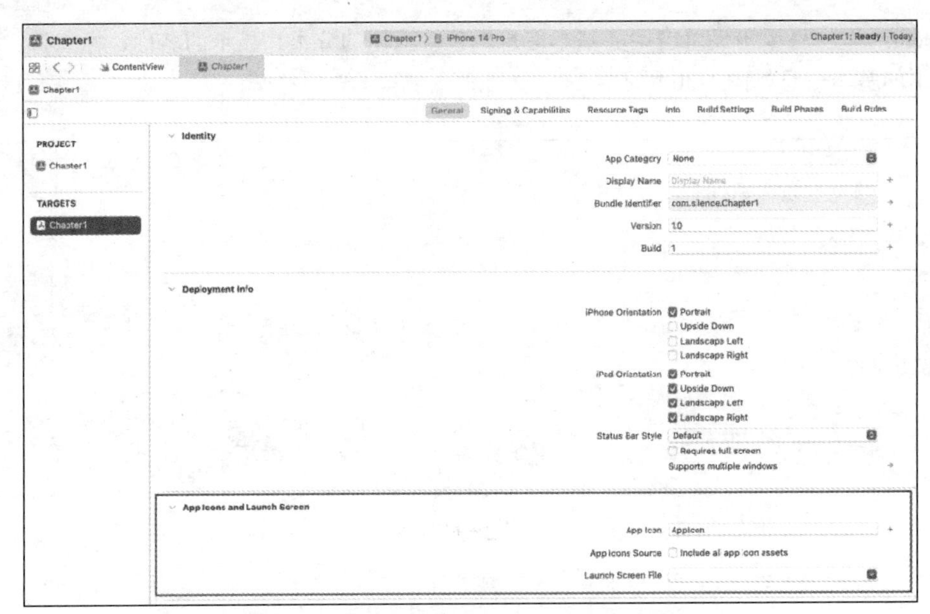

图 1-32　应用图标的来源和启动页的文件路径设置

默认情况下应用图标的来源为资源库 Assets 中的“AppIcon”文件，对于这个配置项，开发者可以不做调整。启动页默认为空，开发者可以创建一个 Storyboard 类型的文件，通过绘制的方式完善启动页的 UI 设计，这部分内容将会在后续的章节中进行更详细的分享。

其他栏目的配置项使用得较少，保持默认即可。TARGETS 部分还有一个特别重要的栏目，该栏目可用于权限的配置，在“Info”选项卡下，每当项目中需要调用 iOS 硬件设备时，都需要在此选项卡下的“Custom macOS Application Target Properties”栏目中配置相关权限。权限配置栏目如图 1-33 所示。

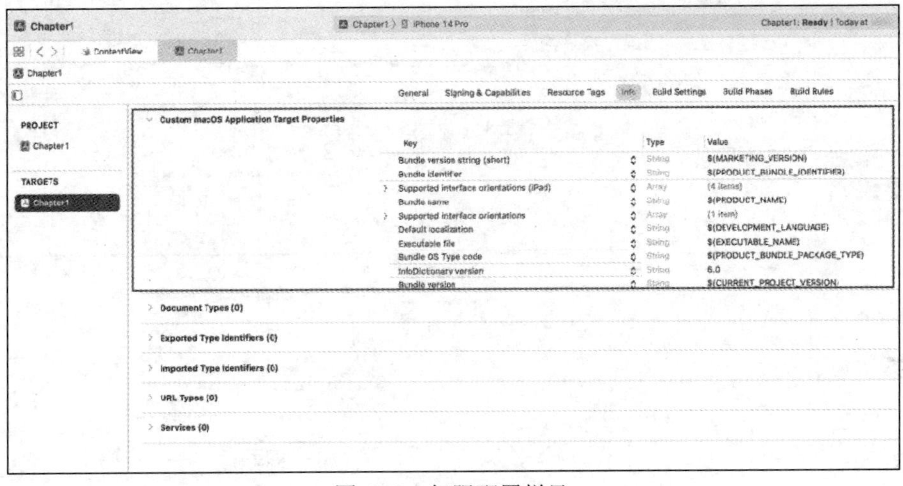

图 1-33　权限配置栏目

1.6.2　项目入口文件

再回到项目主文件 Chapter1 中，第一个文件是“Chapter1App”，在 Chapter1App 文件中，可以看到和 ContentView 文件相似的代码。Chapter1App 文件中的代码如图 1-34 所示。

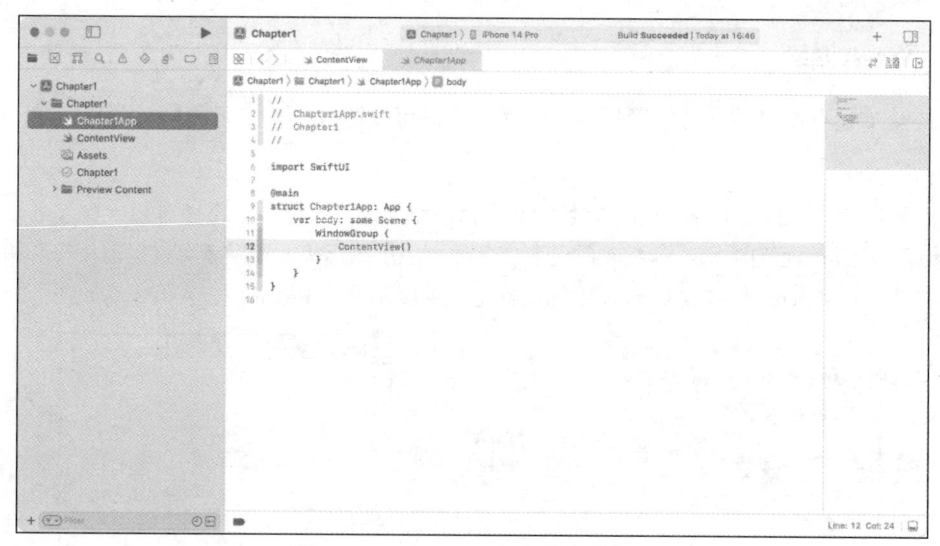

图 1-34　Chapter1App 文件中的代码

在 Chapter1App 中，使用 Swift 5.3 发布的@main 属性包装器修饰整个 Chapter1App 结构体，即将遵循 App 协议的 Chapter1App 结构体中的视图作为 App 打开时的默认视图。简单来说，当用户打开 App 时，App 默认显示的“首页”就是 Chapter1App 中配置的视图。

与 View 协议类似，App 协议中也需要一个 body 属性的视图容器作为入口，而入口遵循 Scene 协议，通过 WindowGroup 来显示应用被打开时显示的视图，默认为 ContentView 视图。

在实际开发过程中，打开 App 时默认显示的页面可能是“首页”，或者是“登录页”“引导页”。在更复杂的场景下，开发者可以增加判断条件，根据用户是否登录和是否首次进入来呈现不同的页面。

WindowGroup 可以更好地处理这种复杂场景，它通过将不同的视图添加到视图组中，自动管理需要显示的视图，甚至通过不同的平台来管理视图的呈现方式。可以按住“option”键并单击 WindowGroup，查看 Apple 官方对 WindowGroup 的说明，WindowGroup 的说明文档如图 1-35 所示。

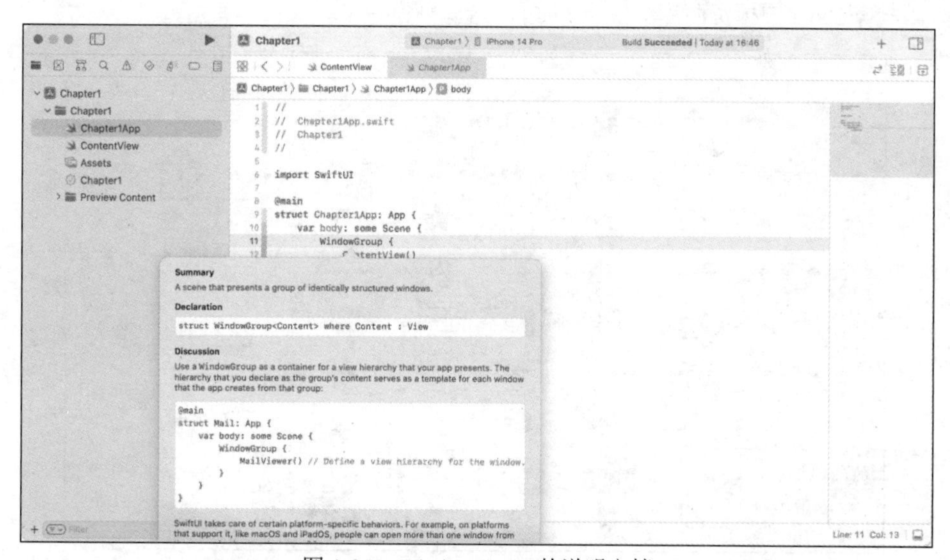

图 1-35　WindowGroup 的说明文档

1.6.3　Assets 库

Assets 库是存放当前项目的素材内容的文件夹，可以存放包含应用图标、图片素材、颜色素材等文件。

在实际开发过程中，为保障 App 质量和 UI 风格的统一，UI 设计师常常针对某一款 App 设计一套 UI 设计规范，设计规范中规定了 App 的色彩、字体、应用图标等。开发者可以提前将符合相关规范的素材文件拖入 Assets 库中，Assets 库中的文件可以直接在项目中被调用。Assets 库如图 1-36 所示。

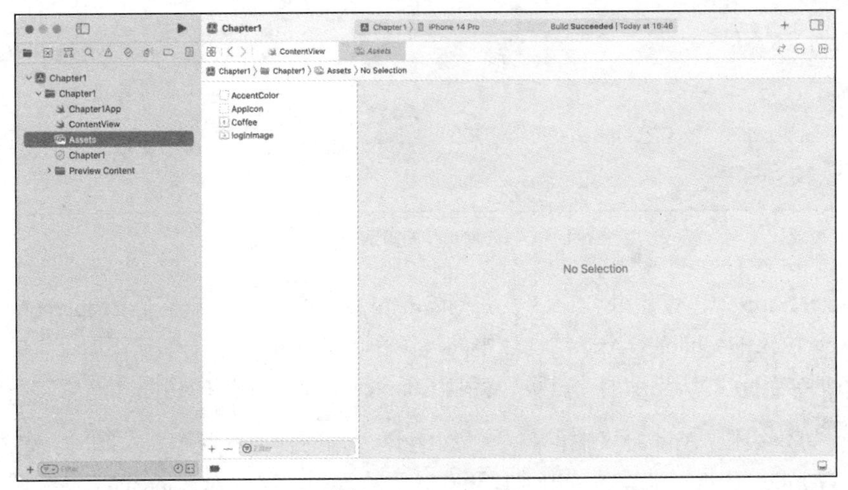

图 1-36　Assets 库

除了自行导入素材，Apple 还提供了内置的图标资源库 SF Symbols（SF 符号）供开发者使用，这对独立开发者有很大的帮助。截至 2023 年 10 月，SF Symbols 图标资源库中的图标数量已经达到 5000 多个，且无须在项目中安装即可直接使用。

Apple SF Symbols 5 官方下载地址为 https://developer.apple.com/cn/sf-symbols/。

为了方便开发，开发者可以下载 SF Symbols 图标资源库到本地，便于快速查询所需要的图标的名称，SF Symbols 图标资源库如图 1-37 所示。

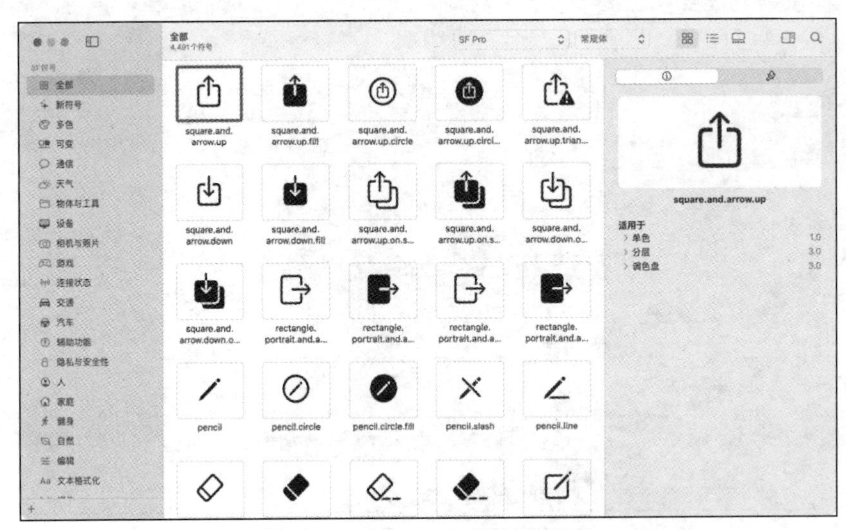

图 1-37　SF Symbols 图标资源库

SF 符号的使用方式很简单，只需要借助 Image 视图，并调用其 systemName 参数，直接使用 SF 符号的名称即可显示对应图标。使用 SF 符号如图 1-38 所示。

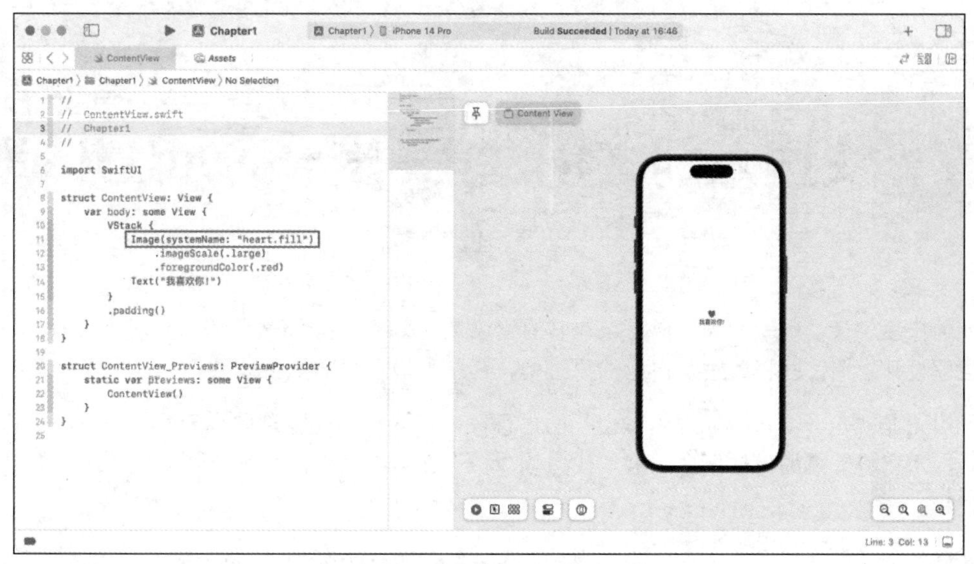

图 1-38　使用 SF 符号

1.6.4 Preview Content 文件夹

最后一个文件夹是 Preview Content 文件夹，用于存放开发者在测试应用时使用的素材或者文件，此部分内容会在应用打包上架时被自动过滤，因此可以存放临时的素材文件，例如本地视频文件、音频文件等。Preview Content 文件夹如图 1-39 所示。

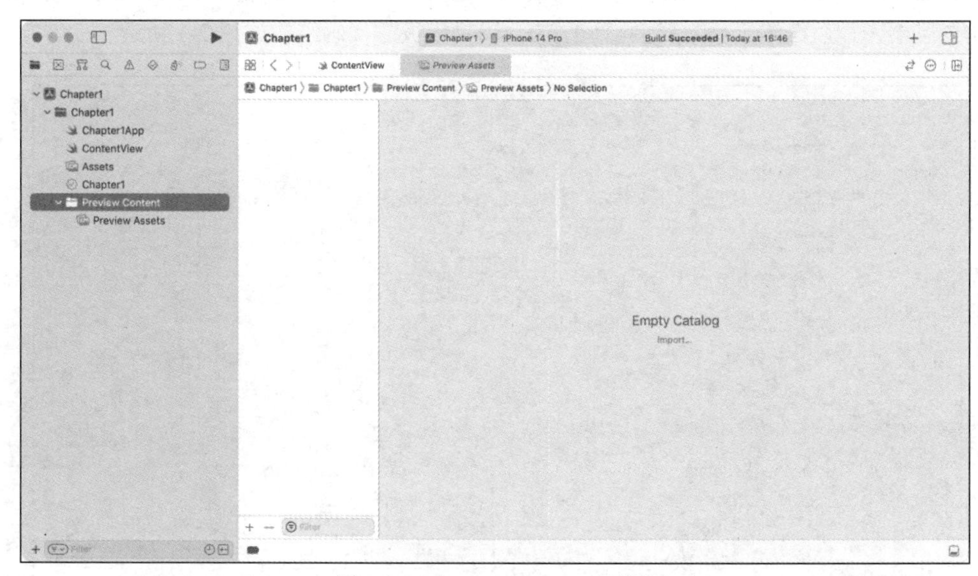

图 1-39　Preview Content 文件夹

第 2 章

快速入门：创建第一个 SwiftUI 项目

如何快速学会一门新的编程语言，本书的建议是“实践”。跟随教程编写一段段代码，在字里行间理解设计思路，并将其融入自己的思维中，最终形成自己的知识体系。

学习无非就是“输入—处理—输出”的过程，读者掌握的内容量取决于最终输出结果的质量和数量。本章将分享如何使用 SwiftUI 快速创建一个完整的应用，带领读者感受和体会创建 App 的全过程。

请确保你已经掌握了第 1 章的相关内容，本章将创建一个名为“Chapter2”的 SwiftUI 项目，并在此项目基础上对相关内容进行讲解。

2.1 视图、视图修饰符、布局方式

在创建 SwiftUI 项目之前，本节先介绍 SwiftUI 项目模板的代码结构。

一款应用的基础创建过程是先基于 App 协议创建一个应用，然后基于 Scene 协议创建视图层级结构的容器，最后在 View 中搭建具体的 UI。项目模板的代码结构如图 2-1 所示。

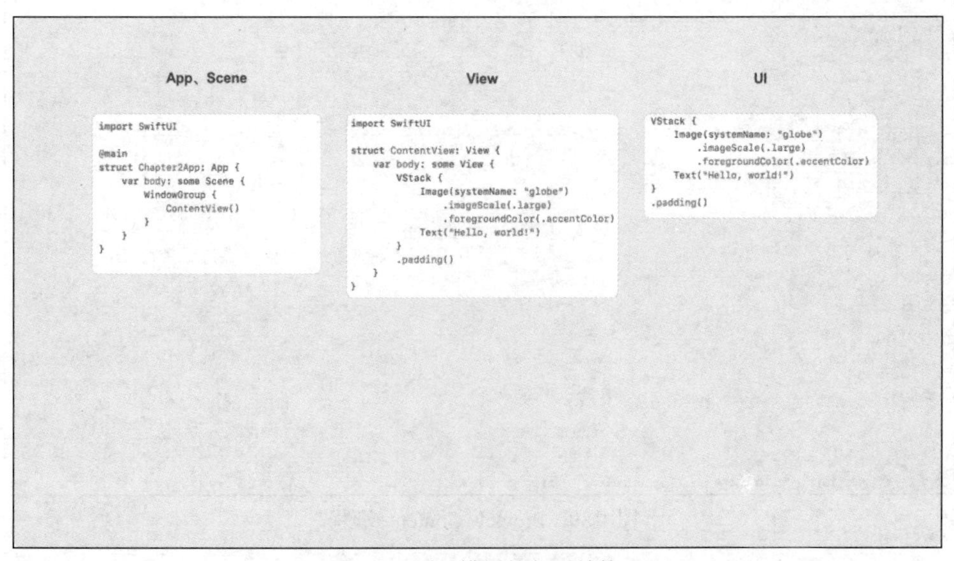

图 2-1　项目模板的代码结构

在 ContentView 视图部分，代码结构为创建一个遵循 View 协议的结构体，并且声明一个遵循

View 协议的、具备 body 属性的视图容器，以便显示视图上的内容。

在图 2-1 展示的示例代码中，ContentView 可以当作一个界面的框架，用于定义当前的界面。body 属性的视图容器可以是 ContentView 定义的界面中显示的内容的外层容器，body 内部的元素则是界面中真实显示的内容。接下来介绍 body 中的代码，ContentView 代码块如图 2-2 所示。

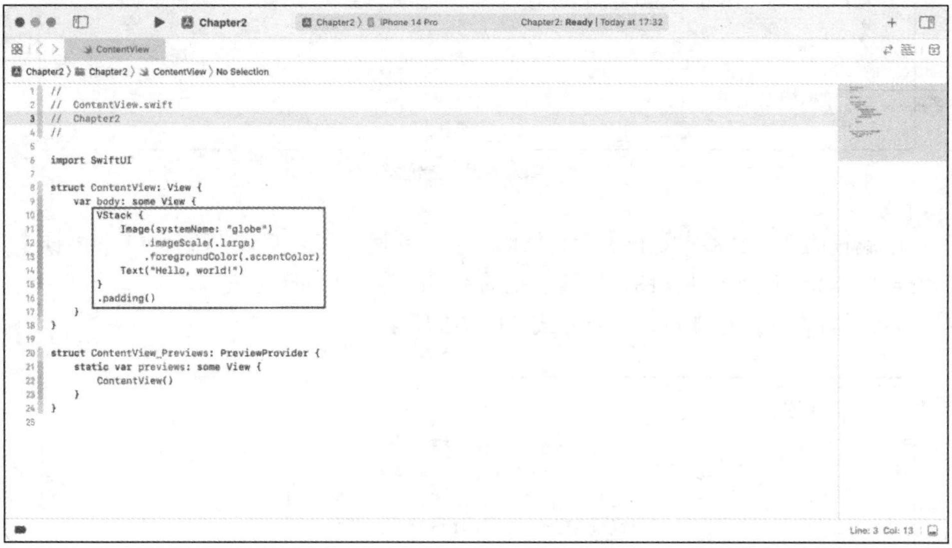

```
//
//  ContentView.swift
//  Chapter2
//

import SwiftUI

struct ContentView: View {
    var body: some View {
        VStack {
            Image(systemName: "globe")
                .imageScale(.large)
                .foregroundColor(.accentColor)
            Text("Hello, world!")
        }
        .padding()
    }
}

struct ContentView_Previews: PreviewProvider {
    static var previews: some View {
        ContentView()
    }
}
```

图 2-2　ContentView 代码块

在 ContentView 代码块中，可以看到有两个视图，分别是 Image 视图和 Text 视图，这是 SwiftUI 提供的封装好的视图，方便开发者快速创建图片和文本。

Image 视图、Text 视图和其他内置的视图，在 SwiftUI 框架中都被称为视图，如图 2-3 所示。SwiftUI 可以将所有用于显示的对象元素都当作视图来处理。

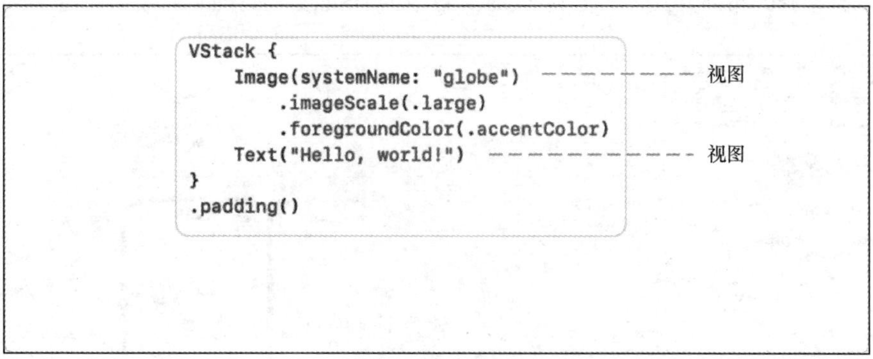

```
VStack {
    Image(systemName: "globe")        ---------- 视图
        .imageScale(.large)
        .foregroundColor(.accentColor)
    Text("Hello, world!")             ---------- 视图
}
.padding()
```

图 2-3　视图

在 SwiftUI 中，视图修饰符（Modifiers）可以对不同视图进行修饰，例如调整图片大小、文本大小、文本颜色等。

在上述代码中，修饰 Image 视图的 imageScale（图片缩放）修饰符可以将图片视图缩放至默认大小，foregroundColor（前景色）修饰符可以修改图片视图显示的图标的前景色，最外层的 padding（边距）修饰符可以将整个视图四周进行留白处理。视图修饰符如图 2-4 所示。

```
VStack {
    Image(systemName: "globe")
        .imageScale(.large)                  ------------ 视图修饰符
        .foregroundColor(.accentColor)       ---- 视图修饰符
    Text("Hello, world!")
}
.padding()                                   ------------ 视图修饰符
```

图 2-4　视图修饰符

当 body 属性的视图容器中存在多个视图时，就需要使用布局方式（Layout）对界面中视图的布局进行排列。VStack 是一种视图，与其他视图不同的是，VStack 也是一种布局方式，可以将内部的视图按照垂直方向进行排布。布局方式如图 2-5 所示。

```
VStack {                                     ------------ 布局方式
    Image(systemName: "globe")
        .imageScale(.large)
        .foregroundColor(.accentColor)
    Text("Hello, world!")
}
.padding()
```

图 2-5　布局方式

也可以直接修改布局方式，下面将 VStack 修改为 HStack，HStack 的效果如图 2-6 所示。

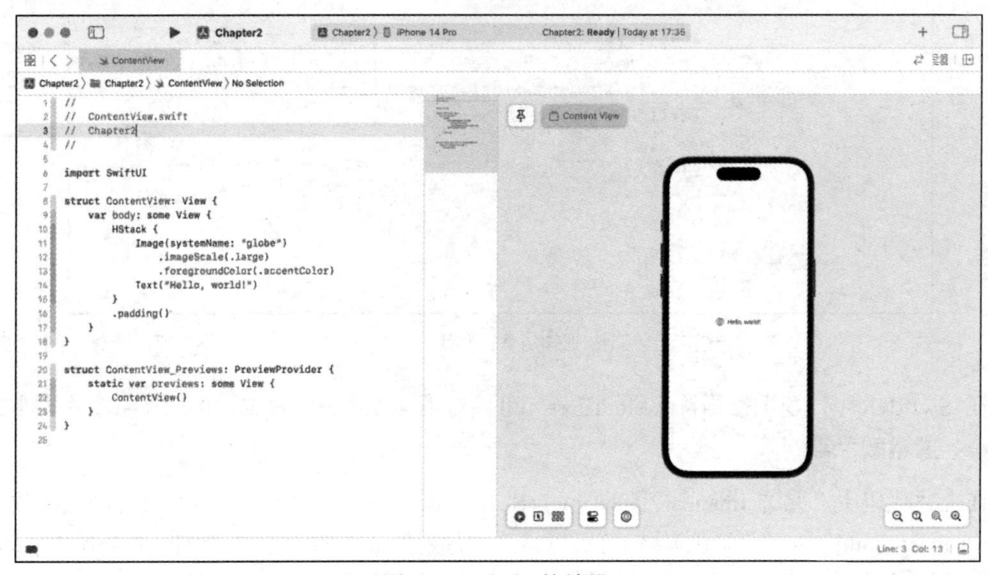

图 2-6　HStack 的效果

在这里，可以注意到一个细节，当容器视图中存在多个视图时，视图会严格按照代码的先后顺序排布。如果是垂直布局，那么视图按照代码的先后顺序从上到下排布；如果是横向布局，那么按照代码的先后顺序从左到右排布。

2.2 Library

在 SwiftUI 项目中，Apple 内置了 Library 供开发者调用。开发者无须再开发定制化的基础视图，直接使用 Library 中的视图和视图修饰符，就可以快速搭建精美的界面。

在开启实时预览窗口的情况下，单击 Xcode 右上角的“+”按钮，即可打开 Library 面板。开发者也可以通过键盘快捷键“Command + Shift + L”打开 Library 面板。Library 面板如图 2-7 所示。

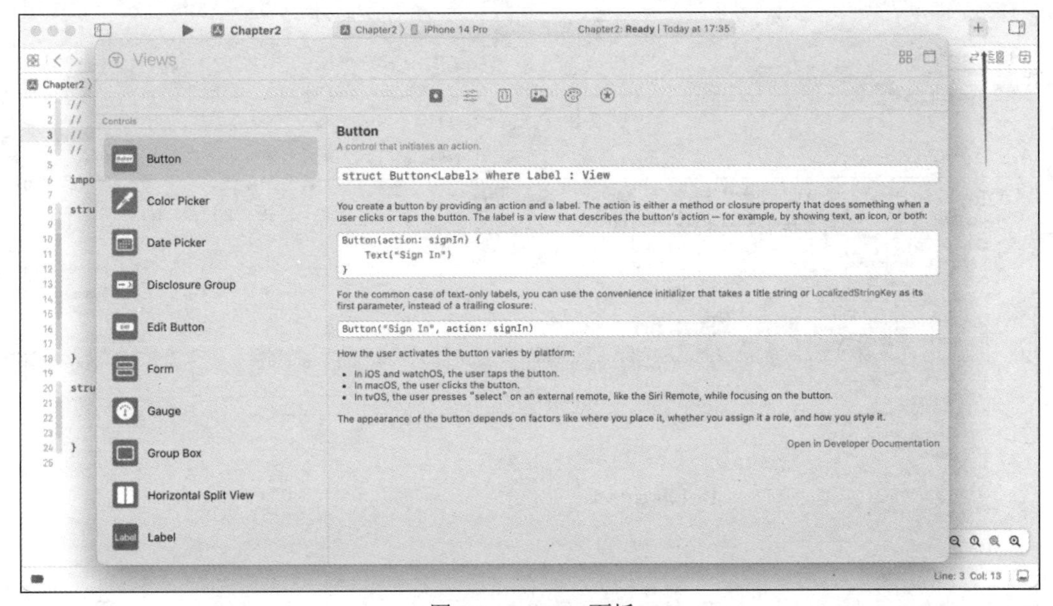

图 2-7　Library 面板

在 Library 面板中，开发者可以快捷查看项目需要的视图、视图修饰符、代码片段、图片库、颜色库、SF Symbols 库等。在 Library 面板右侧，还对使用的组件进行了详细的说明，包含组件的介绍、用法说明、示例代码等。

2.2.1 Views 栏目

Library 的 Views 栏目提供了 Controls（控制）类、Layout（布局方式）类、Paint（绘图）类、Other（其他）类 4 种类型的视图供开发者使用。Views 栏目如图 2-8 所示。

在 Library 面板的右下角，还可以看到“Open in Developer Documentation”文字链接，单击该文字链接后，可以在浏览器中打开“开发者文档网站”，查看更多的组件详情信息。开发者文档如图 2-9 所示。

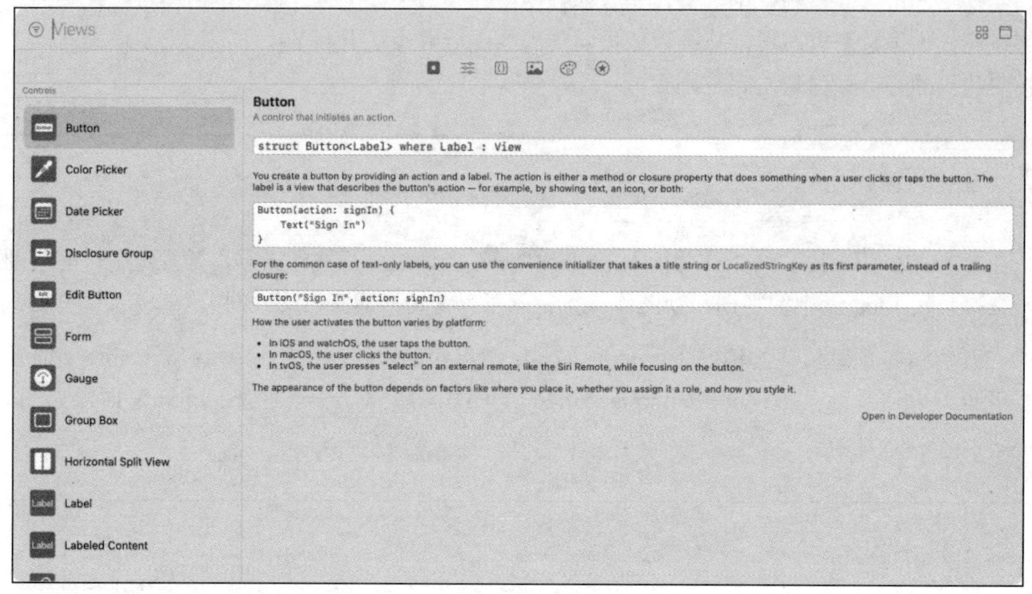

图 2-8　Views 栏目

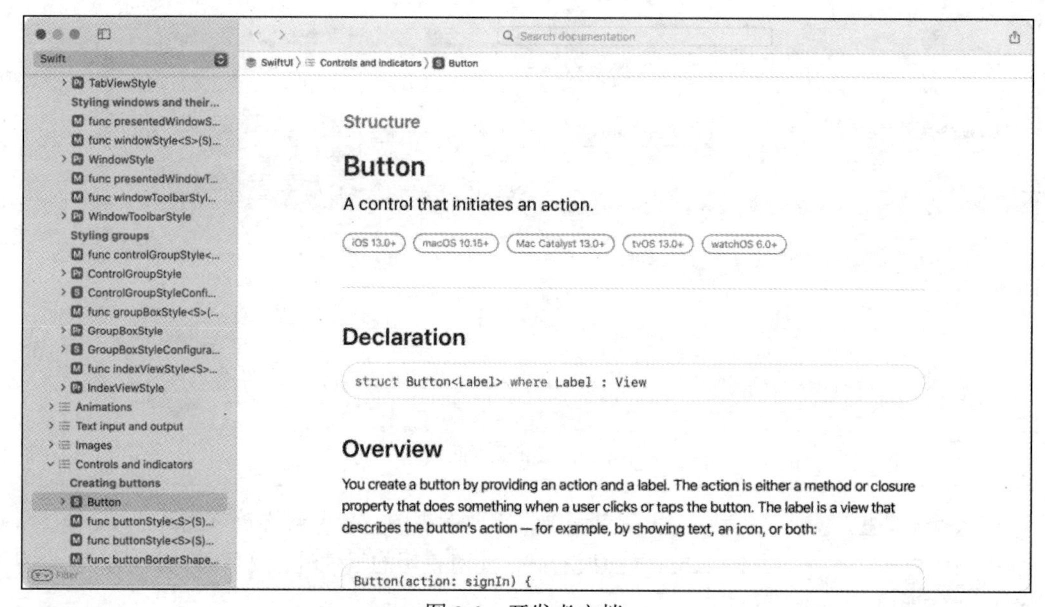

图 2-9　开发者文档

Apple 每年会推出或者更新组件库的内容，这可能导致某些特定组件只能适配某个系统版本，例如 Button 视图需要在 iOS 13 及以上版本的设备上运行，因此在组件的选用上，要同时考虑应用所能支持的最低版本。

在第 1 章中，TARGETS 部分设置了“Minimum Deployments”，当使用的 SwiftUI 组件的适配版本低于设置的版本时，Xcode 将会在代码编辑区域的指定代码上提示。代码上的最低版本提示如图 2-10 所示。

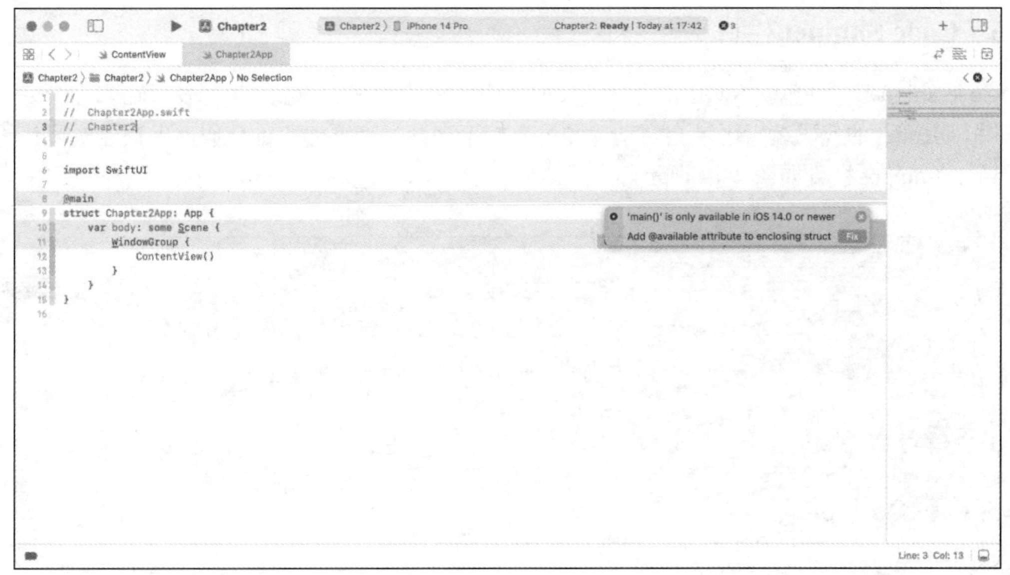

图 2-10　代码上的最低版本提示

2.2.2　Modifiers 栏目

Modifiers 栏目提供了 13 种类型（Controls 类、Effects 类、Layout 类、Text 类、Image 类、List 类、NavigationBar 类、Style 类、Accessibility 类、Events 类、Gesture 类、Shapes 类、Other 类）的视图修饰符，以供开发者使用。Modifiers 栏目如图 2-11 所示。

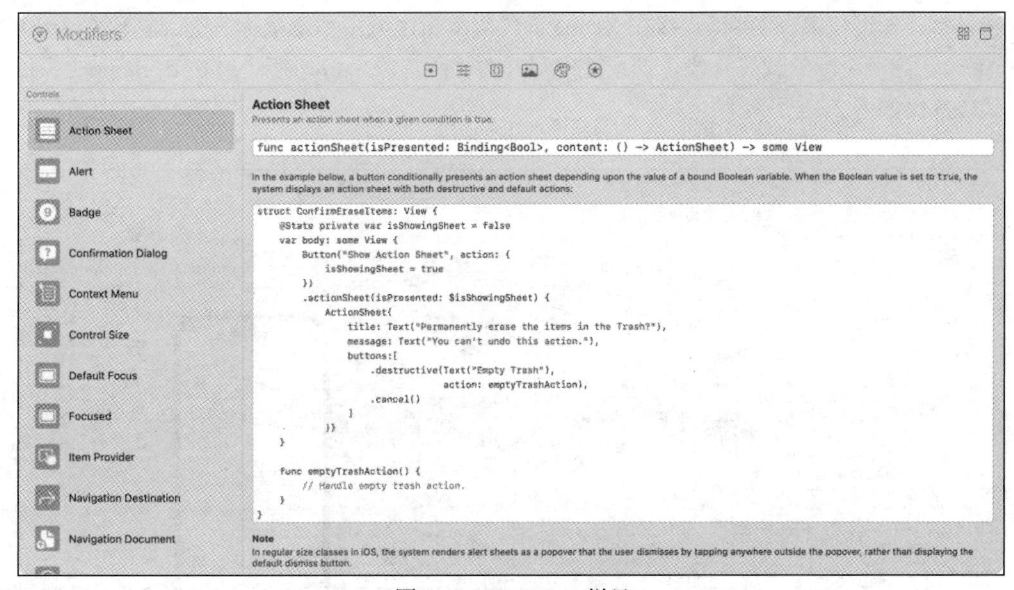

图 2-11　Modifiers 栏目

Modifiers 栏目与 Views 栏目中的类型似乎有一些重合，不同的是，Views 栏目中的组件主要用于在界面上显示 UI 元素，例如 Layout 类中的布局容器视图，而 Modifiers 栏目更多用于对视图进行修饰，并设置相关参数。

2.2.3 Code Snippet 栏目

Code Snippet 栏目包含 Swift 语言预定义的代码片段或者代码模板，当开发者输入一个或几个字符时，Xcode 的代码编辑区域会自动“预测”接下来开发者要输入的代码，并快速实现代码补全。Code Snippet 栏目如图 2-12 所示。

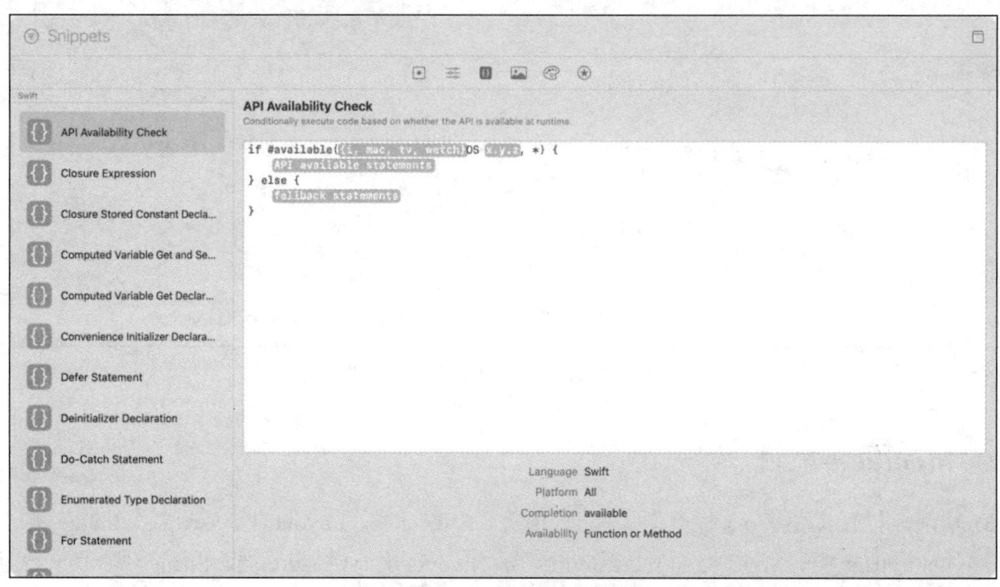

图 2-12 Code Snippet 栏目

在日常开发过程中，也可以直接在 Xcode 的代码编辑区域中单击鼠标右键，选择“Create Code Snippet”，创建一个新的代码片段，抑或选中写好的代码片段，将其存储到 Code Snippet 栏目中。创建代码片段如图 2-13 所示。

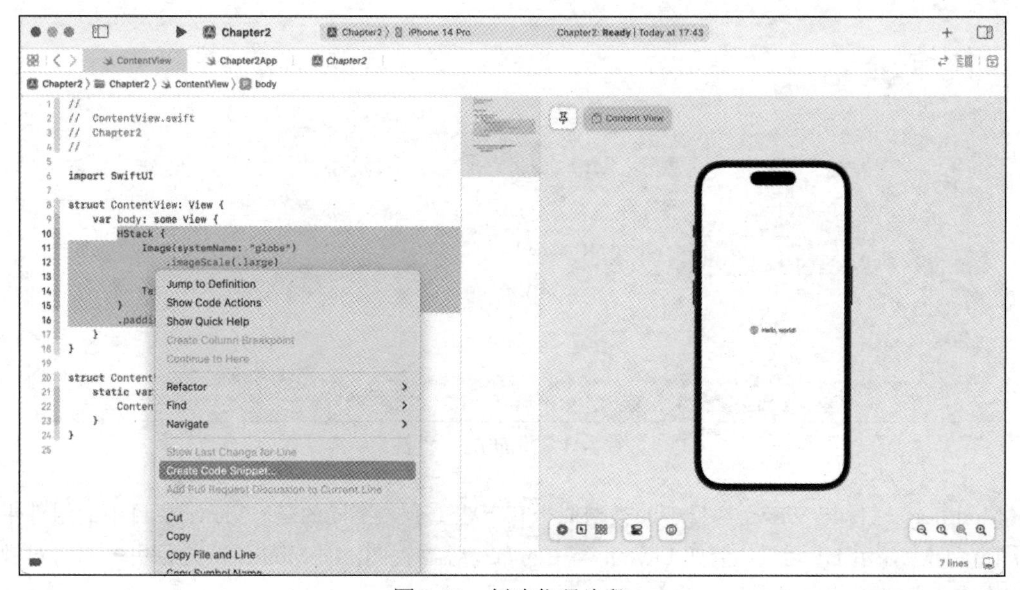

图 2-13 创建代码片段

2.2.4　Image 和 Color 栏目

第 1 章介绍了 Assets 库，开发者通过它可以快速创建和导入所需要的图片素材和颜色素材。在素材加载到项目中后，除了可以在 Assets 库中查看素材的名称，也可以在 Library 的 Image 和 Color 栏目中快速查看和调用素材。Image 和 Color 栏目如图 2-14 所示。

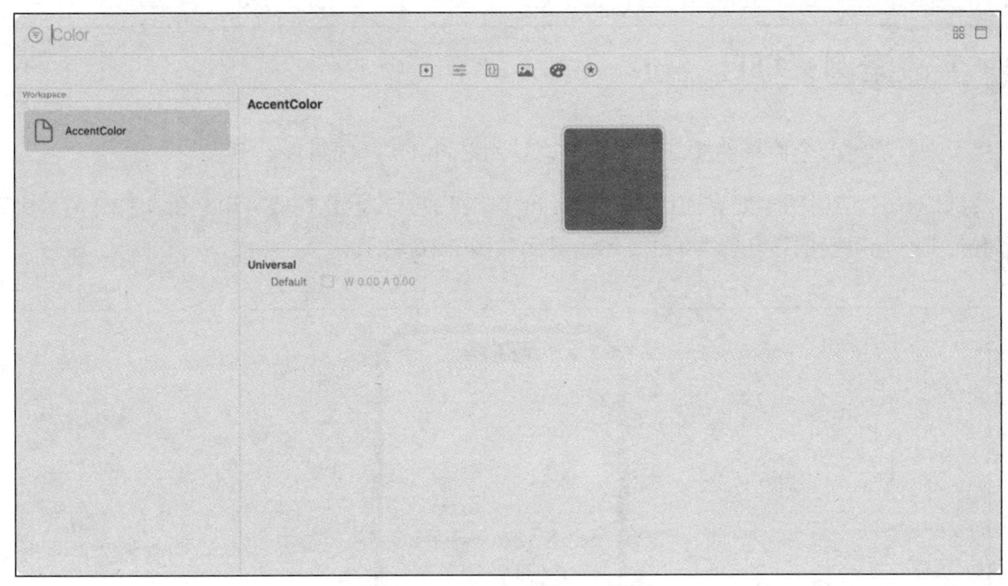

图 2-14　Image 和 Color 栏目

2.2.5　SF Symbols 栏目

最后一个栏目是 SF Symbols 栏目，开发者可以在该栏目中查看 SwiftUI 内置的 SF 符号，并且配合 Image 视图展示 SF 符号。SF Symbols 栏目如图 2-15 所示。

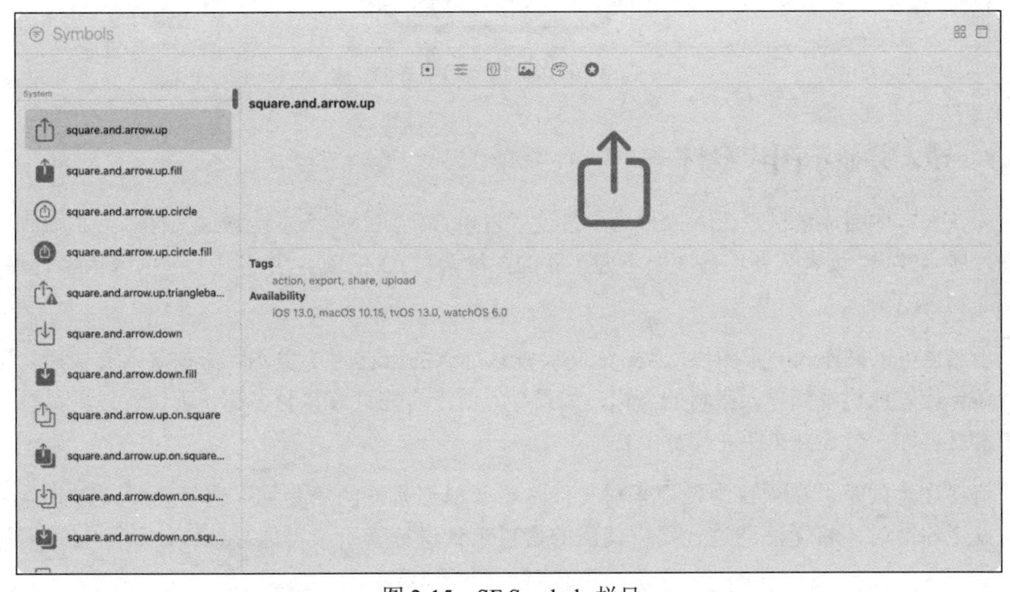

图 2-15　SF Symbols 栏目

SF 符号在设计语言上属于 SVG 矢量文件，不会随其尺寸改变而失真，这也让图标视图可以在任意界面自由实现放大或缩小、修改颜色等操作。在 SF Symbols 4 中，还加入了可变颜色和自动渲染等特性，图标上的统一标准使开发者更容易实现按钮单击等场景下的 UI 设计。

开发者，特别是初学者，可以通过使用 Library 来查看和学习 SwiftUI 框架的基本组件视图、视图修饰符等常用开发组件，很大程度上降低了 SwiftUI 学习的成本和开发门槛。

2.3　实战案例：每日一句

接下来，通过一个简单的实战案例来学习使用 SwiftUI 基础组件。

“每日一句”应用的主要界面由图片背景和文字组成，其主要功能为用户每次打开应用时，应用都会推荐一句唯美的语句。“每日一句”界面如图 2-16 所示。

图 2-16　“每日一句”界面

2.3.1　导入并显示图片素材

先导入本地图片素材，在 Assets 库中，读者可以直接拖入多个本地素材文件。为了得到更好的图片展示效果，读者需要准备 3 个不同尺寸的图片素材（3 倍图），并将其一起拖入 Assets 库中，如图 2-17 所示。

当然也可以只拖入一张图片，Xcode 将会默认拖入的素材为 1 倍图。素材导入完成后，可以在 Assets 库左侧栏看到导入素材的名称，如果导入前没有修订好素材名称，那么可以用鼠标左键双击素材名称，对素材文件进行重命名。

值得注意的是，在项目中使用素材文件时需要根据素材的“名称”进行索引，因此当素材名称发生修改时，将无法通过代码中使用的素材名称进行索引，可能导致无法找到图片素材而报错。

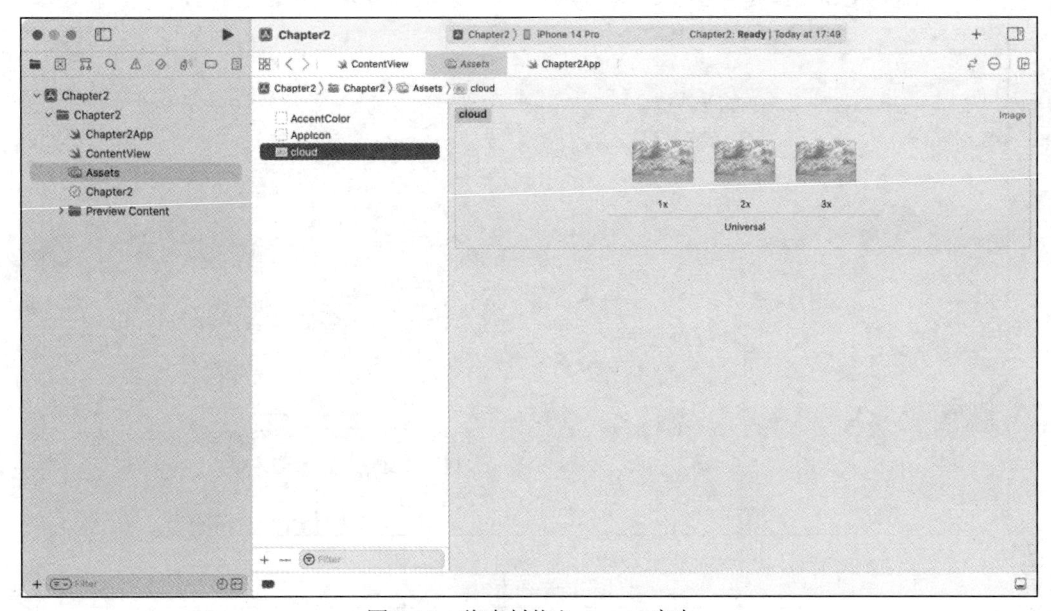

图 2-17　将素材拖入 Assets 库中

导入素材完成后，请确定素材名称符合使用习惯，方便后续在项目中调用素材。图片素材命名如图 2-18 所示。

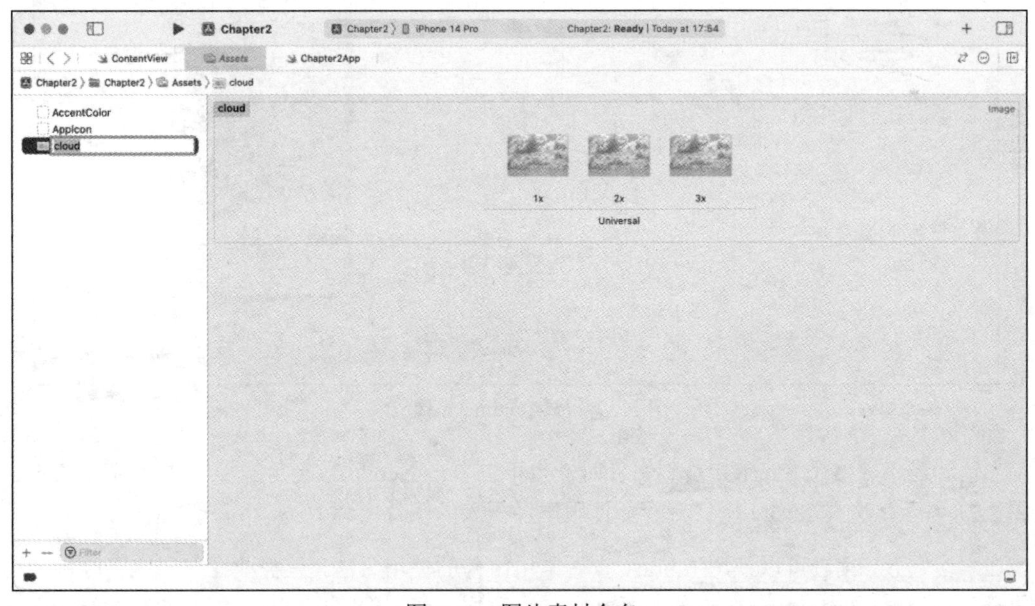

图 2-18　图片素材命名

除了拖入素材文件，还可以单击 Assets 库左侧栏下方的“+”按钮，在弹出的菜单中选择“Image Set”，在系统中打开文件夹，选择素材文件进行上传，如图 2-19 所示。

素材准备完成后，回到 ContentView 文件中。展示图片需要使用 SwiftUI 基础组件视图中的 Image 视图。使用该视图最简单的方法之一是将 body 属性的视图容器中的代码替换成 Image 代码块，如图 2-20 所示。

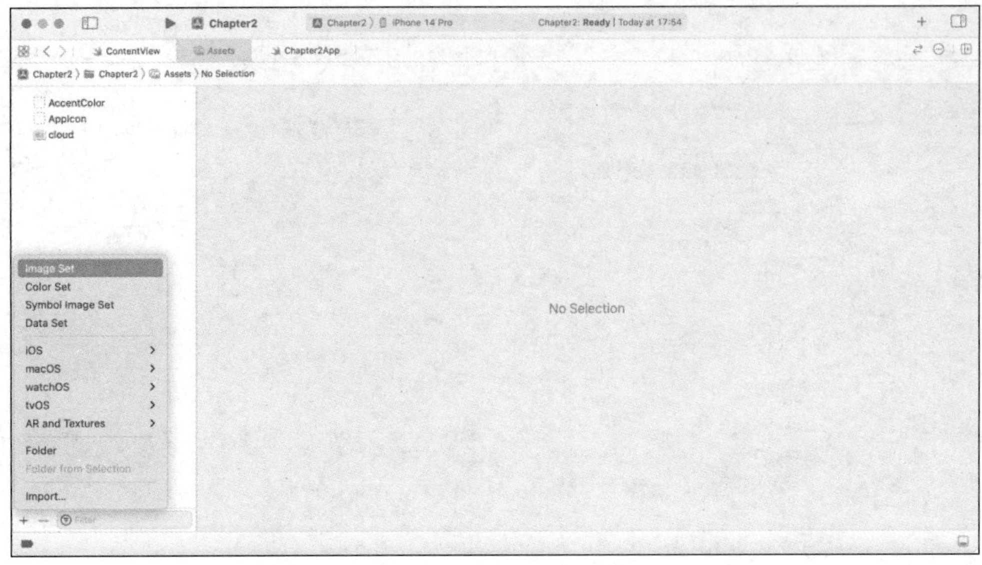

图 2-19　选择素材文件上传

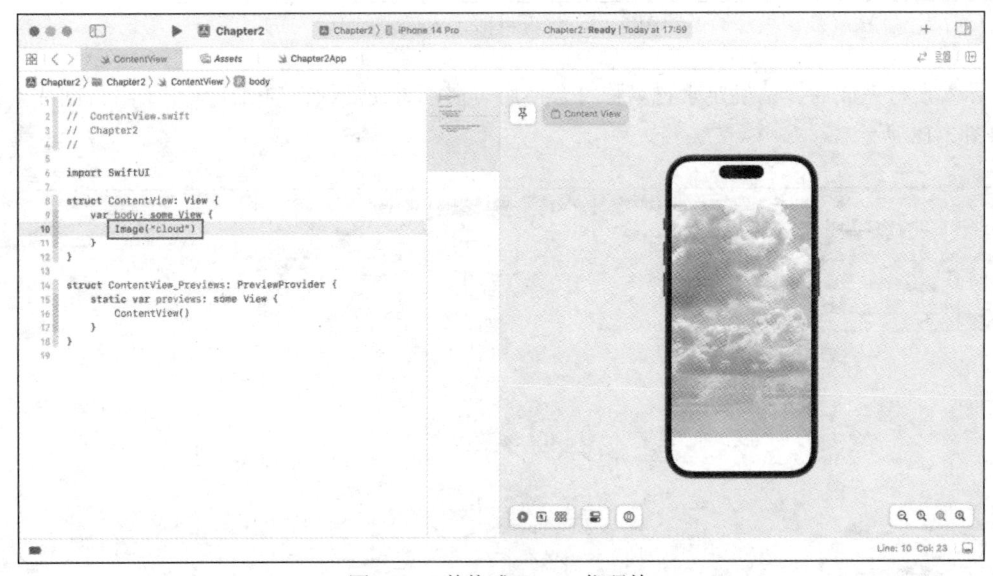

图 2-20　替换成 Image 代码块

当读者还不太熟悉 SwiftUI 基础组件时，也可以单击 Xcode 右上角的“+”按钮打开 Library，如图 2-21 所示，选择 Image 栏目查看并使用已经导入的图片素材。

在学习之余，读者可以使用 Library 查看常用组件的使用方法，只需要在代码编辑区域使用鼠标定位代码位置，在 Library 中选择组件并将其直接拖入代码编辑区域中，所选的组件就会直接插入代码编辑区域对应的代码位置。

另外，Image 视图的使用方式有两种，一种方式是在其内部参数中直接使用图片素材的名称，这样 Image 视图将直接利用字符串类型的名称作为索引，在 Assets 库中寻找导入的对应名称的图片素材，将找到的图片素材以图片的形式展示。另一种方式是使用 Image 视图的参数 systemName，直接在内置的 SF Symbols 库中查找图标素材，将其以图标图片的形式进行展示。

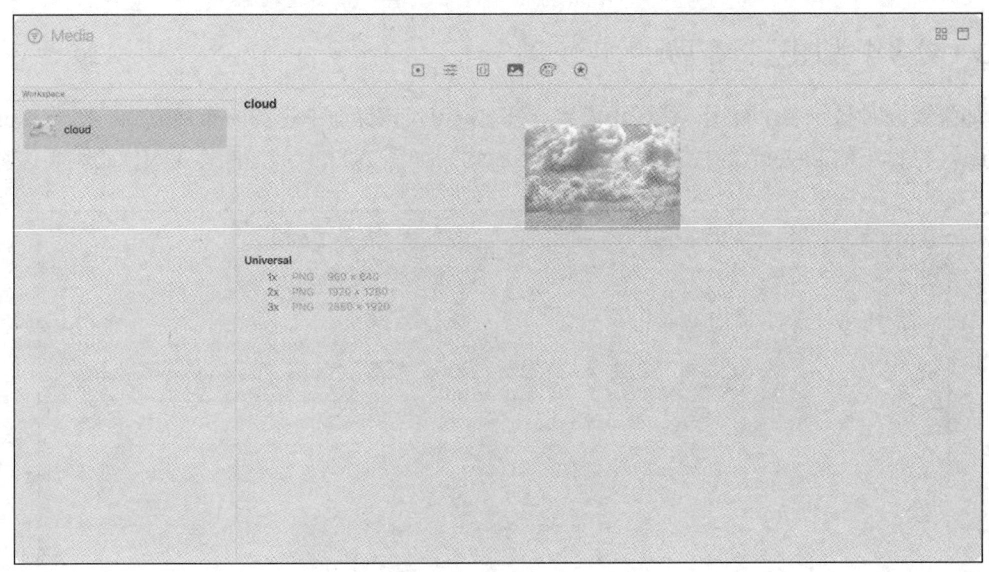

图 2-21　打开 Library

这两种方式使用的图片素材在修饰符的使用上有本质的区别，在后面的章节中将做详细的阐述。

2.3.2　使用 Text 视图显示文字

下面添加一个 Text 视图，用于显示推荐文字。

当 Text 视图被加入 body 中时，可以发现在实时预览窗口中并没有显示 Text 视图的内容，而在实时预览窗口左上角出现了两个预览视图（Content View）。添加 Text 视图如图 2-22 所示。

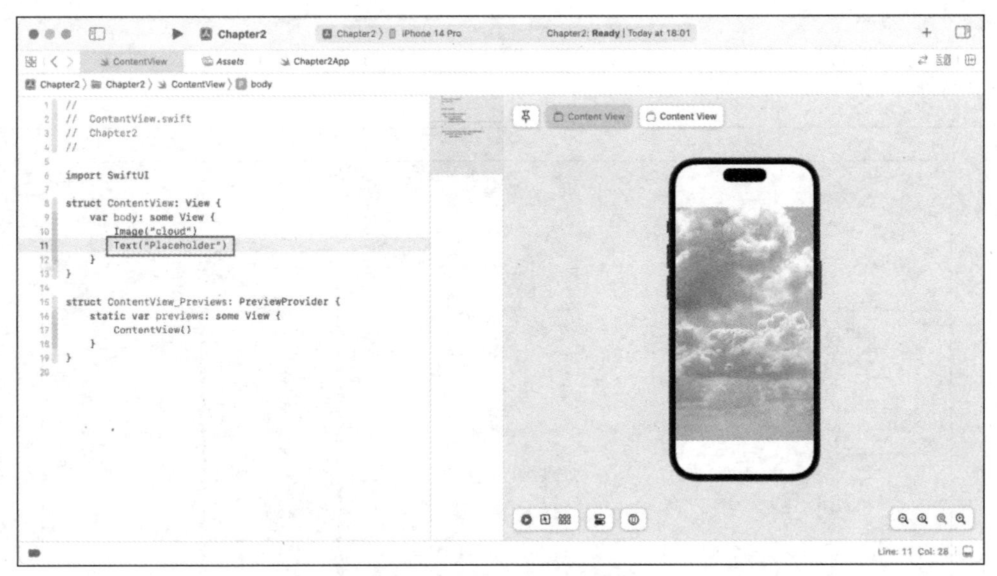

图 2-22　添加 Text 视图

这是因为在 body 属性的视图容器中有两个视图同时存在，即 Image 视图和 Text 视图，但代码中并没有说明两者之间的布局方式，SwiftUI 就直接将其作为两个视图存在。

2.3.3　对多个视图进行布局

如果要同时显示多个视图，那么还需要告知 SwiftUI 该界面中视图的布局方式。打开 Library，在 Views 栏目下的 Layout 类中，选择“Depth Stack”，如图 2-23 所示，将其拖入代码编辑区域中。

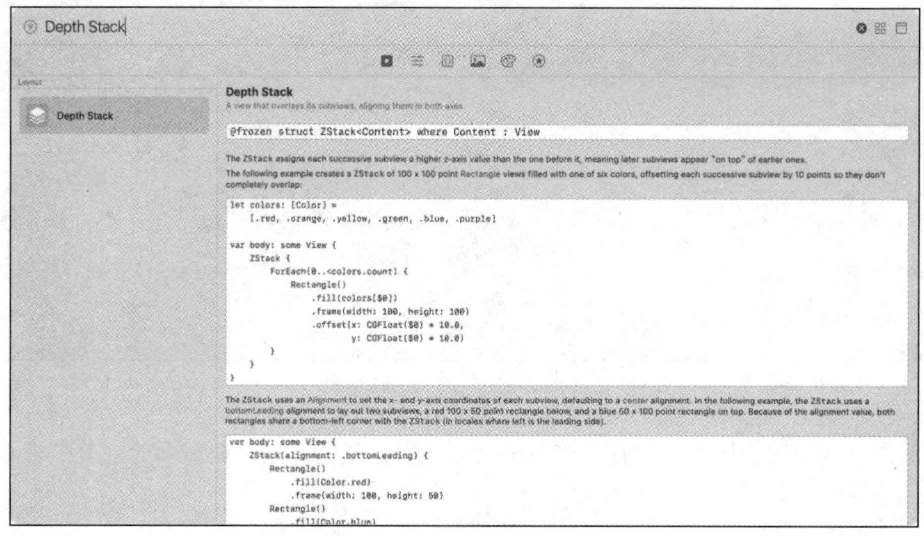

图 2-23　选择“Depth Stack”

此时在 body 属性的视图容器中有 3 个并行的视图，将 Image 视图和 Text 视图的代码剪切并粘贴到 ZStack 中，如图 2-24 所示。

ZStack 除了可以作为视图使用，还可以作为容器使用，在其内部的视图将按照堆叠的方式进行排布。

```
ZStack {
    Image("cloud")
    Text("Placeholder")
}
```

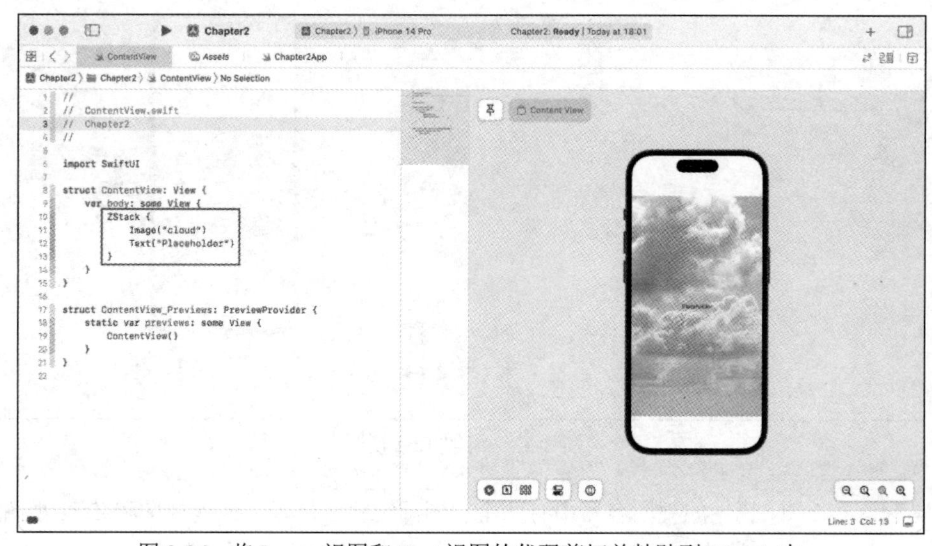

图 2-24　将 Image 视图和 Text 视图的代码剪切并粘贴到 ZStack 中

2.3.4　调整视图的样式

在实时预览窗口中可以看到，Image 视图中展示的名为“cloud”的图片素材只显示了一部分的内容，这是因为 Image 视图将图片素材加载到界面后，图片素材仍旧保持着原有的比例。

在实时预览窗口左下角的项目预览操作栏中，单击“Selectable”按钮，可以看到图片素材在设备中的真实尺寸，单击“Selectable”按钮后的效果如图 2-25 所示。

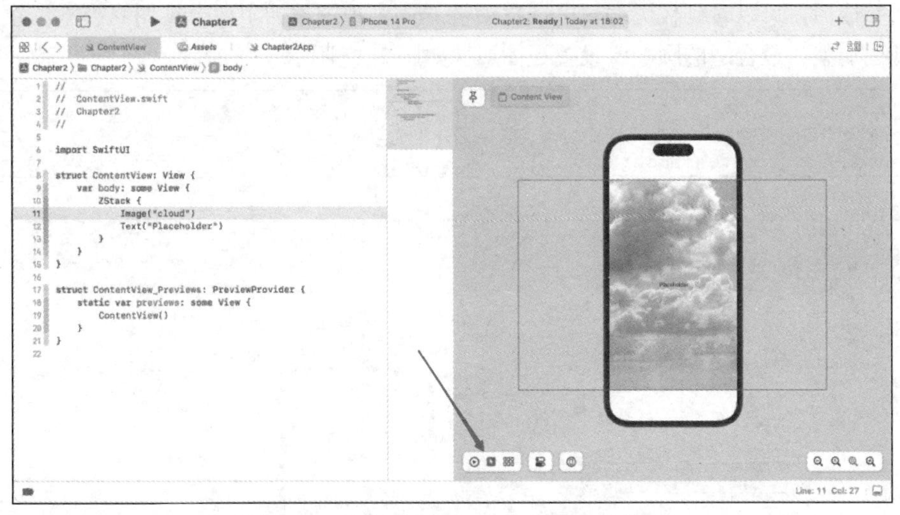

图 2-25　单击“Selectable”按钮后的效果

在读者熟悉了视图修饰符后，就可以很简单地借助 Xcode 的代码补齐功能直接在代码编辑区域编写代码，也可以在 Library 中查找对应的视图修饰符，而后将其添加到对应的视图中。

由于某些组件需要使用特定的视图修饰符，因此为了方便确定当前需要调整的视图匹配哪些常用的视图修饰符，我们还可以用“Inspectors”（检查器）来查看和修改视图的常用配置。

将光标定位到需要的视图，单击 Xcode 右上角的“展开/收起”按钮，就可以在“Attributes Inspectors”（属性检查器）栏目中查看视图的常用配置。“Attributes Inspectors”栏目如图 2-26 所示。

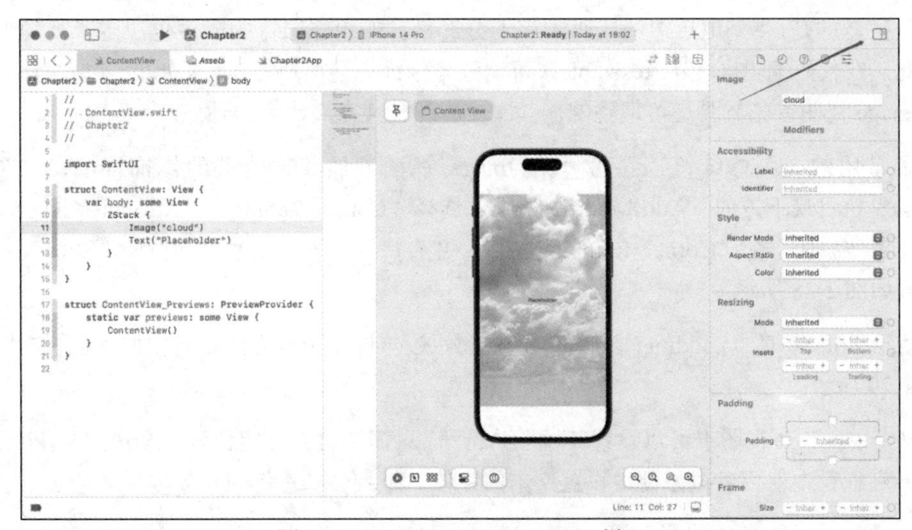

图 2-26　“Attributes Inspectors”栏目

对于显示的图片素材，我们希望图片素材能够不超出设备界面，而且在界面中显示的同时还需要保证不被拉伸，保持其原有的宽高比。

在“Attributes Inspectors”栏目中需要设置两部分的内容，首先需要设置“Style”（样式）栏目下的“Aspect Ratio”（宽高比）属性值为“Fit”（自适应），同时还需要设置“Resizing”（调整）栏目下的“Mode”（模式）属性值为“Inherited”（继承），该属性允许图片根据“Style”栏目中设置的属性进行尺寸大小的调整。

设置完成后，可以看到代码编辑区域自动给 Image 视图添加了两个视图修饰符，并且 Xcode 自动将代码调整为最合适的顺序。设置视图属性如图 2-27 所示。

```
Image("cloud")
    .resizable()
    .aspectRatio(contentMode: .fit)
```

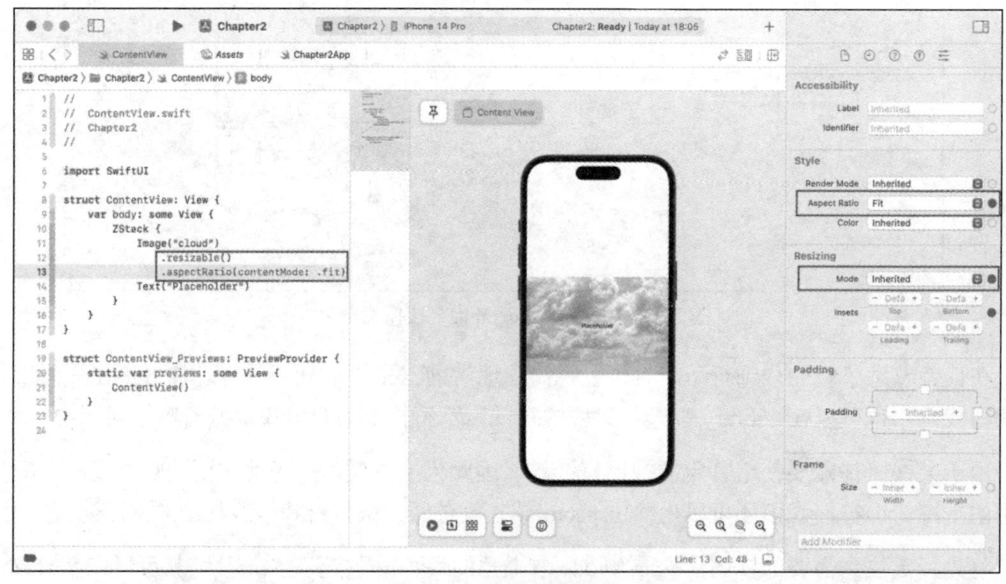

图 2-27　设置视图属性

值得注意的是，SwiftUI 中的代码顺序十分严格，视图修饰符的顺序也决定了视图调整的顺序。因此，在代码编辑区域中 resizable（可调整）修饰符会出现在 aspectRatio（宽高比）修饰符之前，Image 视图首先需要是可调整的，其次才能调整其宽高比为自适应。

除了常用的视图修饰符，还可以给 Image 视图添加其他内置的修饰符，在“Attributes Inspectors”栏目最下方的“Add Modifier”中，选择“Corner Radius”，“Attributes Inspectors”栏目中就会自动添加一个“Corner Radius”栏目，并支持设置 Image 视图的圆角度数。设置视图的圆角度数如图 2-28 所示。

最后给 ZStack 增加 padding 修饰符，让视图两边与设备边框之间留有空白。设置视图两边留白如图 2-29 所示。

同理，对于 Text 视图也可以设置其视图修饰符，只需要将光标定位到 Text 视图，在“Attributes Inspectors”栏目中就可以很方便地设置文本的字体、字号、颜色等。

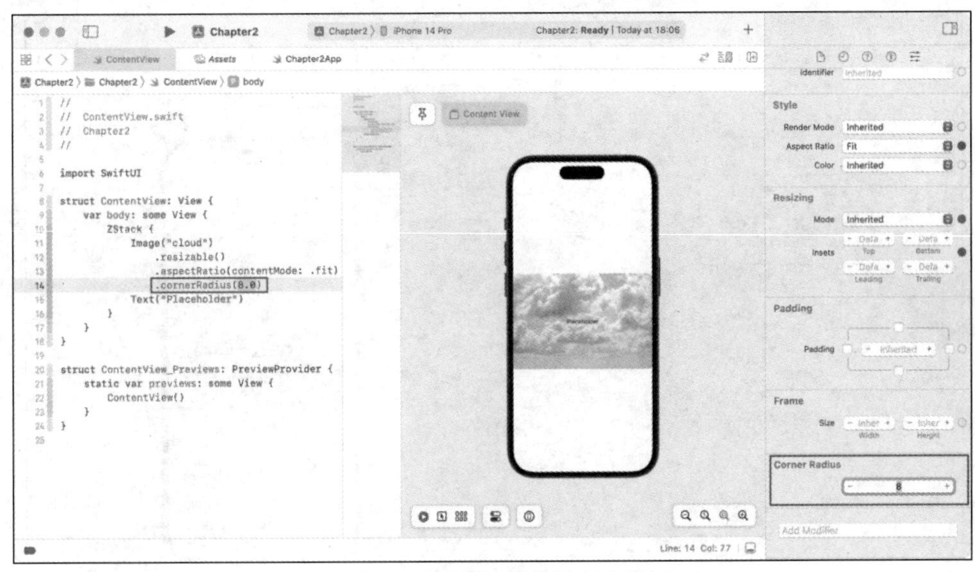

图 2-28　设置视图的圆角度数

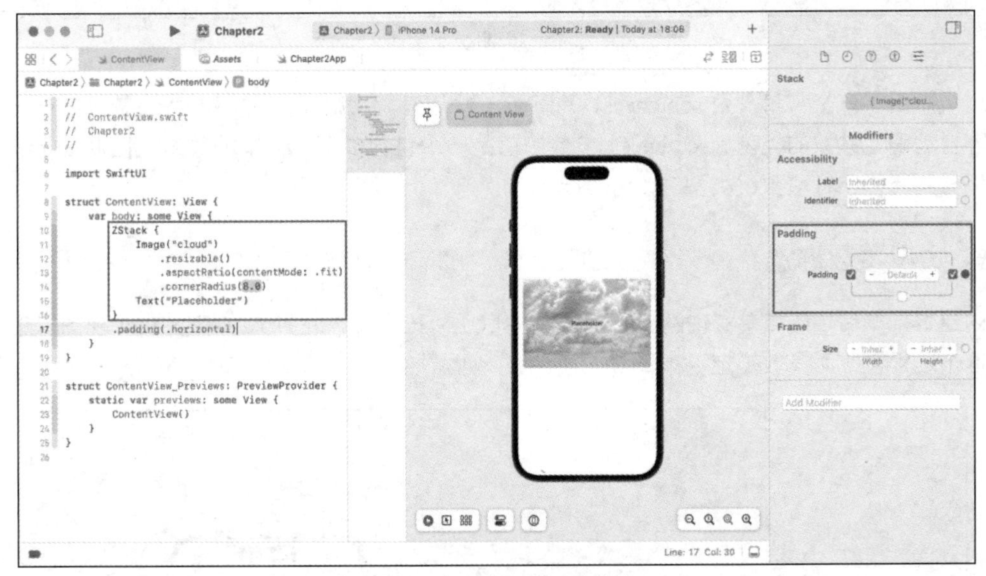

图 2-29　设置视图两边留白

2.3.5　创建“推荐文字”数据集

基础样式调整完成之后，接下来实现具体功能。

需要让 Text 视图显示推荐的文字，而且每一次刷新界面时显示不同的文字。为了实现该效果，需要准备一个数据集来存放多段文字，然后可以从这个数据集中随机取一段文字作为推荐的文字来显示。

数据集的创建在 Swift 语言中可以使用声明数组来实现，声明文字数组如图 2-30 所示。

参数的声明需要使用关键字 let 或者 var，二者的区别在于 let 是声明常量的关键字，即当前参数的值是固定不变的，也不允许重新赋值或者修改这个参数。而 var 关键字声明的参数常常是需要修改的变量，即该参数可以被重新赋值来显示不同的内容。

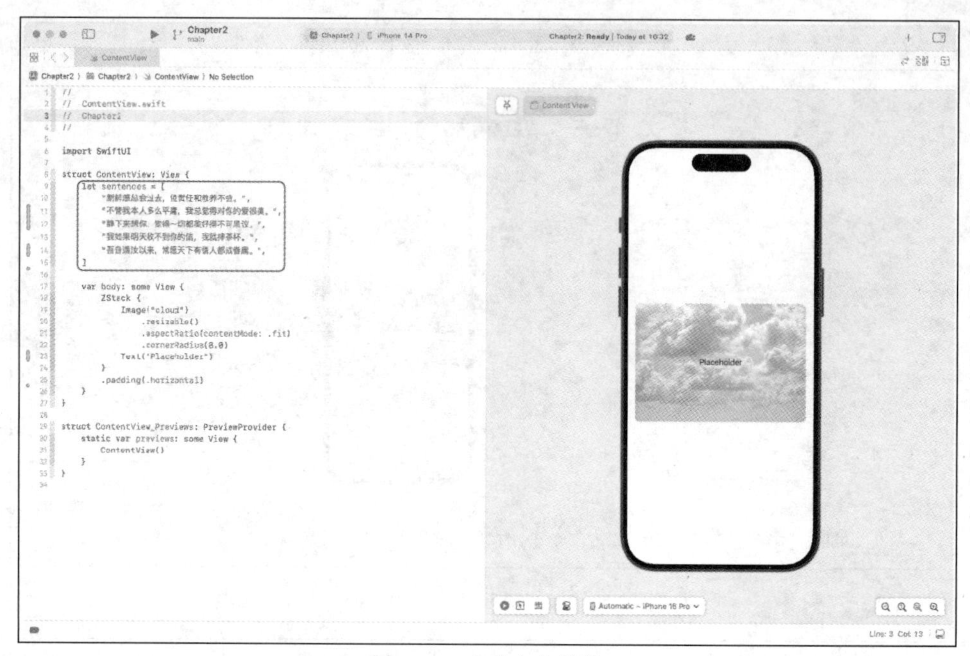

图 2-30　声明文字数组

这里声明了一个常量参数 sentences，并赋予了默认值。Swift 语言的一大特性是可以根据赋值的内容自动确定参数的类型。sentences 参数的值是一个包含多个字符串的数组，因此 SwiftUI 会自动将其判断为字符串数组类型（[String]）。

2.3.6　实现参数绑定

创建数据集后，还需要实现随机从数据集中取出一段文字，并将文字赋予 Text 视图以进行展示，这个过程被称为参数绑定，如图 2-31 所示。

图 2-31　参数绑定

此处使用@State 属性包装器声明 sentence 参数为字符串类型（String），Text 视图中的内容替换为 sentence 参数。

@State 属性包装器具备存储属性，其作用是监听参数值的变化。一旦参数值发生改变，@State 属性包装器不仅会存储这个新的参数值，还会确保在所有使用该参数的地方都进行相应的更新。这样，当 sentence 参数的值发生变化时，Text 视图将更新并显示改变后的文字。

2.3.7　实现随机推荐文字

在视图显示时，最终实现随机从 sentences 数组中取出一段文字并赋值给 sentence 参数的方法。随机推荐文字方法如图 2-32 所示。

```
// 视图显示时
.onAppear(perform:{
    self.sentence = sentences.randomElement() ?? ""
})
```

图 2-32　随机推荐文字方法

在 body 属性的视图容器中，显示的界面内容为 ZStack，因此 onAppear（视图显示）修饰符需要作用的对象层级为 ZStack 容器。

onAppear 修饰符中的 perform 参数关联触发动作，这里将其设定为使用 randomElement（随机元素）方法从 sentences 取数据，并赋值给 sentence 推荐文字参数。由于 randomElement 方法的特性，为避免取数据为空而导致的错误，还需要增加空合运算符（??），当返回的内容为空时，返回一个空字符串的内容。

此时可以将应用安装到模拟器上，查看每一次视图显示时的文字推荐效果，项目成果预览如图 2-33 所示。

图 2-33　项目成果预览

第 3 章

初探动画：感受 SwiftUI 独特的魅力

动画交互一直以来都是开发者所“头疼”的难题。

在过往的开发实践中，要实现一个动画交互效果常常需要对 UI 中的元素进行精细化的调整，例如通过设置其位置、样式等参数来实现某一个动作。

而在 SwiftUI 中，开发者只需要借助简单的修饰符或者函数，就可以实现令人惊艳的动画交互效果。本章将创建一个名为“Chapter3”的 SwiftUI 项目，并在此项目基础上对相关内容进行讲解和分享。

3.1 深入浅出使用 Button 视图

几乎所有 App 中都能找到按钮的身影。在产品设计时，开发者常常需要提供能与用户进行交互的按钮，在用户单击按钮后实现 App 执行相应操作的效果。

3.1.1 创建一个 Button 视图

在 SwiftUI 中，可以使用 Button（按钮）视图来描述 UI。在 Library 中，可以查看与 Button 视图相关的使用方法，Button 视图的使用说明如图 3-1 所示。

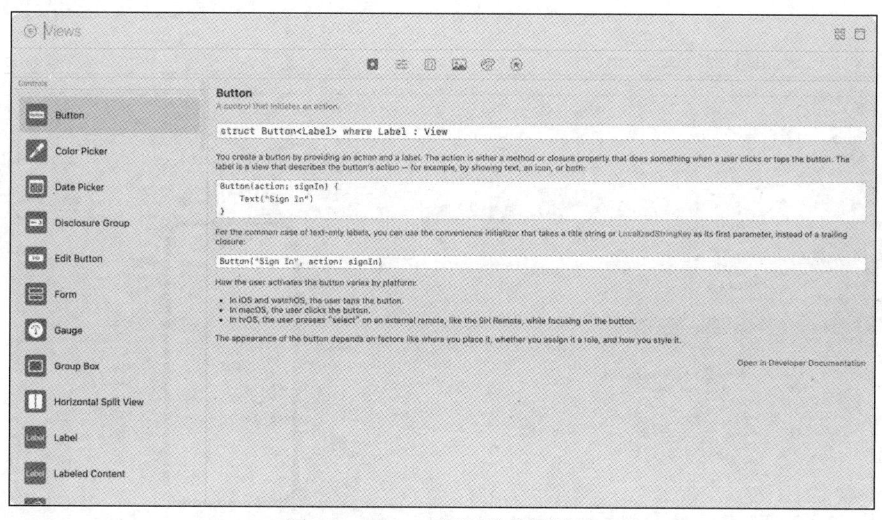

图 3-1　Button 视图的使用说明

在官方说明文档中，创建 Button 视图时除了需要设计 Button 视图的 UI 样式，还需要说明按钮的操作，即单击按钮后需要执行什么动作。

删除 ContentView 文件中原本视图的内容，拖入一个 Button 视图。Button 视图的代码结构是在 Button 的参数中设置按钮上显示的文字，在闭包中执行按钮被单击时的动作。Button 视图如图 3-2 所示。

```
Button("开始") {
    // 执行动作
}
```

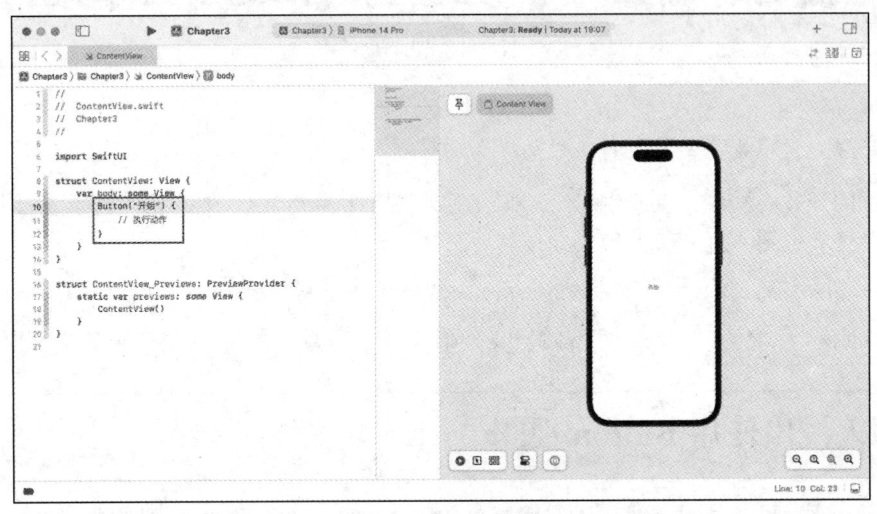

图 3-2　Button 视图

3.1.2　修改 Button 视图样式

常规的 Button 在 UI 设计上属于文字按钮，可以通过添加修饰符，让文字按钮变成主要按钮。修改 Button 视图样式如图 3-3 所示。

```
Button("开始") {
    // 执行动作
}
.buttonStyle(.borderedProminent)
```

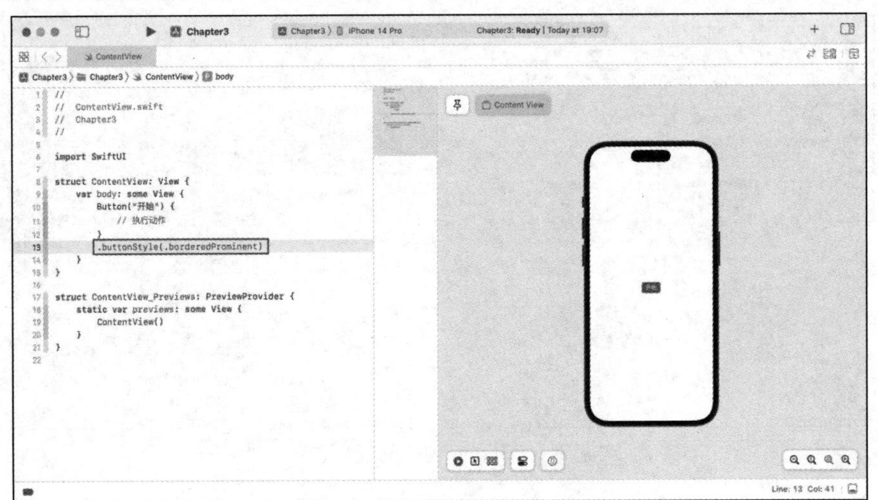

图 3-3　修改 Button 视图样式

buttonStyle（按钮样式）修饰符可以为 Button 视图添加内置的样式，可以设置 automatic、bordered、borderedProminent、borderless、plain 这 5 种样式参数，上面的示例使用了 borderedProminent 样式参数，以便突出按钮的背景色。

但在实际开发过程中，Button 视图的设计过程常常是复杂的，当内置的修饰符无法满足产品要求时，则需要借助多个修饰符的组合，来实现复杂的样式效果。接下来替换 buttonStyle 修饰符，使用多个修饰符来实现相同的样式效果，多个修饰符的组合效果如图 3-4 所示。

```
Button("继续") {
    // 执行动作
}
.font(.system(size: 20))
.foregroundColor(.white)
.padding(.horizontal, 32)
.padding(.vertical, 10)
.background(.blue)
.cornerRadius(8)
//    .buttonStyle(.borderedProminent)
```

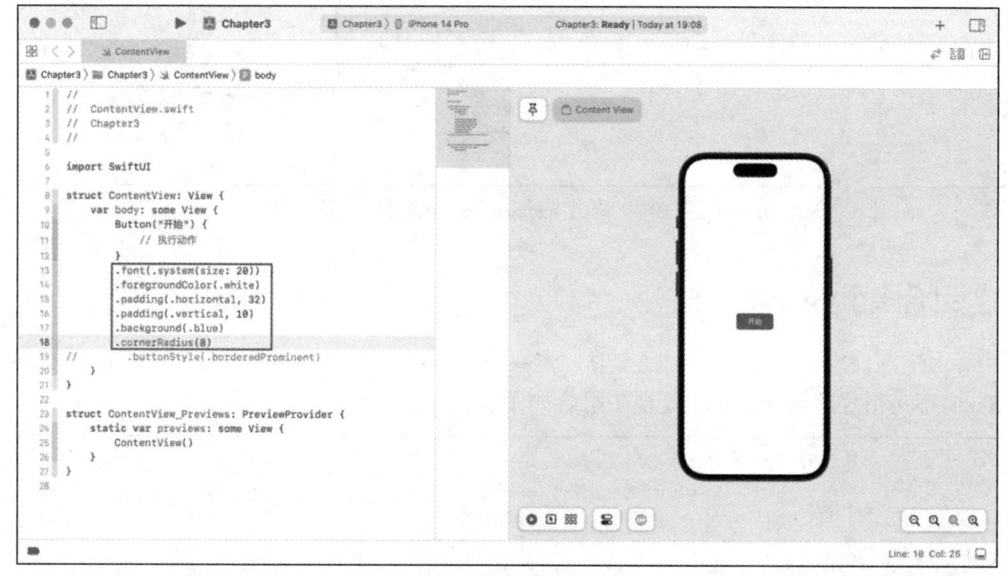

图 3-4　多个修饰符的组合效果

在上述代码中，通过设置 font（字体）修饰符的 size 参数，将文字按钮的字号调整为 20，使用 foregroundColor 修饰符设置文字的颜色，使用 padding 修饰符留出左右边距和上下边距，由于左右边距和上下边距不同，这里使用了两个 padding 修饰符。在留出边距后，通过使用 background 修饰符和 cornerRadius 修饰符，最终可以得到一个圆角的主要按钮。

为什么需要做这么复杂的事情呢？这是因为 SwiftUI 提供的视图或者视图修饰符，都是最基础的单元，通过组合的方式，开发者可以创建新的复杂的组合视图。

修改修饰符的参数，可以在原有视图不变的情况下快速得到一个新的按钮，修改 background 修饰符参数如图 3-5 所示。

```
Button("停止") {
    // 执行动作
}
```

```
.font(.system(size: 20))
.foregroundColor(.white)
.padding(.horizontal, 32)
.padding(.vertical, 10)
.background(.red)
.cornerRadius(8)
```

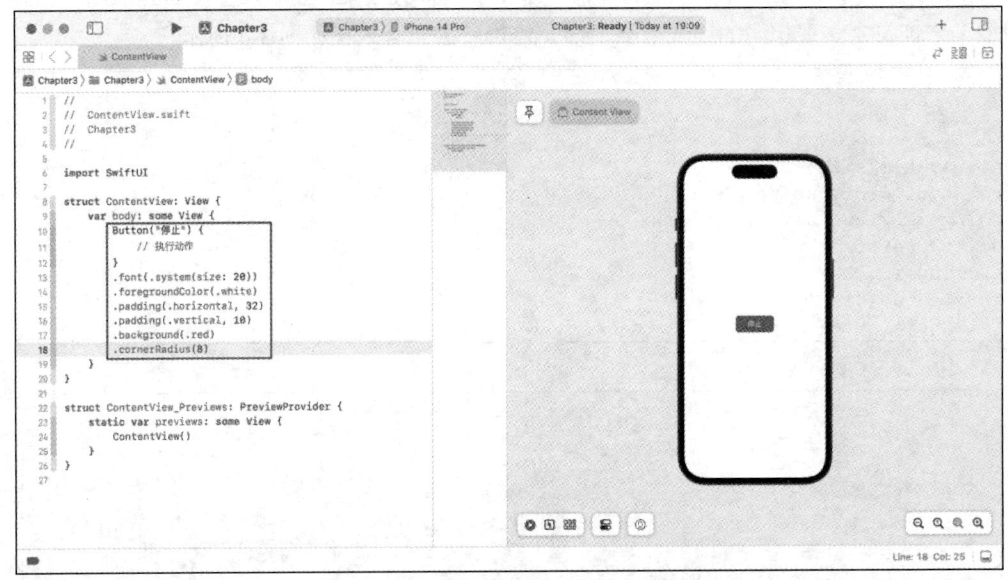

图 3-5　修改 background 修饰符参数

3.1.3　组合多个 Button 视图

当界面中需要组合多个 Button 视图时，需要借助布局容器视图进行视图元素的布局，HStack 和 VStack 都是很好的选择。Button 视图组合如图 3-6 所示。

```
HStack {
    Button("停止") {
        // 执行动作
    }
    .font(.system(size: 20))
    .foregroundColor(.white)
    .padding(.horizontal, 32)
    .padding(.vertical, 10)
    .background(.red)
    .cornerRadius(8)

    Button("继续") {
        // 执行动作
    }
    .font(.system(size: 20))
    .foregroundColor(.white)
    .padding(.horizontal, 32)
    .padding(.vertical, 10)
    .background(.green)
    .cornerRadius(8)
}
```

视图排布需要将视图放置在布局容器视图的闭包中，并且按照代码现有顺序进行排列。

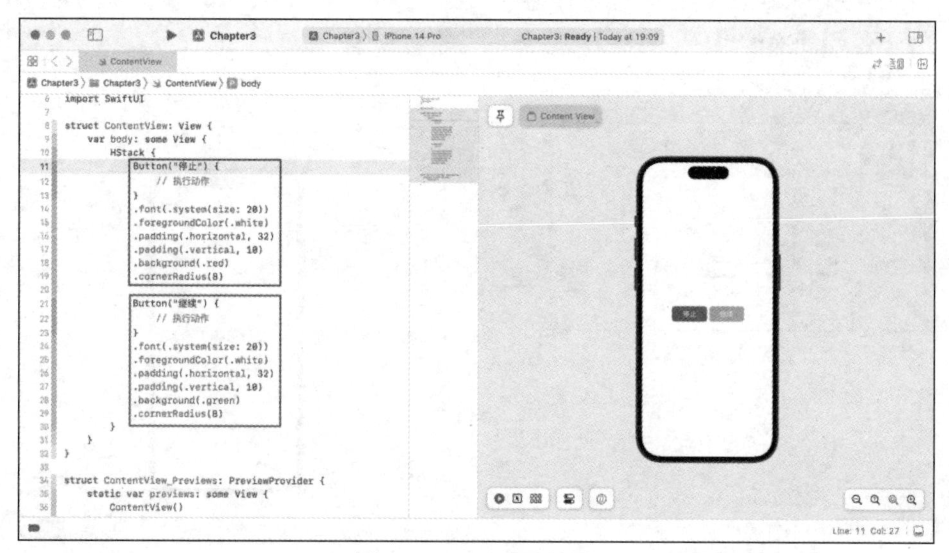

图 3-6　Button 视图组合

但对于这里存在的多个 Button 视图，修饰符部分的代码高度相似，只有 background 修饰符的参数值不同。如果按照现在这种方式，当界面中存在更多的 Button 视图时，那么视图的代码将会占据整个代码编辑区域，在后续维护中也不方便进行 UI 的统一调整。

SwiftUI 似乎也考虑到了这种情况，它提出了自定义样式的思路。开发者可以在内置修饰符的基础上自定义按钮样式，并调用 buttonStyle 修饰符将样式添加到视图中，实现基础样式的统一化。

3.1.4　自定义按钮样式

自定义视图需要遵循 View 协议，而创建自定义按钮样式遵循的协议为 ButtonStyle（按钮样式）协议。创建一个自定义按钮样式的结构体，并组合修饰符形成一个新的样式参数。自定义按钮样式如图 3-7 所示。

```
// 自定义按钮样式
struct CustomButtonStyle: ButtonStyle {
    var backgroundColor: Color

    func makeBody(configuration: Configuration) -> some View {
        configuration.label
            .font(.system(size: 20))
            .foregroundColor(.white)
            .padding(.horizontal, 32)
            .padding(.vertical, 10)
            .background(backgroundColor)
            .cornerRadius(8)
    }
}
```

ButtonStyle 协议的使用方式与 View 协议的使用方式类似，需要在其中定义一个 makeBody 函数，在 makeBody 函数中给按钮添加修饰符并最终返回一个 some View。此时，修饰符所修饰的对象不再局限于固定的视图，而是采用配置的视图 configuration。当调用该配置时，即可将其作用于需要应用修饰符的视图之上。

由于按钮的背景色需要根据不同的使用场景来指定，因此可以通过声明变量的方式传入 backgroundColor。

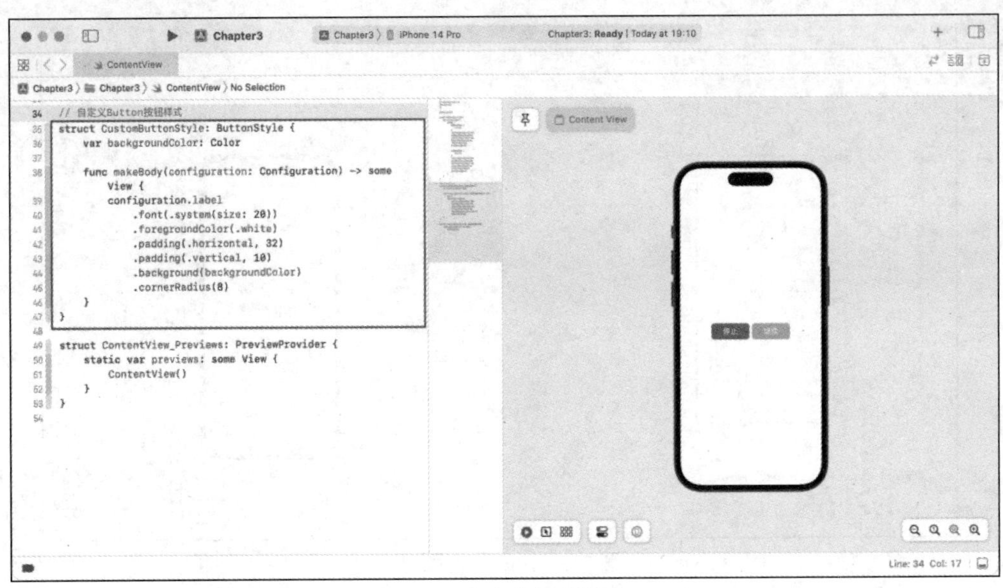

图 3-7　自定义按钮样式

回到视图中，可以直接使用 buttonStyle 修饰符将自定义的按钮样式作用到 Button 视图上。使用自定义修饰符如图 3-8 所示。

```
HStack {
    Button("停止") {
        // 执行动作
    }
    .buttonStyle(CustomButtonStyle(backgroundColor: .red))

    Button("继续") {
        // 执行动作
    }
    .buttonStyle(CustomButtonStyle(backgroundColor: .green))
}
```

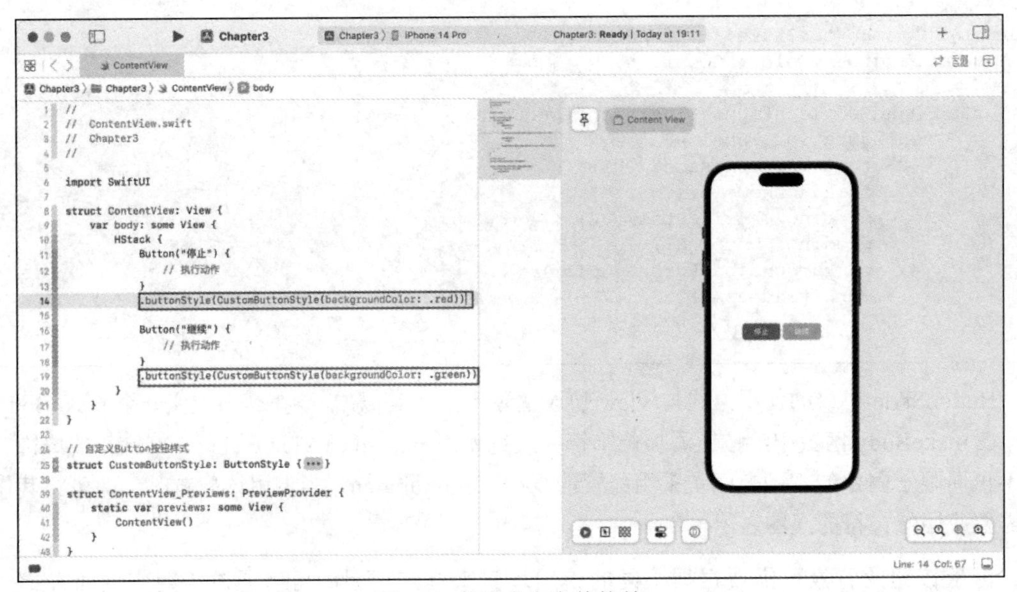

图 3-8　使用自定义修饰符

3.2　引入条件判断语句

在产品设计中，常常会遇到根据不同条件展示或者触发不同操作逻辑的场景，即用户单击什么，就相应执行什么。这时就需要借助 Swift 语言中的条件判断语句进行逻辑判断，从而实现界面样式或者操作交互上的变化。

3.2.1　三元运算符

三元运算符（Ternary Operator）是一种基于条件满足情况执行不同代码块的条件判断运算符，当条件被满足时执行代码块 A，否则执行代码块 B。

我们以不同状态下的按钮作为示例，首先声明一个 Bool 类型的变量，以此来确定 Button 视图的初始状态，并在单击按钮时切换按钮状态。三元运算符的使用如图 3-9 所示。

```
import SwiftUI

struct ContentView: View {
    @State var isStarted: Bool = false

    var body: some View {
        Button(isStarted ? "暂停" : "开始") {
            self.isStarted.toggle()
        }
        .buttonStyle(CustomButtonStyle(backgroundColor: .blue))
    }
}
```

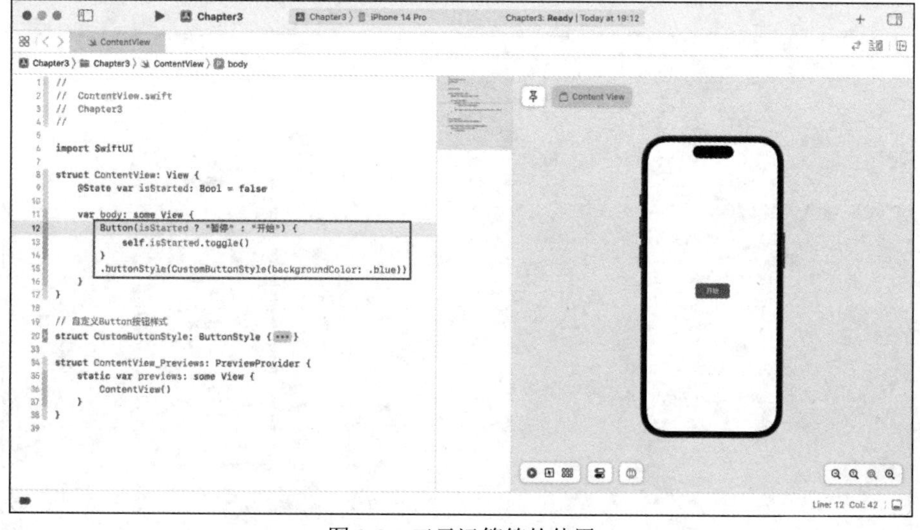

图 3-9　三元运算符的使用

其中，使用@State 属性包装器声明 isStarted 参数为 Button 视图的初始状态，默认为 false。在 Button 视图的参数中使用三元运算符，根据 isStarted 参数的状态来显示不同的文字。同时当单击按钮时，切换 isStarted 参数的状态。

三元运算符的语法结构为“状态 ? 结果 1 : 结果 2”，当 isStarted 参数的状态通过单击动作发生变化时，Button 视图会跟随变化后的状态显示另一种样式。Button 视图初始状态切换如图 3-10 所示。

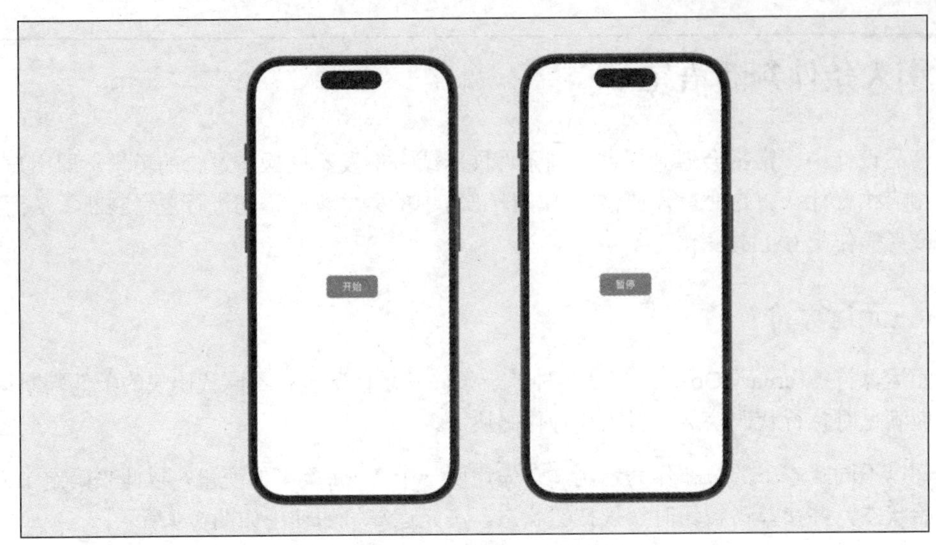

图 3-10　Button 视图初始状态切换

3.2.2　if-else 语句

三元运算符的语法效果类似于 if-else 语句的语法效果，在简单的条件判断场景中，使用三元运算符可以在很大程度上简化代码。但在一些复杂的条件判断场景中，特别是多个条件组合判断时，还是需要借助 if-else 语句进行条件判断。

例如在单击 Button 视图时，toggle 的核心就是通过判断参数的当前状态进而切换到另一种状态。toggle 的功能介绍如图 3-11 所示。

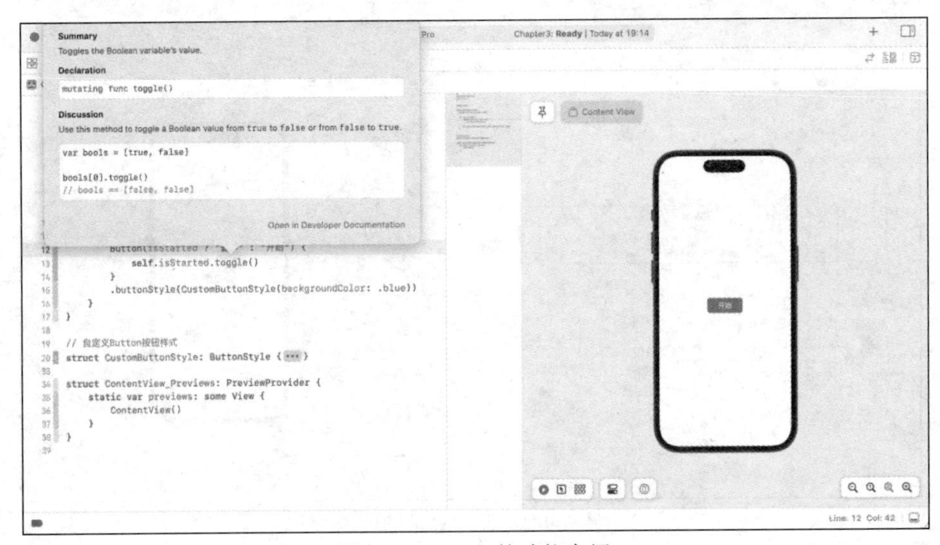

图 3-11　toggle 的功能介绍

使用 if-else 语句重写 toggle 状态切换逻辑，可以得到更加清晰且可以扩写功能的代码块，if-else 语句的使用如图 3-12 所示。

```
Button(isStarted ? "暂停" : "开始") {
    if !isStarted {
        self.isStarted = true
```

```
    } else {
        // 执行动作
    }
}
.buttonStyle(CustomButtonStyle(backgroundColor: .blue))
```

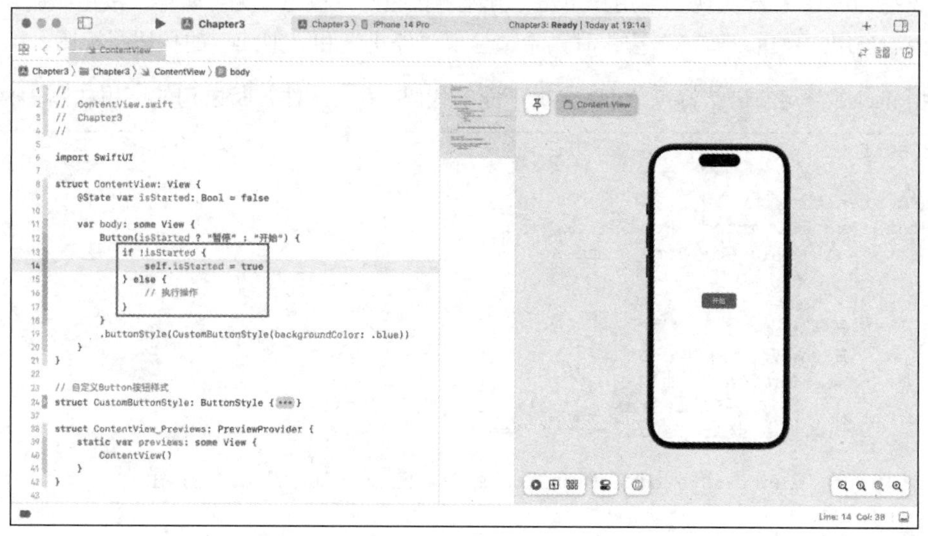

图 3-12　if-else 语句的使用

特别注意的是，if-else 语句和三元运算符有一个核心的区别，三元运算符的语法逻辑是根据当前状态参数的默认值来呈现视图，若当前的状态参数 isStarted 的默认值为 false，则结果 1 会显示 false 值对应的内容，结果 2 会显示 true 值对应的内容。

然而，if-else 语句的语法逻辑是，先判断状态参数 isStarted 的值为 true 时执行什么，再判断 else 分支中的值为 false 时执行什么。因此可以看到 if 分支中使用了逻辑非运算符（!），于是，当 isStarted 的值为 false 时，单击 Button 视图，会将 isStarted 的值转换为 true。

在单击右侧的实时预览窗口中的按钮后，按钮的文案将切换为“暂停”，此时再次单击按钮，按钮的文案不会再切换为“开始”。if-else 语句的执行效果如图 3-13 所示。

图 3-13　if-else 语句的执行效果

3.2.3　条件判断语句实践

接下来介绍一个简单的案例。

在 3.2.2 节中，已经实现了当用户单击“开始”按钮时，按钮变为“暂停”按钮。那么在下一个场景中，当用户单击“暂停”按钮时，希望呈现“停止”和“继续”的按钮组视图。

根据 if-else 语句的语法特点，可以实现下面的代码，多级条件判断语句的应用如图 3-14 所示。

```
import SwiftUI

struct ContentView: View {
    @State var isStarted: Bool = false
    @State var isPaused: Bool = false

    var body: some View {
        if isPaused {
            HStack {
                Button("停止") {
                    self.isStarted = false
                    self.isPaused = false
                }
                .buttonStyle(CustomButtonStyle(backgroundColor: .red))

                Button("继续") {
                    self.isPaused = false
                }
                .buttonStyle(CustomButtonStyle(backgroundColor: .green))
            }
        } else {
            Button(isStarted ? "暂停" : "开始") {
                if !isStarted {
                    self.isStarted = true
                } else {
                    self.isPaused = true
                }
            }
            .buttonStyle(CustomButtonStyle(backgroundColor: .blue))
        }
    }
}
```

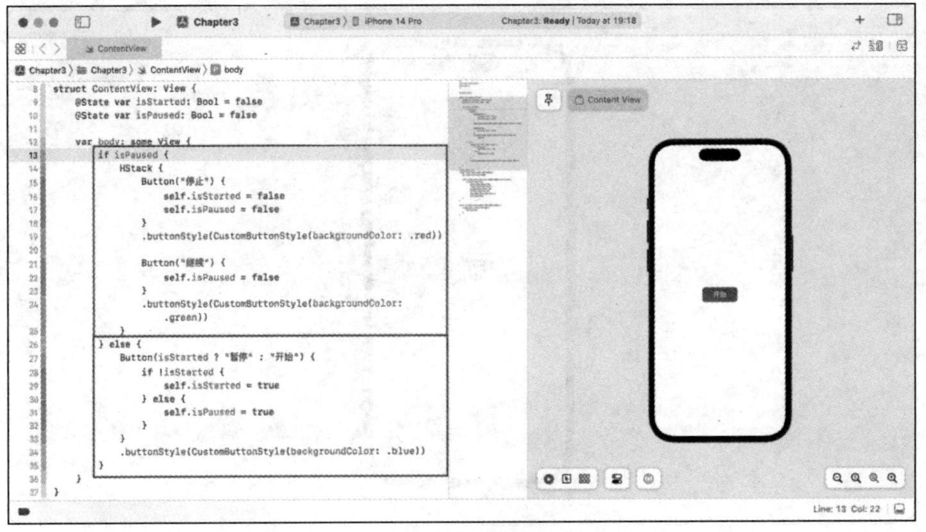

图 3-14　多级条件判断语句的应用

在上述代码中，除了原有的 isStarted 参数，还需要声明一个 isPaused 参数用于表示当前是否处于“暂停”状态。

单击按钮，切换 isPaused 参数状态为 true，则 ContentView 视图将展示 isPaused 参数状态为 true 的条件分支，会展示“停止”和“继续”的按钮组视图。

同理，在“停止”按钮和“继续”按钮被单击时，也要切换状态参数。单击“停止”按钮时，切换 isStarted 参数状态和 isPaused 参数状态为 false，那么视图会重新展示“开始”按钮视图。单击“继续”按钮时，只切换 isPaused 参数状态为 false，那么视图将重新展示“停止”按钮视图。

然后在实时预览窗口体验效果，这时出现了一个问题，“暂停”按钮视图无法切换到“停止”和“继续”的按钮组视图，哪怕切换成功，也无法切换回来。单击按钮组视图的效果如图 3-15 所示。

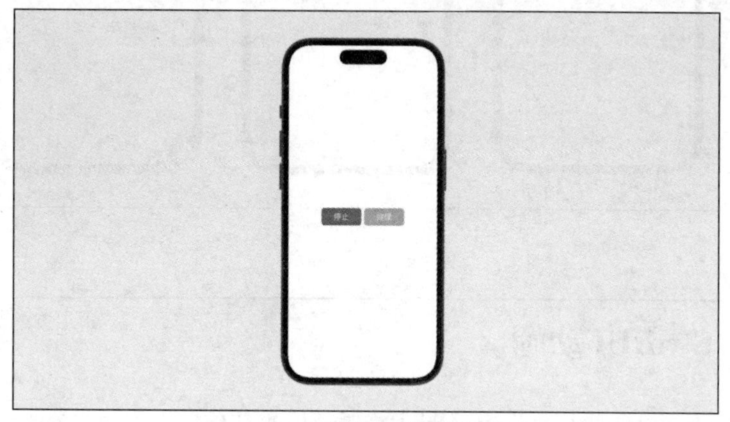

图 3-15　单击按钮组视图的效果

这是为什么呢？

首先需要了解 SwiftUI 关于视图的逻辑，在符合 some View 协议的 body 属性的视图容器中，视图的展示需要基于容器视图。

在本案例中，isPaused 状态参数只能控制状态和行为，无法触发视图的刷新。因此，还需要构建一个容器视图，将该状态参数所影响的视图包含在里面。外层布局容器视图如图 3-16 所示。

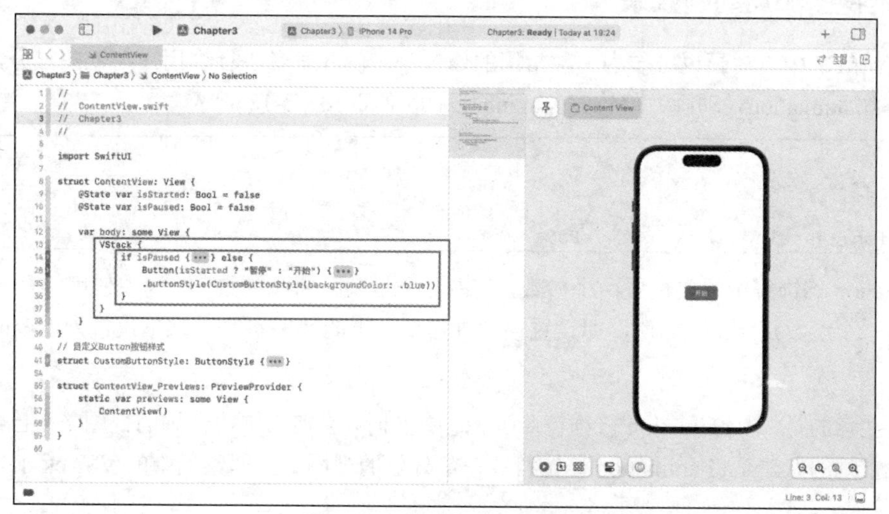

图 3-16　外层布局容器视图

接下来，在实时预览窗口体验条件判断的操作流程，会发现无法触发视图刷新的问题已经被解决了。条件判断语句实践预览如图 3-17 所示。

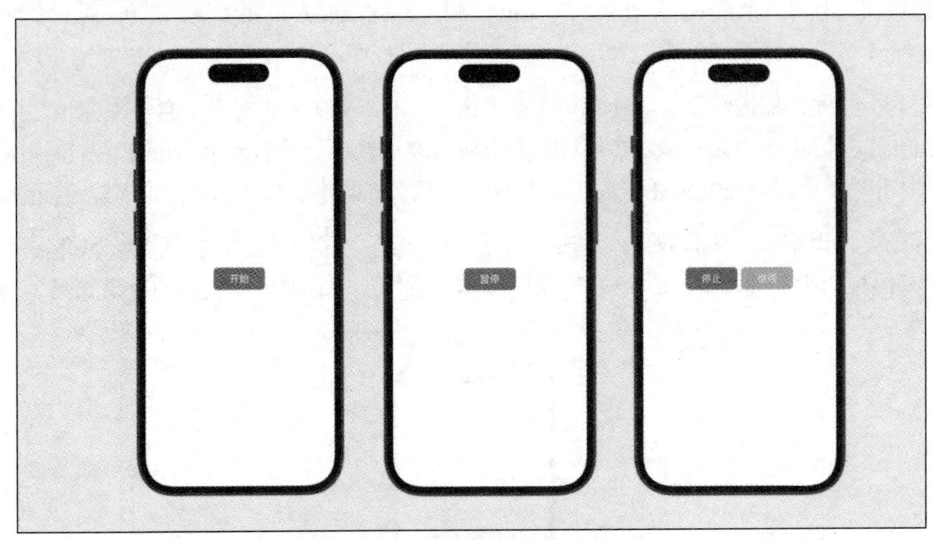

图 3-17　条件判断语句实践预览

3.3　神奇的 SwiftUI 动画

如果想要丰富一款 App 的内容，那么开发者需要构建多个 UI，并让 UI 串联起来，形成一个或者多个操作的流程。

在上述的案例中，当前 App 存在两个状态参数（isStarted、isPaused），分别控制显示“开始”按钮视图和“暂停”按钮视图。在实时预览窗口中可以看到，虽然已经完成了视图之间的切换，但切换视图的过程十分生硬，这时就需要使用“动画”来调节视图之间的过渡效果，让视图切换更加流畅。

3.3.1　给视图添加动画效果

在 SwiftUI 中，动画也可作为一种常用的修饰符，供开发者进行调用。在视图部分，可以给 VStack 添加 animation（动画）修饰符，animation 修饰符如图 3-18 所示。

```
VStack{
    // 代码块
}
.animation(.easeInOut, value: isPaused)
```

animation 修饰符中需要设置两个参数，其中一个是动画曲线参数，案例中使用的是 easeInOut 曲线；另一个参数是 value 的值，即设置该动画需要监听的状态参数，这里设置为 isPaused 状态参数。

值得注意的是，当 animation 修饰符监听状态参数时，当前修饰符修饰的视图必须已经加载完成，因此常规的做法是将 animation 修饰符放在最外层的视图上，即案例中的 VStack 上。

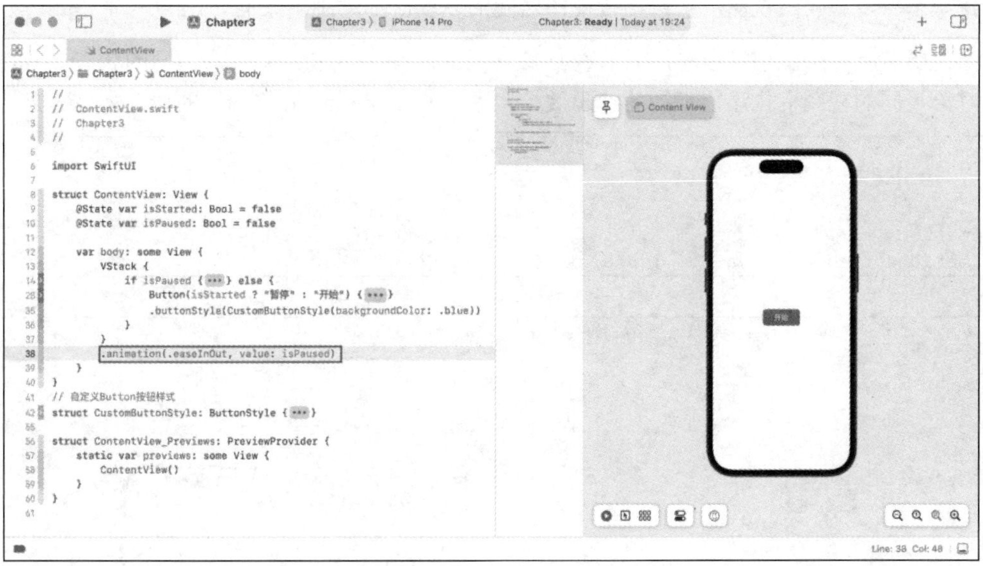

图 3-18　animation 修饰符

常规的动画曲线包含 easeIn（渐进）、easeInOut（渐入渐出）、easeOut（渐出）、linear（线性）、spring（弹性）5 种，除了设置动画曲线，还可以给动画曲线设置 duration（持续时长）参数，让动画效果更加明显。duration 参数的设置如图 3-19 所示。

```
VStack{
    // 代码块
}
.animation(.easeInOut(duration: 0.3), value: isPaused)
```

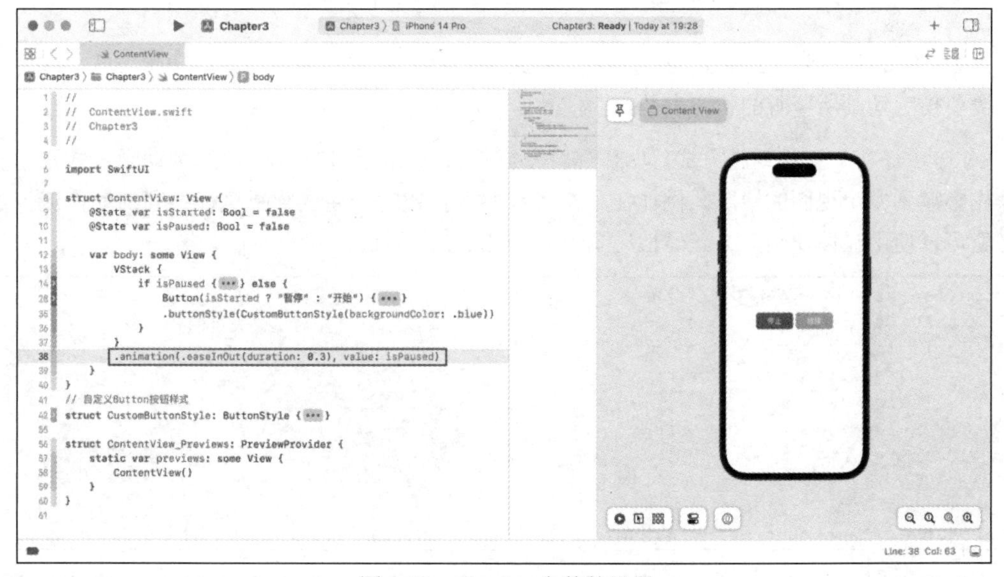

图 3-19　duration 参数的设置

3.3.2　隐性动画和显性动画

本节简单介绍 SwiftUI 动画方式，animation 修饰符本质上是通过监听状态参数的变化，来自动寻找状态参数影响的视图，并自动给视图之间的联动添加动画效果的。

当需要监听多个状态参数时，可以添加多个 animation 修饰符，并关联不同的状态参数，也可以同时给不同的视图变化添加不同的动画效果。添加多个 animation 修饰符的情况如图 3-20 所示。

```
VStack{
    // 代码块
}
.animation(.easeInOut(duration: 0.3), value: isPaused)
.animation(.spring(), value: isStarted)
```

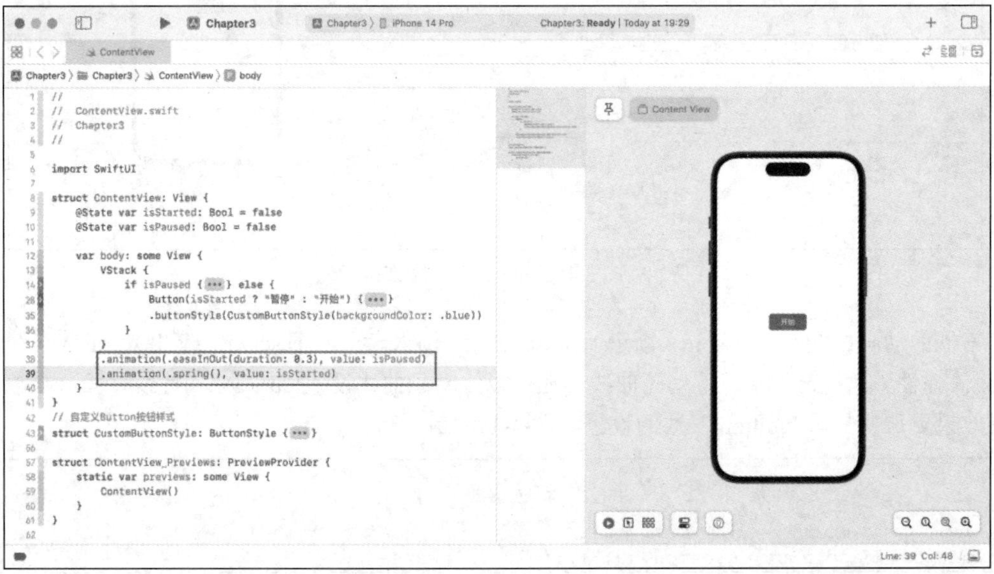

图 3-20 添加多个 animation 修饰符的情况

在 SwiftUI 中，使用 animation 修饰符给视图添加动画的方式被称为隐性动画方式，这种动画方式需要指定动画所监听的状态参数。

SwiftUI 还有另一种动画方式，叫作显性动画方式（withAnimation），这种动画方式常用于单个操作影响到多个视图的情况。例如在单击“开始”按钮时，通过判断执行不同的动作流，那么此时就可以使用显性动画方式。显性动画方式如图 3-21 所示。

```
Button(isStarted ? "暂停" : "开始") {
    withAnimation {
        if !isStarted {
            self.isStarted = true
        } else {
            self.isPaused = true
        }
    }
}
.buttonStyle(CustomButtonStyle(backgroundColor: .blue))
```

在上述案例中，给“开始”按钮视图的单击动作中添加了显性动画方式，那么当单击该按钮时，无论执行哪一种动作流，SwiftUI 都可以同时监听动作流中使用的状态参数，并给与状态参数相关联的所有视图添加动画效果。

图 3-21　显性动画方式

3.3.3　转场动画

除了常规的动画效果，当开发者需要更加精细化地调整动画时，还可以使用 transition（转场动画）修饰符在原有动画基础上实现更加复杂的动画效果。

transition 修饰符可以给指定视图添加转场动画效果，transition 修饰符如图 3-22 所示。

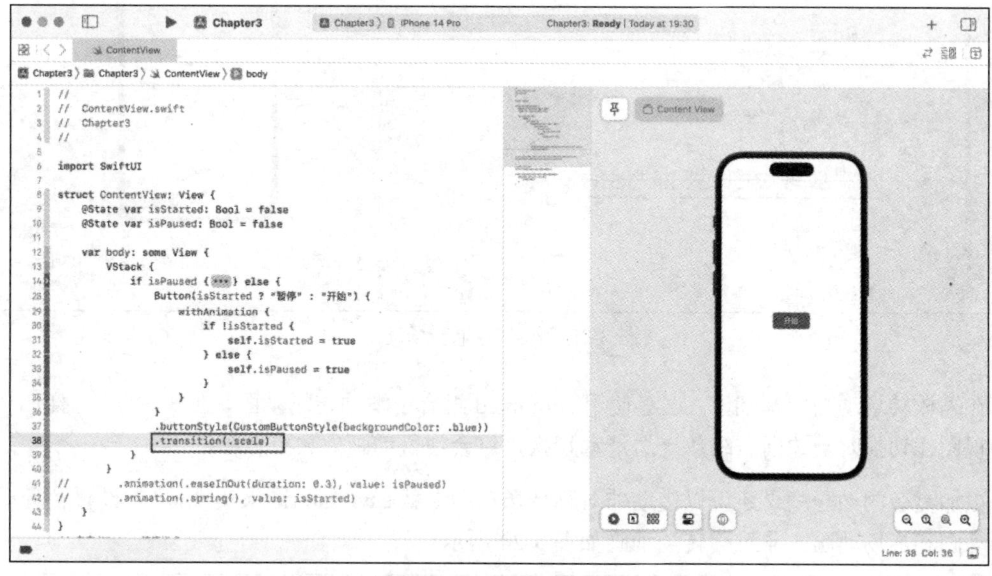

图 3-22　transition 修饰符

```
Button(isStarted ? "暂停" : "开始") {
    withAnimation {
        if !isStarted {
            self.isStarted = true
        } else {
```

```
                self.isPaused = true
            }
        }
}
.buttonStyle(CustomButtonStyle(backgroundColor: .blue))
.transition(.scale)
```

常规的转场动画包含 identity（默认）、opacity（透明过渡）、scale（缩放）、slide（滑动）等，同时还可以组合多个转场动画形成新的动画效果，如图 3-23 所示。

```
Button(isStarted ? "暂停" : "开始") {
    withAnimation {
        if !isStarted {
            self.isStarted = true
        } else {
            self.isPaused = true
        }
    }
}
.buttonStyle(CustomButtonStyle(backgroundColor: .blue))
.transition(.scale.combined(with: .slide))
```

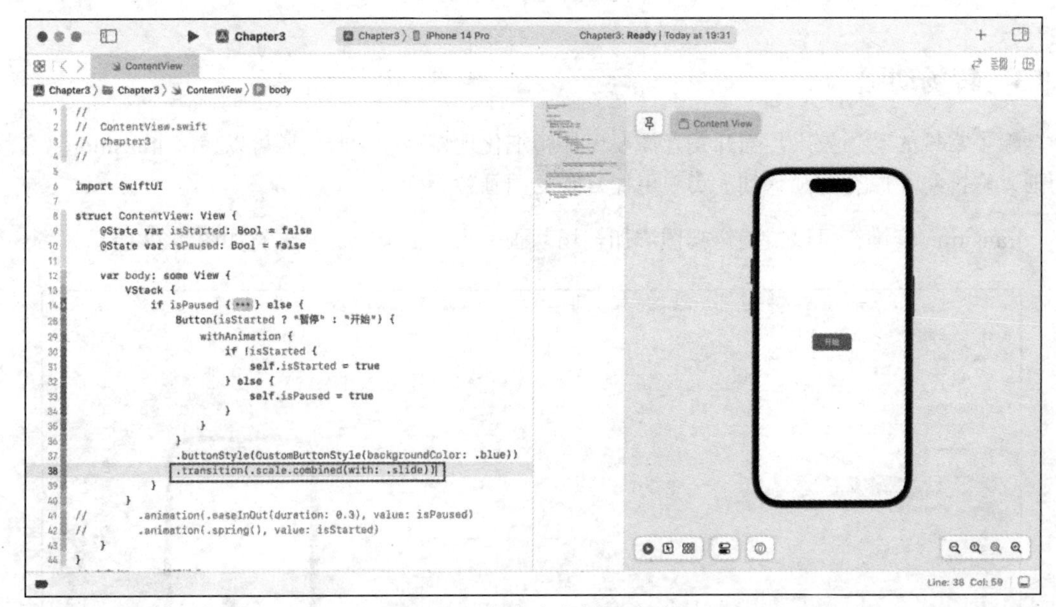

图 3-23　组合多个转场动画

在缩放转场动画的基础上，这里使用 combined 组合了滑动转场动画，在实时预览窗口中可以看到视图在切换时一边向右缩放一边滑动切换，这会使得动画效果更加精细。

更加复杂的动画效果还可以借助非对称转场动画参数 asymmetric 来实现，深入设置转场动画、进场动画和离场动画。非对称转场动画如图 3-24 所示。

```
Button(isStarted ? "暂停" : "开始") {
    withAnimation {
        if !isStarted {
            self.isStarted = true
        } else {
            self.isPaused = true
        }
```

```
    }
}
.buttonStyle(CustomButtonStyle(backgroundColor: .blue))
.transition(.asymmetric(insertion: .slide, removal: .scale))
```

Chapter3　Chapter3 〉 iPhone 14 Pro　Chapter3: Ready | Today at 19:32

ContentView

Chapter3 〉 Chapter3 〉 ContentView 〉 body

```
1  //
2  //  ContentView.swift
3  //  Chapter3
4  //
5
6  import SwiftUI
7
8  struct ContentView: View {
9      @State var isStarted: Bool = false
10     @State var isPaused: Bool = false
11
12     var body: some View {
13         VStack {
14             if isPaused {•••} else {
28                 Button(isStarted ? "暂停" : "开始") {
29                     withAnimation {
30                         if !isStarted {
31                             self.isStarted = true
32                         } else {
33                             self.isPaused = true
34                         }
35                     }
36                 }
37                 .buttonStyle(CustomButtonStyle(backgroundColor: .blue))
38                 .transition(.asymmetric(insertion: .slide, removal: .scale))
39             }
40         }
41 //        .animation(.easeInOut(duration: 0.3), value: isPaused)
42 //        .animation(.spring(), value: isStarted)
43     }
44 }
```

Content View

Line: 38 Col: 77

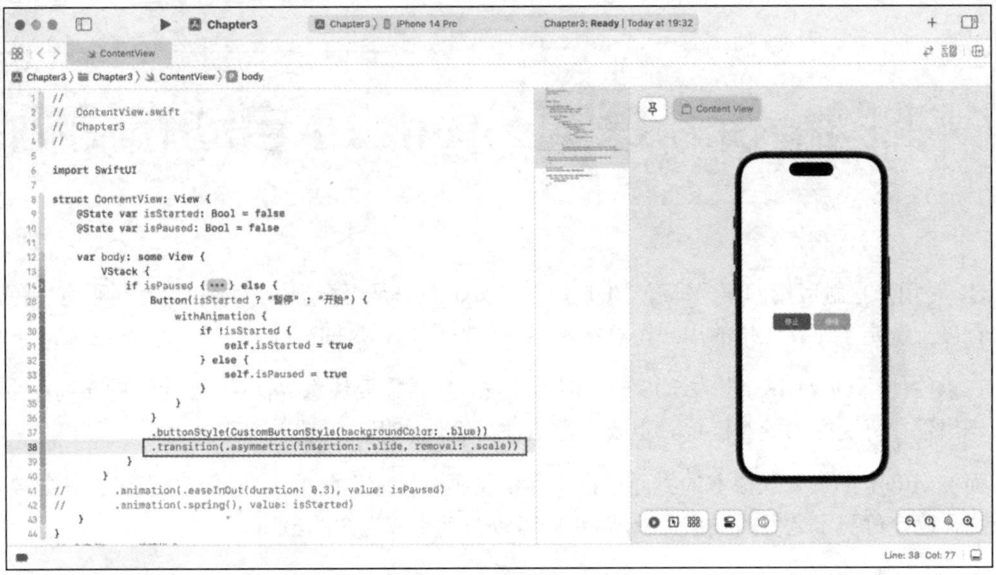

图 3-24　非对称转场动画

第 4 章

视图精析：探索 SwiftUI 自动布局机制

UI 是用户接触应用的第一印象，UI 是否精美、布局是否合理、功能和交互是否有特色，在很大程度上决定了一款应用的用户留存率和用户活跃度是否足够高。

在以往使用 OC+UIKit 开发 iOS 应用时，开发者常常需要注意界面中 UI 元素的布局约束，既要考虑组件在界面中的绝对位置，也要考虑组件与组件的相对位置。

而 SwiftUI 的加入让原本的界面设计工作像绘画一样操作简单、易用。开发者只需要放置多个元素，确定好元素之间的关系，SwiftUI 就可以自动完成视图的布局。

本章将创建一个名为“Chapter4”的 SwiftUI 项目，并在此项目基础上对相关内容进行讲解和分享。

4.1 View 和 some View 的区别

首先，本节介绍视图的组成部分。

每一个 SwiftUI 文件的代码结构，基本都是先定义一个符合 View 协议的结构体（Struct），然后通过声明一个符合 some View 协议的 body 属性的视图容器来构建界面。以模板代码为例，SwiftUI 模板代码如图 4-1 所示。

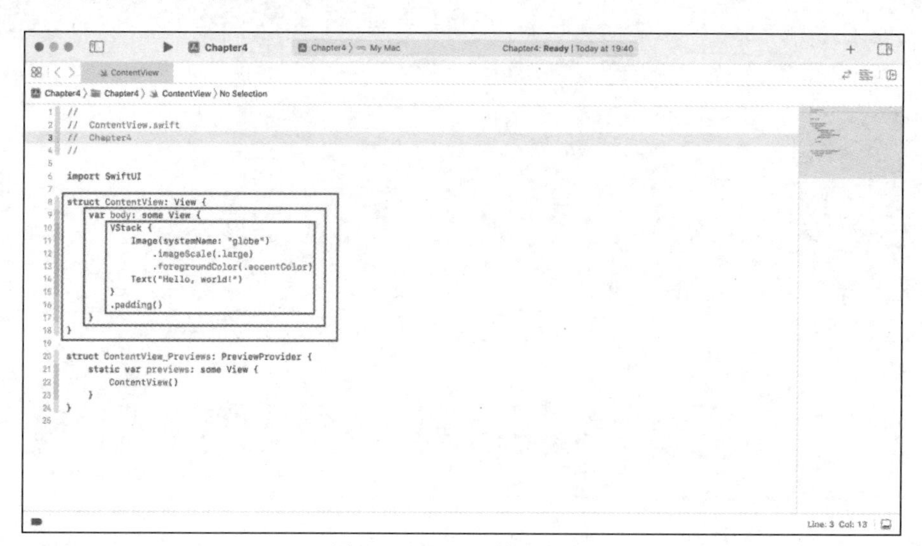

图 4-1　SwiftUI 模板代码

在 SwiftUI 模版代码示例中，View 协议很容易理解，它是视图的结构类型。VStack 是一种视图，VStack 中的 Image 和 Text 也是视图，它们都只会返回一种具体类型的结果。

可以将光标定位到组件所在的代码块，按住“option”键快速查看其类型，查看组件类型如图 4-2 所示。

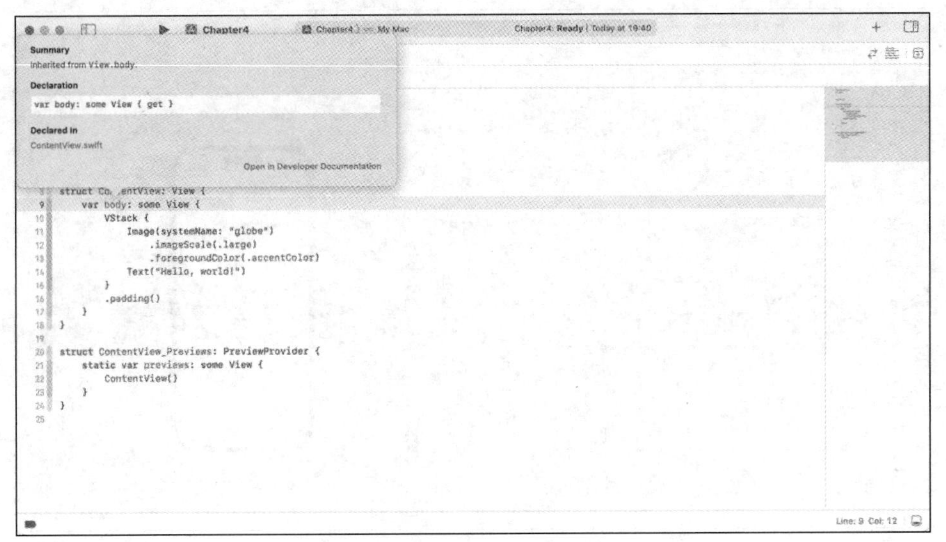

图 4-2　查看组件类型

那么，为什么还有一种 some View 类型呢？

在整个视图中，VStack 外使用了 padding 修饰符，Image 视图和 Text 视图中也有修饰符进行修饰，此时整个视图就变成了 Views 视图和修饰符的组合类型。

由于 SwiftUI 需要根据界面返回的具体类型来呈现内容，为了表达组合类型的具体类型，SwiftUI 引入了一种 some View 类型。

some View 类型本质上是一种不透明类型（Opaque Types），根据其闭包中的内容返回具体的类型。当闭包中存在多个视图或者修饰符，或者视图和修饰符组合时，SwiftUI 就会自动检查和识别具体的类型，并且返回一种具体的 some View 类型给界面。

举个例子，可以将原有的视图部分进行分离，自定义 some View 如图 4-3 所示。

```
import SwiftUI

struct ContentView: View {
    var body: some View {
        VStack {
            imageView
            textView
        }
        .padding()
    }

    // 图标
    private var imageView: some View {
        Image(systemName: "globe")
            .imageScale(.large)
            .foregroundColor(.accentColor)
    }
```

```
    // 文字
    private var textView: some View {
        Text("Hello, world!")
    }
}
```

图 4-3　自定义 some View

上述代码声明了两个使用 some View 协议的视图 imageView、textView，同时使用关键字 private 表示当前视图是私有的，只能被 ContentView 视图所使用。

可以看到在 textView 视图中只有 Text 视图，那么 textView 视图返回的类型是一种具体的 SwiftUI.Text 类型。

而 imageView 视图中除了 Image 视图，还有 imageScale 修饰符、foregroundColor 修饰符，那么它返回的类型是 SwiftUI.ModifiedContent<SwiftUI.ModifiedContent<SwiftUI.Image,SwiftUI._EnvironmentKeyWritingModifier<SwiftUI.Image.Scale>>, SwiftUI._EnvironmentKeyWritingModifier<Optional<SwiftUI.Color>>>类型。Playground 编辑器中返回的类型结果如图 4-4 所示。

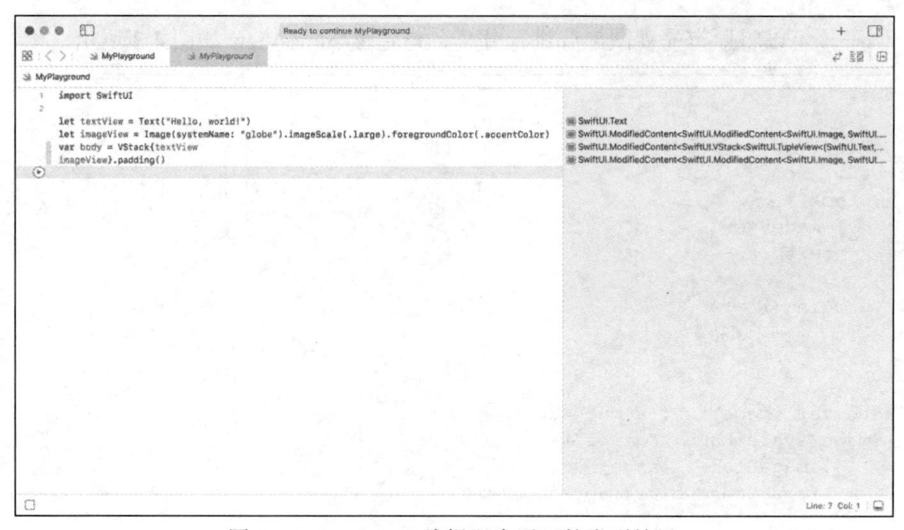

图 4-4　Playground 编辑器中返回的类型结果

此时可以看到，每次增加修饰符或者使用组合视图时，返回的类型都会相应地增加，开发者不可能自己声明当前视图返回的所有类型。因此，开发者可以告诉 SwiftUI 当前的组合视图是一种 some View 视图，需要 SwiftUI 自己识别并返回一种具体的类型给界面。

4.2　修饰符适用场景

在 Library 中，SwiftUI 提供了很多内置的视图和修饰符供开发者使用。大部分的修饰符都可以作用在任意的视图上，但还有少部分的修饰符只能作用在指定的视图上。

本节使用一些日常开发过程中经常遇到的视图作为案例。

4.2.1　Image 视图常用修饰符

Image 视图是应用中最常见的一种视图，在 SwiftUI 中 Image 视图的使用类型可分为 Image 本地图片视图、System Image 图标视图。不同类型的 Image 视图使用的修饰符也不相同。

常规的 Image 视图可以读取导入 Assets 库的图片素材，也可以读取保存在本地数据库中的图片素材。这里以保存在本地数据库中的图片素材为例，Image 视图如图 4-5 所示。

```
Image("Healthy")
    .resizable()
    .aspectRatio(contentMode: .fit)
```

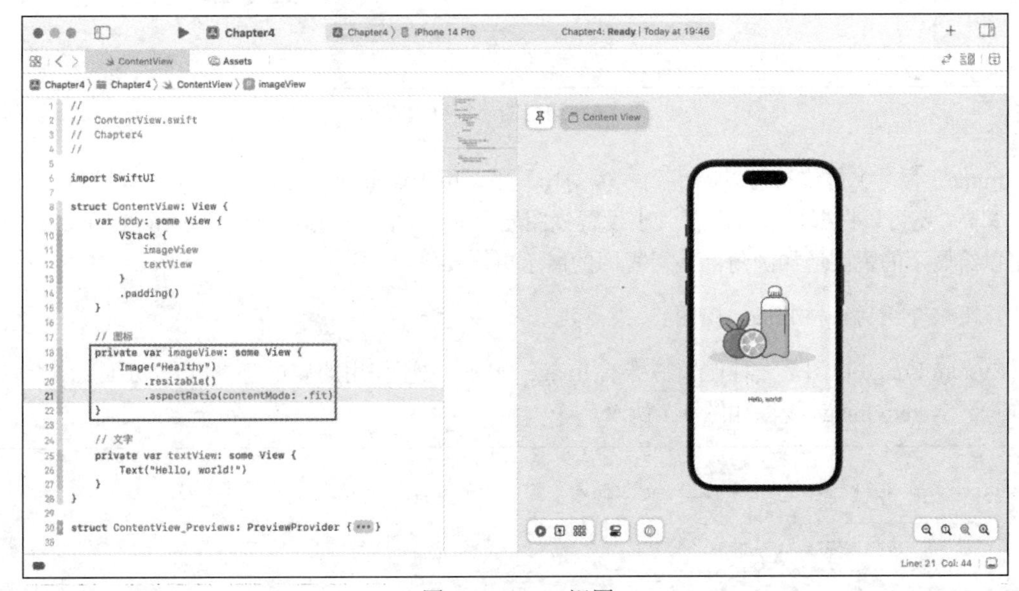

图 4-5　Image 视图

Image 视图中的 resizable 修饰符，是 Image 视图特定的修饰符，使 Image 视图的宽和高可以被任意调整。

读者应该知道在 Swift 语言中，代码块的顺序决定了视图呈现的先后顺序，视图修饰符亦是如此。在修饰视图时，修饰符的顺序也决定了视图样式调整动作的先后顺序。因此，对于类似 resizable 修饰符这种特定的修饰符，需要将其放在视图最优先修饰的位置。

aspectRatio 修饰符用于设置 Image 视图显示时遵循哪种默认类型的宽高比，例如 fit（自适应）或者 fill（充满视图）。

当然也可以添加通用的修饰符，进一步美化图片，通用的修饰符效果如图 4-6 所示。

```
Image("Healthy")
    .resizable()
    .aspectRatio(contentMode: .fit)
    .frame(width: 200)
    .cornerRadius(16)
```

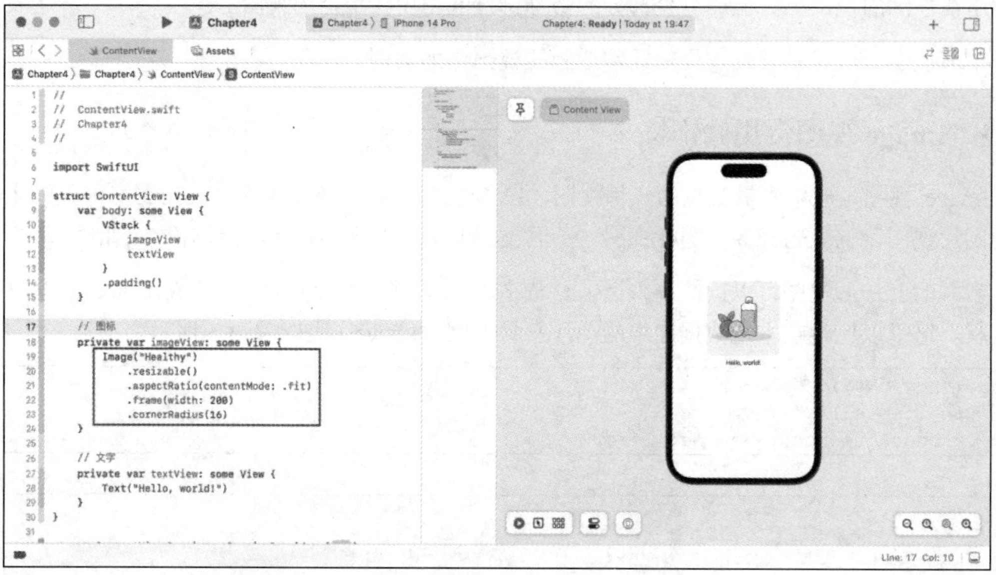

图 4-6　通用的修饰符效果

frame（尺寸）修饰符可以应用到很多的场景中，用于调整视图的尺寸大小，它除了可以设置固定宽高，还可以根据显示的屏幕大小设置视图显示的最大尺寸和最小尺寸。cornerRadius 修饰符则可以给展示的视图增加圆角，使得视图的展示更加友好。

接下来介绍另一种 Image 视图。

System Image 视图是一种比较特殊的 Image 视图，它所使用的修饰符更像是 Text 视图专属的修饰符。System Image 视图如图 4-7 所示。

```
// 图标
private var systemImageView: some View {
    Image(systemName: "xmark.circle.fill")
        .font(.system(size: 23))
        .foregroundColor(Color.gray)
}
```

调整 System Image 视图的大小，这里使用的是 font 修饰符，设置其字体为 system（系统默认字体），字号为 23。

由于常规的 Image 视图读取的是本地的图片素材，因此无法设置其填充色。System Image 视图却可以像 Text 视图一样，使用 foregroundColor 修饰符设置图标填充色。

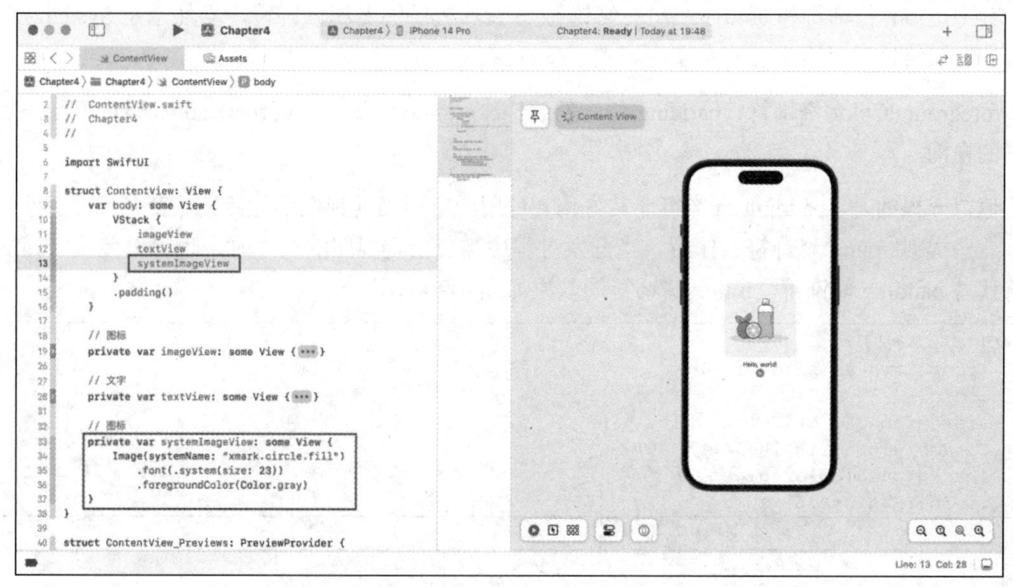

图 4-7　System Image 视图

4.2.2　Text 视图常用修饰符

接下来介绍 Text 视图的常用修饰符，文字的常用样式有字体、字号、颜色等，当然也可以添加更多的样式，例如背景色等。Text 视图常用修饰符如图 4-8 所示。

```
Text("立即订阅")
    .font(.system(size: 17))
    .bold()
    .foregroundColor(Color.white)
    .padding()
    .background(Color.green)
    .cornerRadius(32)
```

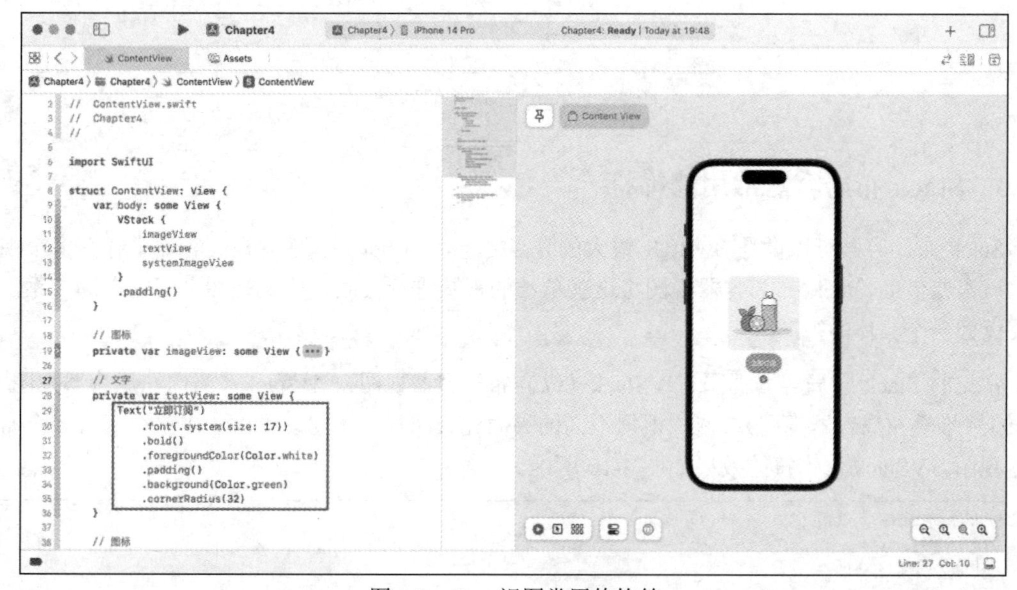

图 4-8　Text 视图常用修饰符

其中，font 修饰符和 bold（加粗）修饰符是 Text 视图的专属修饰符，当然也是 System Image 视图的专属修饰符，用于设置文字内容的字体样式。

foregroundColor 修饰符、padding 修饰符、background 修饰符、cornerRadius 修饰符则适用于普遍的视图。

值得一提的是，padding 修饰符非常好用，可用于留出当前视图的边距，改变其尺寸大小。这一点有些类似 frame 修饰符的作用，当开发过程中需要指定视图的尺寸时，也可以使用 frame 修饰符代替 padding 修饰符。frame 修饰符的效果如图 4-9 所示。

```
Text("立即订阅")
    .font(.system(size: 17))
    .bold()
    .foregroundColor(Color.white)
    .frame(width: 120,height: 40)
    .background(Color.green)
    .cornerRadius(32)
```

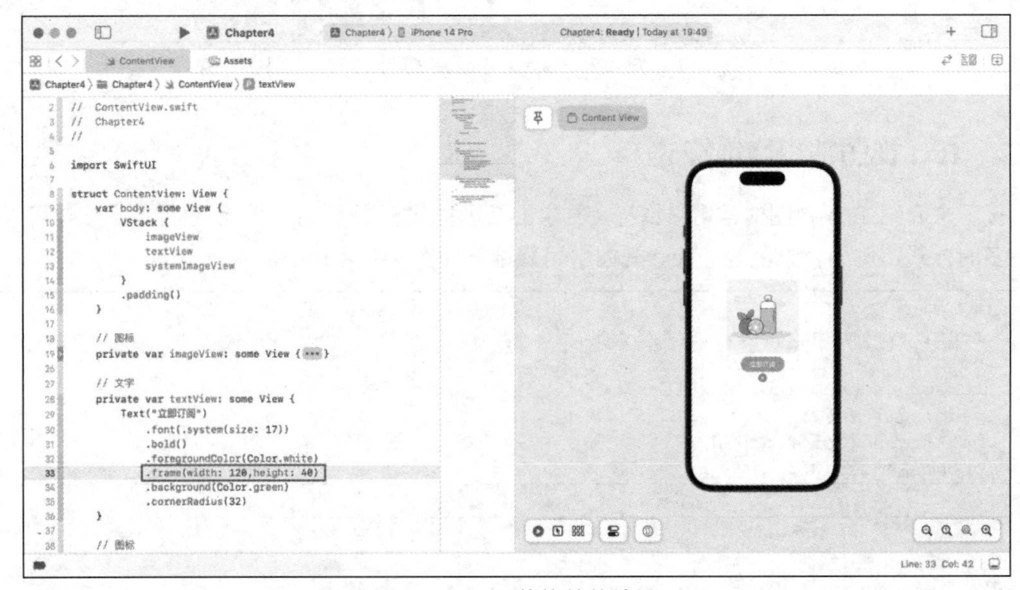

图 4-9 frame 修饰符的效果

4.2.3 Stack 布局容器常用修饰符

Stack 布局容器可以说是 SwiftUI 最大的亮点之一，当 body 属性的视图容器中存在多个视图时，就需要借助 Stack 布局容器视图将这些单独的视图进行关联，确认视图之间的布局关系，并最终返回一个具体的视图。

常见的 Stack 布局容器视图有 VStack（纵向布局容器视图）、HStack（横向布局容器视图）、ZStack（堆叠布局容器视图）3 种，根据不同的界面元素布局，开发者可以选用单个或者多个布局容器视图。VStack 修饰符的效果如图 4-10 所示。

```
VStack(spacing:32) {
    imageView
    textView
    systemImageView
}
```

```
.padding(.vertical,32)
.frame(maxWidth: .infinity)
.background(Color(.systemGray6))
.cornerRadius(16)
.padding()
```

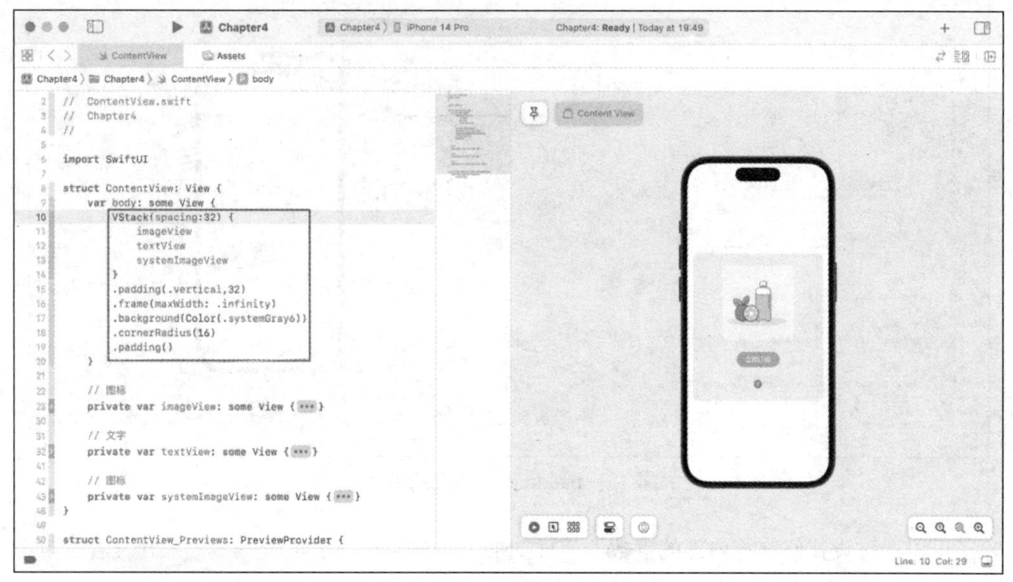

图 4-10　VStack 修饰符的效果

VStack 更加注重修饰符的先后顺序，可以看到这里使用了两个 padding 修饰符，分别位于所有修饰符的最前面和最后面。

最前面的 padding 修饰符用于留出整个视图的上下边距，便于增加背景色时留出上下的空白位置。padding 修饰符的效果 1 如图 4-11 所示。

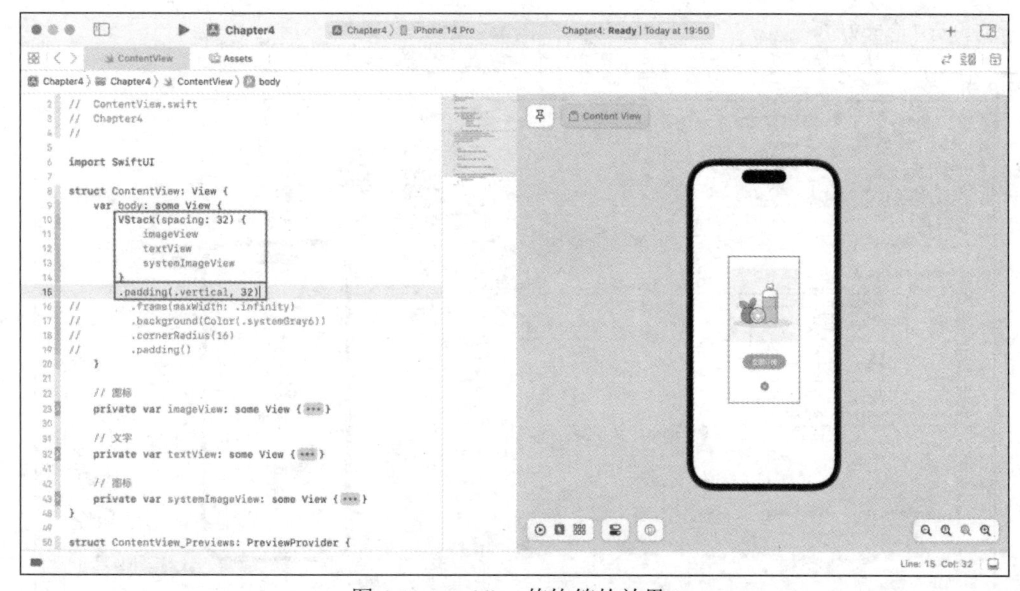

图 4-11　padding 修饰符的效果 1

最后的 padding 修饰符应用于添加了修饰符返回的整个视图，并留出四周的边距。padding 修饰符的效果 2 如图 4-12 所示。

图 4-12 padding 修饰符的效果 2

除了可以通过设置修饰符内部的参数调整样式细节，视图也提供了一些参数供开发者设置细节。

例如在 VStack 中，可以设置 spacing（距离）参数，以设置容器视图内部所有视图的距离，开发者也可以嵌套多个布局容器视图，以便更加精细地调整效果。相同布局容器视图的嵌套效果如图 4-13 所示。

```
VStack(spacing:60) {
    VStack(spacing:32) {
        imageView
        textView
    }
    systemImageView
}
```

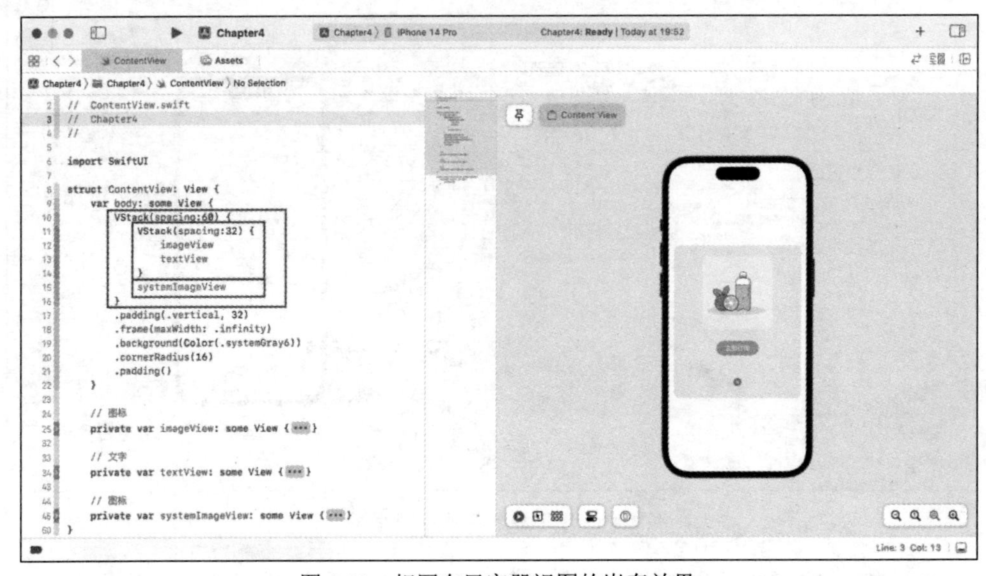

图 4-13 相同布局容器视图的嵌套效果

不同布局容器视图之间也可以嵌套使用，例如可以把“关闭按钮”放在整个视图的右上角。不同布局容器视图的嵌套效果如图 4-14 所示。

```
VStack(spacing: 20) {
    // 关闭按钮
    HStack {
        Spacer()
        systemImageView
    }
    .padding(.horizontal)

    // 主要内容
    VStack(spacing: 32) {
        imageView
        textView
    }
}
```

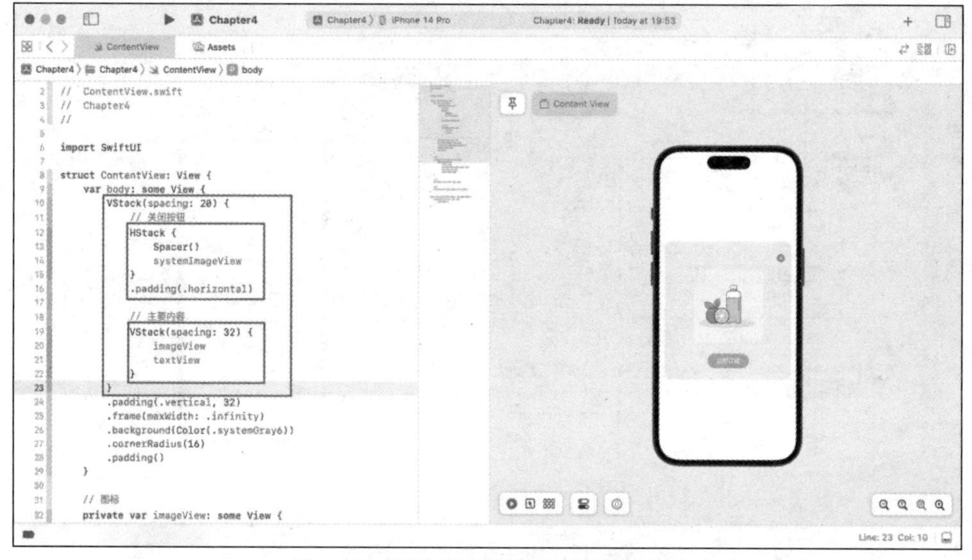

图 4-14　不同布局容器视图的嵌套效果

4.3　创建可交互的按钮

第 3 章分享了标准的 Button 视图的使用方法。在标准的 Button 视图的使用方法中，与其说 Button 视图是一种视图类型，不如说是一种修饰符，可以将任何视图“变成”可以被单击的按钮。

在下面的案例中，在交互设计上 textView 是一个可以被单击的按钮，systemImageView 图标也是一个可以被单击的按钮。此时可以借助 Button 视图的另一种结构方法，将 textView、systemImageView 这两个视图变成可以被单击的 Button 视图。Button 视图代码结构如图 4-15 所示。

```
// 文字
private var textView: some View {
    Button(action: {
        // 单击后操作
    }) {
        Text("立即订阅")
            .font(.system(size: 17))
            .bold()
```

```
            .foregroundColor(Color.white)
            .frame(width: 120, height: 40)
            .background(Color.green)
            .cornerRadius(32)
    }
}

// 图标
private var systemImageView: some View {
    Button(action: {
        // 单击后操作
    }) {
        Image(systemName: "xmark.circle.fill")
            .font(.system(size: 23))
            .foregroundColor(Color.gray)
    }
}
```

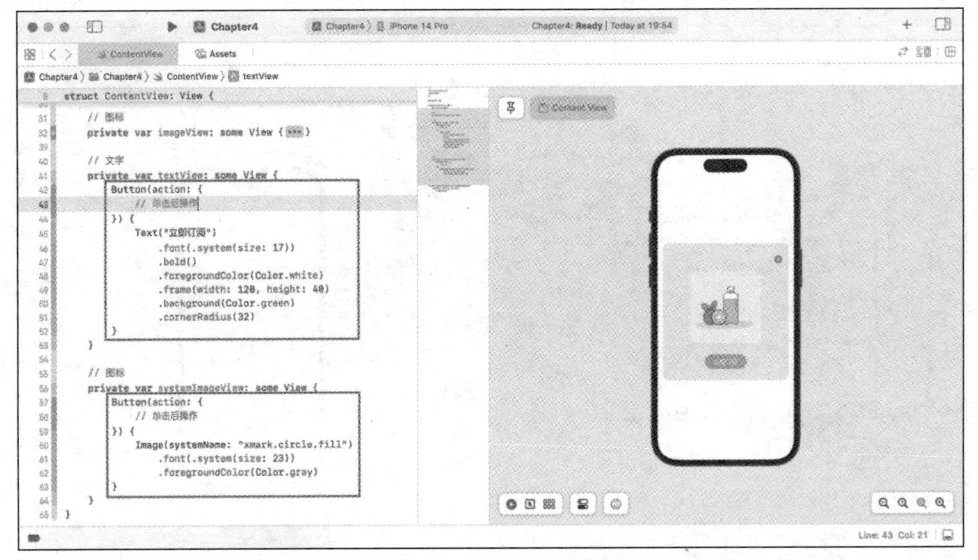

图 4-15　Button 视图代码结构

SwiftUI 语言的一大特征是，开发者无须处理事件本身的逻辑，只需要描述界面上的视图元素和行为交互。

Button 视图很好地体现了这一特征，在 Button 视图代码结构中，使用 action 参数定义按钮被单击之后的操作，并将 textView 或 systemImageView 放在 some View 闭包中，就可以将原本的 Text 视图和 Image 视图转变为 Button 视图。

与标准方法不同，利用 Button 视图的闭包方法，可以将整个视图看作可被单击的交互按钮，而不仅仅将文字内容部分看作交互按钮。

4.4　SwiftUI 界面布局规则

在开发界面时，读者是否注意到一个细节：除了使用 frame 修饰符调整视图的尺寸大小，几乎没有设置任何视图的坐标位置。

这就会衍生出一个问题：SwiftUI 是如何知道每个视图的尺寸大小和位置的？

4.4.1　视图的尺寸大小

SwiftUI 所提供的大多数内置组件在设计之初都被赋予了默认的初始尺寸大小，在被调用时，标准的组件会自动返回它本身的初始尺寸大小给界面。初始尺寸大小的视图如图 4-16 所示。

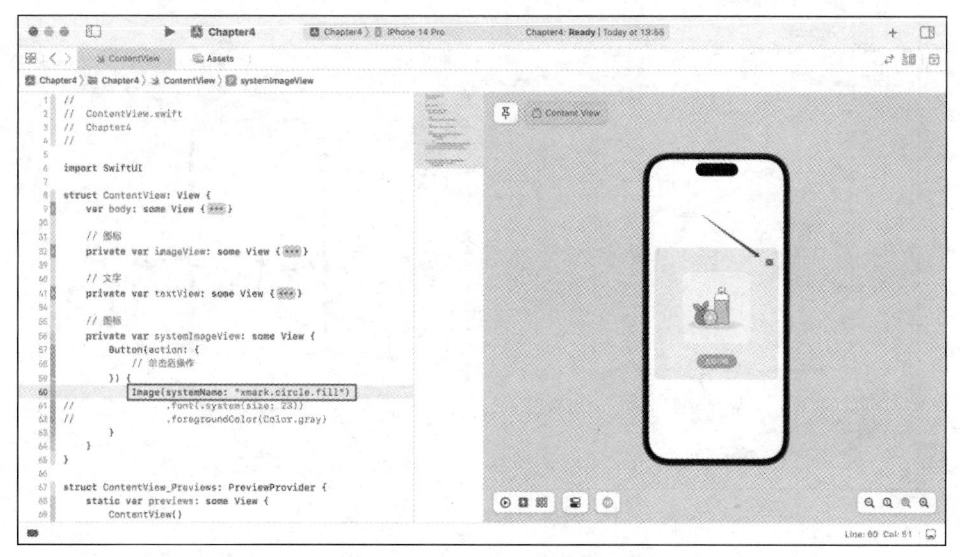

图 4-16　初始尺寸大小的视图

在图 4-16 中，Image 视图虽然并没有设定固定的尺寸大小，但视图会自己判断自身的尺寸大小，并且将自身的尺寸大小告知 SwiftUI 进行布局。

当标准的视图和修饰符进行组合，或者使用外层布局容器返回 some View 视图时，视图的尺寸大小就不仅限于考虑自身的尺寸大小，而是根据代码结构最里面的视图的尺寸大小来确定其尺寸大小。视图相对尺寸大小如图 4-17 所示。

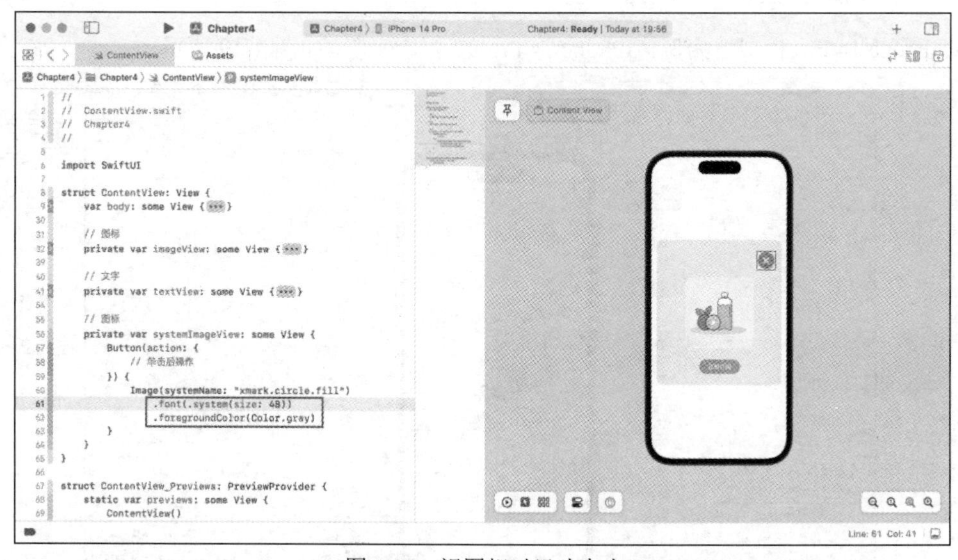

图 4-17　视图相对尺寸大小

在图 4-17 中，首先 Image 视图会根据所使用的修饰符返回的 some View 确定其尺寸大小，然后 Button 视图根据返回的 some View 视图再确定最终的图标视图的尺寸大小。

除了以上两种方式，还可以根据特定的视图和修饰符确定视图的最终尺寸大小，例如 Image 视图所使用的 resizable 修饰符、aspectRatio 修饰符。视图填充尺寸大小如图 4-18 所示。

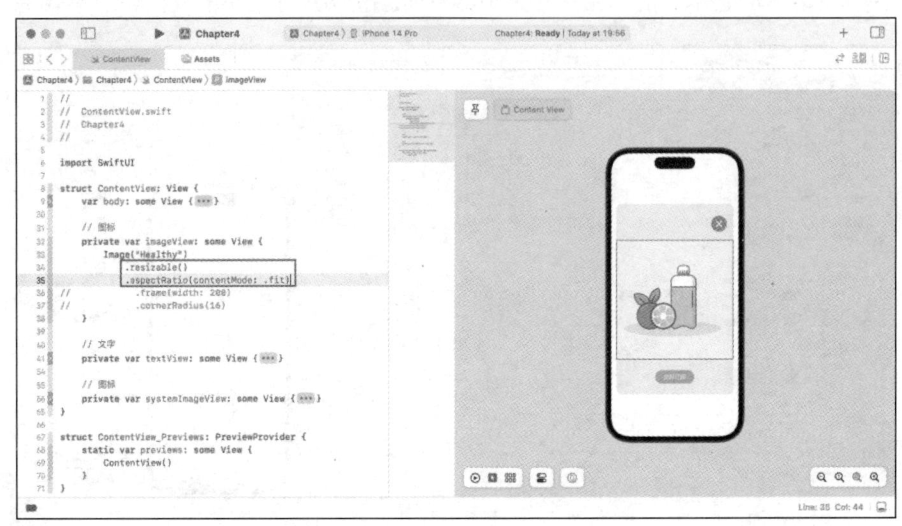

图 4-18　视图填充尺寸大小

使用一些内置的修饰符修饰视图时，SwiftUI 会自动根据修饰符或者视图本身的属性，填充整个屏幕空间，将屏幕空间可用的尺寸大小作为视图最终的尺寸大小。

4.4.2　视图的位置

当确定好视图的尺寸大小后，视图的位置就非常容易确定了。SwiftUI 默认视图的对齐方式为居中对齐。因此，可以根据当前使用的模拟器设备的屏幕尺寸大小，结合 4.4.1 节计算出的视图的尺寸大小，自动确定视图在界面中的位置。

以 iPhone 14 Pro 模拟器为例，iPhone 14 Pro 的逻辑分辨率如图 4-19 所示。

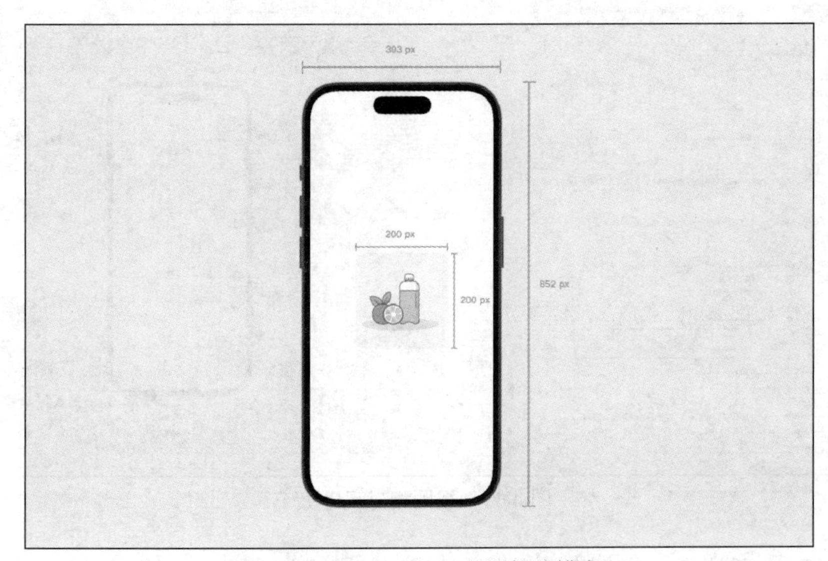

图 4-19　iPhone 14 Pro 的逻辑分辨率

iPhone 14 Pro 的物理分辨率为 2556 px×1179 px，逻辑分辨率为 852 px×393 px，Image 视图的尺寸大小为 200 px×200 px，则 Image 视图左上角（图 4-19 中实心圆点位置）的 x 轴坐标为(393−200)/2=96.5，y 轴坐标为(852−200)/2=326。

因此，当需要将 imageView 放置在界面中时，SwiftUI 会自动根据 imageView 的尺寸大小，即 200 px×200 px，来确定其在界面中居中对齐的位置，并最终确定将其放置在逻辑坐标(96.5,326)的位置。

第 5 章

布局练习：开发一个“个人简介”界面

在了解了视图及相关修饰符的使用技巧后，下面对知识点进行整合。

在实际开发过程中，可以将每个界面看作一个最小的 MVP 项目。当完成各个界面的开发工作，并最终将界面组合起来时，就完成了一个完整的 App 项目开发工作。

本章将分享一个“个人简介”界面的开发案例，来帮助读者回顾和巩固之前的内容。“个人简介”界面案例的最终效果如图 5-1 所示。

图 5-1 案例的最终效果

本章将创建一个名为“Chapter5”的 SwiftUI 项目，并在此项目基础上对相关内容进行讲解和分享。

5.1 搭建“基本信息”栏目

界面的最小单元是视图，而最小的视图是 SwiftUI 提供的内置视图组件。因此在项目开发前期，可以先考虑将组件放置在界面之后，在实现最基础的视图布局后，再考虑单个视图的样式美化。

在“个人简介”界面案例的最终效果中，“基本信息”栏目能直观地展现头像、昵称、岗位、工作地点、个人介绍等信息。再深入分析“基本信息”栏目，可以发现头像使用的是图片，而其他信息以文字形式进行呈现。

5.1.1　个人头像

可以直接在 Assets 库中导入本地图片素材作为头像。导入图片素材如图 5-2 所示。

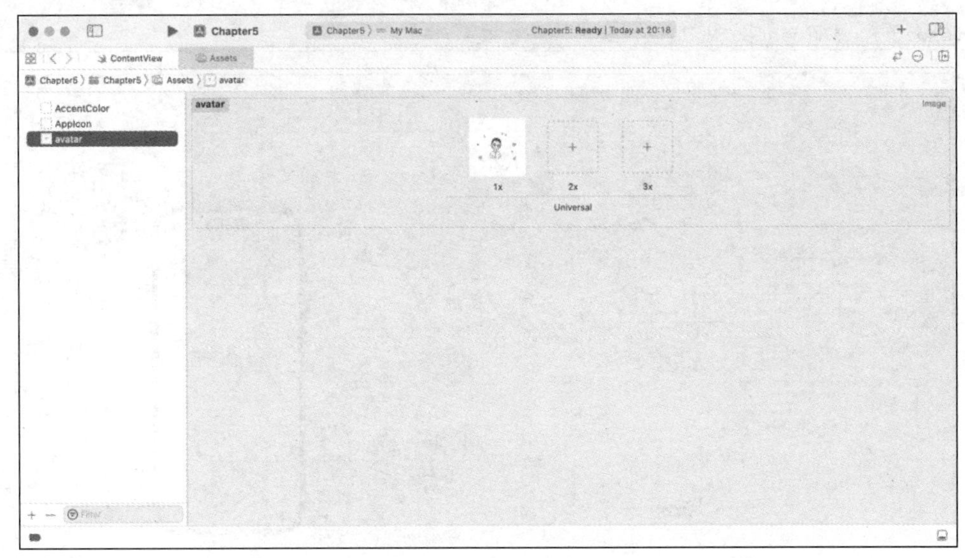

图 5-2　导入图片素材

导入图片素材后，素材默认的名称为该图片的名称，为了方便使用，可以将素材的名称修改为“avatar”。

接下来回到 ContentView 文件，删除 body 属性的视图容器中的示例代码，使用 Image 视图来显示 Assets 库的 avatar 图片素材。显示本地图片素材如图 5-3 所示。

```
Image("avatar")
```

图 5-3　显示本地图片素材

在实时预览窗口中可以看到，由于原始图片素材的尺寸超过了模拟器的显示范围，因此只显示了一部分的图片素材。此时，可以添加与 Image 视图相关的修饰符来调整视图的样式。

与 Image 视图相关的常用修饰符有 resizable 修饰符、aspectRatio 修饰符，这里先添加这两个修饰符到视图中，给 Image 视图添加常用修饰符如图 5-4 所示。

```
Image("avatar")
    .resizable()
    .aspectRatio(contentMode: .fit)
```

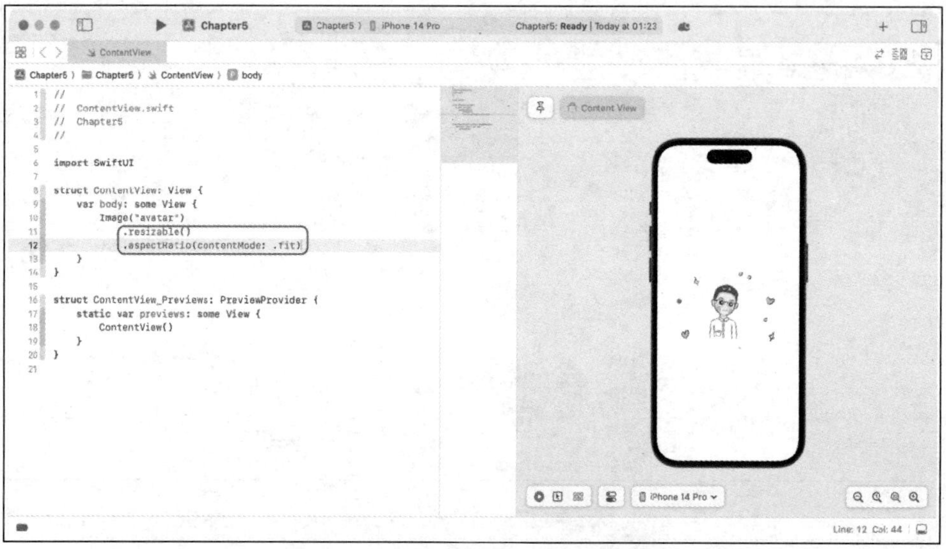

图 5-4　给 Image 视图添加常用修饰符

在上述代码中，resizable 修饰符可以让 Image 视图由固定显示比例转变为可伸缩调整的比例，为了防止图片素材在调整时变形，可以使用 aspectRatio 修饰符，于是在 Image 视图显示素材时，会按照自适应的方式对素材进行调整。

下面再将头像转变为圆形图片进行显示，这里使用的修饰符是 clipShape 修饰符，如图 5-5 所示。

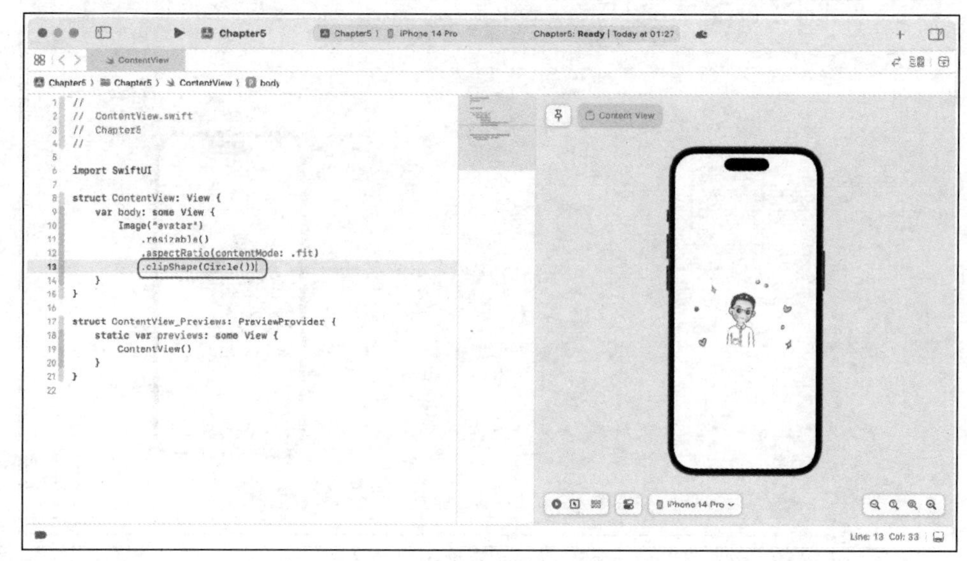

图 5-5　使用 clipShape 修饰符

```
Image("avatar")
    .resizable()
    .aspectRatio(contentMode: .fit)
    .clipShape(Circle())
```

从图 5-5 中可以看出，界面好像没有变化，这是因为这里使用的素材的背景色为白色，在白色背景下可能会分不清边界。对于这种情况，可以尝试给图片添加边框线，如图 5-6 所示，用于确定图片的边界。

```
Image("avatar")
    .resizable()
    .aspectRatio(contentMode: .fit)
    .clipShape(Circle())
    .overlay(
        Circle()
            .stroke(Color(.systemGray5), lineWidth: 2)
    )
```

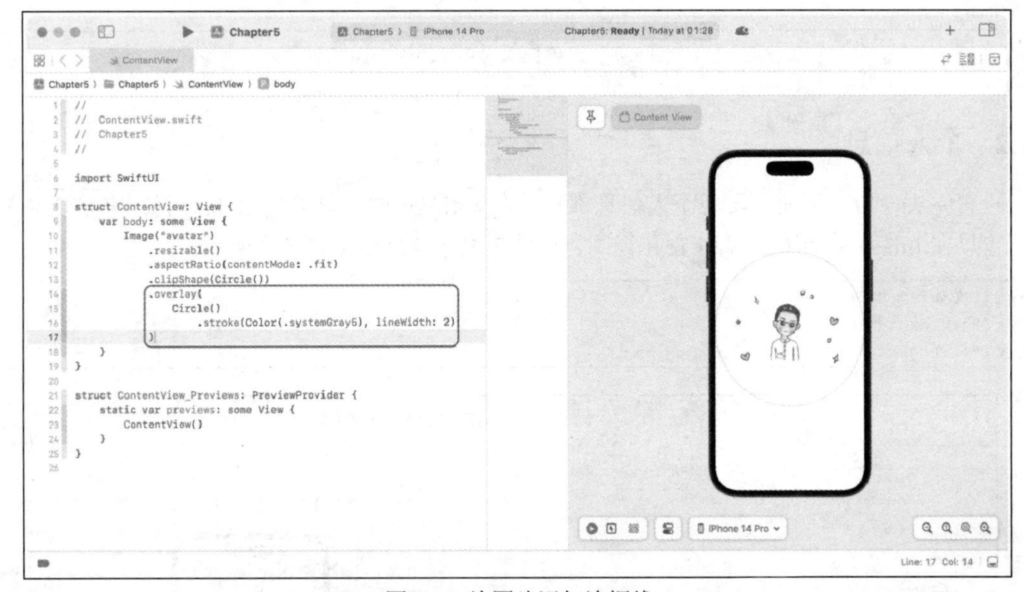

图 5-6　给图片添加边框线

在上述代码中，通过 overlay（覆盖）修饰符给 Image 视图覆盖一个 Circle 视图，并对 Circle 视图使用 stroke 修饰符，使其调整为颜色为 systemGray5、线宽为 2 px 的灰色边框线，最终实现了给 Image 视图添加边框线并确定边界的效果。

最后调整 Image 视图的尺寸大小，使用通用的 frame 修饰符调整视图的宽度或者高度即可。调整图片素材尺寸大小如图 5-7 所示。

```
Image("avatar")
    .resizable()
    .aspectRatio(contentMode: .fit)
    .clipShape(Circle())
    .overlay(
        Circle()
            .stroke(Color(.systemGray5), lineWidth: 2)
    )
    .frame(width: 160)
```

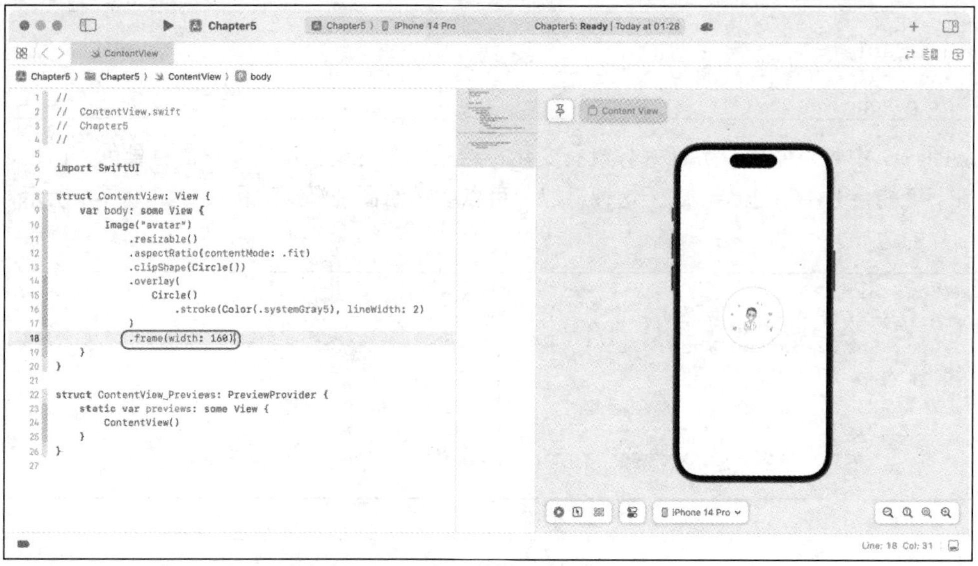

图 5-7　调整图片素材尺寸大小

5.1.2　个人信息

设置完头像后，下面来实现个人信息部分。在 SwiftUI 中，可以使用 Text 视图来呈现文字内容，可以在 Image 视图下方添加 Text 视图，以此来显示文字，如图 5-8 所示。

```
Text("文如秋雨")
Text("iOS 独立开发者")
Text("广州")
```

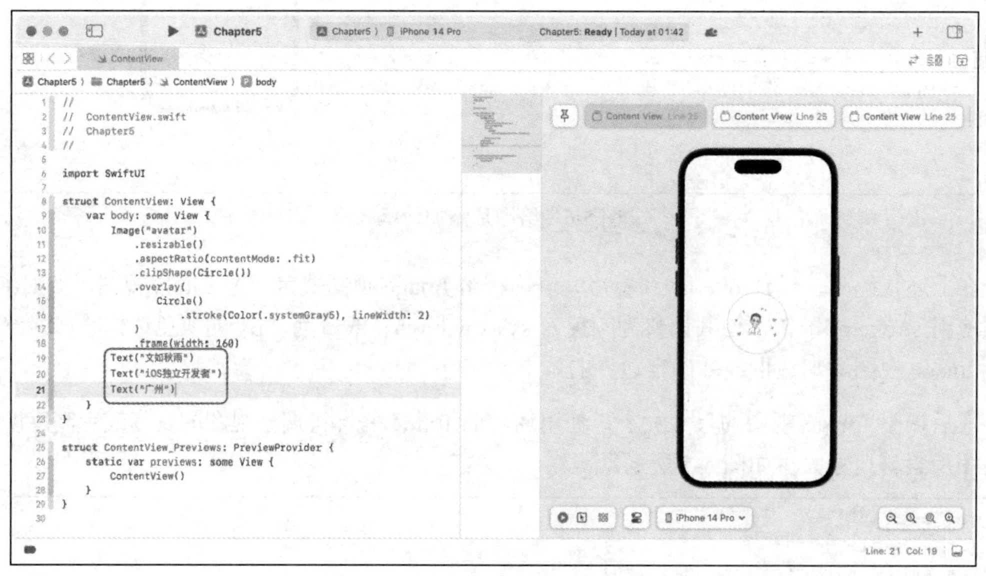

图 5-8　使用 Text 视图显示文字

上述代码使用了 3 个 Text 视图来显示个人信息中的昵称、岗位和工作地点。但在实时预览窗口中似乎没有显示对应的文字内容，而且 Xcode 也没有提示错误信息，这是什么原因导致的呢？

可以注意到一个细节，在实时预览窗口右上角出现了 3 个 Content View，原来这是因为没有告知 SwiftUI 当前使用的多个视图的布局方式，因此 SwiftUI 创建了多个 ContentView 来单独呈现界面中的元素。

此时可以添加布局容器视图，将使用的所有组件包含在内，形成一个组合视图，如图 5-9 所示。

```
VStack{
    Image("avatar")
        .resizable()
        .aspectRatio(contentMode: .fit)
        .clipShape(Circle())
        .overlay(
            Circle()
                .stroke(Color(.systemGray5), lineWidth: 2)
        )
        .frame(width: 160)

    Text("文如秋雨")
    Text("iOS 独立开发者")
    Text("广州")
}
```

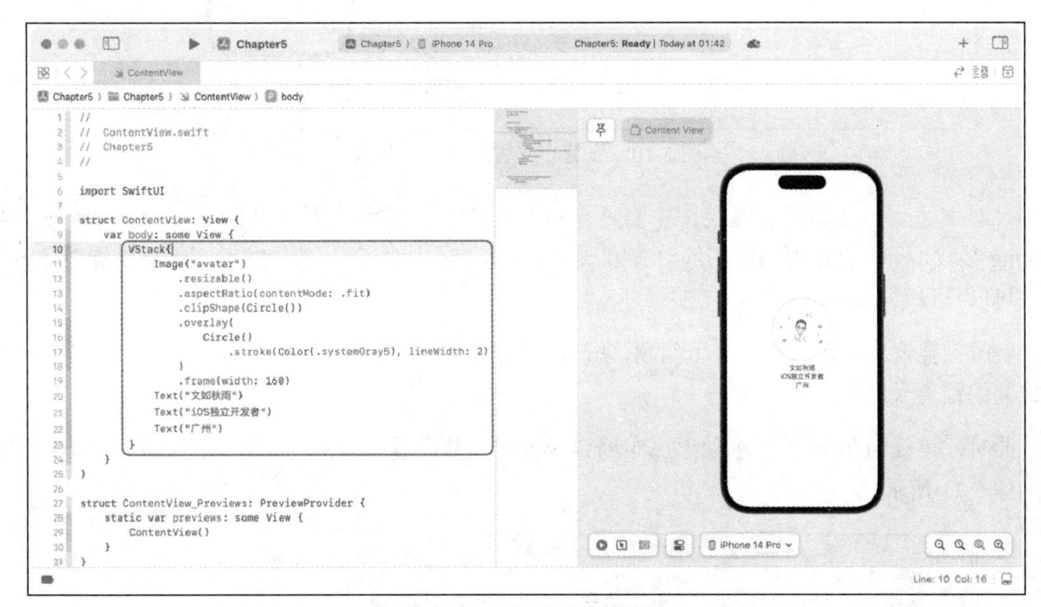

图 5-9　形成一个组合视图

上述代码将 Image 视图和 Text 视图都放置在 VStack 的闭包中，这样闭包中的所有视图都将按照纵向布局的方式居中排布。

在实时预览窗口中，视图之间的距离好像过近，这时可以通过设置布局容器视图的参数来调整内部视图之间的距离。设置布局容器视图的参数如图 5-10 所示。

```
VStack(spacing: 32) {
    Image("avatar")
        .resizable()
        .aspectRatio(contentMode: .fit)
        .clipShape(Circle())
        .overlay(
            Circle()
                .stroke(Color(.systemGray5), lineWidth: 2)
        )
```

```
        .frame(width: 160)

    Text("文如秋雨")
    Text("iOS 独立开发者")
    Text("广州")
}
```

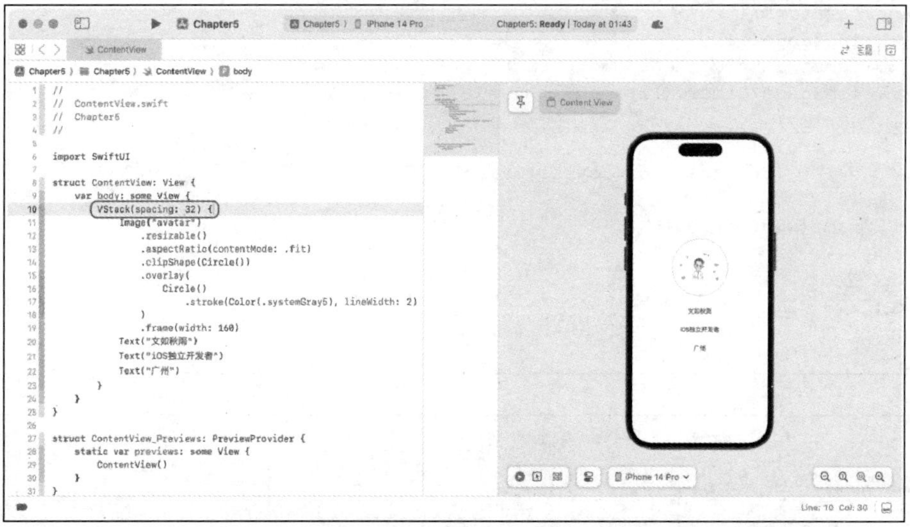

图 5-10　设置布局容器视图的参数

针对上述代码，布局容器视图中有两个参数可以供开发者调整，分别是 alignment 参数和 spacing 参数。布局容器视图默认的对齐方式为 center（居中对齐），当开发者不需要设置对齐方式时，可以只设置 spacing 参数。

实时预览窗口中还出现了一个问题，Image 视图与 Text 视图之间的距离是合适的，但 Text 视图之间的距离太远了。

此时，可以为 Text 视图单独添加布局容器视图，并设置 spacing 参数。多层布局容器视图嵌套如图 5-11 所示。

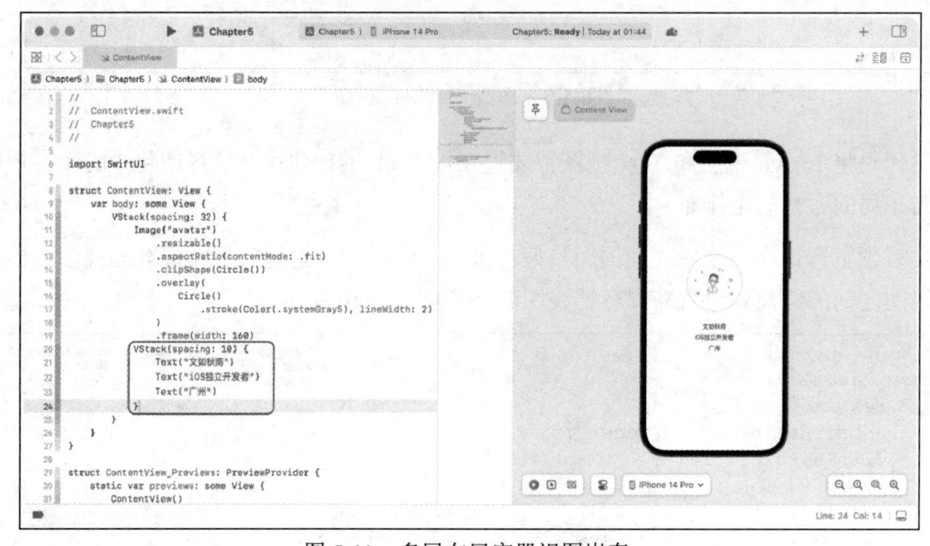

图 5-11　多层布局容器视图嵌套

```
VStack(spacing: 10) {
    Text("文如秋雨")
    Text("iOS 独立开发者")
    Text("广州")
}
```

上述代码为 Text 视图的外层添加了 VStack，并设置其 spacing 参数的值为 10。调整完成后，在实时预览窗口中可以看到整体布局更协调了。

完成布局后，可以为 Text 视图添加修饰符来美化样式，如图 5-12 所示。

```
VStack(spacing: 10) {
    Text("文如秋雨")
        .font(.title2)
        .bold()
    Text("iOS 独立开发者")
        .font(.title3)
    Text("广州")
        .font(.title3)
        .foregroundColor(.gray)
}
```

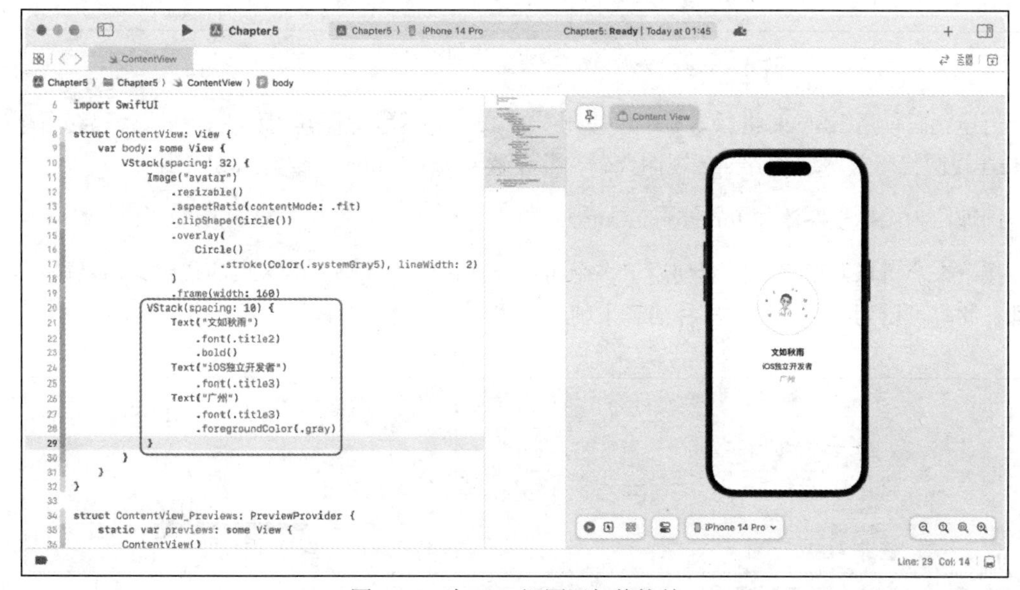

图 5-12　为 Text 视图添加修饰符

上述代码使用了与文字相关的 3 个核心修饰符：font 修饰符、bold 修饰符和 foregroundColor 修饰符。其中，bold 修饰符是 Text 视图的专属修饰符，需要配合 Text 视图进行使用。

“工作地点”字段的左侧还需要一个图标，可以使用 HStack 和 Image 视图来实现。完善工作地点视图如图 5-13 所示。

```
HStack {
    Image(systemName: "location.circle.fill")
        .foregroundColor(.gray)
    Text("广州")
        .font(.title3)
        .foregroundColor(.gray)
}
```

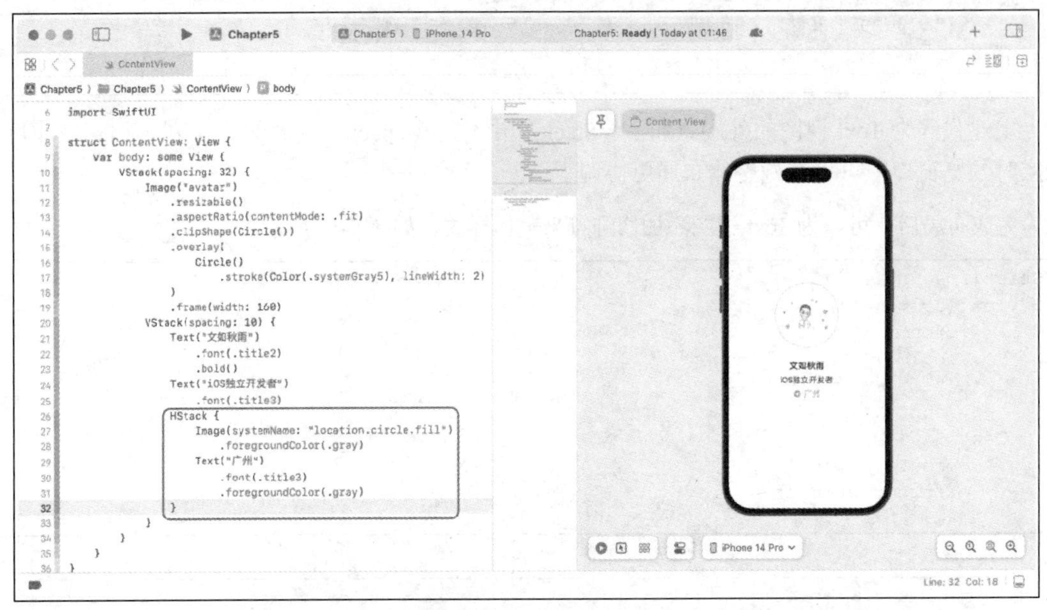

图 5-13　完善工作地点视图

上述代码使用 HStack 将原本显示“广州”的 Text 视图包含在其闭包中，按照代码编写顺序，在 Text 视图代码前增加了 Image 视图代码，并设置 systemName 参数显示 SF 图标。

同理，为图标视图添加 foregroundColor 修饰符，使其填充色与 Text 视图的颜色保持一致。

接下来，可以发现由于嵌套使用了多个布局容器视图，代码编辑区域的代码结构显得有一些凌乱，此时可以为代码块添加注释信息来辅助说明当前代码块的作用，如图 5-14 所示。

图 5-14　为代码块添加注释信息

在添加注释信息后，代码结构就非常清晰了。

5.1.3　个人介绍

个人介绍的文字内容可能较多，如果将其全部放置到 Text 视图中，那么会影响代码的可读性。因此，可以将其抽离出来单独声明，然后通过调用的方式传给 Text 视图。个人介绍内容如图 5-15 所示。

```
// 参数声明
let introductionText:String = "李智威，iOS 独立开发者，高级产品经理，稀土掘金技术社区签约作者。他拥有 6 年 B 端 SaaS 产品开发经验，从 0 到 1 负责过国内 Top 3 上市企业数智化项目的产品规划工作......"

// 调用
Text(introductionText)
    .foregroundColor(.gray)
```

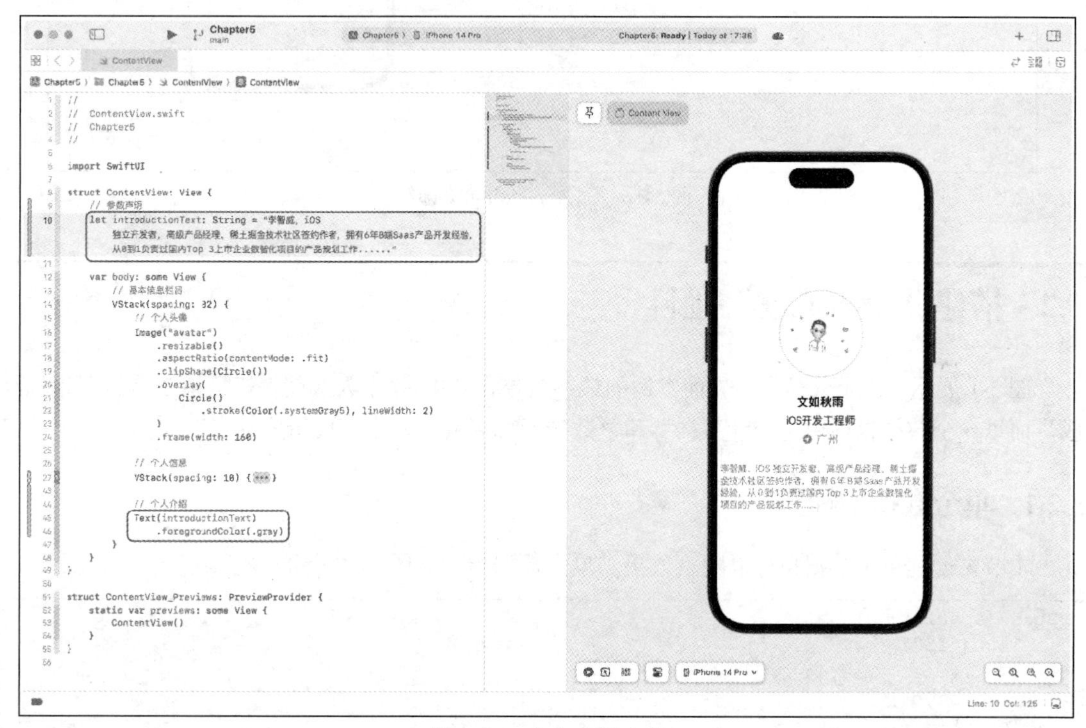

图 5-15　个人介绍内容

上述代码声明了一个 String 类型的参数 introductionText，并对其赋予了默认值。在视图呈现上，使用 Text 视图显示 introductionText 参数的内容。

然后就可以看到个人介绍部分两侧紧挨着屏幕两侧，使它们之间有一定距离的常规方式是为 Text 视图添加 padding 修饰符，给视图四周留白。当然也可以给最外层的 VStack 添加 padding 修饰符，如图 5-16 所示，让最外层的视图留有边距。

图 5-16　添加 padding 修饰符

5.2　搭建“个人成就”栏目

图 5-1 展示了“个人简介”界面案例的最终效果，其中，“个人成就”栏目由 3 个数据指标组成，而每一个数据指标由“统计数据”和“数据指标名称”两个字段组成。

5.2.1　单个数据指标

本节先创建单个数据指标以观察效果，单个数据指标如图 5-17 所示。

```
VStack(spacing: 10) {
    Text("25")
        .font(.title2)
        .bold()
    Text("关注")
        .font(.system(size: 14))
        .foregroundColor(.gray)
}
```

上述代码使用 VStack 包含两个 Text 视图，并使用与文本相关的修饰符分别修饰两个 Text 视图，同时设置 VStack 的 spacing 参数，将两个 Text 视图分开。

由于此时还没有设置“基本信息”栏目和“个人成就”栏目之间的布局关系，因此在实时预览窗口中可以看到同时存在两个 ContentView。单击第二个 ContentView，可以看到“个人成就”栏目的预览效果。

此时，可以在搭建完单个栏目后再增加布局容器视图。

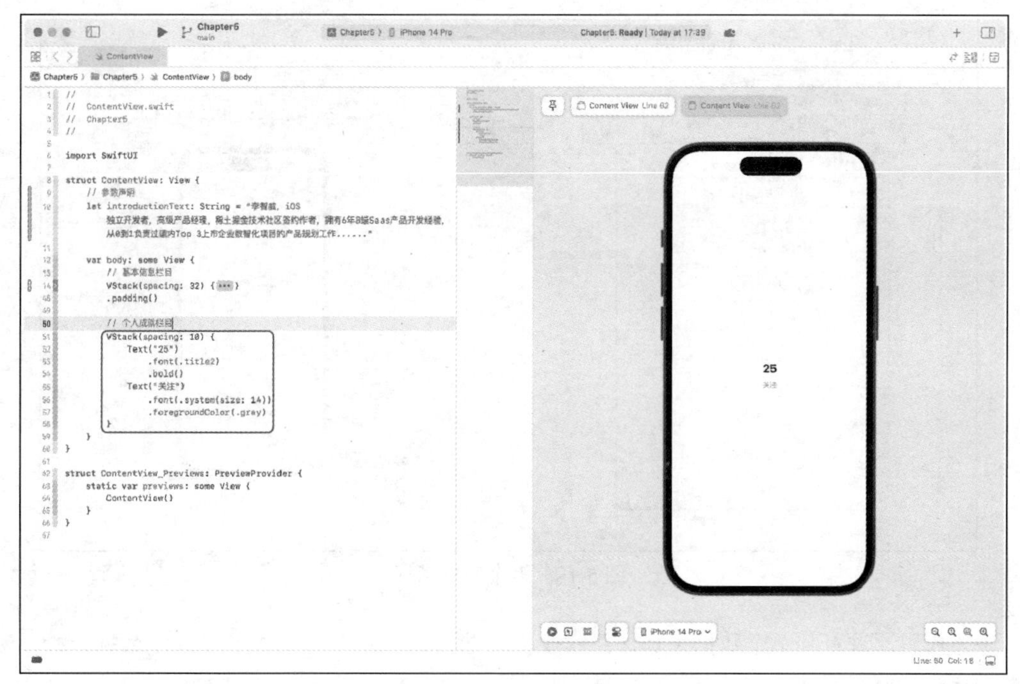

图 5-17　单个数据指标

5.2.2　多个数据指标

当数据指标较少时，可以直接复制单个数据指标的代码块，并使用布局容器视图来排布多个数据指标，如图 5-18 所示。

```
// "个人成就"栏目
HStack {
    VStack(spacing: 10) {
        Text("25")
            .font(.title2)
            .bold()
        Text("关注")
            .font(.system(size: 14))
            .foregroundColor(.gray)
    }

    VStack(spacing: 10) {
        Text("1157")
            .font(.title2)
            .bold()
        Text("关注者")
            .font(.system(size: 14))
            .foregroundColor(.gray)
    }

    VStack(spacing: 10) {
        Text("1.2W")
            .font(.title2)
            .bold()
        Text("掘力值")
            .font(.system(size: 14))
            .foregroundColor(.gray)
    }
}
```

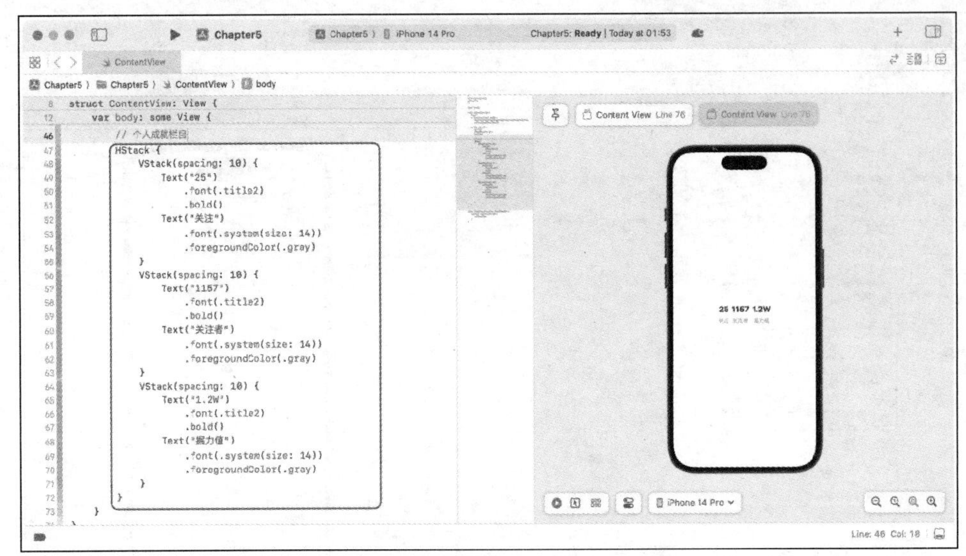

图 5-18　多个数据指标

上述代码通过复制单个数据指标，并修改 Text 视图对应的内容，得到了 3 个数据指标。最后将数据指标都放在 HStack 中，让其横向排列。

然后在实时预览窗口中可以发现一个问题，数据指标之间的距离太近了。此时读者可能会想到设置布局容器视图的 spacing 参数，让数据指标之间的距离远一些。

这当然是一种办法，但如果希望 3 个数据指标平均分布，而让不同设备的屏幕尺寸不一样，该如何处理呢？

这里可以使用一个新的容器视图——Spacer（填充容器视图），如图 5-19 所示。

```
// 个人成就栏目
HStack {
    VStack(spacing: 10) {
        Text("25")
            .font(.title2)
            .bold()
        Text("关注")
            .font(.system(size: 14))
            .foregroundColor(.gray)
    }

    Spacer()

    VStack(spacing: 10) {
        Text("1157")
            .font(.title2)
            .bold()
        Text("关注者")
            .font(.system(size: 14))
            .foregroundColor(.gray)
    }

    Spacer()

    VStack(spacing: 10) {
        Text("1.2W")
            .font(.title2)
            .bold()
```

```
        Text("掘力值")
            .font(.system(size: 14))
            .foregroundColor(.gray)
    }
}
```

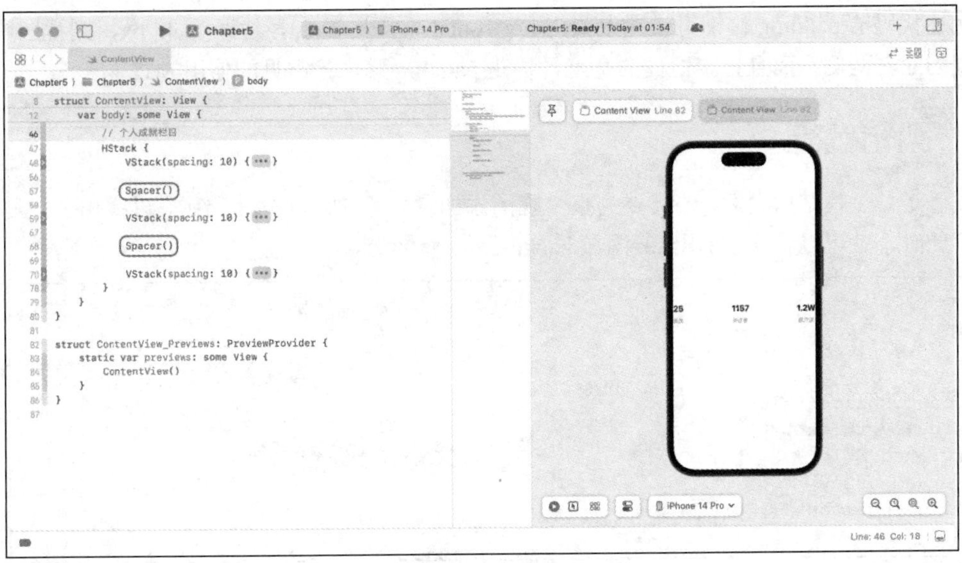

图 5-19　Spacer

在上述代码中，Spacer 是一种较为特殊的视图，它是一种可以自动伸缩的容器视图，当被放置在两个视图中间时，Spacer 会自动“填充”两个视图中间的所有空间。

可以将 Spacer 放在数据指标中间，中间的数据指标就会把两侧“撑开”，直至两侧的数据指标紧挨着屏幕边界。

也可以给整个 HStack 添加 padding 修饰符，留出屏幕两侧的距离。添加横向边距如图 5-20 所示。

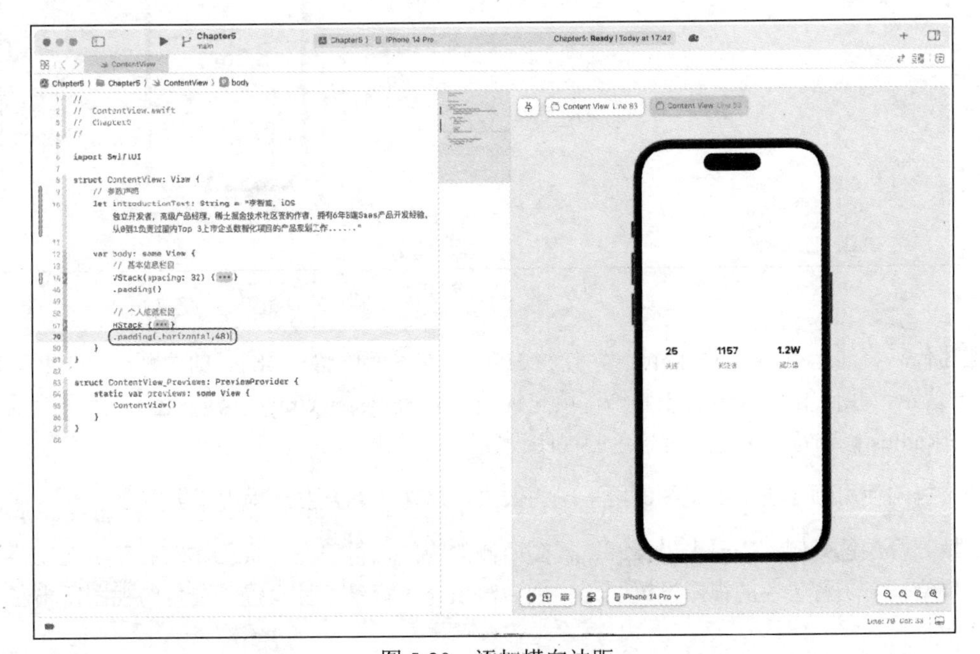

图 5-20　添加横向边距

```
// "个人成就"栏目
HStack {
    // 隐藏了代码块
}
.padding(.horizontal,48)
```

上述代码给 padding 修饰符设置参数为 horizontal（水平方向），边距为 48 px，则视图留白的部分仅为左右两侧，而且指定留白的宽度，这是 padding 修饰符常见的使用方式。

5.2.3 视图背景色

在确定好主体结构之后，还需要为整个视图添加背景色，如图 5-21 所示，以突出“个人成就”栏目。此时，就可以直接给 HStack 添加 background 修饰符。

```
// "个人成就"栏目
HStack {
    // 隐藏了代码块
}
.padding(.horizontal,48)
.padding(.vertical,20)
.background(Color(.systemGray6))
.cornerRadius(16)
.padding(.horizontal,20)
```

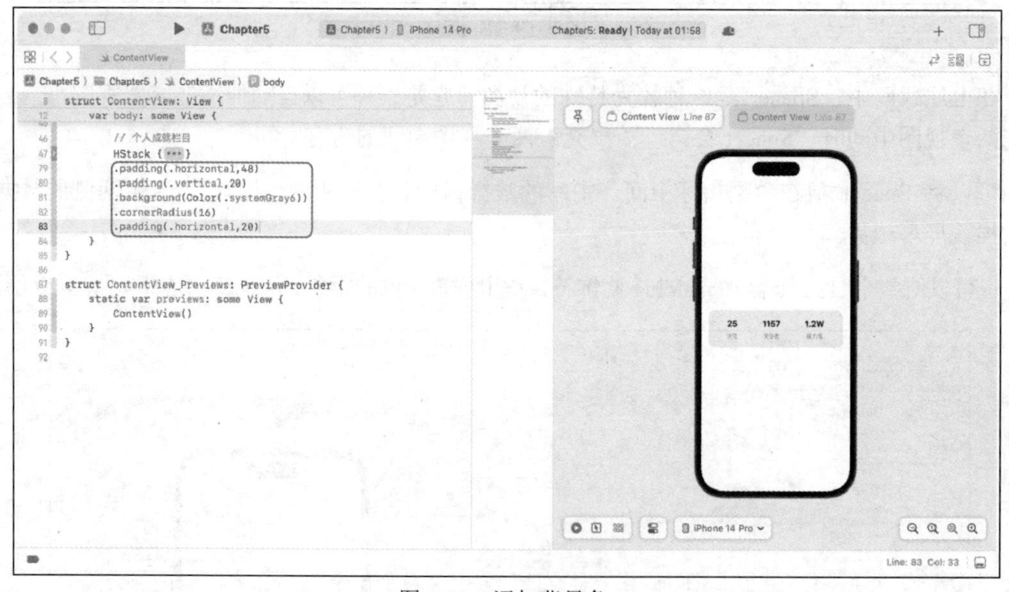

图 5-21　添加背景色

上述代码灵活运用 padding 修饰符，使得 HStack 左右两侧留出 48 px 的边距，上下两侧留出 20 px 的边距，并使用 background 修饰符填充视图背景为 systemGray6（浅灰色）。为了美观，使用 cornerRadius 修饰符为填充了背景色的视图设置了 16°的圆角。

修饰符的使用顺序决定了视图最终呈现的效果，这在实际开发过程中十分重要。

以填充背景色为例，需要先“撑开”视图两侧的空间，再填充背景色。然后在填充完背景色之后，再给填充了背景色的视图设置圆角。最后给填充了背景色且设置了圆角的视图留出左右两侧的边距。

5.3　搭建“专栏列表”栏目

在图 5-1 展示的“个人简介”界面案例的最终效果中，“专栏列表”栏目由一个个文章专栏组成，而每个文章专栏由专栏封面、专栏名称、专栏文章数据和专栏订阅数据 4 个元素组成。

搭建“专栏列表”栏目当然与搭建“个人成就”栏目类似，可以先搭建单个文章专栏，再复制代码块实现多个文章专栏。但这种实现方式可能存在一个问题：在实际项目开发过程中，文章专栏并不是固定的，无论是其内容还是数量，都是根据数据集动态加载的。因此，这里不能使用静态数据来实现“专栏列表”栏目的内容。

那么应该如何实现呢？

这时可以使用 MVC 架构模式，将视图和数据进行分离，并通过动态渲染列表数据的方式来实现“专栏列表”栏目的内容。

5.3.1　数据模型

在 Xcode 左侧的项目文件目录中，单击鼠标右键，在弹出的菜单中选择“New File”，然后在弹出的选择文件模板的弹窗中选择“Swift File”，单击“Next”按钮，将新文件命名为“Article”，最后单击“Create”按钮以创建新文件。创建 Swift 文件如图 5-22 所示。

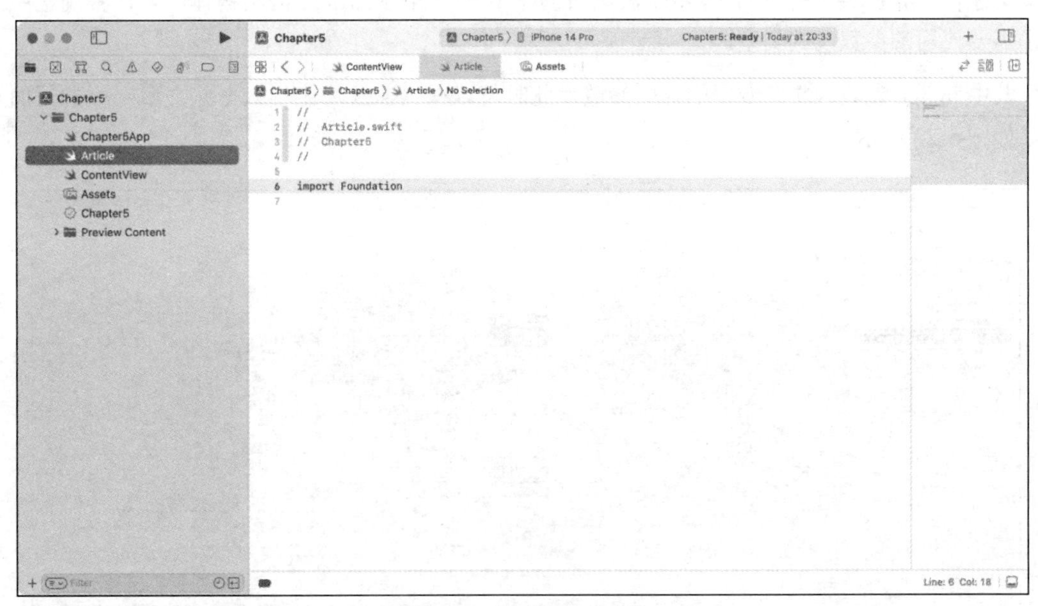

图 5-22　创建 Swift 文件

接下来，创建文章专栏的数据模型，将使用到的参数都声明在模型内。创建数据模型如图 5-23 所示。

```
import SwiftUI

struct Article {
    var image: String
    var title: String
```

```
    var articleNum: Int
    var subscriptionNum: Int
}
```

```
//
//  Article.swift
//  Chapter5
//

import SwiftUI

struct Article {
    var image: String
    var title: String
    var articleNum: Int
    var subscriptionNum: Int
}
```

图 5-23　创建数据模型

上述代码先在头部引入了 SwiftUI，然后创建了一个名为 Article 的结构体，并在其闭包中声明了需要使用的参数及其类型。

其中 image 参数为文章专栏的封面参数，此时可以在 Assets 库中导入一些文章专栏的封面素材，如图 5-24 所示。

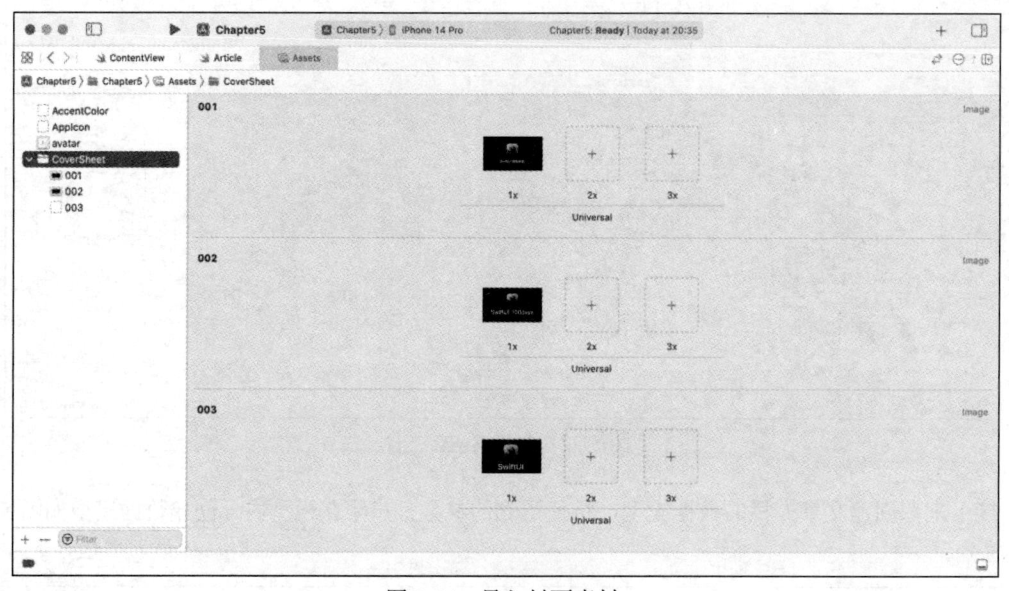

图 5-24　导入封面素材

素材准备完成后，可以给素材命名，方便后续使用。回到 Article 文件中，在 Article 数据模型的基础上，创建一个数组来存放示例数据，创建数组并存放示例数据如图 5-25 所示。

```
static let articles = [
    Article(image: "001", title: "SwiftUI 项目实战", articleNum: 22, subscriptionNum: 245),
    Article(image: "001", title: "SwiftUI 100days", articleNum: 37, subscriptionNum: 309),
    Article(image: "001", title: "SwiftUI 极简教程", articleNum: 42, subscriptionNum: 425)
]
```

```
//
// Article.swift
// Chapter5
//

import SwiftUI

struct Article {
    var image: String
    var title: String
    var articleNum: Int
    var subscriptionNum: Int

    static let articles = [
        Article(image: "001", title: "SwiftUI项目实战", articleNum: 22, subscriptionNum: 245),
        Article(image: "001", title: "SwiftUI 100days", articleNum: 37, subscriptionNum: 309),
        Article(image: "001", title: "SwiftUI极简教程", articleNum: 42, subscriptionNum: 425)
    ]
}
```

图 5-25　创建数组并存放示例数据

在上述代码中，articles 数组中的数据是符合 Article 结构体类型的数据，即每一条数据的类型都是 Article 结构体参数类型。而使用 static 关键字表明了 articles 作为静态的数组，也属于 Article 结构体。

5.3.2　单个文章专栏

下面回到 ContentView 文件中，开始完成“专栏列表”栏目的内容。可以先搭建一个单独的文章专栏，确定好使用的视图和布局结构。搭建文章专栏如图 5-26 所示。

```
// "专栏列表"栏目
HStack(spacing: 20) {
    // 封面
    Image("001")
        .resizable()
        .frame(width: 80, height: 80)
        .cornerRadius(4)

    // 文字信息
    VStack(alignment: .leading) {
        HStack {
            Text("SwiftUI 项目实战")
                .font(.title2)
                .bold()

            Spacer()

            Image(systemName: "ellipsis")
                .foregroundColor(.gray)
        }
```

```
        Spacer()

        HStack(spacing: 20) {
            Text("22 篇文章")
            Text("245 人订阅")
        }
        .foregroundColor(.gray)
    }

    Spacer()
}
.frame(height: 80)
.padding(.horizontal)
```

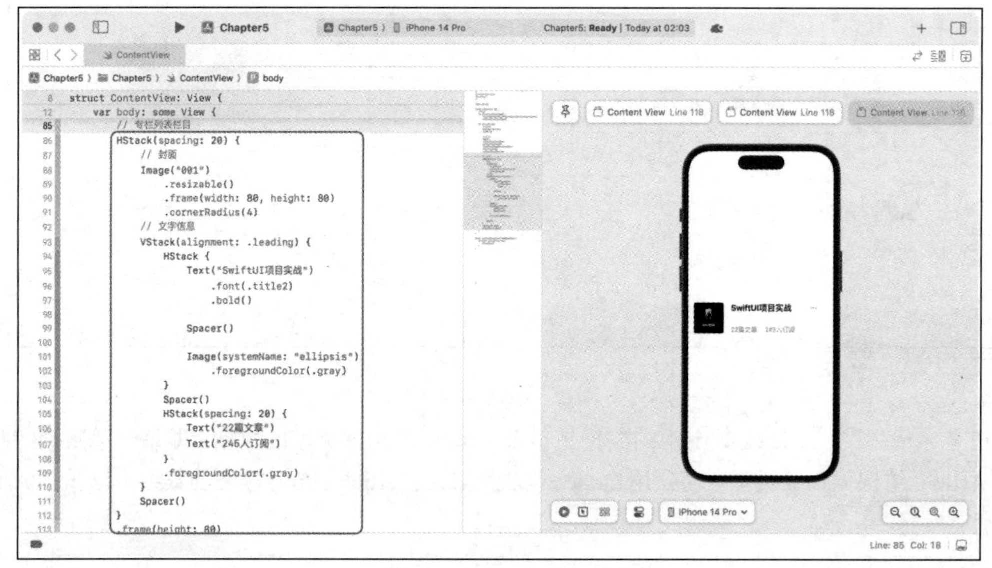

图 5-26　搭建文章专栏

上述代码运用多个布局容器视图嵌套的方法，将专栏封面与专栏名称、专栏文章数据与专栏订阅数据横向排布，专栏名称与专栏文章数据、专栏订阅数据纵向排布。

在布局容器视图中，除了设置布局容器视图的 spacing 参数，还使用 Spacer 用于填充布局容器视图的内部空间。

这样，单个文章专栏就搭建完成了。

5.3.3　多个文章专栏

在单个文章专栏的基础上，如果采用复制代码块的方式搭建多个文章专栏，就可能会产生很多重复的代码，后期对代码进行维护也会相当麻烦。而且文章专栏的数量也不固定，不可能实时添加或者删除文章专栏后，再发布让用户更新的 App。

读者应该可以注意到，在单个文章专栏的代码块中，只需要替换视图组件的内容，就可以更新文章专栏的内容。

此时可以以单个文章专栏的代码作为结构，然后从 5.3.1 节定义好的数据模型中取出示例数据，并将其赋值到单个文章专栏中。遍历 Article 数据模型中的数据如图 5-27 所示。

```
VStack(spacing:20){
    ForEach(Article.articles, id:\.title) { item in
        // 单个文章专栏
}
}
```

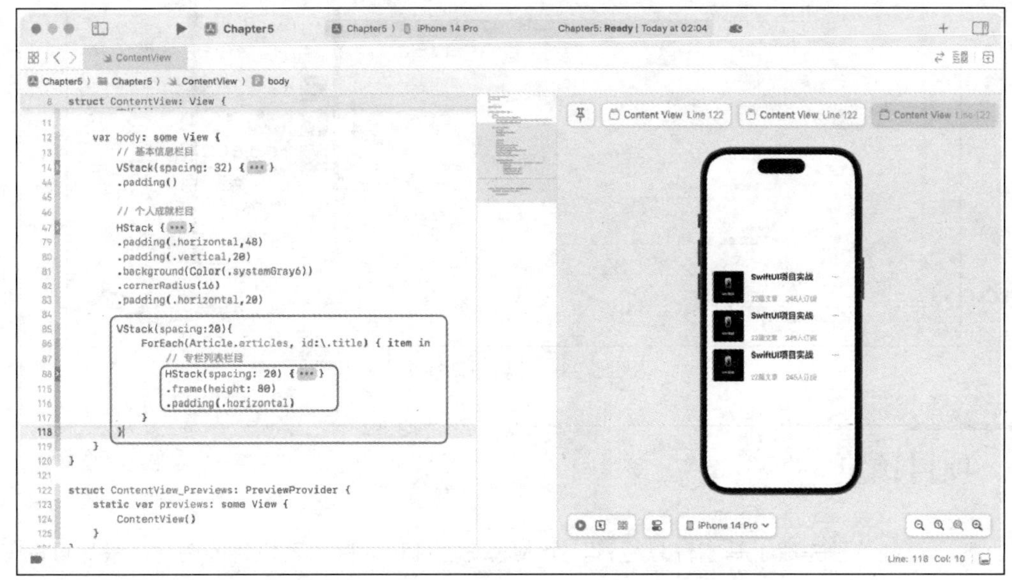

图 5-27　遍历 Article 数据模型中的数据

上述代码在单个文章专栏外层添加了一个 VStack，用于排布多个文章专栏。在容器中使用 ForEach（循环遍历）函数，遍历 Article 数据模型中的 articles 数组，以专栏名称参数 title 为 id，将数组中的数据取出并赋予 item。

在实时预览窗口中可以看到，取出的 articles 数组中包含有 3 条数据，因此呈现了 3 个文章专栏。

目前，3 个文章专栏的内容是一样的，因为在单个文章专栏中赋值的内容是固定的，所以还需要将被赋予取出数据的 item 看作数据源，给静态的参数重新赋值，如图 5-28 所示。

```
// 专栏封面
Image(item.image)

// 专栏名称
Text(item.title)

// 专栏文章数据
Text("\(item.articleNum)"+"篇文章")

// 专栏订阅数据
Text("\(item.subscriptionNum)"+"人订阅")
```

在上述代码中，通过 ForEach 函数取出 Article 数据模型中的 articles 数组，然后将其赋予 item。此时 item 相当于符合 Article 结构的数据项，这里将 item 中的参数分别重新赋值给 Image 视图和 Text 视图。

值得注意的是，由于 articleNum 参数和 subscriptionNum 参数的类型为整型（Int），而 Text 视图只能接收 String 类型的参数值，因此还需要使用类型转换的方式，将 Int 类型转换为 String 类型。

图 5-28　参数重新赋值

5.4　项目预览

此时，已经单独完成了基本信息栏目、个人成就栏目和专栏列表栏目的搭建，最后可以使用布局容器视图将这 3 个栏目进行组合，形成单个视图界面。ScrollView（滚动布局容器视图）的使用如图 5-29 所示。

```
ScrollView {
    // 基本信息栏目

    // 个人成就栏目

    // 专栏列表栏目
}
```

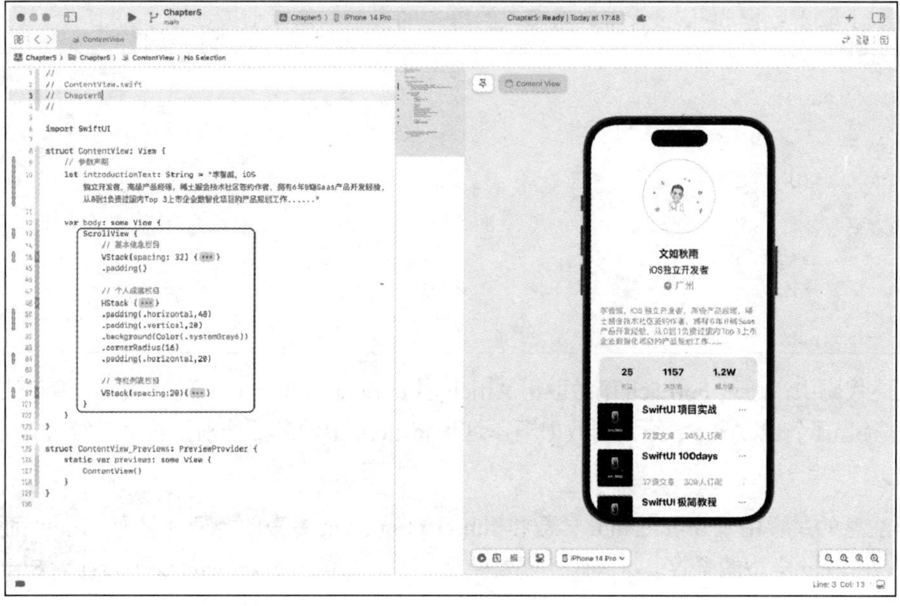

图 5-29　ScrollView 的使用

上述代码使用了一种新的布局容器视图（ScrollView），它可以实现类似 VStack 和 HStack 的效果。

不同的是，界面布局中存在复杂的视图，特别是当组合后的视图超过屏幕显示范围时，开发者更倾向于使用 ScrollView，它可以让界面中的视图在保持原有比例的情况下，以上下滚动或者左右滚动的方式供用户查看。

然后，局部调整每个栏目之间的间距，让整体项目看起来更加和谐。增加栏目之间的间距如图 5-30 所示。

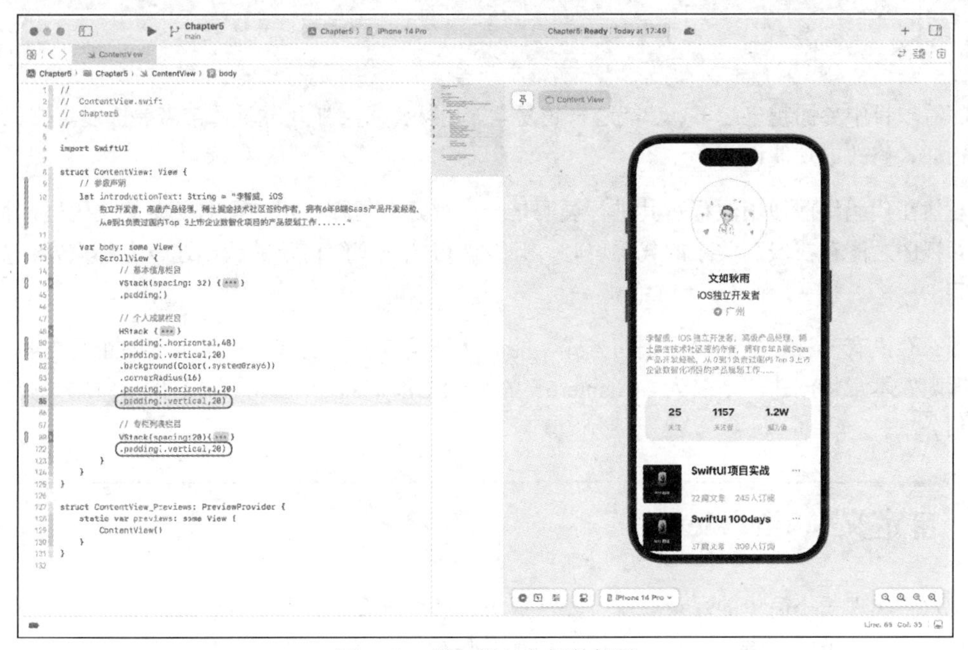

图 5-30　增加栏目之间的间距

最后，在实时预览窗口整体预览项目的效果，项目的整体效果如图 5-31 所示。

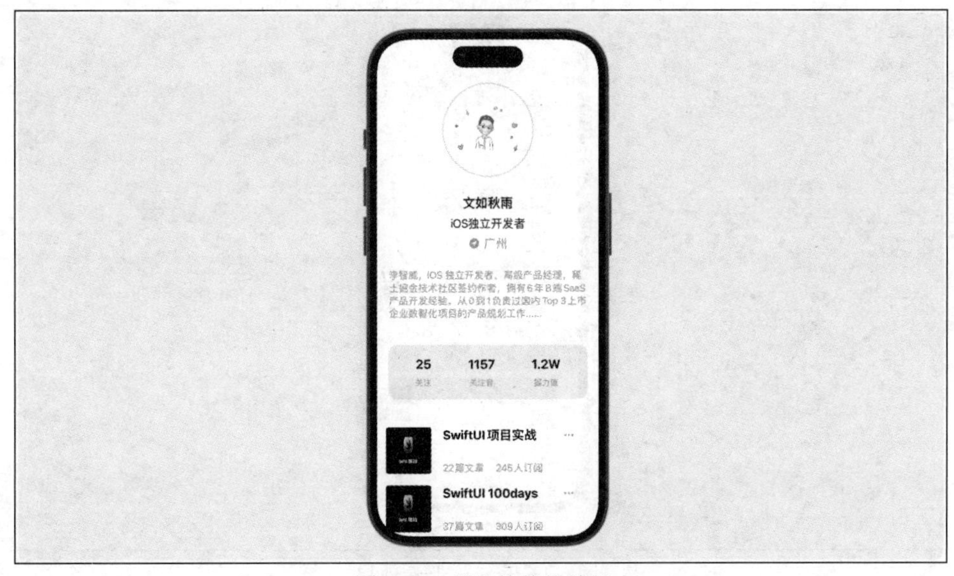

图 5-31　项目的整体效果

第 6 章

代码整理：让项目代码更加清晰

随着项目中界面越来越多、功能越来越复杂，开发者在实际开发时常常需要快速定位代码块，并进行样式修改或功能调整。

虽然在代码块前使用注释对其进行说明是一个很好的习惯，但在面对复杂的代码块，特别是在面对视图之间存在嵌套关系的代码块时，开发者可能在理解自己的代码逻辑上都需要耗费不少的时间。

那么有没有一种良好的代码编写方式，能够让开发者编写的代码更加清晰明了且更容易定位和修改呢？本章将创建一个名为“Chapter6”的 SwiftUI 项目，并在此项目基础上对相关内容进行讲解和分享。

6.1 自定义 some View

本章将实现一个简单的登录注册页，常规的登录注册页由封面图片、Slogan 文字、快捷登录入口和用户条款组成。借助 SwiftUI 的常用视图和布局容器，开发者可以很简单地搭建一个精美的登录注册页，登录注册页效果如图 6-1 所示。

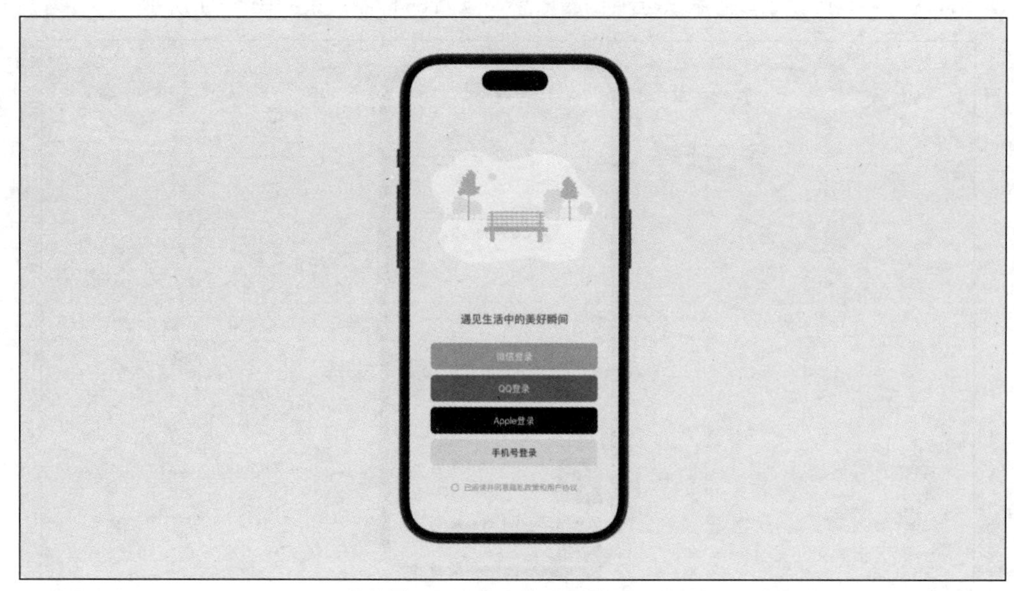

图 6-1　登录注册页效果

在 ContentView 视图中，body 属性的视图容器闭包的大部分代码都在描述整个视图的内容和布局关系。使用注释文字来辅助说明每一个代码块呈现什么内容，最后使用布局容器视图将代码块实现的单个视图组合成一个完整的界面。

在第 4 章中，some View 可以返回一个确定类型的视图，通过声明一个符合 some View 协议的函数，可以抽离视图的代码块。

6.1.1　封面图片视图

首先，将与封面图片相关的代码块从上至下进行抽离，封面图片视图如图 6-2 所示。

```
// 封面图片
private var pageImageView: some View {
    VStack {
        Spacer()

        Image("coverImage")
            .resizable()
            .aspectRatio(contentMode: .fit)

        Spacer()
    }
}
```

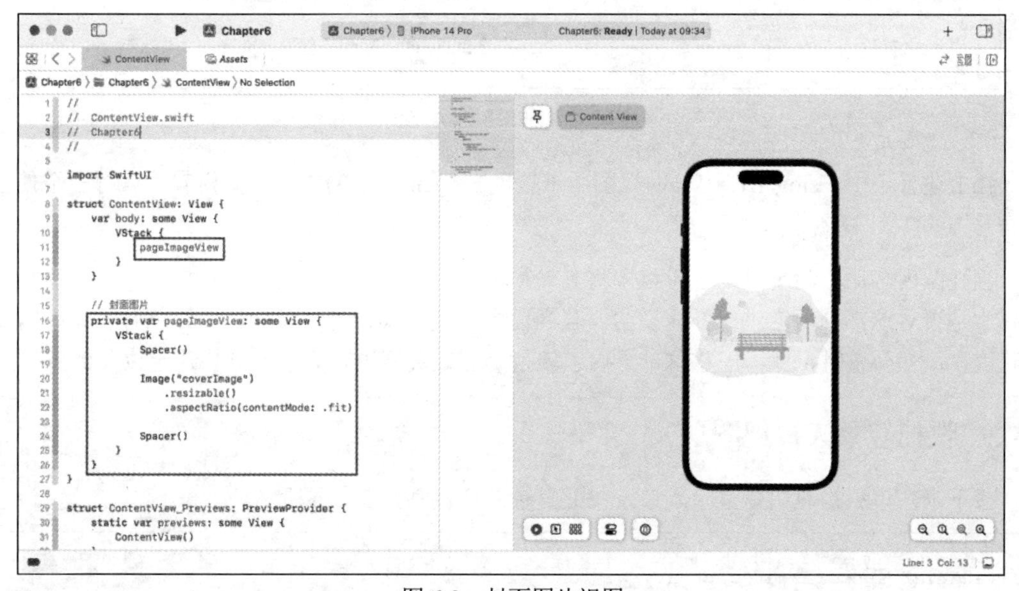

图 6-2　封面图片视图

在上述代码中，pageImageView 是一个符合 some View 协议的自定义视图，在其闭包中，粘贴原本在 body 属性的视图容器中被剪切的“封面”代码块作为其内容。

在代码编辑区域中可以看到，只需要在 body 属性的视图容器中使用 pageImageView 视图，就可以显示 pageImageView 视图里面的内容。

6.1.2　Slogan 文字视图

本节使用抽离代码的方法自定义 Slogan 文字的内容，Slogan 文字视图如图 6-3 所示。

```
// Slogan 文字
private var sloganTextView: some View {
    Text("遇见生活中的美好瞬间")
        .font(.title3)
        .bold()
        .foregroundColor(.purple)
}
```

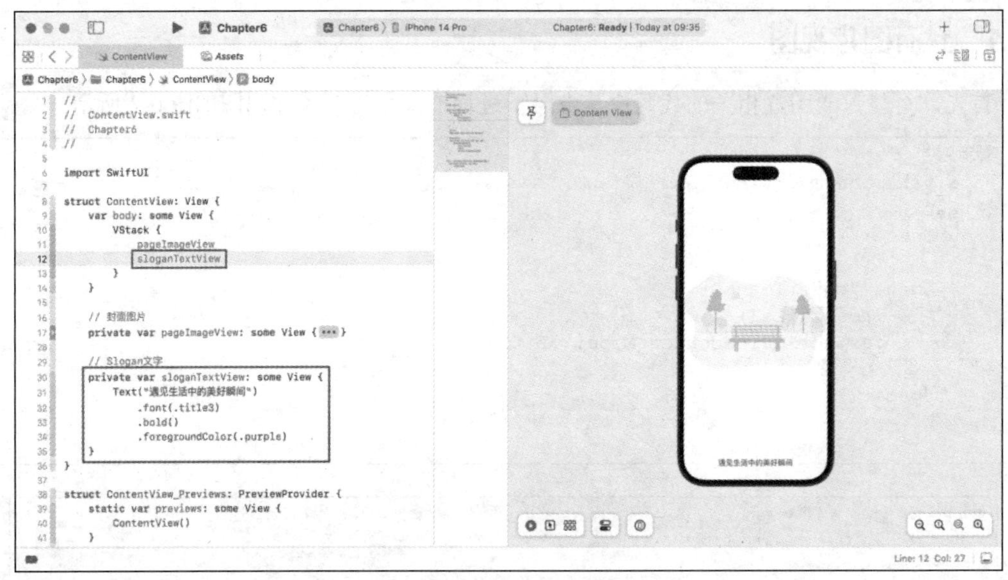

图 6-3　Slogan 文字视图

在上述代码中，sloganTextView 视图用于呈现 Slogan 文字的内容，其内容中只有一个使用修饰符修饰的 Text 视图。

当视图内容比较简单时，也可以不将其转换为自定义视图，是否进行转换取决于在后续开发过程中是否对这部分内容进行补充说明。若当前内容及样式只是暂时的，后续还有补充的需要，则建议在最初开发时，就考虑将这部分内容转换为自定义视图，方便后续快速定位和调整。

6.1.3　快捷登录入口视图

接下来，单独构建快捷登录入口，快捷登录入口视图如图 6-4 所示。

```
// 快捷登录入口
private var authorizedLoginBtnView: some View {
    VStack(spacing: 10) {
        Button(action: {
        }) {
            Text("微信登录")
                .foregroundColor(.white)
                .frame(maxWidth: .infinity, maxHeight: 48)
                .background(Color.green)
                .cornerRadius(8)
        }

        Button(action: {
        }) {
            Text("手机号登录")
                .foregroundColor(.black)
```

```
                .frame(maxWidth: .infinity, maxHeight: 48)
                .background(Color(.systemGray5))
                .cornerRadius(8)
        }
    }
}
```

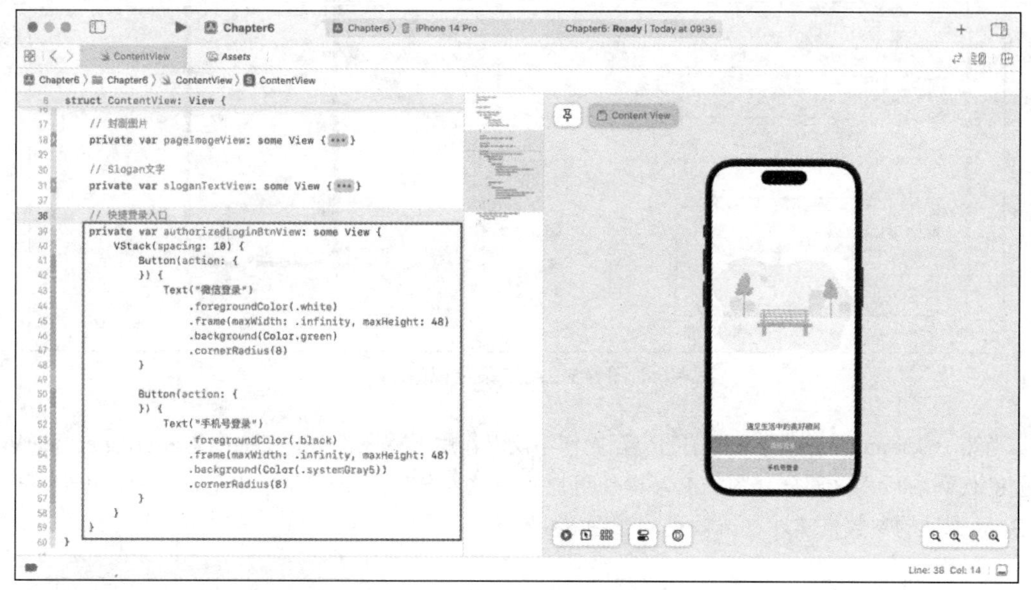

图 6-4　快捷登录入口视图

上述代码将包含 VStack 及其闭包中的两个 Button 视图的相关代码都进行了剪切，用自定义的 authorizedLoginBtnView 视图来描述内容。

在使用自定义 some View 视图时，开发者要了解哪些代码块属于一个整体，可以用来描述界面中的内容。例如“微信登录”按钮可以作为单独的视图，“手机号登录”按钮也可以作为单独的视图。但在对界面的整体描述中，这两个按钮作为快捷登录入口的内容，需要被整体定义。

6.1.4　用户条款视图

最后一部分是用户条款的内容，在应用中属于不可或缺的内容。用户条款视图如图 6-5 所示。

```
// 用户条款
private var userAgreementView: some View {
    HStack {
        Image(systemName: "circle")
        Text("已阅读并同意隐私政策和用户协议")
    }
    .font(.system(size: 14))
    .foregroundColor(.gray)
}
```

在上述代码中，用户条款视图 userAgreementView 由一个横向布局的 HStack 容器组成，包含一个 Image 视图和 Text 视图。

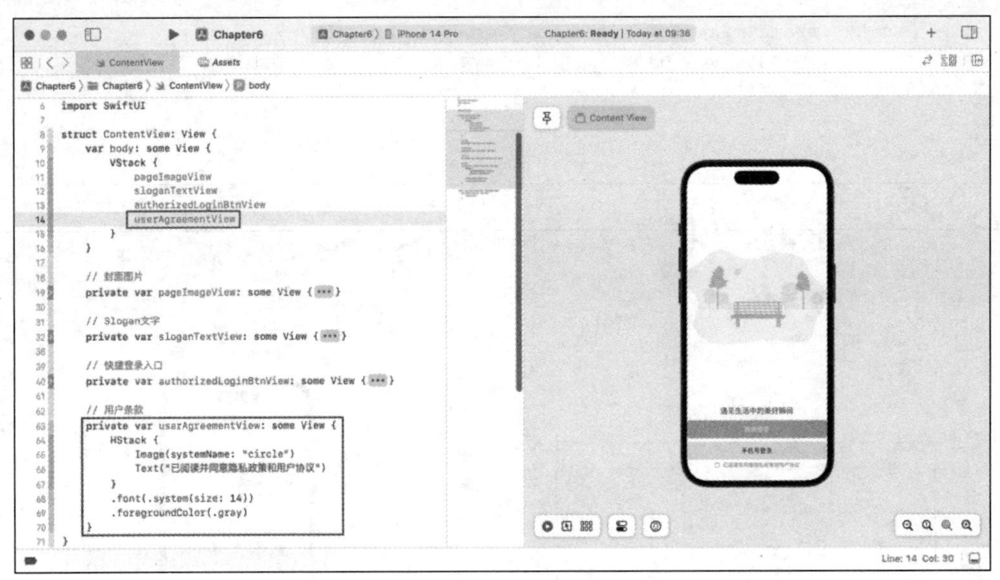

图 6-5　用户条款视图

当然，userAgreementView 视图的交互操作不仅仅作用于视图部分，在抽离出 userAgreementView 视图的代码块后，这部分视图的交互操作可以只在这部分代码块中进行补充。例如，可以声明一个 Bool 类型的参数来实现单击效果，如图 6-6 所示。

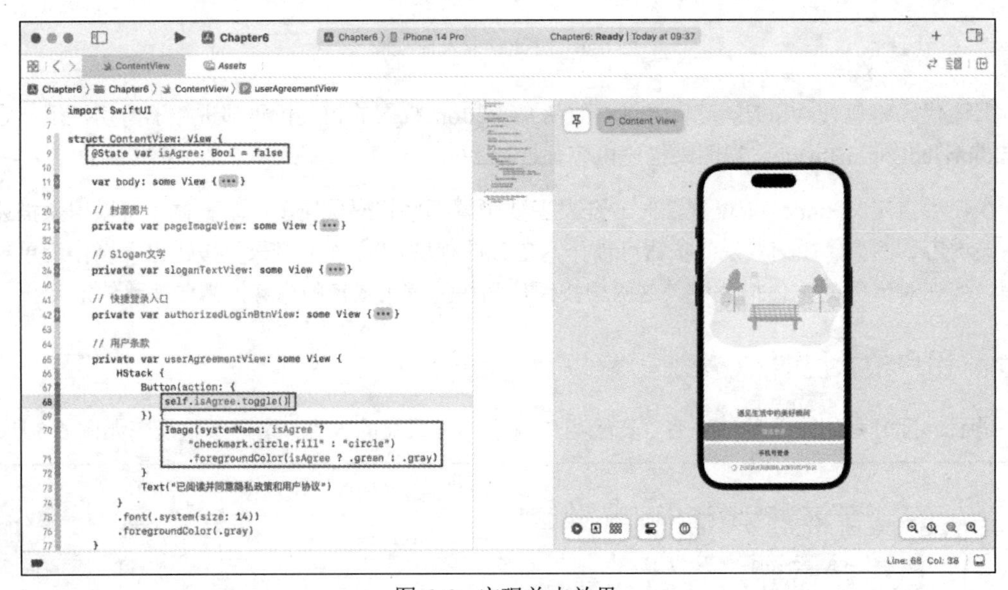

图 6-6　实现单击效果

```
// 是否同意用户条款
@State var isAgree: Bool = false

// 用户条款
private var userAgreementView: some View {
        HStack {
            Button(action: {
                self.isAgree.toggle()
            }) {
                Image(systemName: isAgree ? "checkmark.circle.fill" : "circle")
```

```
                .foregroundColor(isAgree ? .green : .gray)
            }
            Text("已阅读并同意隐私政策和用户协议")
        }
        .font(.system(size: 14))
        .foregroundColor(.gray)
    }
```

上述代码声明了一个 Bool 类型的参数 isAgree，在 userAgreementView 视图中，为 Image 视图添加了按钮的代码结构，使其变成一个可以被单击的视图。

当单击 Image 视图的时候，切换 isAgree 参数的状态，这样就可以根据 isAgree 参数的状态显示不同的图标图片和前景色。在右侧的实时预览窗口中可以看到，成功实现了单击勾选用户条款的交互效果。

自定义 some View 有什么好处呢？通过上面的例子读者应该可以感受到，一是它能使代码更加清晰，每一部分的代码块都描述界面中某一部分的样式，二是它能使开发者的注意力还可以回到 ContentView 中的 body 属性的视图容器中，对于 ContentView 视图，开发者可以很清晰地描述其中的内容。ContentView 视图内容如图 6-7 所示。

```
var body: some View {
    VStack(spacing: 32) {
        // 封面图片
        pageImageView

        // Slogan 文字
        sloganTextView

        // 快捷登录入口
        authorizedLoginBtnView

        // 用户条款
        userAgreementView
    }
    .padding(40)
}
```

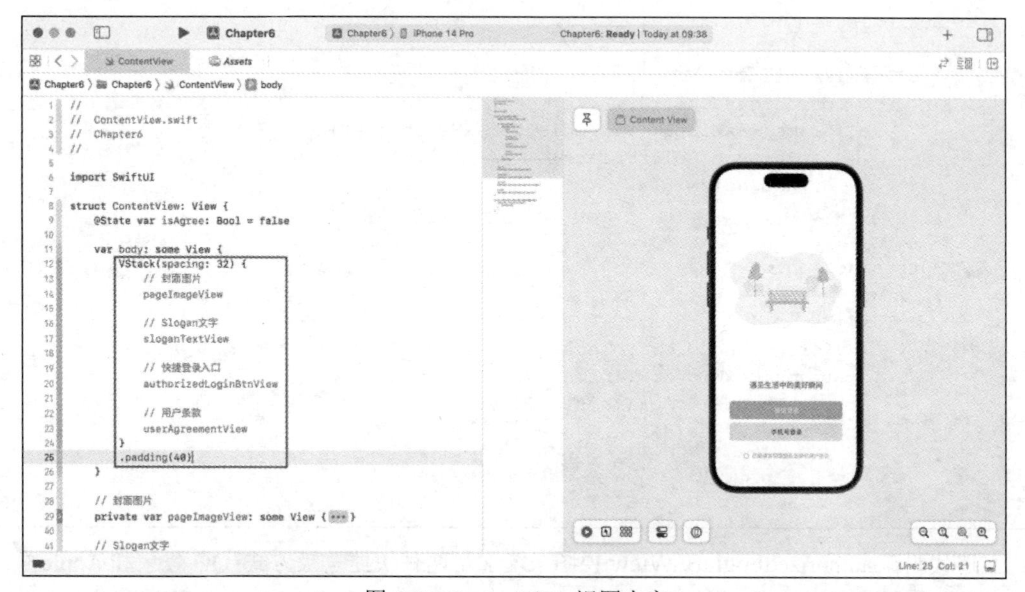

图 6-7　ContentView 视图内容

在上述代码中，body 属性的视图容器的最终代码结构为一个 VStack，该纵向布局容器视图由 pageImageView（封面图片）视图、sloganTextView（Slogan 文字）视图、authorizedLoginBtnView 视图和 userAgreementView 视图组成。

图 6-7 展示的视图内容和最初描述的界面内容是一致的，即描述的内容与最终实现的内容是一样的。这也是声明式语言的特点，即使用结构化的自然语言来描述程序的内容。

6.2　自定义结构体

下面来复盘已经完成的项目，可以发现在 authorizedLoginBtnView 视图中存在一个问题：当前快捷登录有两种方式，如果需要再增加几种快捷登录方式，那么视图中就会有特别多的相似代码。增加多种快捷登录方式如图 6-8 所示。

```
// 快捷登录入口
private var authorizedLoginBtnView: some View {
    VStack(spacing: 10) {
        Button(action: {
        }) {
            Text("微信登录")
                .foregroundColor(.white)
                .frame(maxWidth: .infinity, maxHeight: 48)
                .background(Color.green)
                .cornerRadius(8)
        }

        Button(action: {
        }) {
            Text("QQ 登录")
                .foregroundColor(.white)
                .frame(maxWidth: .infinity, maxHeight: 48)
                .background(Color.blue)
                .cornerRadius(8)
        }

        Button(action: {
        }) {
            Text("Apple 登录")
                .foregroundColor(.white)
                .frame(maxWidth: .infinity, maxHeight: 48)
                .background(Color.black)
                .cornerRadius(8)
        }

        Button(action: {
        }) {
            Text("手机号登录")
                .foregroundColor(.black)
                .frame(maxWidth: .infinity, maxHeight: 48)
                .background(Color(.systemGray5))
                .cornerRadius(8)
        }
    }
}
```

上述代码在 authorizedLoginBtnView 视图中增加了两种快捷登录方式：QQ 登录和 Apple 登录。通过“聚类”思维可以发现，快捷登录方式的样式部分都由 Text 视图和相应的修饰符组成。

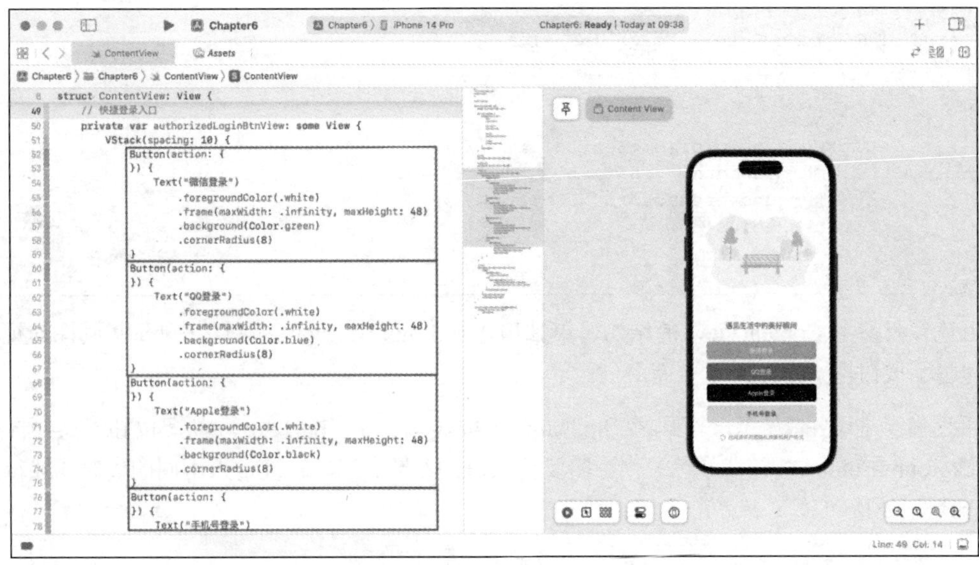

图 6-8　增加多种快捷登录方式

每增加一种快捷登录方式时，相似的代码将会重复增加。此时是否可以抽离这些相似的代码，然后形成一个视图，最后通过赋值的方式来“复用”快捷登录方式的样式呢？

当然可以！

6.2.1　自定义 LoginBtnView 视图

可以通过类似构建 ContentView 视图的方式来单独构建一个 LoginBtnView（快捷登录按钮）视图，LoginBtnView 视图如图 6-9 所示。

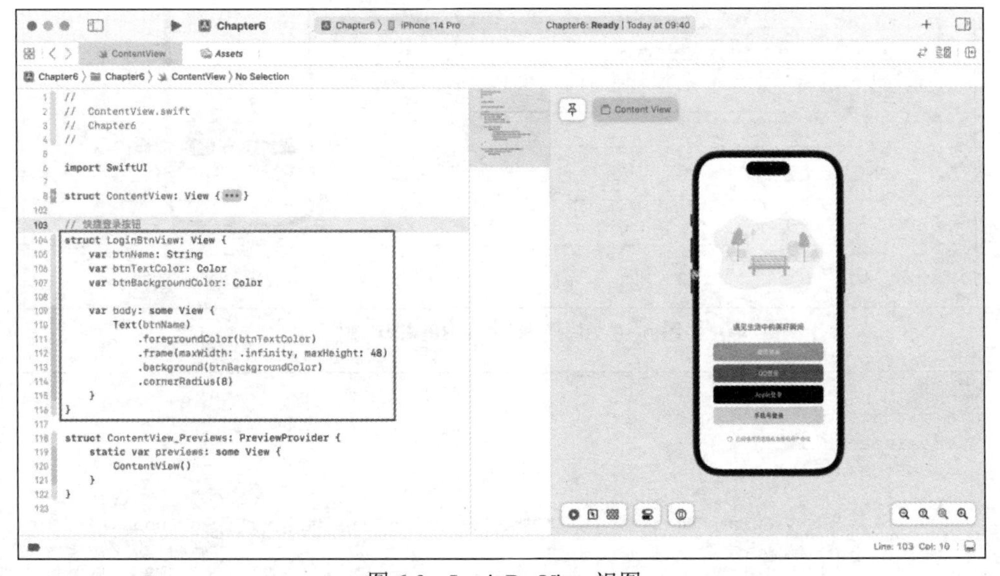

图 6-9　LoginBtnView 视图

```
// 快捷登录按钮
struct LoginBtnView: View {
    var btnName: String
```

```
    var btnTextColor: Color
    var btnBackgroundColor: Color

    var body: some View {
        Text(btnName)
            .foregroundColor(btnTextColor)
            .frame(maxWidth: .infinity, maxHeight: 48)
            .background(btnBackgroundColor)
            .cornerRadius(8)
    }
}
```

上述代码参考 ContentView 的结构，单独构建了 LoginBtnView 视图，在 body 属性的视图容器中完善了按钮样式内容。

通过参数抽离的方式，可以将 btnName（按钮名称）、btnTextColor（按钮文字颜色）、btnBackgroundColor（按钮背景色）作为需要传入值的参数。当参数被传入不同的值时，就得到了不同样式的按钮。

6.2.2 使用 LoginBtnView 视图

回到 authorizedLoginBtnView 视图中，将按钮样式部分替换为 LoginBtnView 视图，如图 6-10 所示。

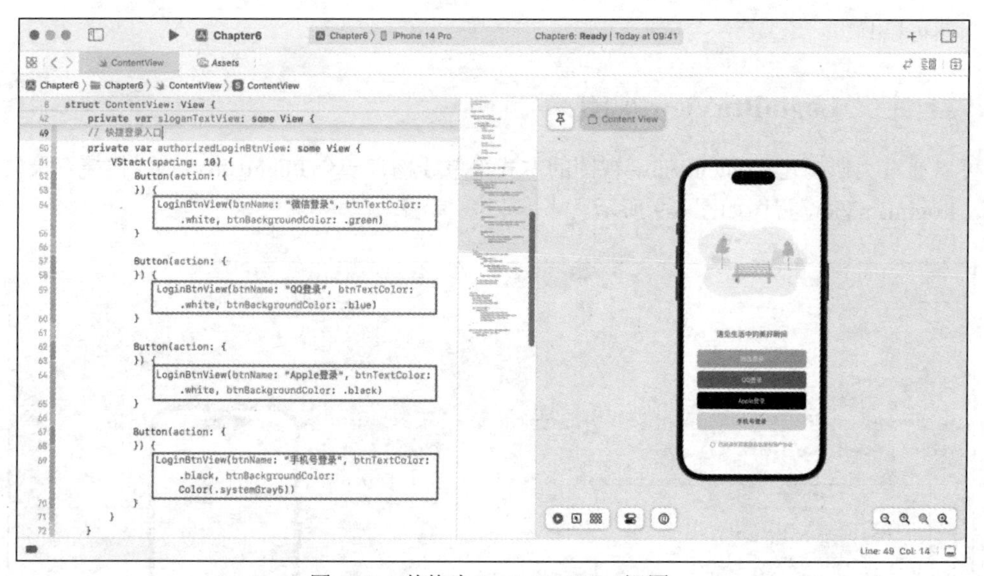

图 6-10 替换为 LoginBtnView 视图

```
// 快捷登录入口
private var authorizedLoginBtnView: some View {
    VStack(spacing: 10) {
        Button(action: {
        }) {
            LoginBtnView(btnName: "微信登录", btnTextColor: .white, btnBackgroundColor: .green)
        }

        Button(action: {
        }) {
            LoginBtnView(btnName: "QQ 登录", btnTextColor: .white, btnBackgroundColor: .blue)
        }
```

```
        Button(action: {
        }) {
            LoginBtnView(btnName: "Apple 登录", btnTextColor: .white, btnBackgroundColor: .black)
        }

        Button(action: {
        }) {
            LoginBtnView(btnName: "手机号登录", btnTextColor: .black, btnBackgroundColor: 
Color(.systemGray5))
        }
    }
}
```

上述代码删除了原先在按钮代码块中的 Text 视图及其修饰符部分的代码，使用 LoginBtnView 视图，并在其参数中依次传入不同的按钮名称、按钮文字颜色、按钮背景色的值。

替换完成后，可以发现在 authorizedLoginBtnView 视图中，上述操作将代码进行了进一步整理，并且使得视图的逻辑描述更加清晰。

6.3　自定义 extension 方法

在应用的 UI 设计中，考虑到观感等原因，已经很少使用纯白色或者纯黑色作为前景色或者背景色，反而会使用相近颜色对这两种颜色进行替代。

可以将背景色从默认的纯白色修改为其他颜色，修改界面背景色如图 6-11 所示。

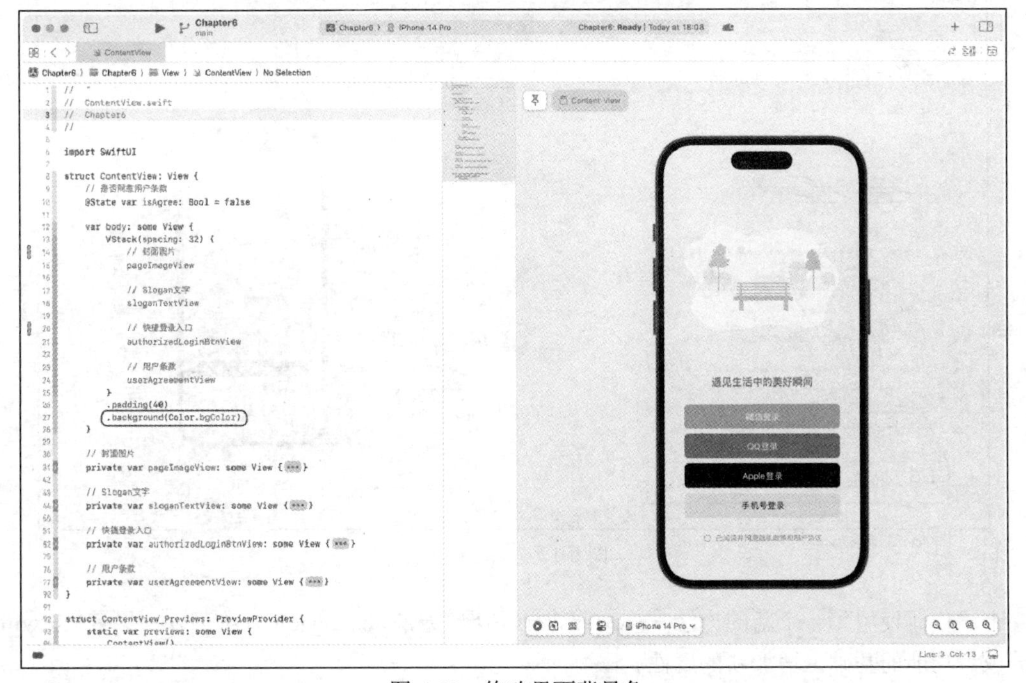

图 6-11　修改界面背景色

```
VStack(spacing: 32) {
    // 封面图片
    pageImageView

    // Slogan 文字
```

```
    sloganTextView

    // 快捷登录入口
    authorizedLoginBtnView

    // 用户条款
    userAgreementView
}
.padding(40)
.background(Color(.systemGray6))
```

上述代码为 body 中的 VStack 添加了 background 修饰符，实现了设置界面背景色的功能。

但应用中的背景色常常是通用的，如果设置了某个界面的背景色，那么大概率在其他界面也需要设置同样的背景色。当需要统一调整背景色时，可能就需要依次修改每个界面。

可以通过将颜色参数进行抽离的方式，创建一个统一的背景色参数，这样就可以将背景色应用到所有界面中。当需要修改背景色时，只需要修改这个统一的背景色参数，就可以实现所有界面的背景色的修改。颜色拓展如图 6-12 所示。

```
// 颜色拓展
extension Color {
    static let bgColor:Color = Color(.systemGray6)
}

// 颜色使用
.background(Color.bgColor)
```

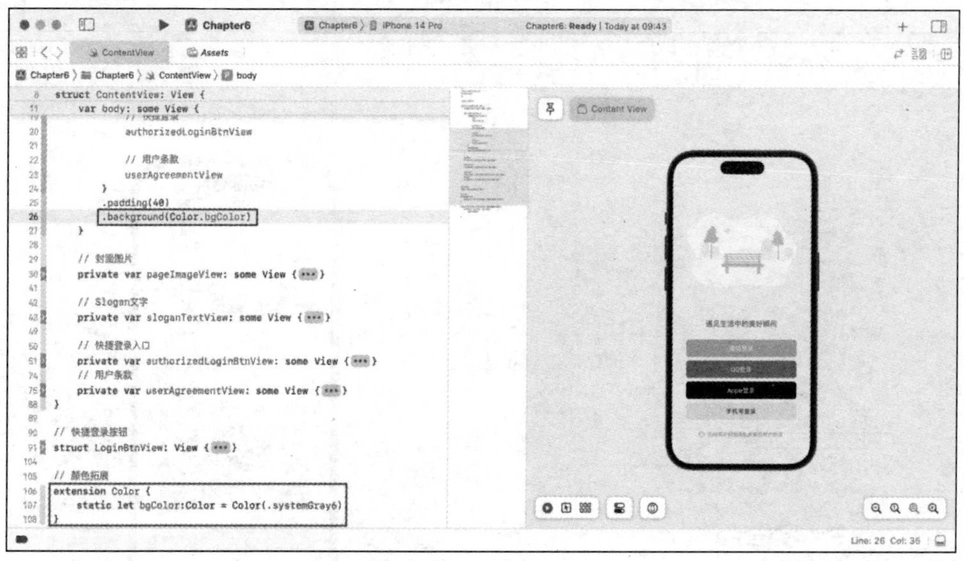

图 6-12　颜色拓展

上述代码使用了一个新的方法——extension（拓展）方法，extension 方法可以在原有的 SwiftUI 样式或者功能的基础上增加新的属性。

例如，使用 extension 关键字拓展了 Color 方法，声明了一个静态的颜色属性 bgColor，并赋予了一个默认值，然后就可以把 bgColor 作为 Color 方法的其中一个属性进行调用。

接下来在视图的 background 修饰符中使用 Color 方法，并调用 Color 方法中的 bgColor 属性，将 bgColor 的值传给 background 修饰符，这样同样实现了设置背景色的效果。

使用 extension 方法的好处是，在定义属性参数后，应用中的任意地方都可以使用它。开发中常用的做法是创建一个新的 Swift 文件作为 Color 拓展方法存储文件，将所有有关颜色的修改方法都放在该文件中。Color+Extension 文件的内容如图 6-13 所示。

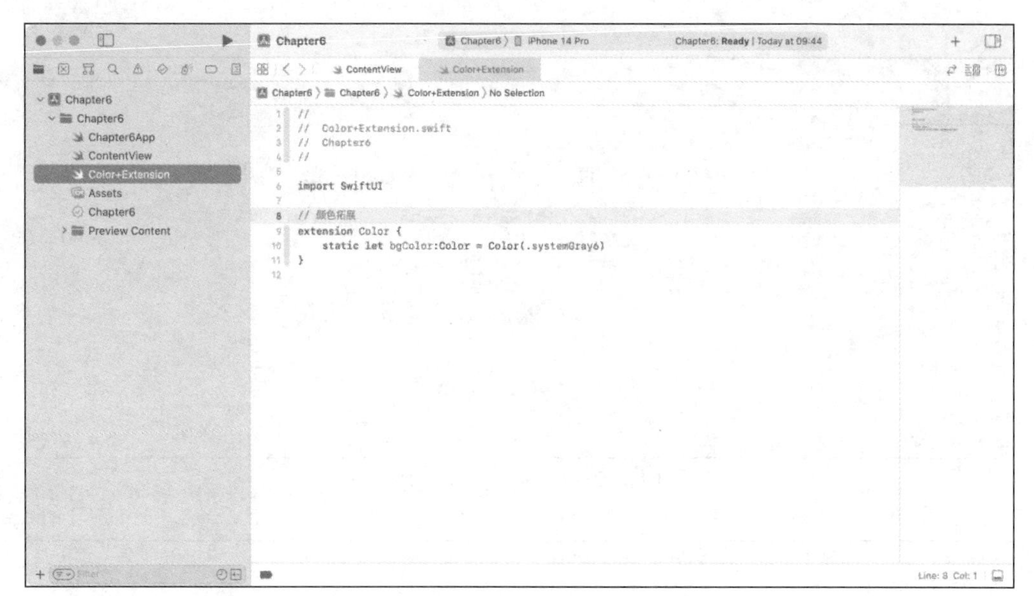

图 6-13　Color+Extension 文件的内容

这里创建了一个新的 Swift 文件，并将其命名为“Color+Extension”。在文件中首先需要引入 SwiftUI，然后将原本 ContentView 中的 Color 拓展方法剪切并粘贴到其中。

这样，对颜色的管理就可以使用单独的 Swift 文件来实现，后续在对颜色进行统一修改时，只需要在该文件中进行修改，并且可以将修改内容应用到所有调用的地方。

6.4　项目文件整理

6.2 节使用自定义结构体创建了 LoginBtnView 视图，当该视图也需要被其他视图复用时，使用自定义结构体是一种很好的方式。

在实际项目开发中，对于可被复用的自定义结构体，常常也需要创建单独的文件对其进行统一管理。

6.4.1　代码块管理

可以将 LoginBtnView 登录按钮视图代码创建成一个新的 Swift 文件来单独存放。LoginBtnView 文件如图 6-14 所示。

这里创建了一个新的 Swift 文件，并将其命名为“LoginBtnView”。在文件中首先需要引入 SwiftUI，然后将原本 ContentView 中的 LoginBtnView 代码块剪切并粘贴到其中。

回到 ContentView 文件中，可以看到在代码整理后，ContentView 视图只保留了原本视图及视图之间层级管理的相关代码，整体代码结构更加清晰。ContentView 文件代码结构预览如图 6-15 所示。

```
//
//  LoginBtnView.swift
//  Chapter6
//

import SwiftUI

// 快捷登录按钮
struct LoginBtnView: View {
    var btnName: String
    var btnTextColor: Color
    var btnBackgroundColor: Color

    var body: some View {
        Text(btnName)
            .foregroundColor(btnTextColor)
            .frame(maxWidth: .infinity, maxHeight: 48)
            .background(btnBackgroundColor)
            .cornerRadius(8)
    }
}
```

图 6-14　LoginBtnView 文件

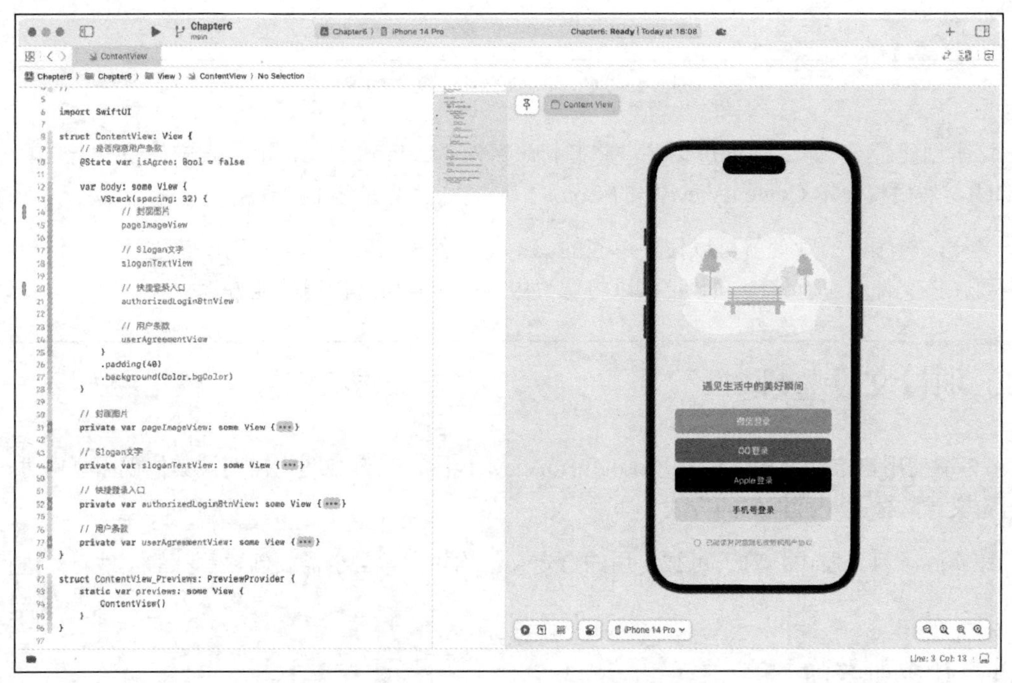

图 6-15　ContentView 文件代码结构预览

6.4.2　文件夹管理

接下来，查看 Xcode 左侧的项目文件栏，当应用的功能和界面越来越多时，相应的项目文件也会增多。

为了方便快速定位和查找项目文件，可以给不同类型的文件进行归类，通过创建文件夹的方式分批存放项目文件。

在项目文件栏中单击鼠标右键，在弹出的菜单中选择“New Group”，创建文件夹，创建文件夹操作如图 6-16 所示。

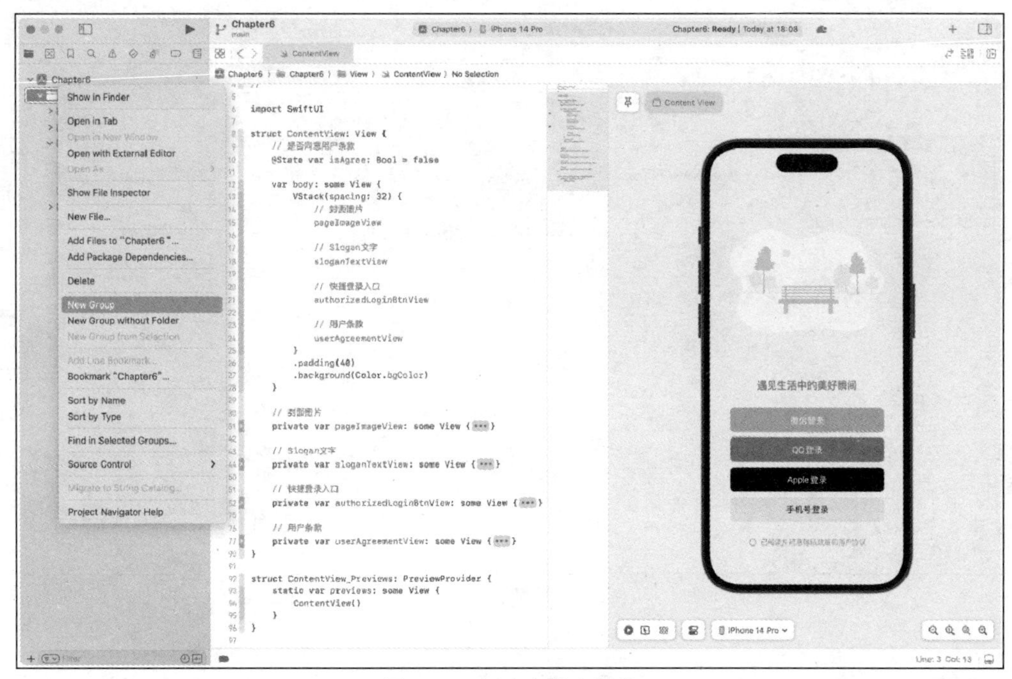

图 6-16　创建文件夹操作

创建完文件夹后，重命名文件夹，并将相关文件拖入文件夹中。例如此时创建一个名为“View”的文件夹，用于存放与视图相关的文件。View 文件夹如图 6-17 所示。

图 6-17　View 文件夹

同理，对于 SwiftUI 项目文件以及创建的 Color+Extension 文件，也可以使用文件夹来进行存放，方便后续的文件管理。项目文件管理如图 6-18 所示。

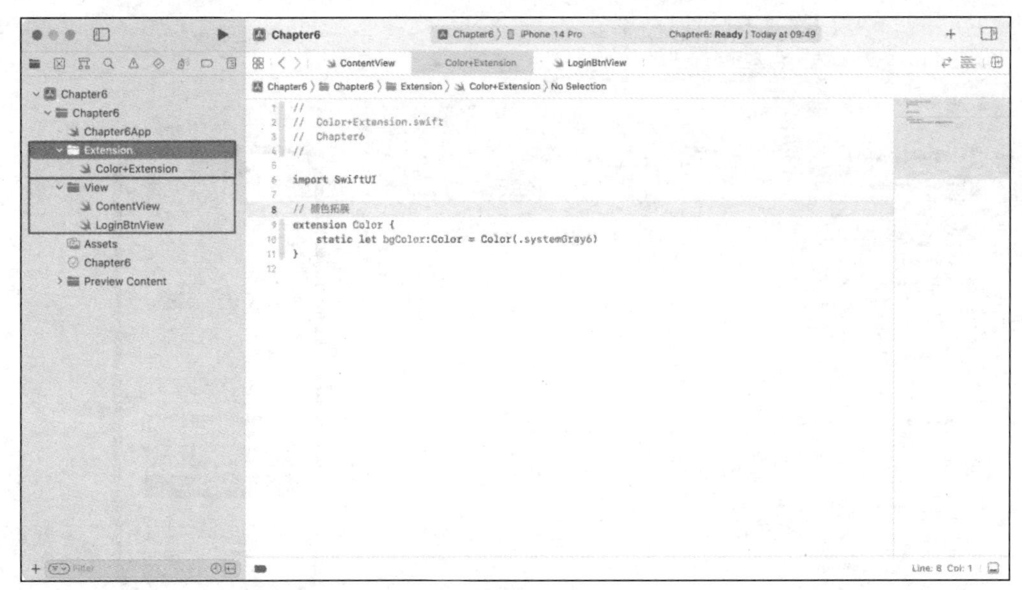

图 6-18 项目文件管理

第 7 章

项目实战：开发一款“Note 笔记”应用

开发一款完整的应用，除了实现一个个精美的界面，更重要的是通过界面与界面之间的衔接交互、数据交互实现更多的功能。

用户吸收并内化知识，最终以文字的方式进行输出，在这个过程中笔记应用发挥着关键的作用。对一款笔记应用而言，其核心理念是以简约、朴素的功能为用户保存数据。

下面将分享一个“Note 笔记”项目的代码实现过程，以此带领读者感受一款完整应用的开发全过程。“Note 笔记”项目的最终效果如图 7-1 所示。

图 7-1 “Note 笔记”项目的最终效果

本章将创建一个名为“Chapter7”的 SwiftUI 项目，并在此项目基础上对相关内容进行讲解和分享。

7.1 搭建 Note 数据模型

从图 7-1 中可以看到，“Note 笔记”界面由页面标题、笔记列表、新增按钮 3 部分组成。其中，笔记列表由一行行笔记组成，从功能操作层面来看，用户可以对笔记列表中的笔记进行新增、排序、删除等操作。

由于笔记列表中的笔记是动态加载的，因此需要搭建数据模型，将数据模型中的数据传给笔记列表。

创建一个名为“Model”的文件夹，并在其中创建一个名为“Note”的 Swift 文件，创建 Model 文件夹如图 7-2 所示。

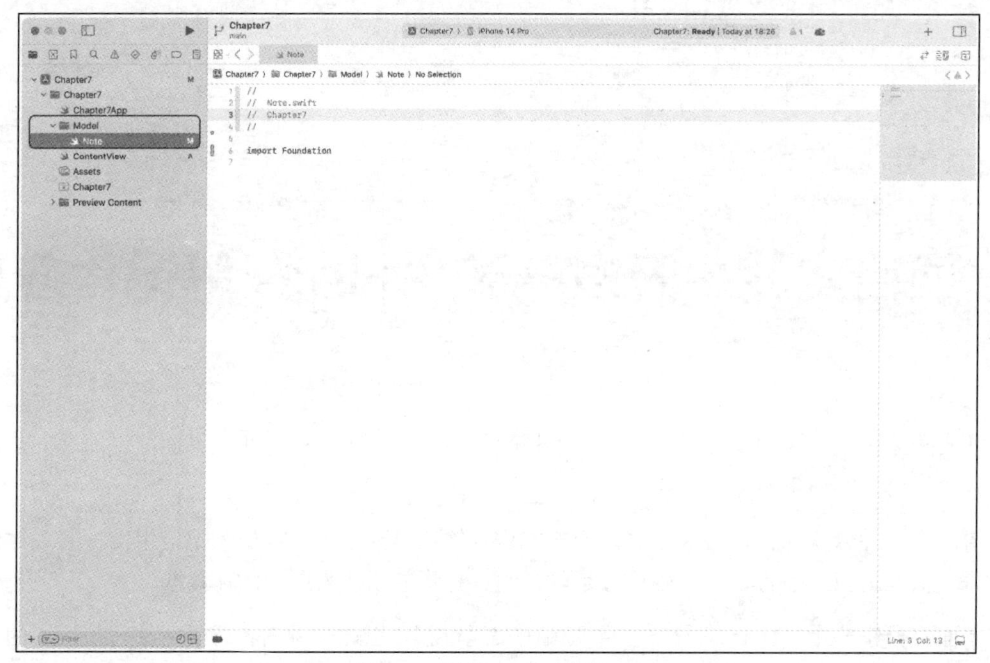

图 7-2　创建 Model 文件夹

笔记列表中显示的内容只有“笔记内容”这一项信息，因此可以初步确认数据模型中的参数，搭建 Note 数据模型如图 7-3 所示。

```
import SwiftUI

struct Note: Identifiable {
    let id = UUID()
    var noteContent: String
}
```

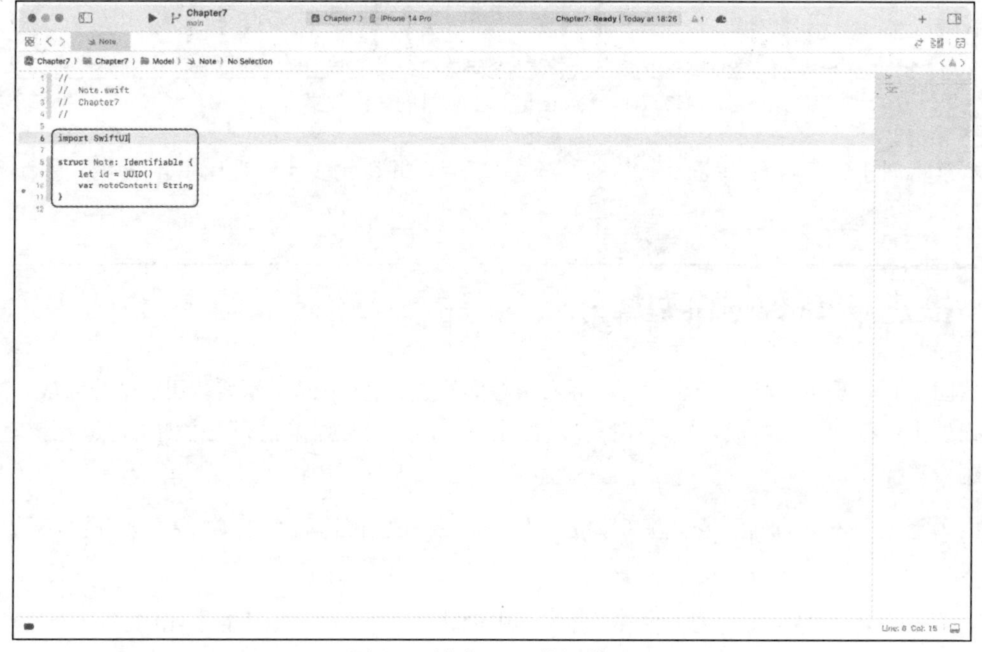

图 7-3　搭建 Note 数据模型

在上述代码中，首先引入了 SwiftUI，创建了一个名为“Note”的数据模型，并在其闭包中声明了需要使用的参数及其类型。从参数方面来看，除了 String 类型的笔记内容参数 noteContent，还额外声明了一个 id 参数，并将其赋值为 UUID。

UUID 是通用唯一标识符（Universally Unique Identifier）的缩写，它是一个由系统自动生成的 128 位的标识符。从理论上来说，UUID 是唯一的，因此可以将其作为笔记内容的唯一标识。在创建相同笔记内容的时候，由于 UUID 存在唯一性，因此系统就可以将其作为不同的笔记进行处理。

如果要使用 UUID，创建的结构体 Note 就需要遵循 Identifiable 协议。Identifiable 协议是一个用于为类型提供唯一标识的协议，用于识别 UUID。

数据模型搭建完成后，可以创建一个数组，用于展示测试的示例数据。创建 notes 数组，如图 7-4 所示。

```
static let notes = [
    Note(noteContent: "总要为了梦想，全力以赴一次。"),
    Note(noteContent: "为了梦想，一路狂奔。"),
    Note(noteContent: "从现在开始努力，一切都还来得及。"),
    Note(noteContent: "没有失败，只有暂时不成功。"),
]
```

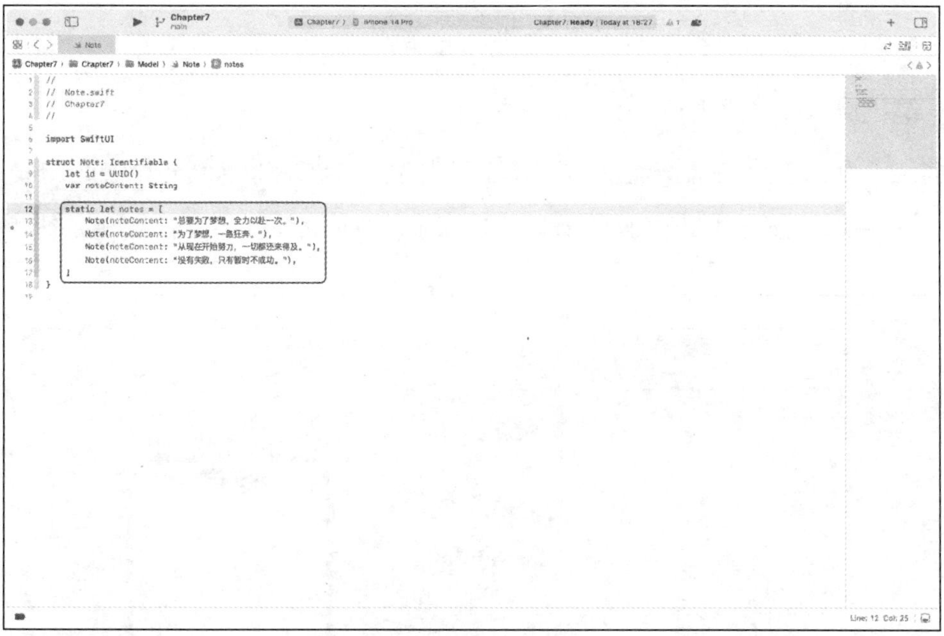

图 7-4　创建 notes 数组

上述代码声明了一个静态数组 notes，并创建了一些符合 Note 数据模型格式的示例数据。由于 Note 结构体中 id 已经被赋值为 UUID，因此只需要给 noteContent 参数赋值，就可以完成示例数据的创建。

7.2　搭建“Note 笔记”界面

数据模型搭建完成之后，接下来可以开始进行界面设计。首先创建一个名为“View”的文件夹，将 ContentView 文件拖入文件夹中，方便进行项目文件管理。创建 View 文件夹如图 7-5 所示。

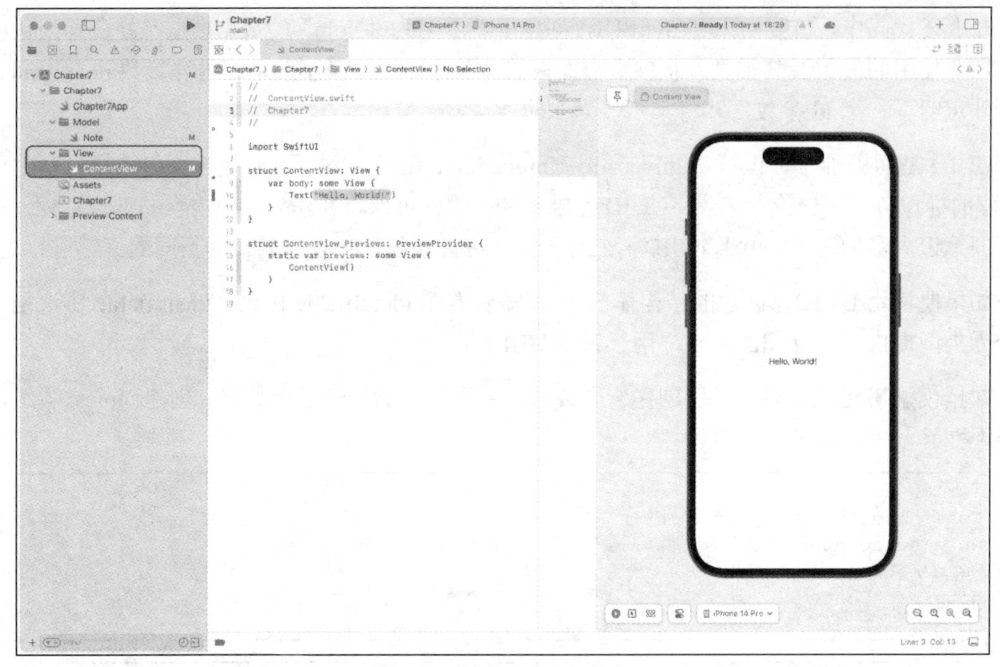

图 7-5　创建 View 文件夹

7.2.1　笔记列表

在项目开发过程中，常常会优先开发主体的样式内容，因此可以从笔记列表开始开发。

首先将声明好的数据模型中的示例数据引入 ContentView 文件中。声明数据源如图 7-6 所示。

```
@State private var notes = Note.notes
```

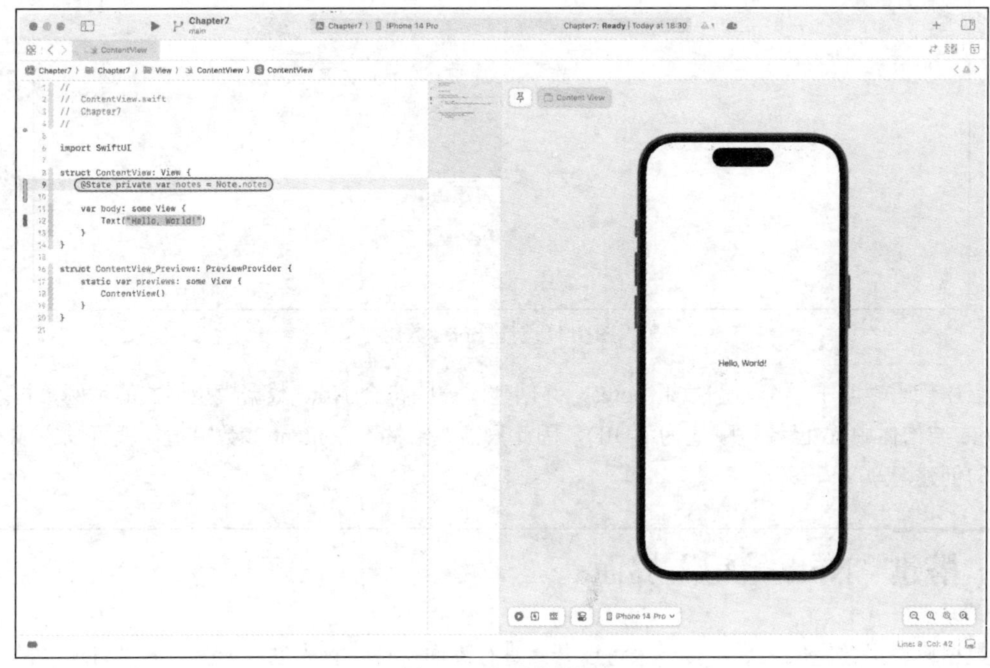

图 7-6　声明数据源

在上述代码中，@State 属性包装器的作用是将来源于 Note 的 notes 数组中的数据存储在当前界面中，并且观察数据的变化。

由于 Note 中的 notes 数组是静态创建的数组，无法直接修改数组中的数据，因此在 ContentView 中需要借助@State 属性包装器，将数据存储到 ContentView 视图中进行管理。而 private 关键字代表着声明的 notes 数组是私有的，只能在 ContentView 中使用。

数组定义完成后，可以使用 List（列表）视图来搭建笔记列表的样式部分，如图 7-7 所示。

```
List(notes) { note in
    Text(note.noteContent)
}
```

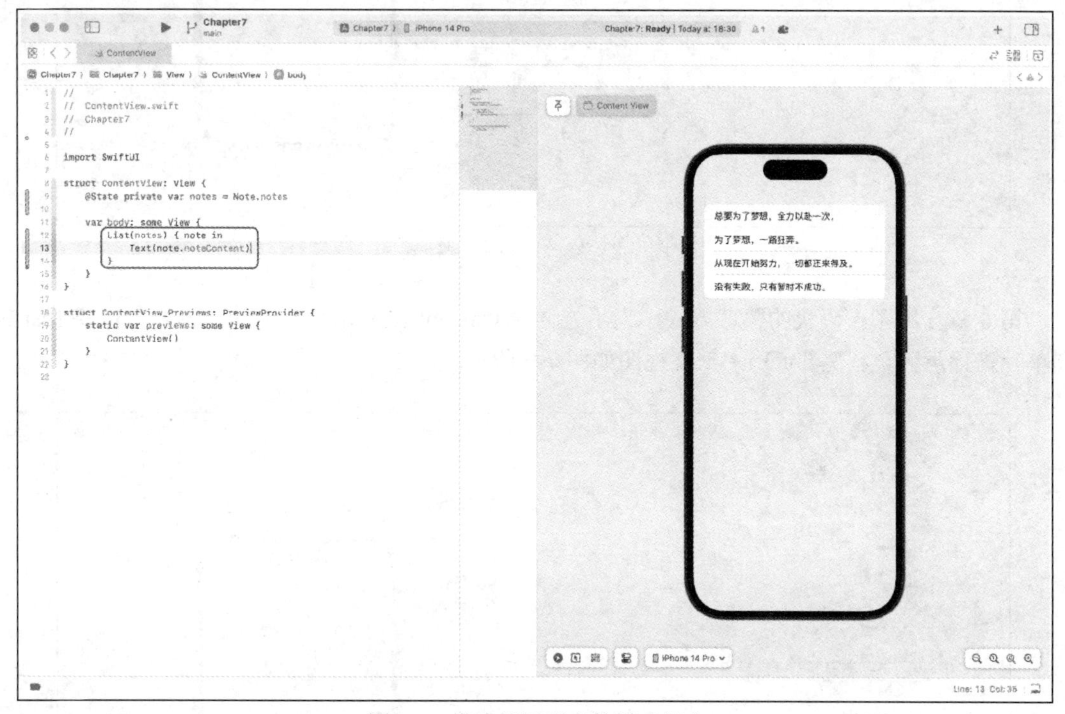

图 7-7　搭建笔记列表的样式部分

上述代码使用了 SwiftUI 提供的 List 视图来组成笔记列表，List 视图的使用方法类似于 VStack 与 ForEach 函数的组合使用方法，可以动态地生成笔记列表。

SwiftUI 还提供了一些常用 List 视图的专属修饰符供开发者调用。List 视图默认的样式是 insetGrouped 样式，可以设置 listStyle（列表样式）修饰符来修改 List 视图样式，如图 7-8 所示。

```
List(notes) { note in
    Text(note.noteContent)
}
.listStyle(.plain)
```

上述代码使用了 listStyle 修饰符，将 List 视图的样式修改为 plain，这样基础的笔记列表样式就完成了。

图 7-8　修改 List 视图样式

第 6 章介绍了代码块的整理方式，为了方便对 ContentView 增加更多的内容，可以将 List 视图单独进行声明。创建 noteListView 视图如图 7-9 所示。

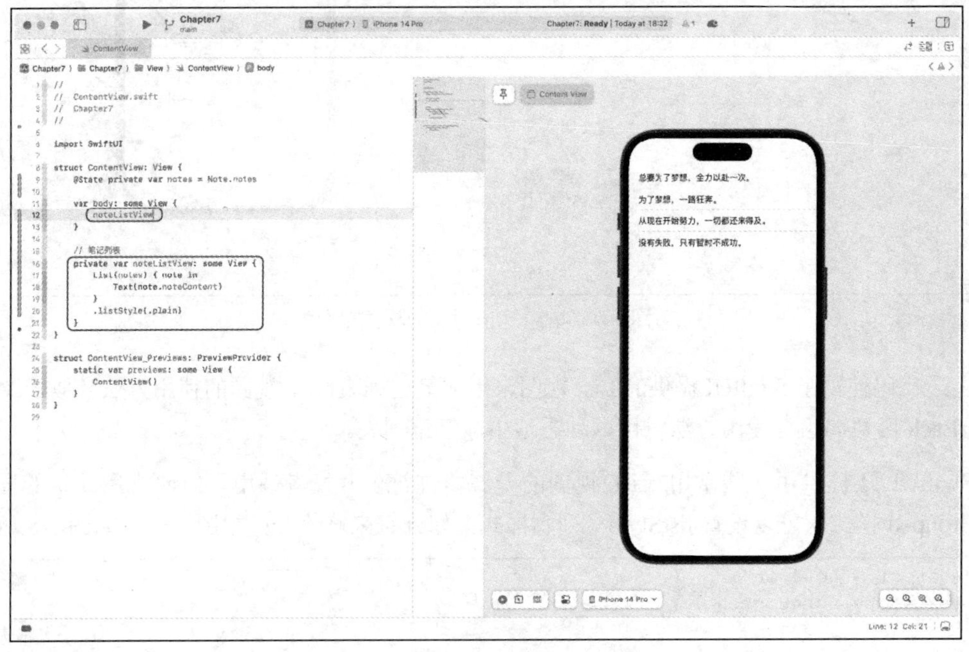

图 7-9　创建 noteListView 视图

```
import SwiftUI

struct ContentView: View {
    @State private var notes = Note.notes

    var body: some View {
```

```
        noteListView
    }

    // 笔记列表
    private var noteListView: some View {
        List(notes) { note in
            Text(note.noteContent)
        }
        .listStyle(.plain)
    }
}
```

上述代码创建了一个 noteListView 视图，用于展示笔记列表的内容，并将原有 body 中的 List 视图的相关代码剪切并粘贴到 noteListView 视图的闭包中。只需要在 body 中使用 noteListView 视图，就可以呈现 noteListView 视图的所有内容。

7.2.2　界面标题

界面标题部分的代码实现没有太多的技巧，可以先单独创建一个界面标题视图，最后使用布局容器视图将其与 noteListView 视图进行组合。创建 noteTitleView 视图如图 7-10 所示。

```
// 视图布局
VStack {
    noteTitleView
    noteListView
}

// 界面标题
private var noteTitleView: some View {
    Text("Note 笔记")
        .font(.title)
        .bold()
}
```

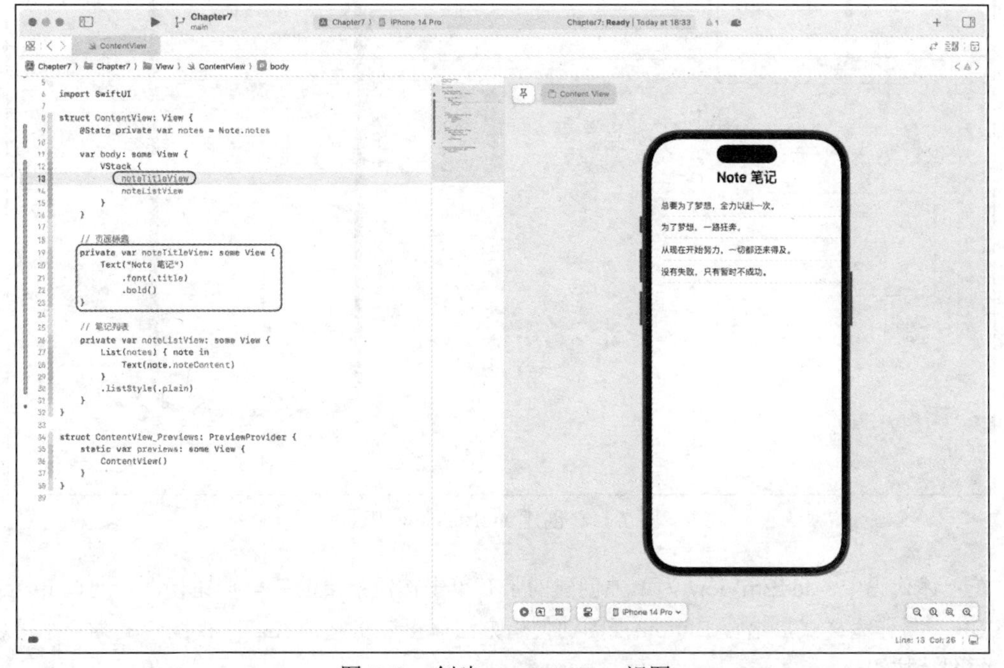

图 7-10　创建 noteTitleView 视图

上述代码单独创建了 noteTitleView 视图，用于呈现界面标题的文字内容。在 body 属性的视图容器的布局结构上，使用 VStack 对 noteTitleView 视图和 noteListView 视图进行排布。

7.2.3 新增按钮

新增按钮位于界面的右下角，也可以单独创建一个按钮视图，并通过布局容器将其与其他视图组合来实现该按钮。创建 addBtnView 视图如图 7-11 所示。

```
// 视图布局
ZStack(alignment: .bottomTrailing){
    VStack {
        noteTitleView
        noteListView
    }
    addBtnView
}

// 新增按钮
private var addBtnView: some View {
    Button(action: {

    }) {
        Image(systemName: "plus.circle.fill")
            .font(.system(size: 48))
            .padding(.horizontal)
    }
}
```

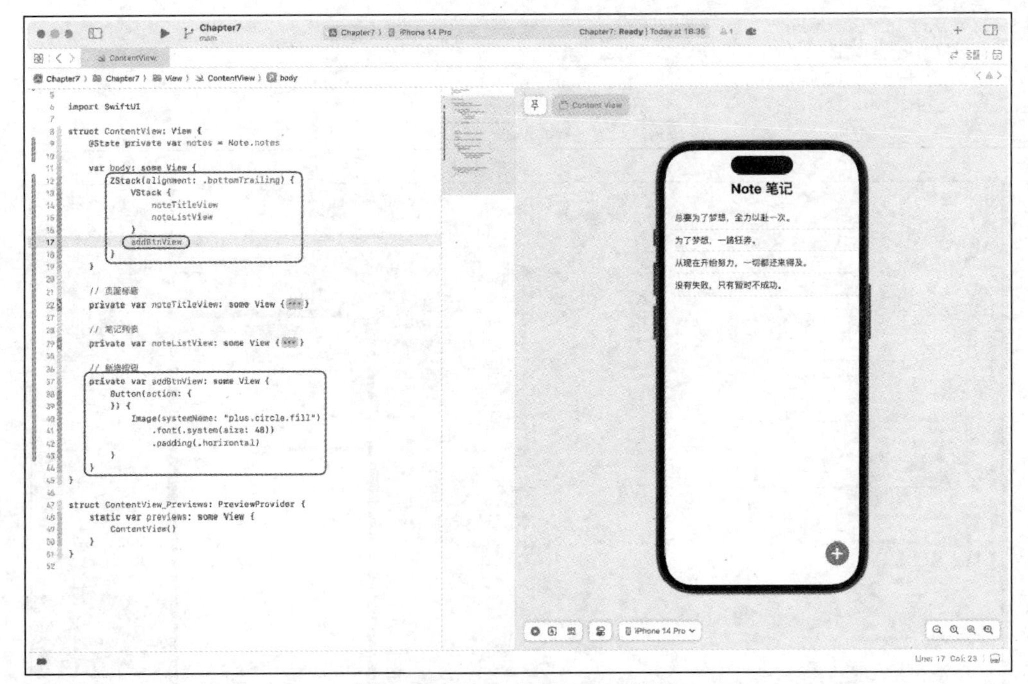

图 7-11　创建 addBtnView 视图

在上述代码中，addBtnView 为单独创建的带有单击按钮效果的新增按钮视图，通过 Image 视图将 SF 符号作为样式，结合 Button 视图的使用方法，可以将整个 Image 视图转变为一个可以被单击的图片按钮。

从界面布局方面来看，上述代码使用了 ZStack，ZStack、VStack 和 HStack 归属于同一类视图，主要提供视图之间的布局方式，帮助开发者快速实现界面布局。

ZStack 将内部的视图以“堆叠”的方式进行排布，且根据代码编写顺序决定布局层级的原则，在其闭包中，代码块顺序越靠后的视图的布局层级越高，因此，这里将 addBtnView 视图的代码块放到最后。

从参数设置方面来看，由于 addBtnView 视图需要放置在页面的右下角，因此设置 alignment 参数的值为 bottomTrailing。

7.3　搭建“新增笔记”界面

“新增笔记”界面可以看作一个单独的界面，创建一个新的 SwiftUI 文件来实现界面的内容。

在左侧项目文件栏中，在 View 文件夹下创建一个新的 SwiftUI 文件，并将其命名为“NewNoteView”，如图 7-12 所示。

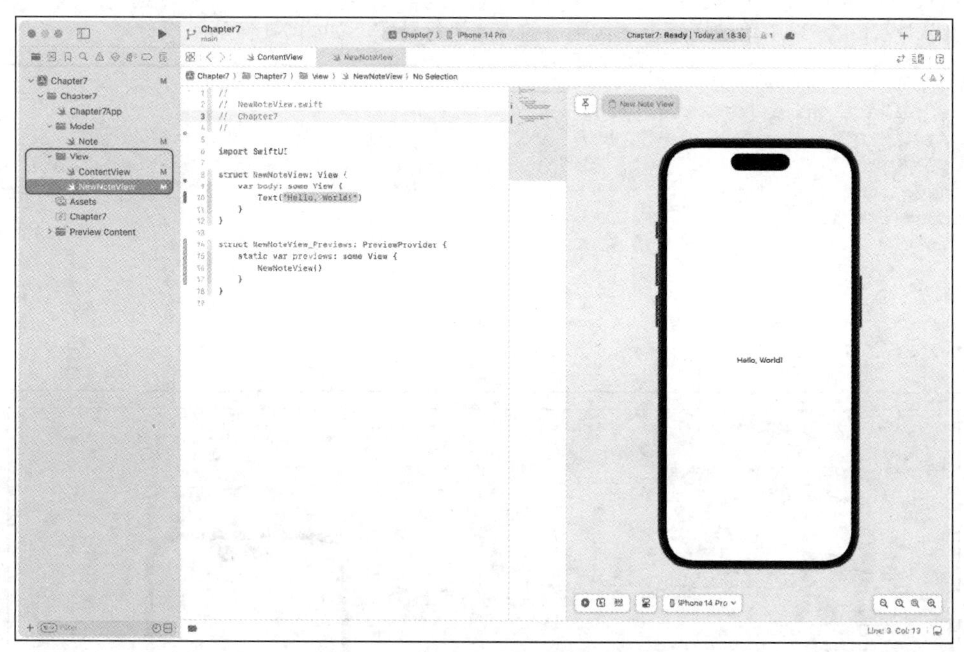

图 7-12　创建 NewNoteView 文件

7.3.1　文本框

从图 7-1 中可以看到，“新增笔记”界面由文本框、按钮组两部分组成，先实现主要的文本框的部分。

当读者还不太了解要使用什么视图的时候，可以在 Library 中查看有没有可用的相似视图组件，Text Field 视图的用法如图 7-13 所示。

在 Library 中可以查找到，文本框使用的视图是 Text Field 视图，调用该视图时需要传入一个 String 类型的参数以存储输入的内容。

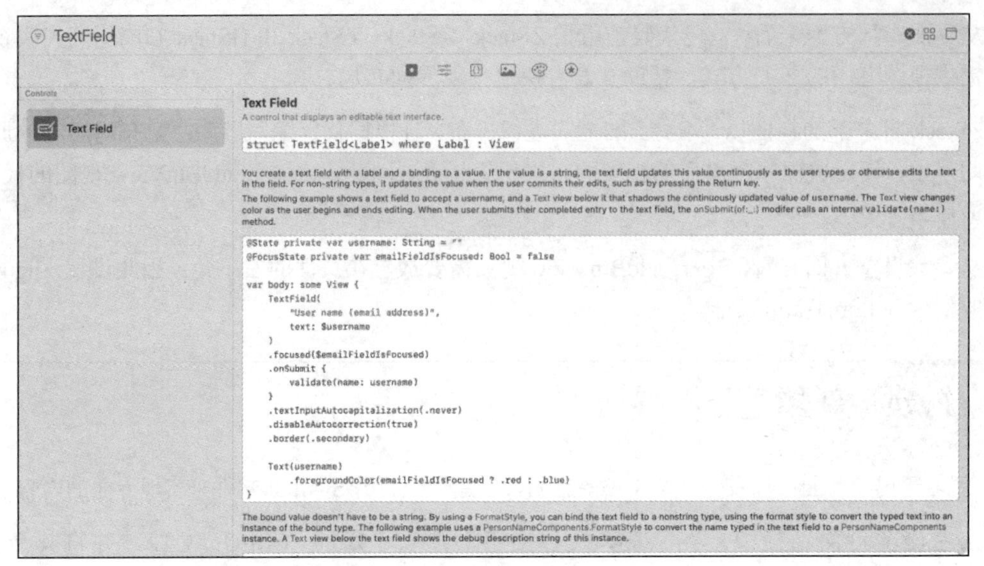

图 7-13　Text Field 视图的用法

在代码设计上，采用单独搭建视图代码块的方式进行开发，如图 7-14 所示。

```
// 参数声明
@State private var inputText:String = ""

// 显示文本框
var body: some View {
    inputTextView
}

// 文本框
private var inputTextView: some View {
    TextField("请输入", text: $inputText)
}
```

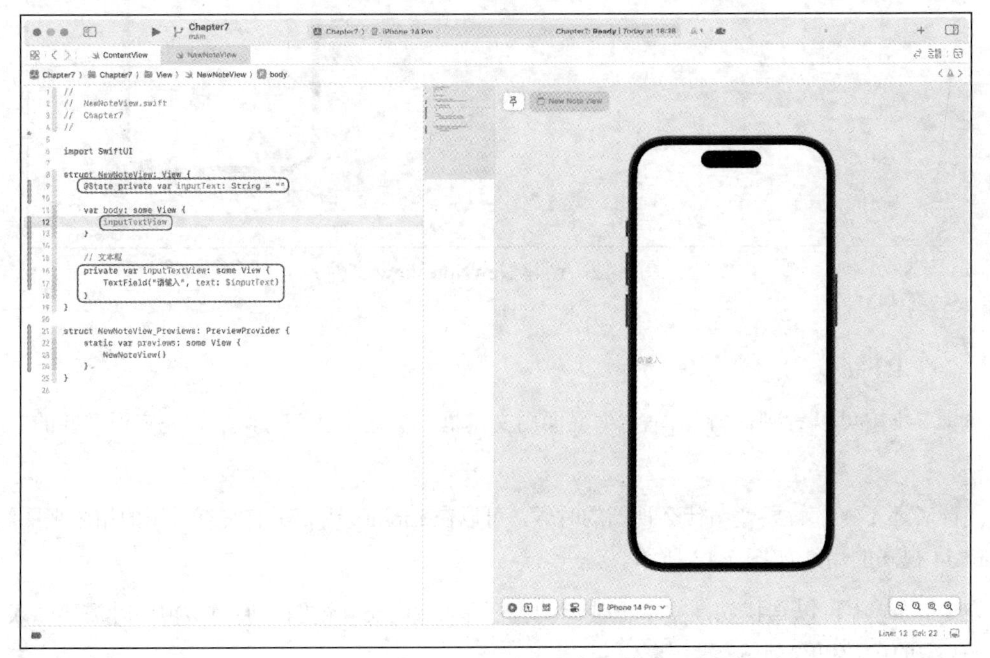

图 7-14　单独搭建视图代码块

上述代码使用@State 属性包装器与 private 关键字辅助声明了参数 inputText，该参数可存储内容且为该视图所私有，并被赋予了默认值（空字符串）。

随后搭建了 inputTextView 视图以展示整个文本框的内容，使用 Text Field 视图，设置其提示文字为“请输入”，并将其输入的内容参数 text 的值存储到提前声明好的 inputText 参数中。

此时 Text Field 视图使用的样式为默认样式，可以使用其专属的样式修饰符调整文本框的样式风格。textFieldStyle（文本框样式）修饰符的使用如图 7-15 所示。

```
// 文本框
private var inputTextView: some View {
    TextField("请输入", text: $inputText)
        .textFieldStyle(RoundedBorderTextFieldStyle())
        .padding(.horizontal)
}
```

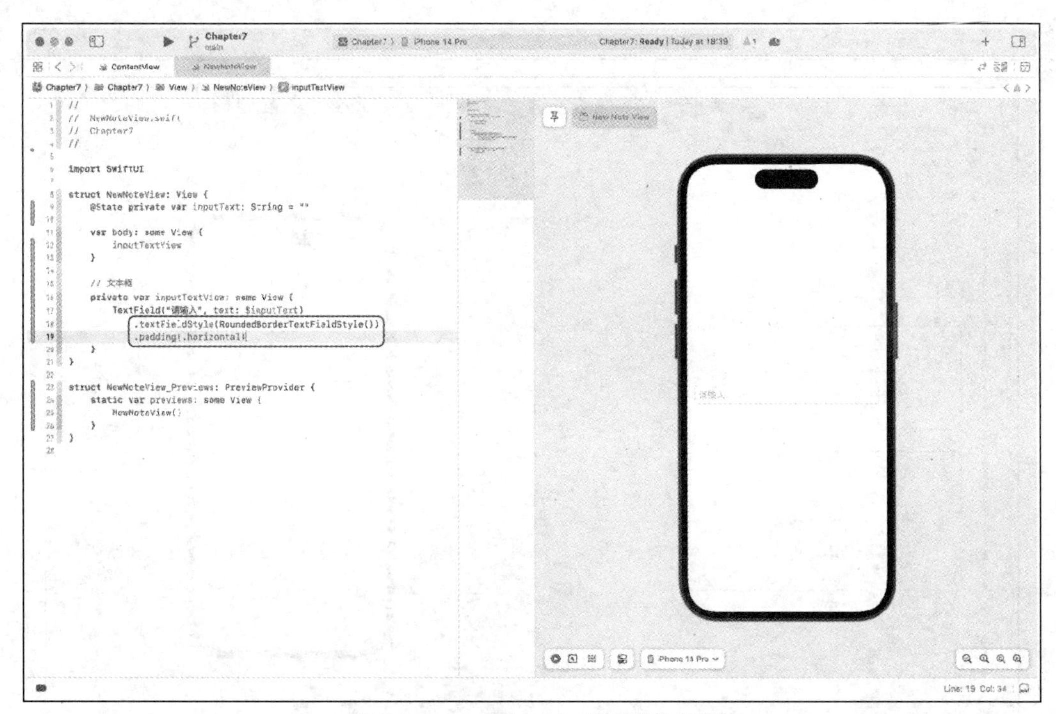

图 7-15　textFieldStyle 修饰符的使用

在上述代码中，textFieldStyle 修饰符是 TextField 视图专属的修饰符，可以设置的样式参数有 DefaultTextFieldStyle、PlainTextFieldStyle、RoundedBorderTextFieldStyle。其中，前两种参数显示默认的样式效果，而 RoundedBorderTextFieldStyle 较为理想，可以选择其作为样式参数。

另外，为了留出屏幕左右两侧的边距，使用 padding 修饰符设置水平方向的边距。

7.3.2　按钮组

接下来完成按钮组部分，“新增笔记”界面有两个操作按钮：关闭、完成。可以先单独搭建单个按钮视图，如图 7-16 所示。

```
// 关闭按钮
private var closeBtnView: some View {
```

```
    Button(action: {
    }) {
        Image(systemName: "chevron.down.circle.fill")
            .font(.system(size: 28))
            .foregroundColor(Color(.systemGray3))
    }
}

// 完成按钮
private var submitBtnView: some View {
    Button(action: {
    }) {
        Text("完成")
            .font(.system(size: 17))
            .foregroundColor(.white)
            .padding(.all,8)
            .background(.green)
            .cornerRadius(8)
    }
}
```

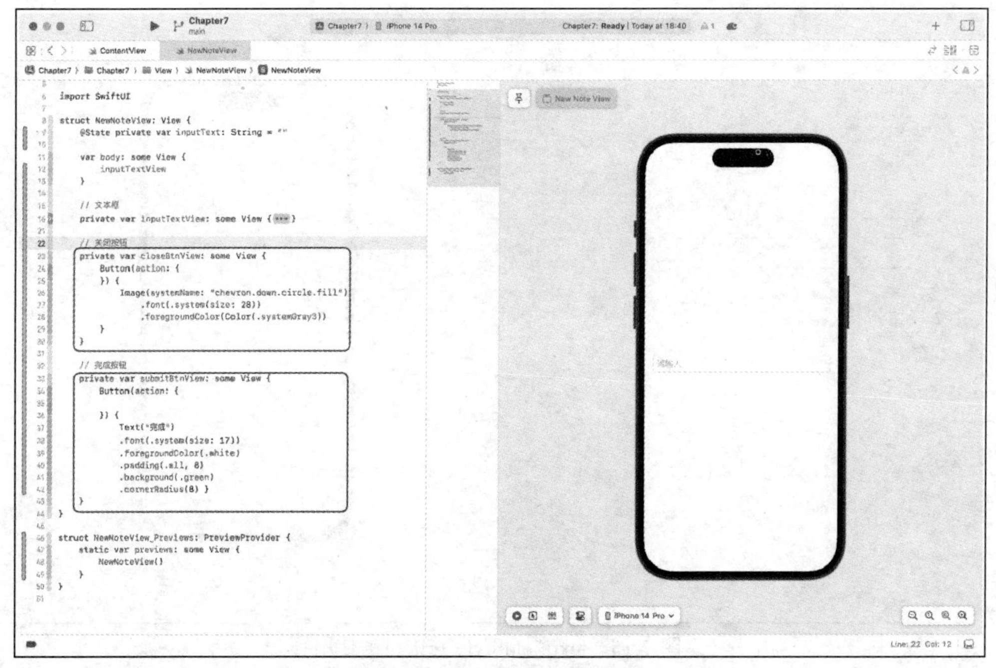

图 7-16　单独搭建按钮视图

在上述代码中，closeBtnView（关闭按钮）视图使用 Image 视图作为按钮的内容，并设置按钮的尺寸大小和前景色。submitBtnView（完成按钮）视图则使用 Text 视图作为按钮的内容，为了凸显文字按钮，这里给文字按钮添加了背景色和圆角度数。

接下来，使用布局容器对单独完成的按钮视图进行排版，并与 inputTextView 视图进行组合排版。“新增笔记”界面的视图布局如图 7-17 所示。

```
VStack(spacing:20){
    HStack{
        closeBtnView
        Spacer()
        submitBtnView
    }
```

```
        .padding(.horizontal)
        inputTextView
}
```

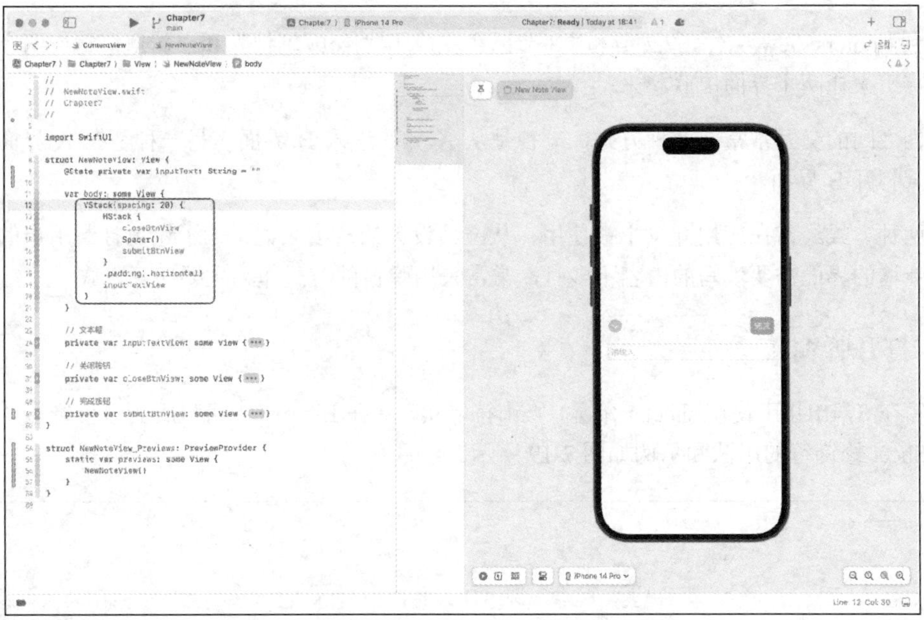

图 7-17　“新增笔记”界面的视图布局

在上述代码中，closeBtnView 视图与 submitBtnView 视图使用 HStack 进行排版，并设置左右两侧的边距。整个按钮组视图与 inputTextView 视图使用 VStack 进行纵向排布，并设置视图之间的 spacing 参数值为 20。

最后，使用 Spacer 将整个视图内容调整到顶部，调整整体视图位置如图 7-18 所示。

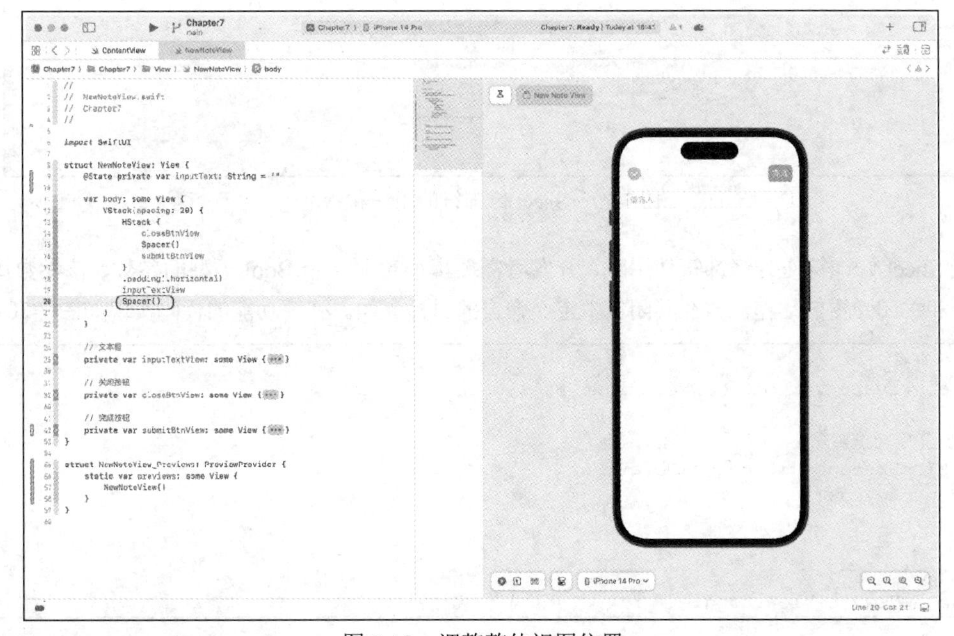

图 7-18　调整整体视图位置

这样，我们成功搭建完“新增笔记”界面。

7.4　实现 App 的相关功能

回到 ContentView 文件，7.2 节和 7.3 节已经完成了“Note 笔记”和“新增笔记”两个界面的搭建，接下来让两个界面串联起来。

界面之间的交互常常有两种方式，一种是从 A 界面进入 B 界面，另一种是在 A 界面中以弹窗的形式打开 B 界面。

这两种方式经常在应用开发中被使用，从产品设计的角度来说，为了避免打断用户的当前操作，当新增的界面需要填写的内容不多时，常常采用弹窗的方式作为主要交互方式。

7.4.1　打开弹窗

弹窗在 SwiftUI 中使用 sheet（弹窗）修饰符以实现，在 Library 中可以看到该修饰符的用法和示例。Sheet 修饰符的用法和示例如图 7-19 所示。

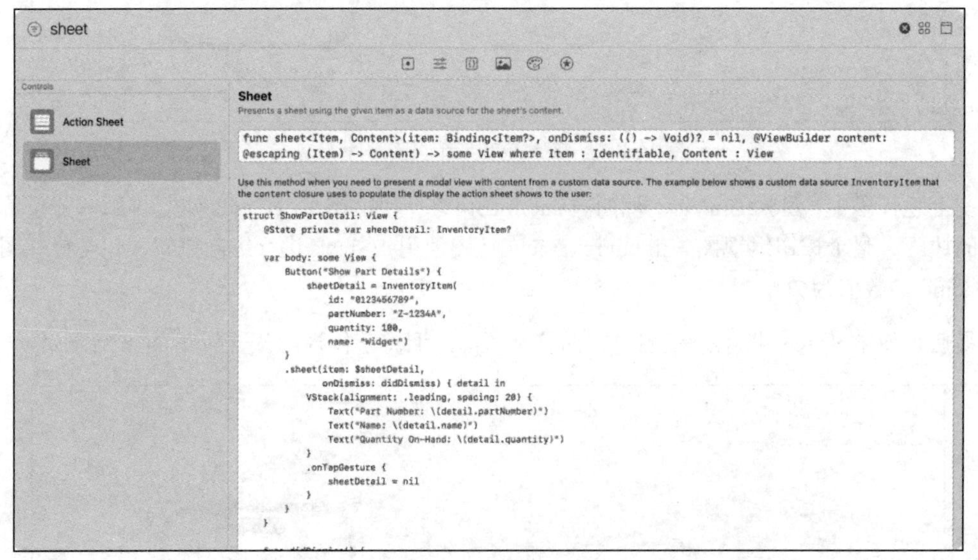

图 7-19　Sheet 修饰符的用法和示例

当 Sheet 修饰符作为修饰符使用时，开发者需要提前声明一个 Bool 类型的参数，该参数用于触发打开和关闭弹窗的动作，并在其闭包中定义弹窗的目标界面。弹窗功能的代码实现如图 7-20 所示。

```
// 参数声明
@State private var showNewNoteView: Bool = false

// 打开弹窗功能实现
.sheet(isPresented:$showNewNoteView) {
    NewNoteView()
}

// 触发动作
self.showNewNoteView.toggle()
```

上述代码声明了一个 Bool 类型的参数 showNewNoteView，其默认值为 false，表示默认状态下弹窗处于关闭状态。

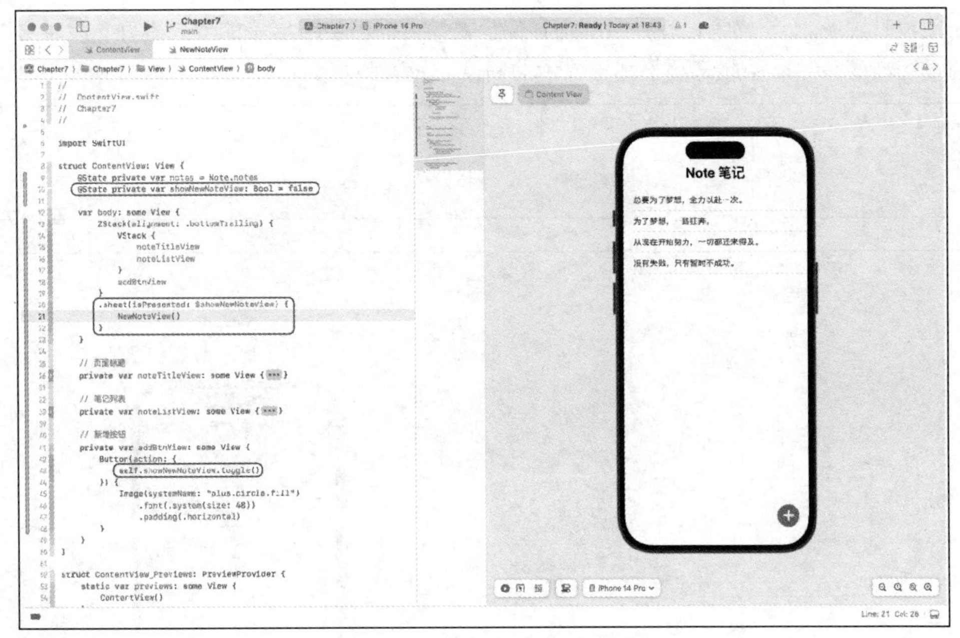

图 7-20　弹窗功能的代码实现

在 body 属性的视图容器中，需要在“Note 笔记”界面的视图代码块闭包中添加 Sheet 修饰符，并将 showNewNoteView 参数绑定到 Sheet 修饰符的 isPresented 参数上，以便通过参数控制弹窗的开启和关闭。弹窗的目标界面设置为“新增笔记”界面。

最后在 addBtnView 视图触发单击事件时，切换 showNewNoteView 参数状态，触发打开弹窗的交互效果。

此时在右侧实时预览窗口中单击新增按钮，预览打开弹窗的效果，如图 7-21 所示。

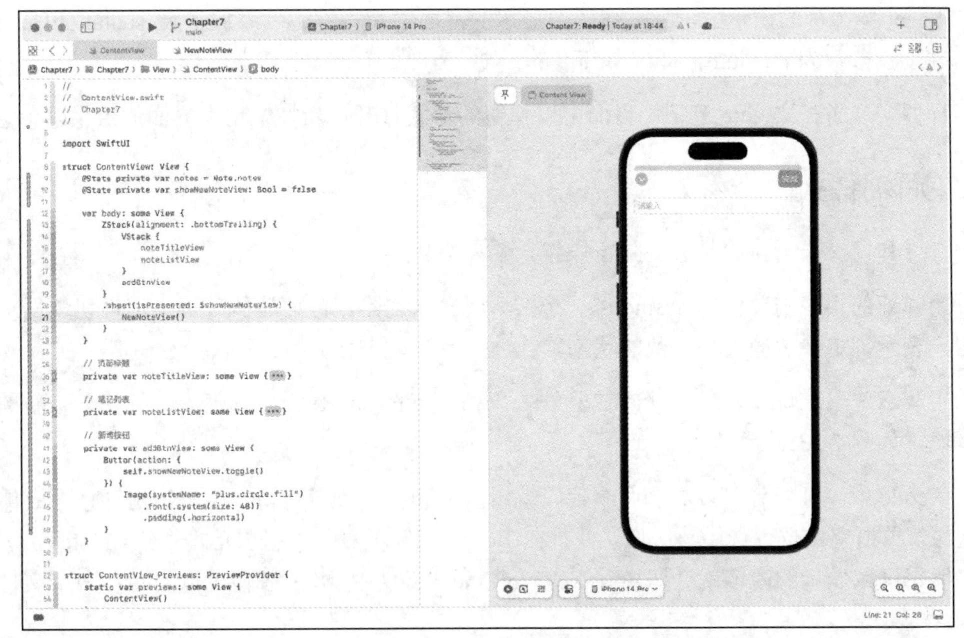

图 7-21　预览打开弹窗的效果

在预览时发现，“新增笔记”界面的内容偏少，弹窗铺满整个屏幕的效果不好。此时可以设置弹窗的视图高度参数，以此来调整弹窗显示的高度。设置弹窗显示高度如图 7-22 所示。

```
.sheet(isPresented:$showNewNoteView) {
    NewNoteView()
        .presentationDetents([.medium])
}
```

图 7-22　设置弹窗显示高度

在 Sheet 修饰符的闭包中，上述代码给显示的界面“新增笔记”添加了 presentationDetents 修饰符，并设置参数为 medium，即屏幕高度的一半。

这样便实现了在“Note 笔记”界面中以弹窗的形式打开“新增笔记”界面的效果。

7.4.2　关闭弹窗

与打开弹窗操作对应的是关闭弹窗操作。

关闭弹窗的实现需要使用@Binding（绑定）属性包装器，它常常和@State 属性包装器一同使用，用于表示绑定参数的值和参数的状态。

为了演示效果，此时单击 Xcode 右上角的“Add Editor on Right”按钮，打开一个新的代码编辑区域，如图 7-23 所示。

在 Xcode 中，开发者可以看到两个代码编辑区域和实时预览窗口，将鼠标指针移至右侧代码编辑区域，单击空白位置选中该区域，并且在 Xcode 左侧项目文件栏中单击“NewNoteView”，右侧代码编辑区域显示的内容就会切换到 NewNoteView 文件中，开发者便可以同时对两个文件进行编辑。

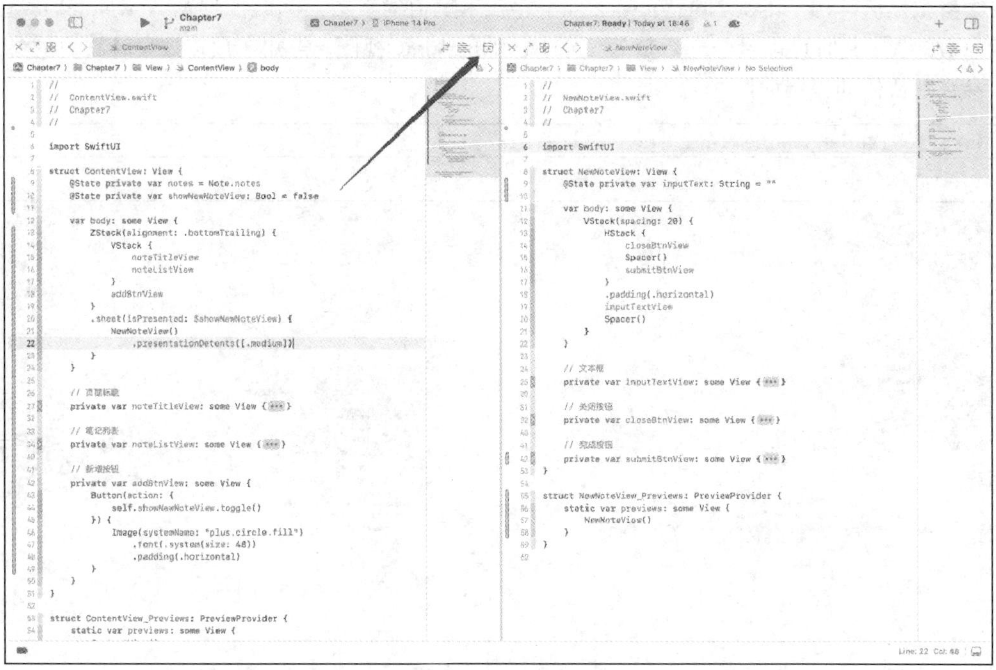

图 7-23　打开新的代码编辑区域

在 NewNoteView 文件中，使用@Binding 属性包装器声明一个 Bool 类型的参数，@Binding 属性包装器的使用如图 7-24 所示。

```
@Binding var showNewNoteView:Bool
```

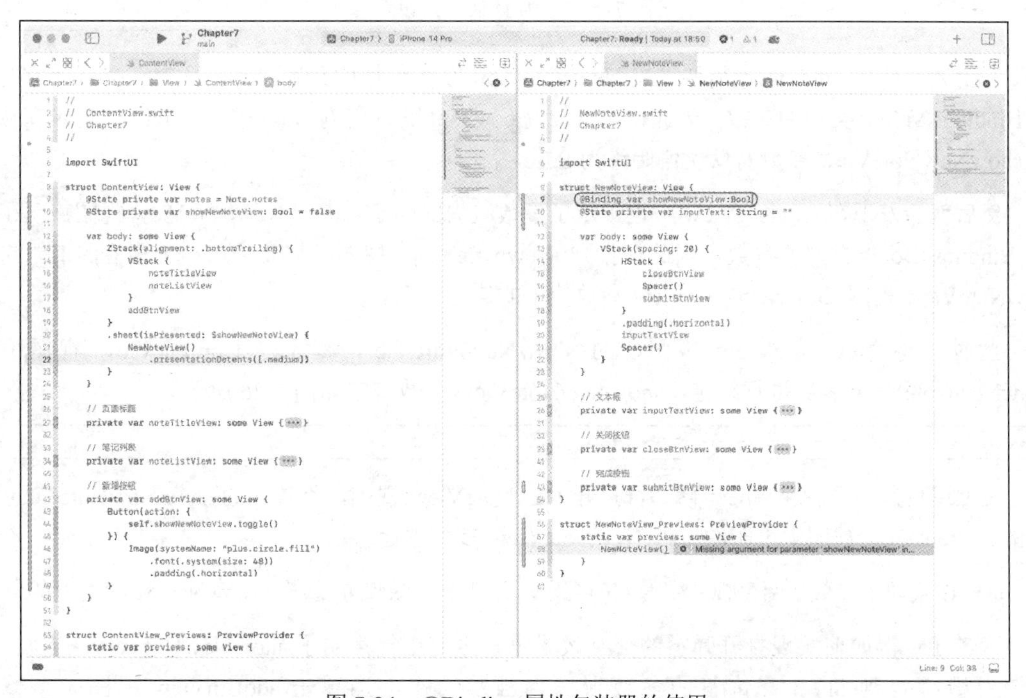

图 7-24　@Binding 属性包装器的使用

在上述代码中，对于利用@Binding 属性包装器加以声明的参数，只需要指定其参数类型，不需要给参数赋值。由于 NewNoteView 文件中存在未赋值的参数，因此在预览 NewNoteView 时会提示参数缺失。此时可以赋予一个默认值给 NewNoteView 视图，告知在预览效果时缺失的参数的值。参数默认值的设置如图 7-25 所示。

```
NewNoteView(showNewNoteView: .constant(false))
```

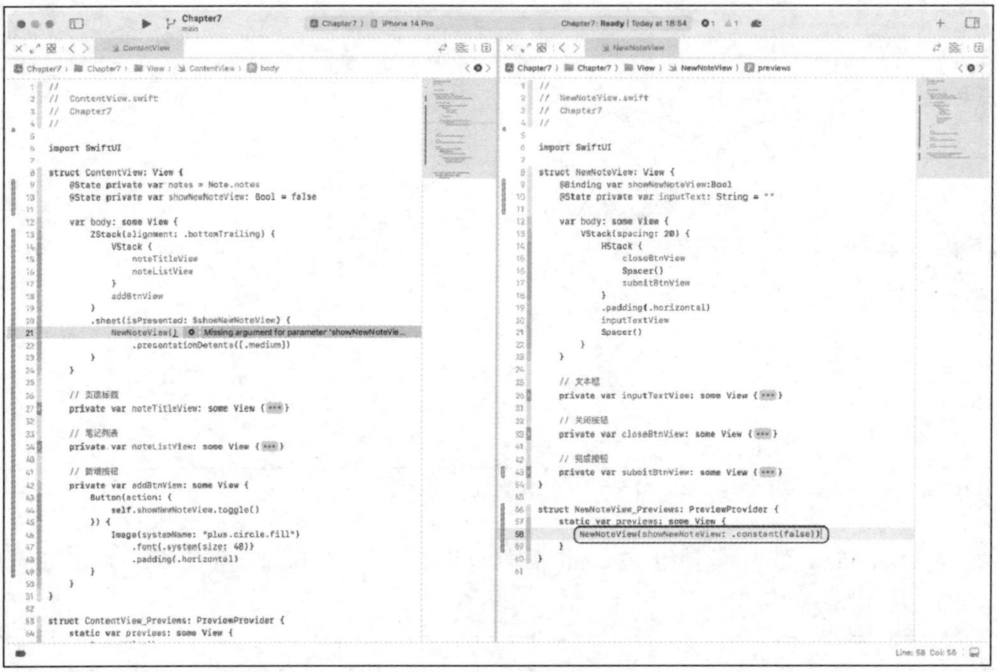

图 7-25　参数默认值的设置

在上述代码中，previews 需要设置 NewNoteView 视图使用的参数 showNewNoteView，它是一个 Binding<Value>类型的参数，因此，可以设置 constant 默认值为 Bool 类型的 false，表示在预览时 showNewNoteView 参数的默认值始终为 false。

然后就会发现在 ContentView 中也提示了参数缺失的信息，由于 NewNoteView 视图声明了一个 Binding<Bool>类型的参数，因此在打开 NewNoteView 视图时需要传入一个相应的值，告知 NewNoteView 视图 showNewNoteView 参数使用的值是什么。

此时，将 NewNoteView 视图中的 showNewNoteView 参数与 ContentView 视图中的 showNewNoteView 参数进行绑定，showNewNoteView 参数绑定如图 7-26 所示。

```
NewNoteView(showNewNoteView: $showNewNoteView)
```

在上述代码中，使用 Sheet 修饰符打开 NewNoteView 视图，将传入的 showNewNoteView 参数和 ContentView 视图中声明的 showNewNoteView 参数进行绑定。

这样便实现了参数在两个视图中的双向绑定，即两个视图都可以修改 showNewNoteView 的值。

读者还记得如何实现打开弹窗的交互效果吗？之前已经声明了 showNewNoteView 参数，并将该参数绑定到 Sheet 修饰符的参数中作为触发动作，当单击 addBtnView 视图时，修改 showNewNoteView 参数状态，以实现打开弹窗的效果。

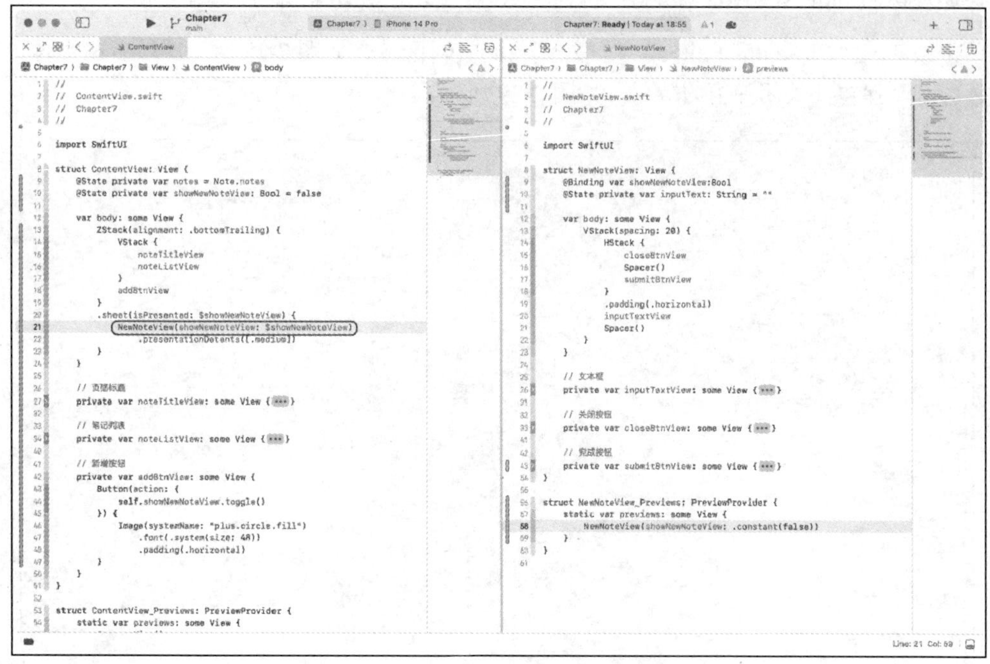

图 7-26　showNewNoteView 参数绑定

现在，使用@State 属性包装器和@Binding 属性包装器，实现了 showNewNoteView 参数的双向绑定，此时可以切换 showNewNoteView 参数状态，来实现关闭弹窗的效果，如图 7-27 所示。

```
self.showNewNoteView.toggle()
```

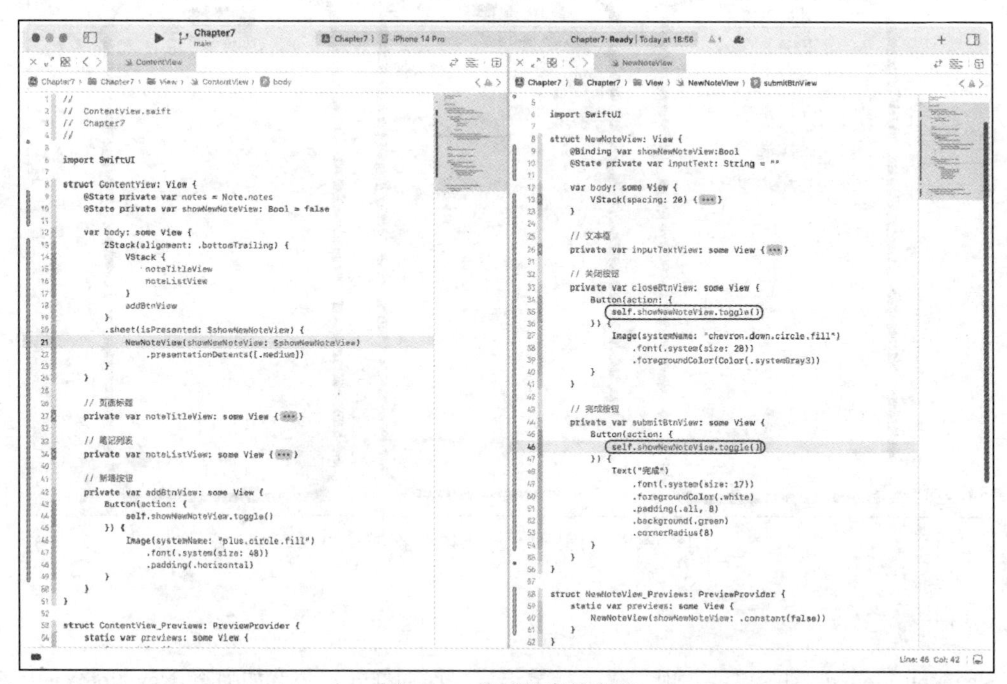

图 7-27　关闭弹窗的实现

在上述代码中，当用户单击 NewNoteView 视图中的 closeBtnView 视图或者 submitBtnView 视

图时，通过切换 showNewNoteView 参数的状态，便实现了关闭弹窗的效果。

单击顶部的“Close this Editor”关闭左侧代码编辑区域，如图 7-28 所示。然后在实时预览窗口中体验打开弹窗和关闭弹窗的效果，如图 7-29 所示。

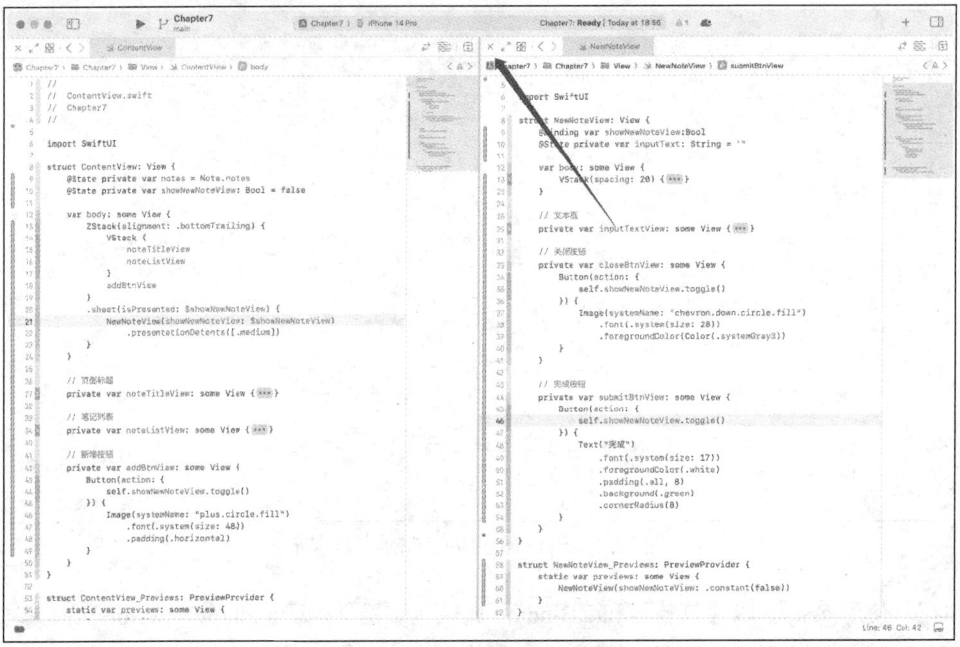

图 7-28　关闭代码编辑区域

图 7-29　打开弹窗和关闭弹窗的效果

7.4.3　新增笔记

NewNoteView 视图中已经实现了“新增笔记”界面的样式，那么如何将 NewNoteView 视图中文本框的内容添加到 ContentView 视图的笔记列表中呢？

在打开/关闭弹窗的功能实现中，通过建立视图之间的双向绑定关系，可以实现参数数据的传递。因此，要实现“新增笔记”操作，也需要对笔记相关的参数建立双向绑定关系。

ContentView 视图的笔记列表使用 notes 作为数据源来显示数据，那么在 NewNoteView 视图中也需要声明一个用于绑定参数的数组，并且在 NewNoteView 视图与 ContentView 视图之间建立关联绑定关系。notes 参数绑定如图 7-30 所示。

```
// 参数声明
@Binding var notes:[Note]

// 预览默认值
NewNoteView(showNewNoteView: .constant(false), notes: .constant([]))

// 参数绑定
NewNoteView(showNewNoteView: $showNewNoteView, notes: $notes)
```

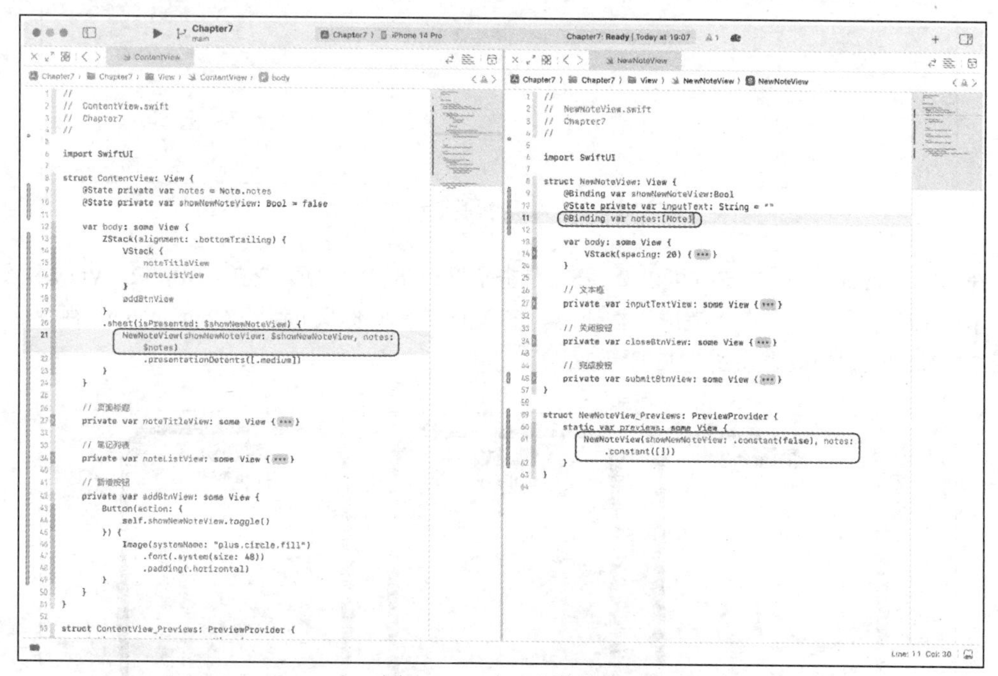

图 7-30　notes 参数绑定

上述代码先在 NewNoteView 视图中声明了用于绑定的数组参数 notes，其类型为[Note]类型，其中 Note 为声明的数据模型结构体。为避免预览 NewNoteView 视图时缺失参数，此时在预览器中为 NewNoteView 视图中的 notes 参数赋予了默认值（空数组）。

回到 ContentView 视图中，在 Sheet 修饰符闭包中，以弹窗形式打开 NewNoteView 视图时，将声明的 notes 参数的值绑定给 NewNoteView 视图中缺失的 notes 参数。

这样，notes 数据在视图之间就建立了双向绑定关系，在 NewNoteView 视图中添加数据时，数据会传递给 ContentView 视图，并展示在笔记列表中。实现新增笔记方法如图 7-31 所示。

```
// 新增数据
self.notes.append(Note(noteContent: inputText))
```

在上述代码中，在 NewNoteView 视图中单击 submitBtnView 视图时，使用了一个新的方法来新增数据。通过使用 append 函数，将文本框输入的内容 inputText 组合成符合 Note 结构体类型的参数，并将其添加到 notes 数组中。

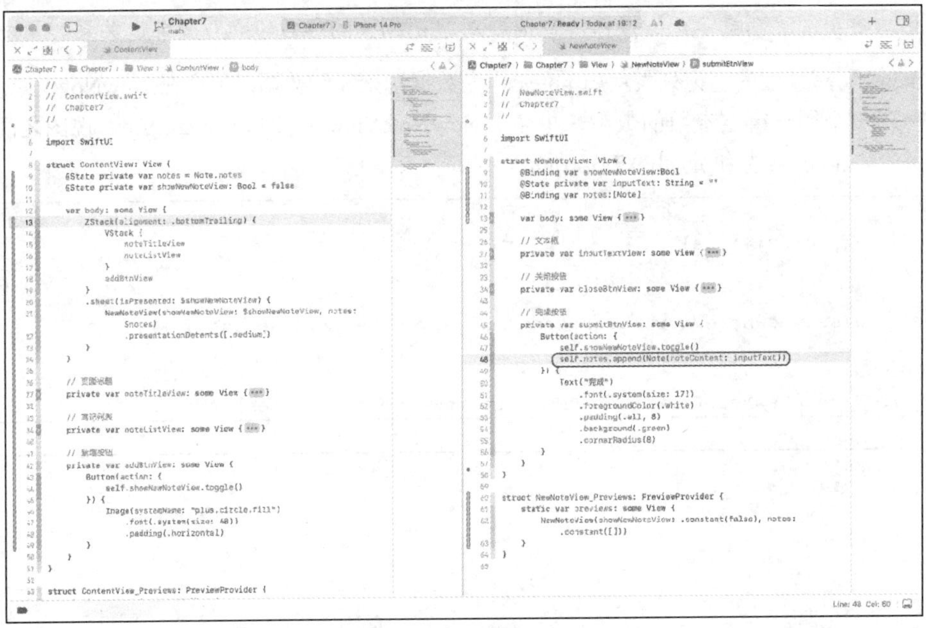

图 7-31　实现新增笔记方法

在预览 ContentView 视图时可以看到，在单击新增按钮以弹窗形式打开 NewNoteView 视图后，在文本框中输入内容，单击“完成”按钮时，输入的内容便被添加到了 ContentView 视图的笔记列表中。新增笔记的效果如图 7-32 所示。

图 7-32　新增笔记的效果

7.4.4　删除笔记

如果使用 List 视图来搭建样式，那么删除笔记的方法就会非常简单，List 视图本身提供了排序和删除方法供开发者调用。

在搭建笔记列表时，可以使用 List 视图来展示 notes 数组的数据，但此时传入的数据为 notes 数组中的数据，于是 List 视图就承担了显示数据的功能。

如果将 notes 数组的数据传给 List 视图时使用的是绑定关系而不是调用关系，那么通过设置 List 视图的参数就可以实现排序和删除功能。List 视图数据绑定的实现如图 7-33 所示。

```
List($notes,editActions: .all) { $note in
    Text(note.noteContent)
}
```

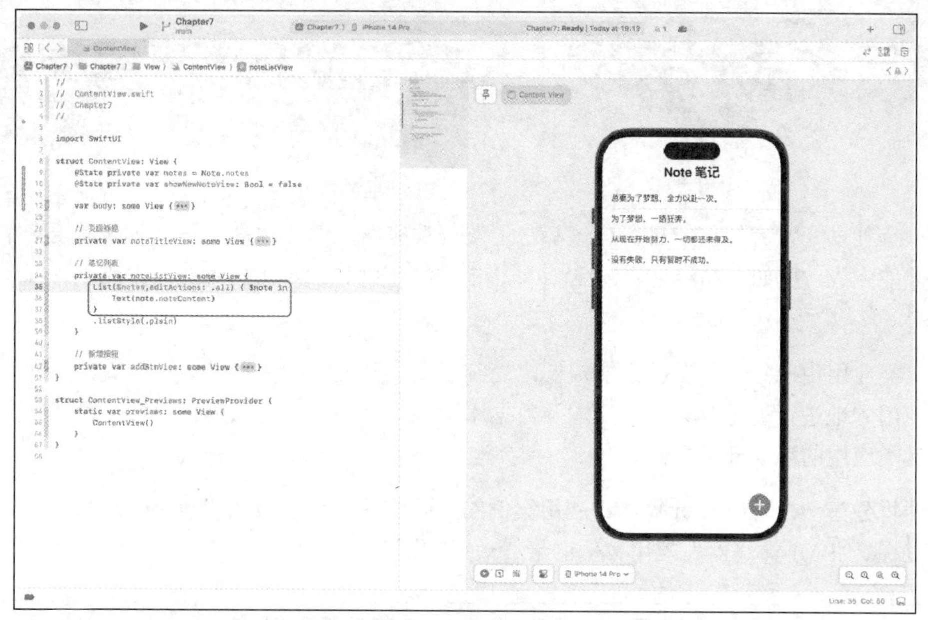

图 7-33　List 视图数据绑定的实现

在上述代码的 List 视图的参数中，使用绑定关键字“$”进行数据绑定，并设置 editActions（编辑操作）参数的值为 all，允许对全部数据进行编辑。此时 List 视图不再直接读取 notes 数组中的数据，而是传入数据并进行绑定，这样就可以对传入的数据进行相关的操作。

在实时预览窗口中，可以尝试对笔记列表进行滑动删除和长按排序，以此体验 List 视图的编辑操作。List 视图的操作如图 7-34 所示。

图 7-34　List 视图的操作

第 8 章 项目实战：开发一款“BMI 计算器”应用

每一个独立开发者的最初目标应该都是上架一款应用，但往往推出一款应用需要多个岗位角色协同才能完成，例如产品经理、UI 设计师、前端工程师、后端工程师、数据库工程师、测试工程师。

工具类应用由于独立开发的门槛较低，受到了众多开发者的追捧。设计精美的界面、核心逻辑放在应用本地进行处理、无须与后端及数据库进行交互……这一系列优势都让很多开发者开始走向工具类应用的独立开发之路。

下面将分享一个“BMI 计算器”应用案例的代码实现过程，带领读者感受一款工具类应用开发的全过程。“BMI 计算器”应用案例的最终效果如图 8-1 所示。

图 8-1 “BMI 计算器”应用案例的最终效果

本章将创建一个名为“Chapter8”的 SwiftUI 项目，并在此项目基础上对相关内容进行讲解和分享。

8.1 Form 视图介绍

搭建界面的首要工作是拆分界面中的组成部分，图 8-1 展示了应用案例的最终效果，可以看到“BMI 计算页”界面由界面标题、信息录入、参考标准、计算按钮 4 部分组成。其中，信息录入部分需要用户填入信息，在 SwiftUI 中常常使用 Form（表单）视图而不是 List 视图来实现这一部分功能。

首先来了解 Form 视图及其使用方法。

Form 视图和 List 视图的使用方法一致，只需要将视图放在 Form 视图的闭包中，就可以使用 Form 视图的默认样式效果。Form 视图的使用方法如图 8-2 所示。

```
Form {
    Text("自动更新")
    Text("Beta 版更新")
}
```

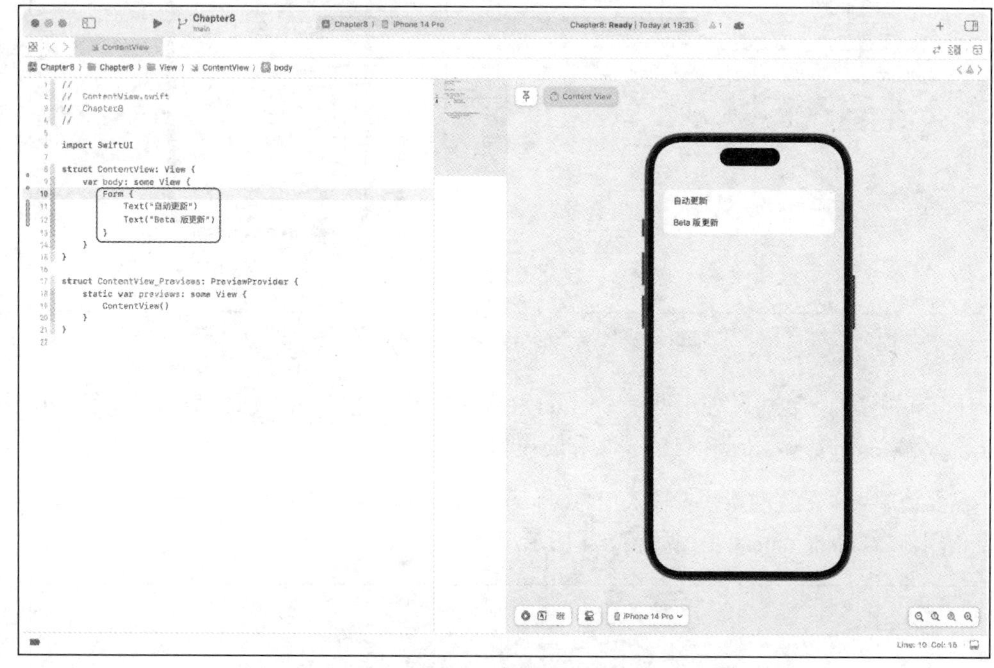

图 8-2　Form 视图的使用方法

上述代码将两个 Text 视图放置在 Form 视图的闭包中，整个视图将呈现分组列表样式。

Form 视图常常与 Section（分组）视图组合使用，实现 iPhone 设备的“设置”界面的分组栏目效果。Form 视图与 Section 视图实现分组栏目的效果如图 8-3 所示。

```
Form {
    Section {
        Text("App 下载")
        Text("App 更新")
    } header: {
        Text("Wi-Fi 网络")
    }

    Section {
        Text("App 下载")
        Text("App 更新")
    } header: {
        Text("蜂窝数据")
    } footer: {
```

```
            Text("允许所有 App 使用蜂窝数据自动下载")
        }
}
```

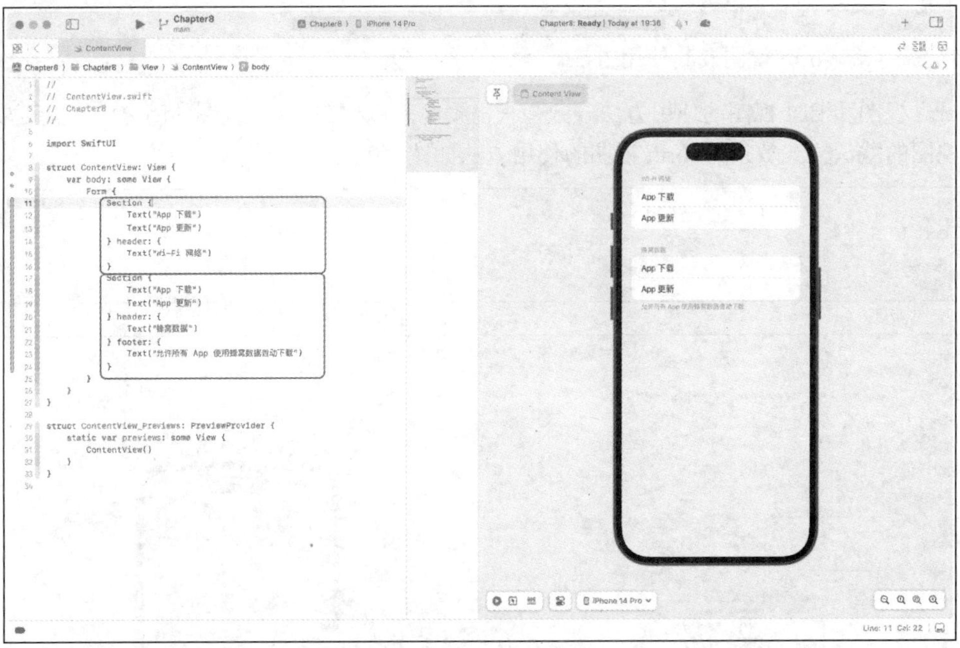

图 8-3　Form 视图与 Section 视图实现分组栏目的效果

在 Form 视图的闭包中，使用两个 Section 视图呈现两个栏目，在“蜂窝数据”栏目中，使用 header 参数和 footer 参数显示栏目的表头和表尾信息。

当需要使用表单配置功能或者输入信息时，需要将 Form 视图与 LabeledContent（文本内容）视图组合使用。LabeledContent 视图如图 8-4 所示。

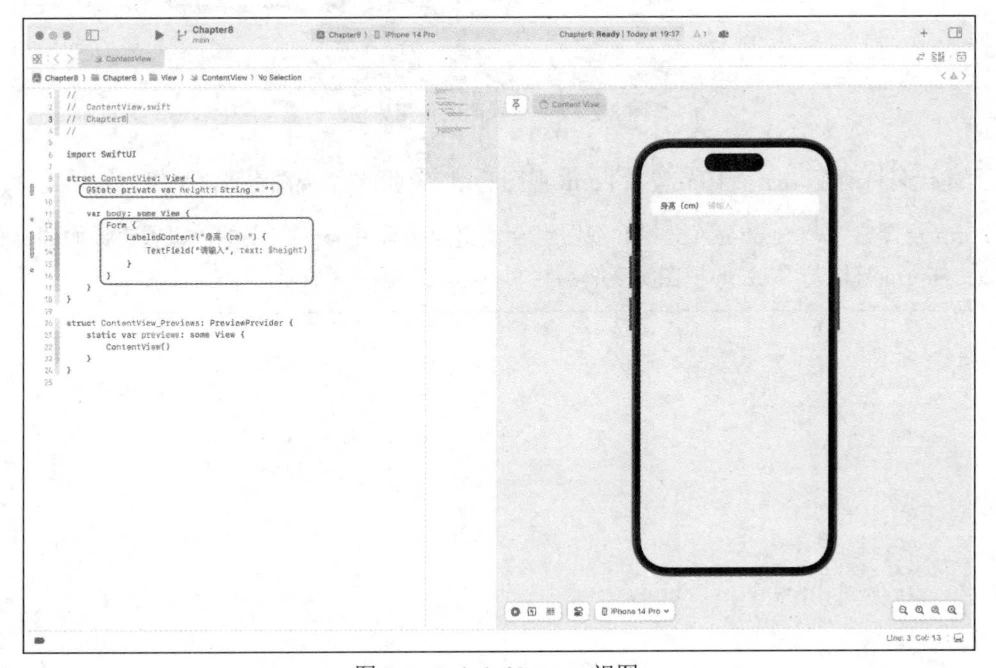

图 8-4　LabeledContent 视图

```
// 参数声明
@State private var height: String = ""

// 使用 LabeledContent
Form {
    LabeledContent("身高（cm）") {
        TextField("请输入", text: $height)
    }
}
```

在 Form 视图的闭包中，使用 LabeledContent 视图搭建复杂的表单项目，并设置表单项目的标题为“身高（cm）”，在表单项目内使用 TextField 视图作为其内容。

当然，要想使用 TextField 视图，还需要声明一个 String 类型的参数 height 来存储文本框中输入的内容。

8.2 搭建“BMI 计算页”界面

在了解了 Form 视图的常见用法后，本节将带领读者搭建“BMI 计算页”界面。

8.2.1 信息录入

“BMI 计算页”界面主体的上半部分是用于录入信息的表单，可以使用 Form 视图来单独创建显示录入信息的视图。信息录入代码块如图 8-5 所示。

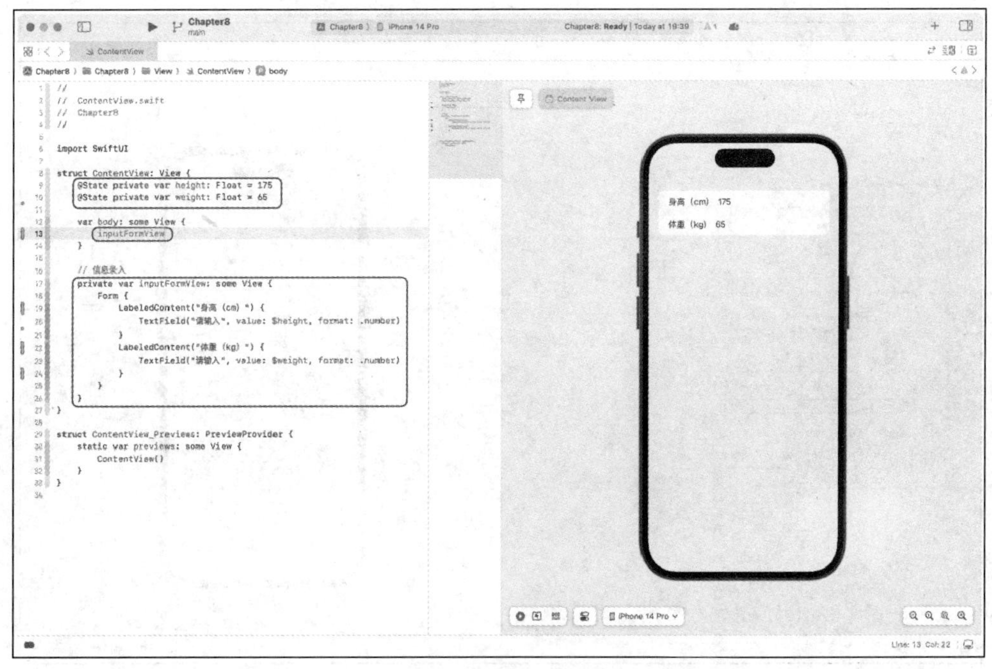

图 8-5　信息录入代码块

```
// 参数声明
@State private var height: Float = 175
@State private var weight: Float = 65

// 视图调用
```

```
inputFormView

// 信息录入
private var inputFormView: some View {
    Form {
        LabeledContent("身高（cm）") {
            TextField("请输入", value: $height,format: .number)
        }

        LabeledContent("体重（kg）") {
            TextField("请输入", value: $weight,format: .number)
        }
    }
}
```

上述代码声明了身高和体重的参数 height、weight，由于需要将该参数用于计算，因此声明的参数类型为浮点类型（Float）。

接下来单独搭建了视图 inputFormView，用于呈现信息录入的表单内容，使用 TextField 视图作为信息录入的视图，使用 value 参数对录入信息进行绑定，并设置录入信息的类型为数字类型（number）。

最后，在 body 属性的视图容器中使用 inputFormView 视图呈现信息录入的表单内容。

在实时预览窗口中可以看到，表单项目的标题和录入信息部分较近，此时可以设置对齐方式，将录入信息部分放置在表单项目的右侧，这需要使用 multilineTextAlignment 修饰符，如图 8-6 所示。

```
.multilineTextAlignment(.trailing)
```

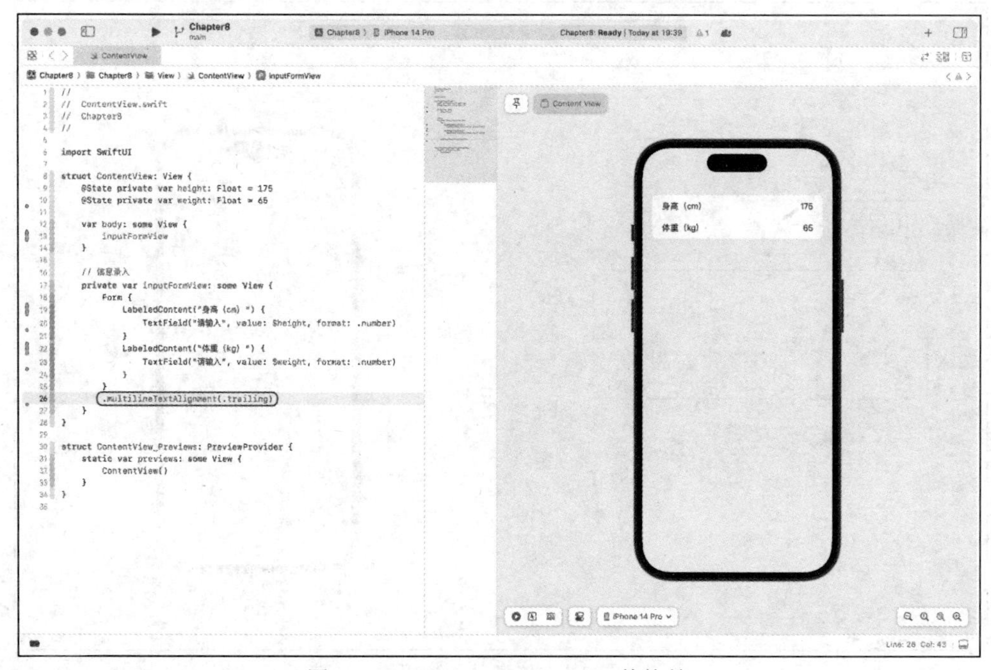

图 8-6　multilineTextAlignment 修饰符

上述代码为 Form 视图添加了 multilineTextAlignment 修饰符，并设置对齐方式为 trailing（右对齐），Form 视图中的所有视图内容将以右对齐方式进行排列。

此外，通过给表单项目的标题和录入信息设置不同的颜色，可以区分文字的主次，设置主次颜色如图 8-7 所示。

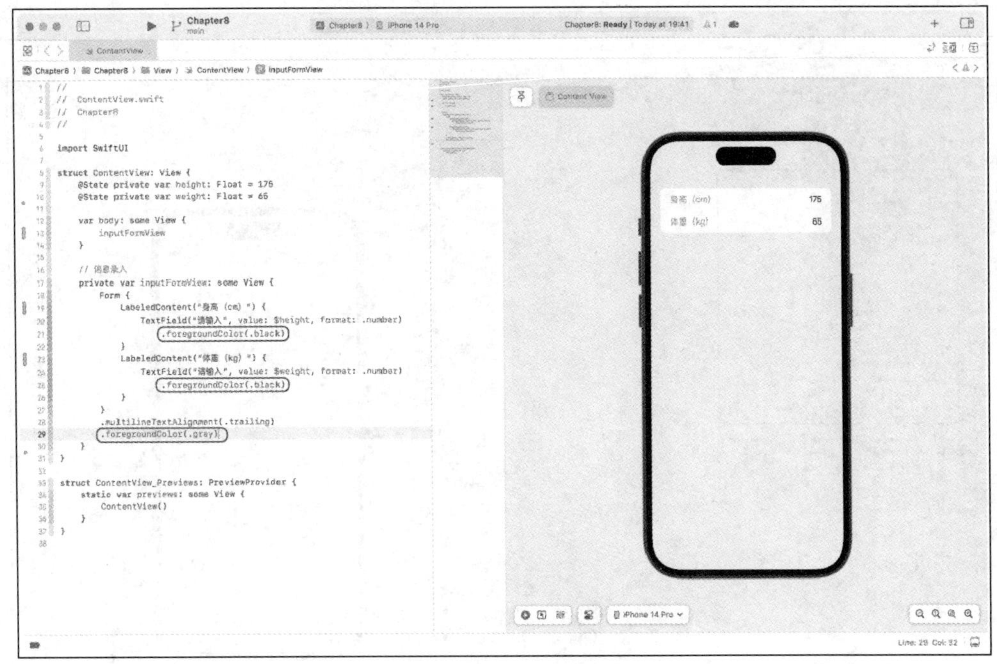

图 8-7　设置主次颜色

8.2.2　参考标准

“BMI 计算页”界面的中间部分是“参考标准”内容，以便显示“BMI 计算器”的 BMI 计算结果范围所对应的参考标准文字。

从内容结构上分析，参考标准的文字具有一定的结构特点，它由色块、参考结果、BMI 范围三部分组成。由于参考标准的文字是静态且固定的信息，因此可以单独搭建参考标准的结构体，然后通过参数赋值的方式实现上述功能。BMIReferenceItemView 结构体的搭建如图 8-8 所示。

```
// 参考标准
struct BMIReferenceItemView: View {
    var bmiColor: Color
    var bmiResult: String
    var bmiScope: String

    var body: some View {
        HStack(spacing: 20) {
            // 色块
            Rectangle()
                .fill(bmiColor)
                .frame(width: 60, height: 20)
                .cornerRadius(4)

            // 参考结果
            Text(bmiResult)
                .foregroundColor(bmiColor)

            Spacer()

            // BMI 范围
```

```
                Text(bmiScope)
            }
        }
}
```

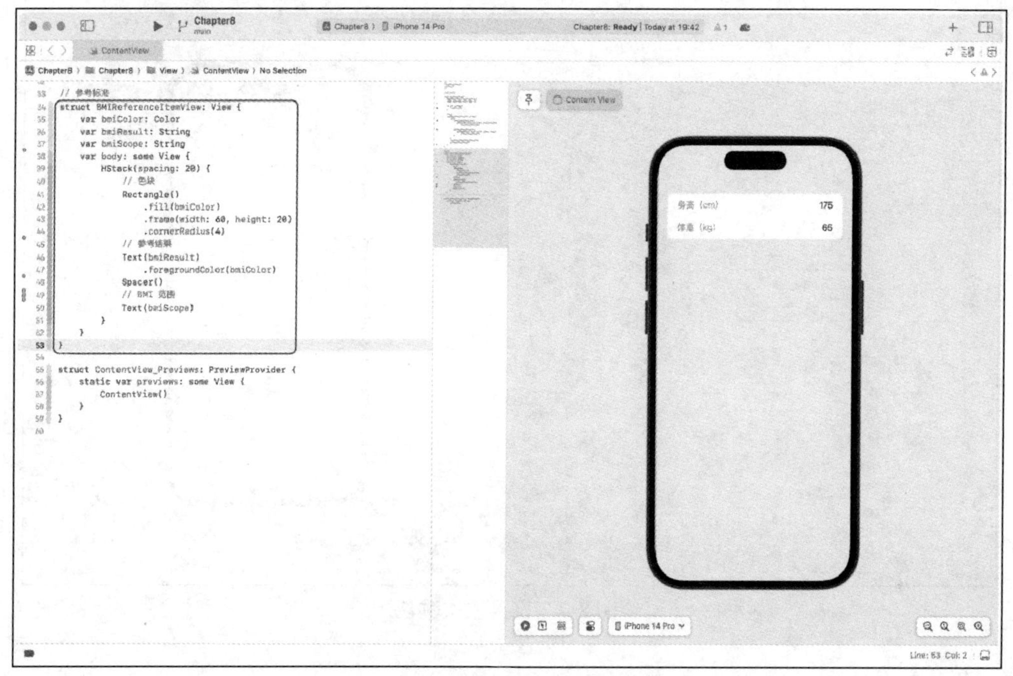

图 8-8　BMIReferenceItemView 结构体的搭建

上述代码搭建了一个新的结构体 BMIReferenceItemView，作为“BMI 计算页”界面的参考标准中单条标准的结构。在 BMIReferenceItemView 结构体中，声明了 3 个参数（bmiColor、bmiResult、bmiScope），用于后续赋值以显示色块、参考结果、BMI 范围 3 项内容。

在 BMIReferenceItemView 结构体的 body 部分，使用 HStack、Rectangle（矩形形状）视图和 Text 视图来显示需要的内容。

然后回到 ContentView 中，可以单独搭建参考标准视图，并通过赋值的方式使用 BMIReferenceItemView 结构体。bmiReferenceView 代码块如图 8-9 所示。

```
// 参考标准
private var bmiReferenceView: some View {
    VStack(spacing: 20) {
        HStack{
            Image(systemName: "paperplane")
            Text("参考标准")
                .font(.title3)
                .bold()
        }

        BMIReferenceItemView(bmiColor: Color.blue, bmiResult: "过轻", bmiScope: "BMI<=18.5")
        BMIReferenceItemView(bmiColor: Color.green, bmiResult: "正常", bmiScope: "18.5
<BMI<=24")
        BMIReferenceItemView(bmiColor: Color.yellow, bmiResult: "过重", bmiScope: "24
<BMI<=28")
        BMIReferenceItemView(bmiColor: Color.orange, bmiResult: "肥胖", bmiScope: "28
<BMI<=32")
```

```
            BMIReferenceItemView(bmiColor: Color.red, bmiResult: "重度肥胖", bmiScope: "BMI>32")
        }
        .padding()
        .background(Color.white)
        .cornerRadius(16)
        .padding(.horizontal)
    }
```

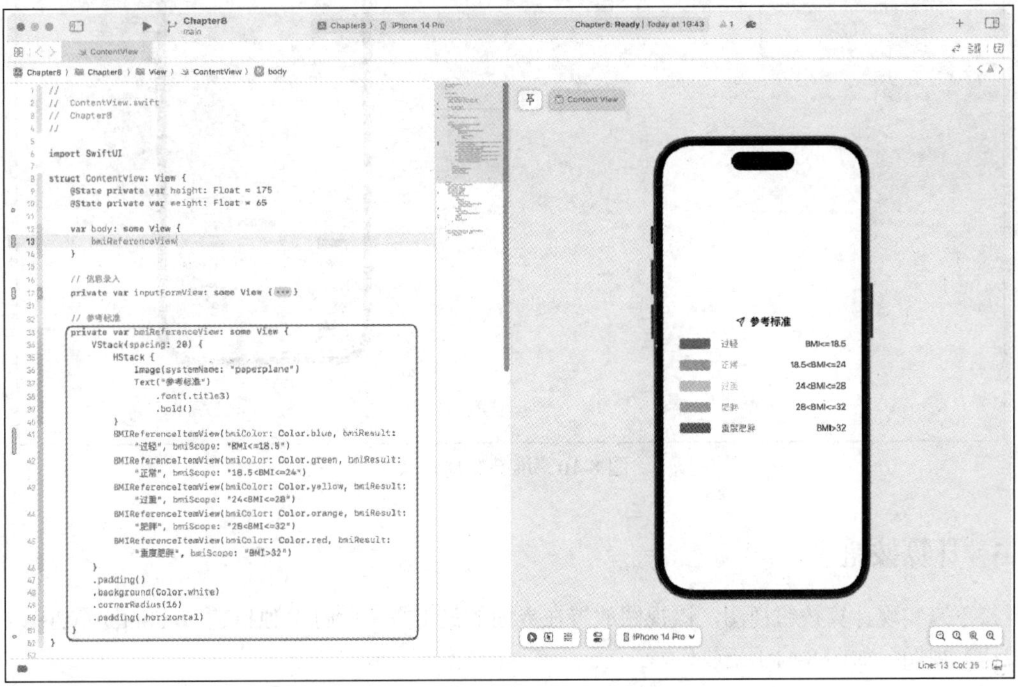

图 8-9　bmiReferenceView 代码块

上述代码在 ContentView 视图中单独搭建了 bmiReferenceView（BMI 参考标准视图），在 bmiReferenceView 的闭包中，使用 VStack 视图对 bmiReferenceView 的标题和内容信息进行了排列。

内容信息部分调用提前声明好的 BMIReferenceItemView 结构体，通过给 BMIReferenceItemView 结构体声明的参数赋值，最终得到了参考标准的文字内容。

最后，将 bmiReferenceView 与 inputFormView 组合，堆叠布局方式如图 8-10 所示。

```
ZStack(alignment:.bottom) {
    inputFormView
    bmiReferenceView
}
```

在上述代码中，使用 ZStack 进行排版布局，通过设置 alignment 参数值为 bottom（底部），将 bmiReferenceView 视图放置在界面底部。

为何这里没有选择使用 VStack，而是选择使用 ZStack？

这是由于 Form 视图默认样式为铺满整个屏幕，在实时预览窗口中所看到的背景色为 Form 视图自带的背景色，因此若使用 VStack，则 bmiReferenceView 视图的背景色会变为白色。

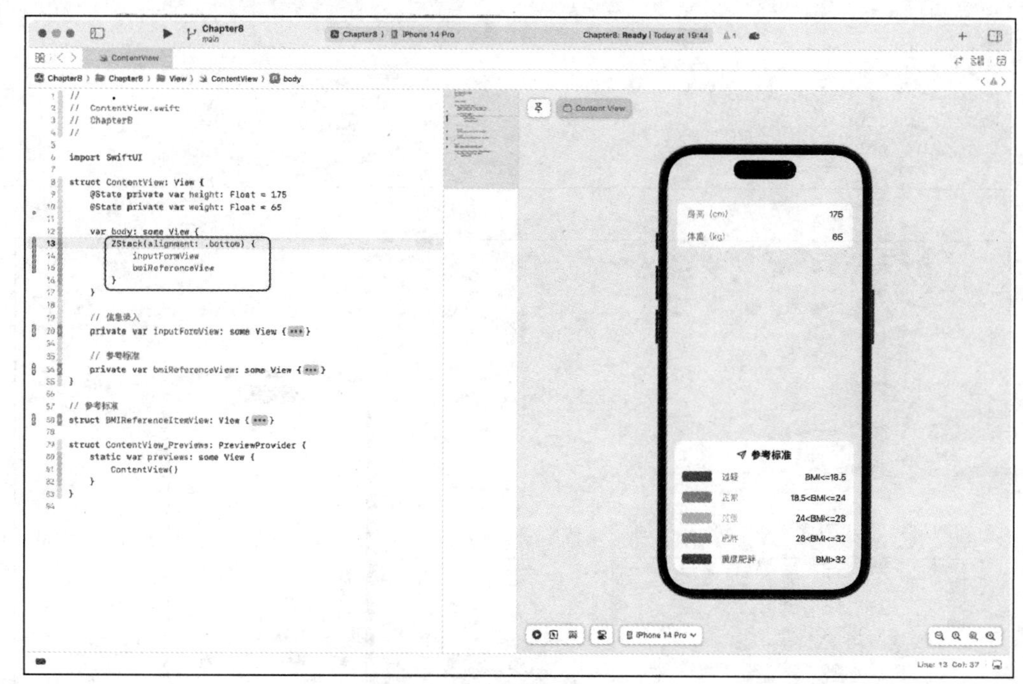

图 8-10　堆叠布局方式

8.2.3　计算按钮

接下来实现计算按钮视图，该视图放置在界面的最下方。此时单独搭建 computeBtnView（计算按钮）视图，如图 8-11 所示。

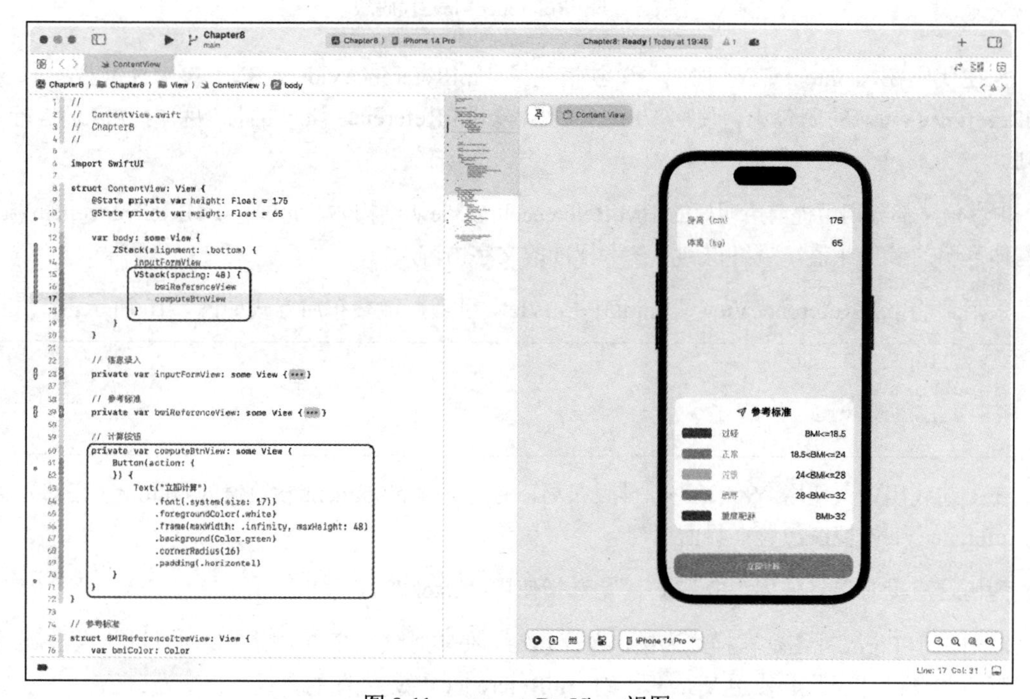

图 8-11　computeBtnView 视图

```
// 视图布局
ZStack(alignment:.bottom) {
    inputFormView

    VStack(spacing:48) {
        bmiReferenceView
        computeBtnView
    }
}

// 计算按钮
private var computeBtnView: some View {
    Button(action: {
    }) {
        Text("立即计算")
            .font(.system(size: 17))
            .foregroundColor(.white)
            .frame(maxWidth: .infinity, maxHeight: 48)
            .background(Color.green)
            .cornerRadius(16)
            .padding(.horizontal)
    }
}
```

上述代码单独搭建了计算按钮视图 computeBtnView，在整体布局上使用 VStack 将 computeBtnView 视图与 bmiReferenceView 视图进行排布。

8.2.4　界面标题

界面标题的搭建有两种方式，其中一种是 7.2.2 节分享的，通过搭建单独的界面标题视图，再通过布局容器视图将该视图与其他视图进行组合的方式。

这里分享另一种常用方式，即使用 NavigationStack 视图搭建界面标题，如图 8-12 所示。

```
NavigationStack {
    ZStack(alignment:.bottom) {
        inputFormView

        VStack(spacing:48) {
            bmiReferenceView
            computeBtnView
        }
    }
    .navigationTitle("BMI 计算器")
}
```

上述代码将整个 ZStack 的内容都放在 NavigationStack 视图的闭包中，相当于给界面增加了一个导航视图的容器，然后给 NavigationStack 视图中的内容添加 navigationTitle（导航标题）修饰符，并设置标题为“BMI 计算器”。

这里需要注意的是，navigationTitle 修饰符是 NavigationStack 视图的专属修饰符，需要配合 NavigationStack 视图使用或者当父级视图有 NavigationStack 视图时，才能显示标题文字。

另外，navigationTitle 修饰符修饰的是 NavigationStack 视图内部的视图，而不是修饰 NavigationStack 视图本身。

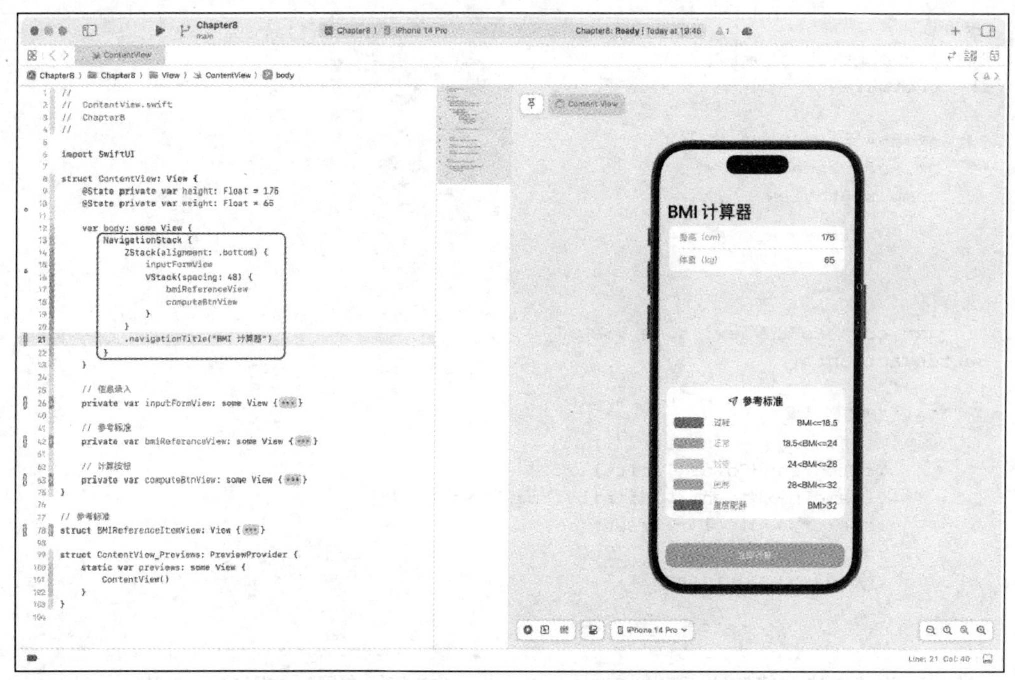

图 8-12　使用 NavigationStack 视图

默认的导航标题的样式是大标题（large）样式，此时将其修改为标题居中的样式。navigationBarTitleDisplayMode（导航标题显示方式）修饰符如图 8-13 所示。

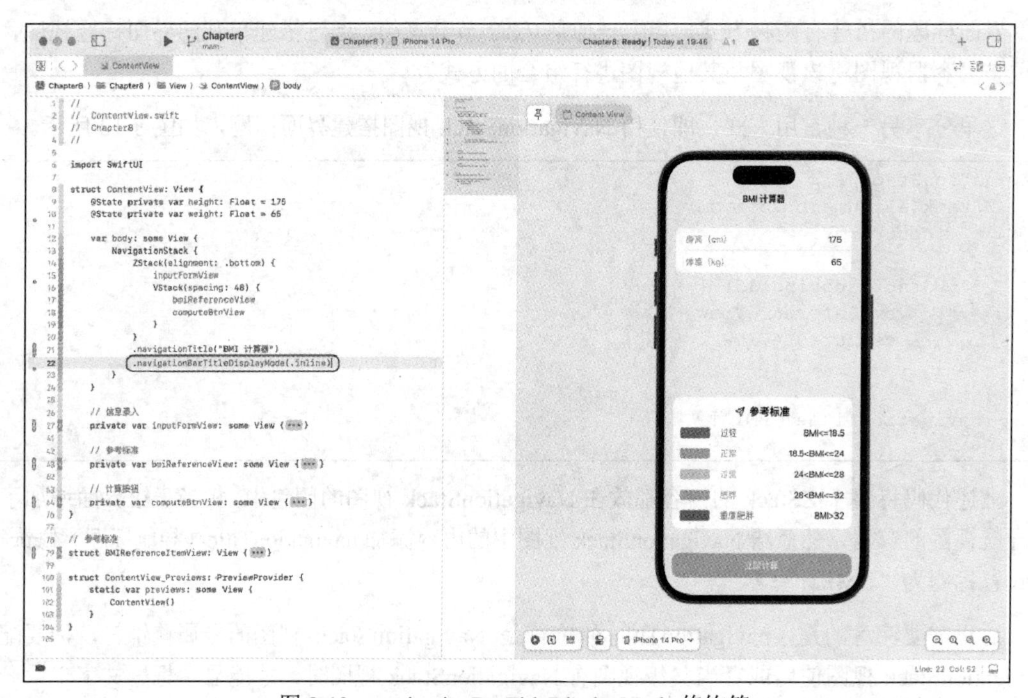

图 8-13　navigationBarTitleDisplayMode 修饰符

```
NavigationStack {
    ZStack(alignment:.bottom) {
        inputFormView
```

```
        VStack(spacing:48) {
            bmiReferenceView
            computeBtnView
        }
    }
    .navigationTitle("BMI 计算器")
    .navigationBarTitleDisplayMode(.inline)
}
```

在上述代码中，navigationBarTitleDisplayMode 修饰符也是 NavigationStack 视图的专属修饰符，同样需要作用到 NavigationStack 视图内部，且需要配合 navigationTitle 修饰符进行使用。

至此，读者便完成了“BMI 计算页”界面的搭建工作。

8.3　搭建“BMI 结果页”界面

“BMI 结果页”界面的设计比较简单，该界面由计算结果和“重新计算”按钮两部分组成。

由于“BMI 结果页”界面是一个新的界面，因此需要新增一个 SwiftUI 文件，以此实现“BMI 结果页”界面样式。新增 BMIResultView 文件如图 8-14 所示。

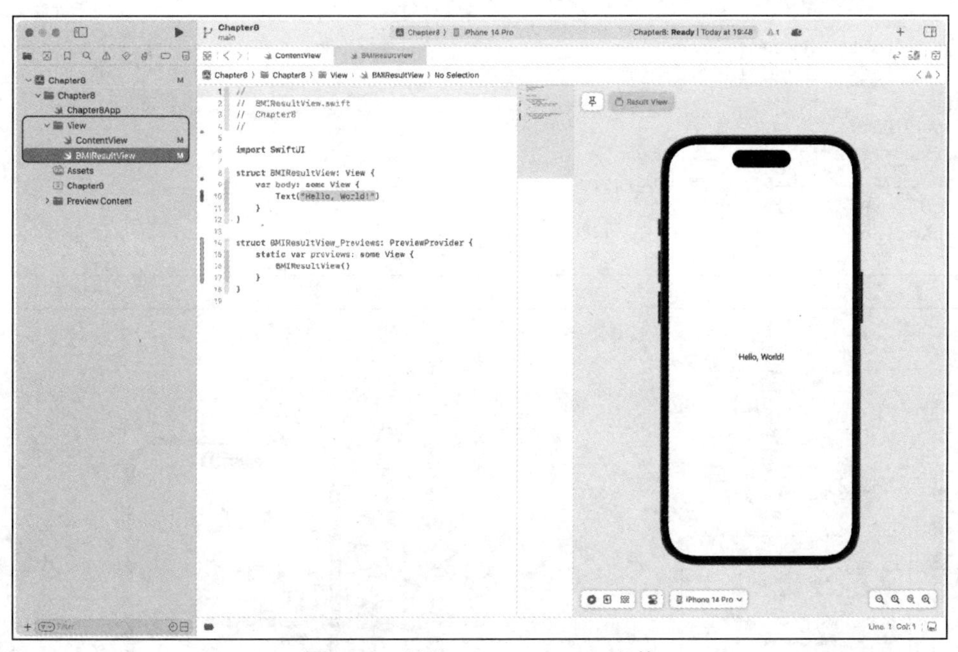

图 8-14　新增 BMIResultView 文件

8.3.1　计算结果

BMI 结果会根据“BMI 计算页”界面中的录入信息计算得出，该结果并不是静态的数据。但开发者在开发 UI 样式时，可以先使用静态的视图完成样式效果，再使用参数声明动态的数据。

首先单独搭建计算结果视图 computeResultView，如图 8-15 所示。

```
// 视图调用
computeResultView
```

```
// 计算结果
private var computeResultView: some View {
    VStack(spacing: 28) {
        Text("你的 BMI 是")
            .font(.system(size: 17))
            .foregroundColor(.gray)

        Text("21.22")
            .font(.system(size: 48))
            .bold()
            .foregroundColor(.green)

        Text("正常")
            .font(.system(size: 23))
            .bold()
            .foregroundColor(.white)
            .padding(.vertical, 6)
            .padding(.horizontal, 30)
            .background(Color.green)
            .cornerRadius(32)

        HStack {
            Text("175cm")
            Text("|")
            Text("65kg")
        }
        .font(.system(size: 17))
        .foregroundColor(.gray)
    }
    .padding()
    .frame(maxWidth: .infinity)
    .background(Color(.systemGray6))
    .cornerRadius(16)
    .padding()
}
```

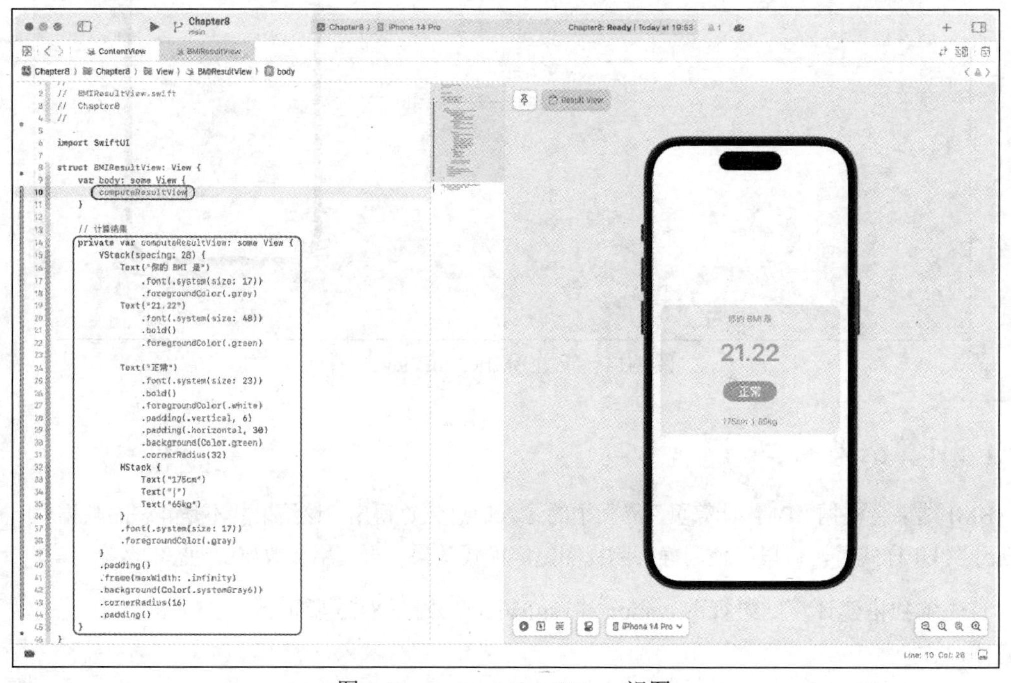

图 8-15　computeResultView 视图

上述代码创建了 computeResultView 视图，在视图闭包中使用 VStack 作为框架，放置 Text 视图作为其内容。此时 Text 视图使用静态的数据，以便调整视图的布局和样式。

当确定了静态视图的布局和样式之后，对于 computeResultView 中的静态数据，此时可以通过声明相关参数进行代替。参数赋值如图 8-16 所示。

```
// 参数声明
var height: Float
var weight: Float
var bmiNum: Float
var bmiResult: String
var bmiColor: Color

// 参数赋值
private var computeResultView: some View {
    VStack(spacing: 28) {
        Text("你的 BMI 是")
            .font(.system(size: 17))
            .foregroundColor(.gray)

        Text(String(format: "%.2f", bmiNum))
            .font(.system(size: 48))
            .bold()
            .foregroundColor(bmiColor)

        Text(bmiResult)
            .font(.system(size: 23))
            .bold()
            .foregroundColor(.white)
            .padding(.vertical, 6)
            .padding(.horizontal, 30)
            .background(bmiColor)
            .cornerRadius(32)

        HStack {
            Text(String(format: "%.0f", height)+"cm")
            Text("|")
            Text(String(format: "%.0f", weight)+"kg")
        }
        .font(.system(size: 17))
        .foregroundColor(.gray)
    }
    .padding()
    .frame(maxWidth: .infinity)
    .background(Color(.systemGray6))
    .cornerRadius(16)
    .padding()
}

// 预览赋值
BMIResultView(height: 175, weight: 65, bmiNum: 21.22, bmiResult: "正常", bmiColor: Color.green)
```

在上述代码中，首先声明了计算结果所需要的动态参数：height（身高）、weight（体重）、bmiNum（计算数据）、bmiResult（计算结果）和 bmiColor（色块颜色）。

随后在 computeResultView 视图中，使用声明的参数代替原有的静态数据。其中由于 Text 视图只能接收 String 类型的值，因此需要将 Float 类型的参数值转换为 String 类型的参数值，并且设置 format（数字格式）为“%.2f”，保留指定小数位。

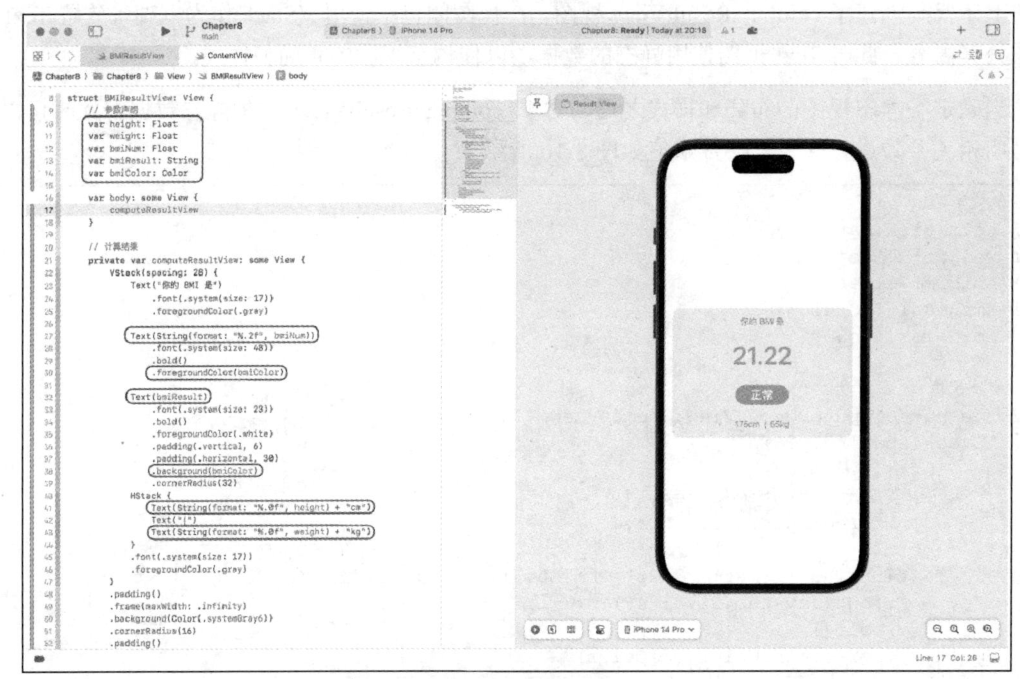

图 8-16　参数赋值

由于数据来源于 ContentView 视图计算的结果，因此在 BMIResultView 视图中声明的参数没有被赋予默认值，在预览 BMIResultView 视图时，需要给相关参数赋予默认值。

8.3.2 “重新计算”按钮

最后，BMIResultView 视图还需要有一个“重新计算”按钮，用于返回上一级计算界面重新计算的结果，因此需要单独创建 reComputeBtnView（重新计算按钮）视图，如图 8-17 所示。

```
// 视图布局
VStack {
    computeResultView
    Spacer()
    reComputeBtnView
}

// 重新计算按钮
private var reComputeBtnView: some View {
    Button(action: {
    }) {
        HStack {
            Image(systemName: "gobackward")
            Text("重新计算")
        }
        .font(.system(size: 17))
        .foregroundColor(.white)
        .frame(width: 200, height: 48)
        .background(Color.blue)
        .cornerRadius(8)
        .padding(.horizontal)
    }
}
```

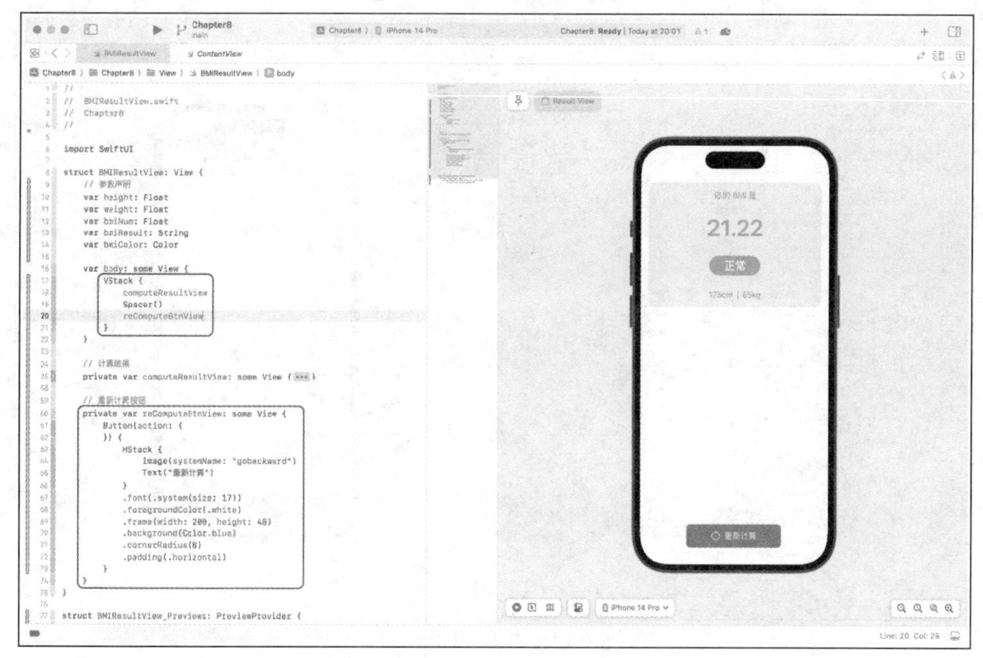

图 8-17　reComputeBtnView 视图

上述代码单独创建了 reComputeBtnView 视图，在整体布局上使用 VStack 将该视图与 computeResultView 视图进行排布。

8.4　实现 App 的相关功能

在搭建完界面 UI 后，接下来实现“BMI 计算器”界面的相关功能。

第 7 章分享了使用 Sheet 修饰符打开弹窗的交互方式，该方式常常用于由 B 视图创建内容添加到 A 视图中的场景。

“BMI 计算器”的交互方式所适用的场景则相反，常用于由 A 视图编辑内容传递给 B 视图的场景。在 SwiftUI 中，可以借助 NavigationStack 视图的专属修饰符来实现界面之间的跳转和交互。

8.4.1　界面跳转

回到 ContentView 中，首先创建一个 Bool 类型的参数，用于触发单击时的交互操作，然后使用 navigationDestination（导航路径）修饰符来实现界面之间的跳转交互，如图 8-18 所示。

```
// 参数声明
@State private var showBMIResultView: Bool = false

// 导航路径跳转
.navigationDestination(isPresented: $showBMIResultView) {
    BMIResultView(height: 175, weight: 65, bmiNum: 21.22, bmiResult: "正常", bmiColor:
Color.green)
}

// 单击触发跳转
self.showBMIResultView.toggle()
```

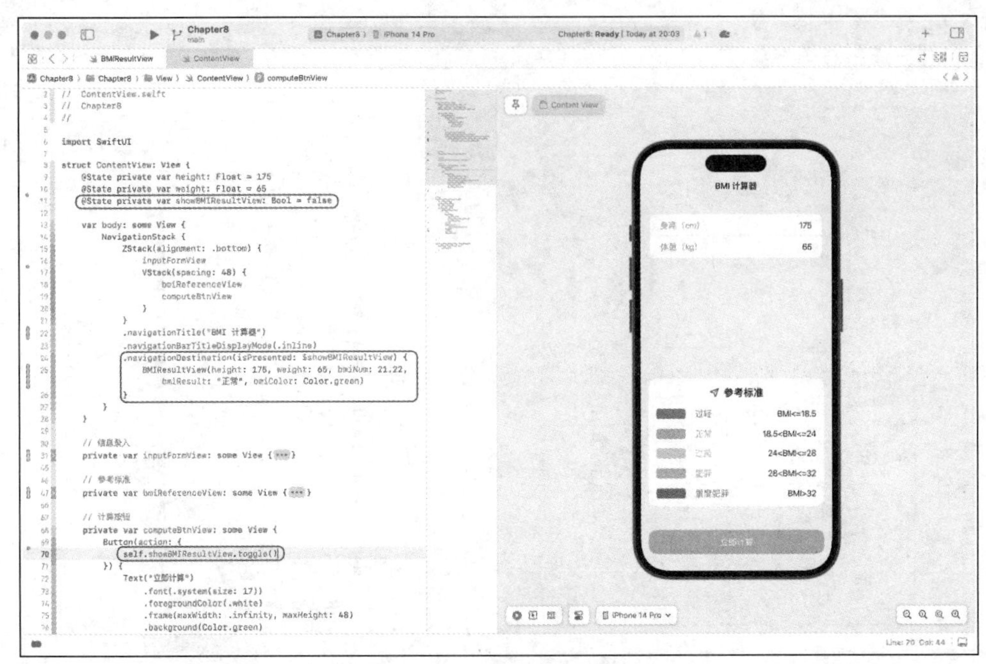

图 8-18 实现界面之间的跳转交互

在上述代码中，和 Sheet 修饰符的使用方式类似，首先创建一个 Bool 类型的参数 showBMIResultView，并赋予默认值为 false。

在 body 属性的视图容器中，为主要内容视图添加 navigationDestination 修饰符，并将 isPresented 参数绑定到声明好的 showBMIResultView 参数上。在 navigationDestination 修饰符的闭包中，设置目标路径为 BMIResultView 视图，先给当前 BMIResultView 视图的参数传入默认值。

最后在 computeBtnView 视图中，单击按钮时切换 showBMIResultView 参数的值，触发界面跳转动作。

在实时预览窗口中，可以体验界面之间的跳转效果，如图 8-19 所示。

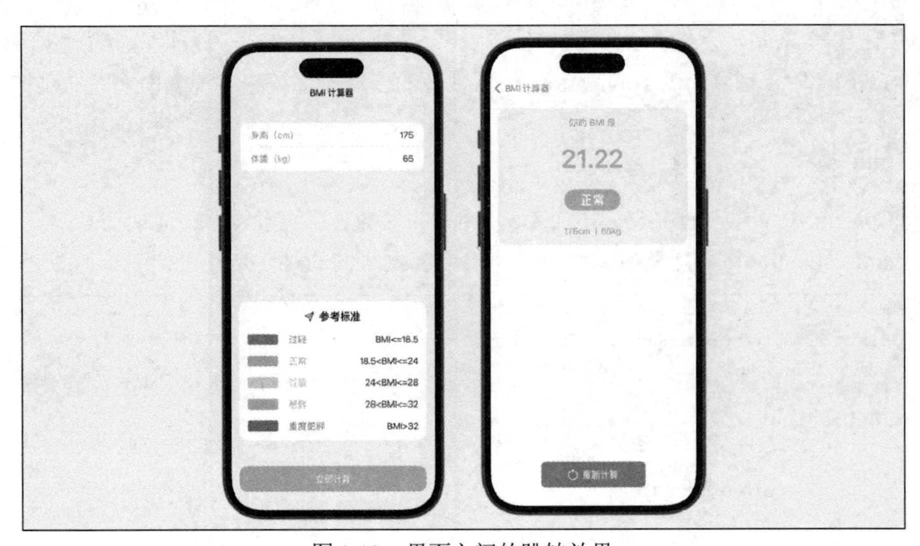

图 8-19 界面之间的跳转效果

8.4.2　返回跳转

使用 navigationDestination 修饰符来实现界面之间的跳转时，目标界面 BMIResultView 会自动在其左上角添加返回按钮，用于返回上一级的视图。

在“BMI 计算器”项目中，从 BMIResultView 界面返回 ContentView 界面是通过单击“重新计算”按钮来完成的。因此要实现返回跳转的交互，首先需要隐藏 BMIResultView 界面中的返回按钮，如图 8-20 所示。

```
.navigationBarHidden(true)
```

图 8-20　隐藏返回按钮

在上述代码中，实现了为 body 属性的视图容器中的主要界面添加了 navigationBarHidden（隐藏导航栏）修饰符，用于隐藏当前视图或者上级视图所附带的导航按钮。

接下来，可以从 SwiftUI 的环境变量中读取 presentationMode（演示模式），通过控制视图的出栈来实现界面跳转的返回动作，如图 8-21 所示。

```
// 声明环境变量
@Environment(\.presentationMode) var presentationMode

// 关闭视图
presentationMode.wrappedValue.dismiss()
```

上述代码使用了@Environment 属性包装器来声明 presentationMode 属性，通过“\.presentationMode”属性路径，SwiftUI 可以访问 presentationMode 环境值，该环境值用于管理视图的显示和关闭。

声明好 presentationMode 参数后，在单击 reComputeBtnView 视图时，调用 wrappedValue 的 dismiss 方法来关闭当前视图。由于当前视图是通过上一级视图跳转进入的，因此 dismiss 方法会按相反方向实现返回跳转的交互动作。

图 8-21　实现界面跳转的返回动作

此时可以在实时预览窗口中体验界面之间的跳转交互效果，如图 8-22 所示。

图 8-22　跳转交互效果

8.4.3　BMI 计算

“BMI 计算器”的核心算法是 BMI=体重/(身高×身高)，其核心逻辑是当用户输入身高和体重信息，并单击“立即计算”按钮后，在界面跳转的同时更新计算结果。

完成界面之间的跳转后，接下来完成算法部分。首先需要声明一个参数来存储最终的计算结果，并实现 BMI 计算方法，BMI 计算方法如图 8-23 所示。

```
// 参数声明
@State private var bmiNum:Float = 0

// 传值
BMIResultView(height: height, weight: weight, bmiNum: bmiNum, bmiResult: "正常", bmiColor:
Color.green)

// 调用计算方法
computeBMI()

// BMI 计算方法
func computeBMI() {
    let squaredHeight = (height / 100)*(height / 100)
    bmiNum = weight / squaredHeight
}
```

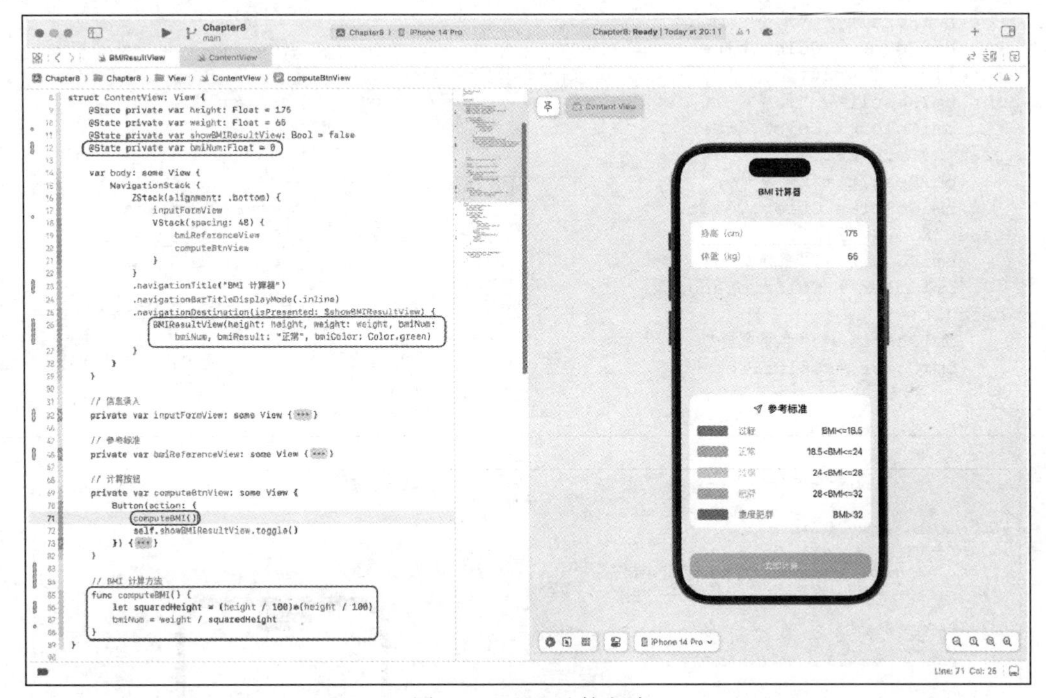

图 8-23　BMI 计算方法

在上述代码中，bmiNum 为“BMI 计算器”计算的最终数据，在传值到 BMIResultView 视图时，需要传入 height、weight、bmiNum 这 3 个参数的值。

接下来使用 func 关键字创建了 BMI 计算方法 computeBMI，得到了 bmiNum 的值，最后在单击 computeBtnView 视图的按钮时，调用 computeBMI 方法更新 bmiNum 结果。

这样，在每次单击 computeBtnView 视图的按钮时，由于代码执行的先后顺序，会优先执行 computeBtnView 计算方法，再进行界面跳转交互。

8.4.4　BMI 结果

BMI 计算完成后，得到了 bmiNum 的值。

除了计算 bmiNum 的值，还需要根据 bmiNum 的值所处的范围，在“BMI 计算页”界面的参考标准中找到对应的 BMI 结果，并将其更新到“BMI 结果页”界面。更新 BMI 结果方法如图 8-24 所示。

```
// 参数声明
@State private var bmiResult: String = "正常"
@State private var bmiColor: Color = Color.green

// 传值
BMIResultView(height: height, weight: weight, bmiNum: bmiNum, bmiResult: bmiResult, b
miColor: bmiColor)

// 调用方法
updateBMIResult()

// 更新 BMI 结果
func updateBMIResult() {
    switch bmiNum {
    case ...18.5:
        bmiResult = "过轻"
        bmiColor = Color.blue
    case 18.5 ..< 24:
        bmiResult = "正常"
        bmiColor = Color.green
    case 24 ..< 28:
        bmiResult = "过重"
        bmiColor = Color.yellow
    case 28 ..< 32:
        bmiResult = "肥胖"
        bmiColor = Color.orange
    default:
        bmiResult = "重度肥胖"
        bmiColor = Color.red
    }
}
```

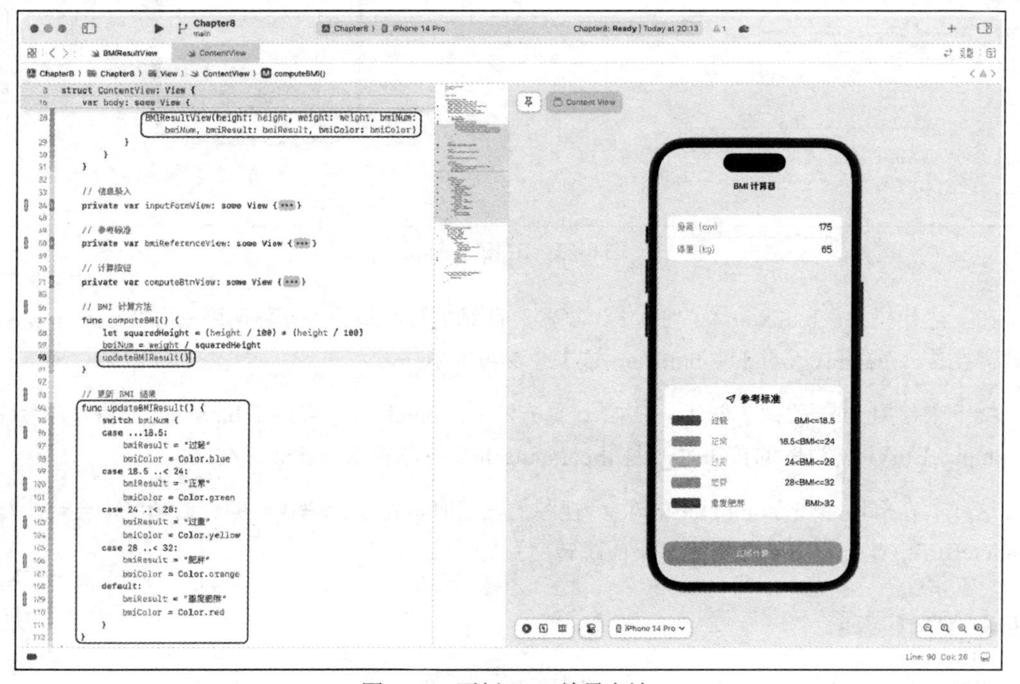

图 8-24　更新 BMI 结果方法

上述代码首先声明 BMI 结果及对应的色块颜色的参数 bmiResult、bmiColor，然后创建了更新 BMI 结果的方法 updateBMIResult，在其中使用 switch 方法，通过 switch 判断 bmiNum 的值所处的范围，并更新 bmiResult、bmiColor 的值。

实现 updateBMIResult 方法后，在计算 BMI 的方法 computeBMI 中，当 bmiNum 被更新后调用 updateBMIResult 方法。在界面跳转时，将 bmiResult、bmiColor 参数的值传给 BMIResultView 视图。

最后，在实时预览窗口中，可以体验“BMI 计算器”的最终效果，如图 8-25 所示。

图 8-25　“BMI 计算器”的最终效果

第 9 章

参数存储：初识数据持久化机制

内存是计算机领域中一个很重要的资源，所有的应用都需要被加载到内存中方可运行。内存只有在运行应用时才会被占用，未运行应用时则会被自动释放。

在项目开发过程中，开发者常常需要将应用中的参数进行存储，方便下次打开应用时让应用呈现历史配置效果。得益于 iOS 优秀的应用存储机制，开发者可以借助 SwiftUI 内置的存储框架，轻松实现数据的持久化存储。

下面将分享一个“应用设置”界面案例的代码实现过程，带领读者了解 SwiftUI 数据持久化机制的使用。“应用设置”界面的最终效果如图 9-1 所示。

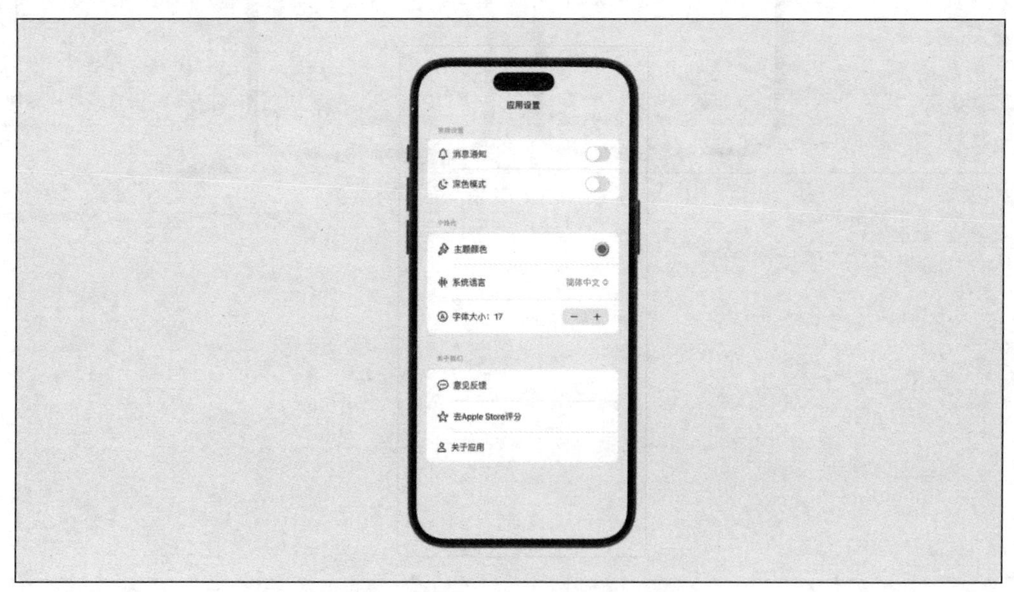

图 9-1 “应用设置”界面的最终效果

本章将创建一个名为“Chapter9”的 SwiftUI 项目，并在此项目基础上对相关内容进行讲解和分享。

9.1 搭建“常规设置”栏目

“应用设置”界面在内容上可以拆分为 3 部分：“常规设置”栏目、“个性化”栏目、“关于我们”栏目。而在界面布局上，可以采用 Form 视图进行栏目的整体布局。

首先完成整体布局的代码设计，界面布局结构设计如图 9-2 所示。

```
NavigationStack {
    Form {
        // 常规设置
        Section {
        }

        // 个性化
        Section {
        }

        // 关于我们
        Section {
        }
    }
    .navigationTitle("应用设置")
    .navigationBarTitleDisplayMode(.inline)
}
```

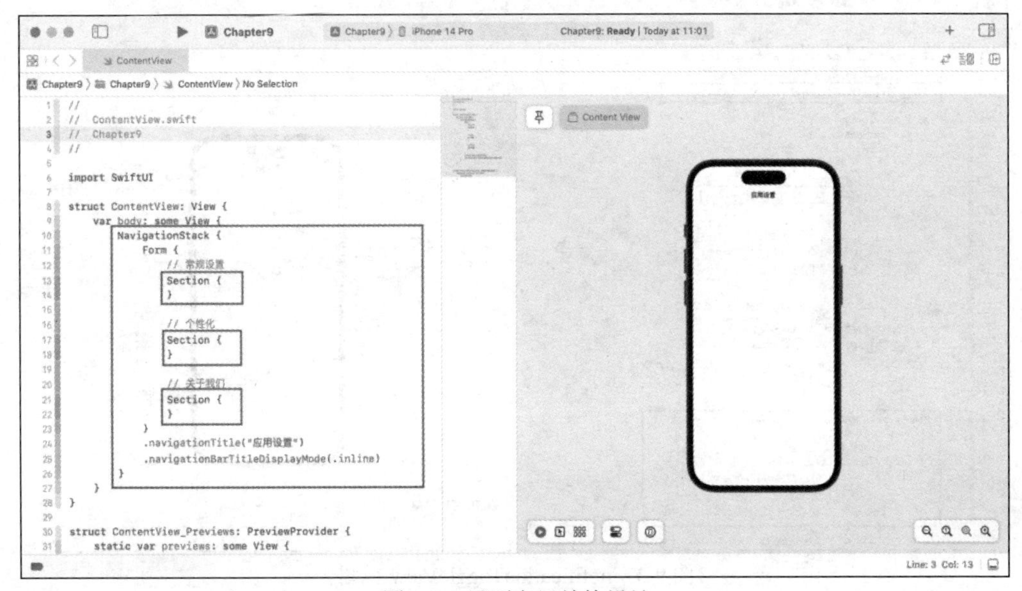

图 9-2　界面布局结构设计

上述代码使用 Form 视图进行界面布局结构设计，其中 3 个 Section 视图分别对应了 3 个栏目所需的代码块。

在 Form 视图的外层，使用 NavigationStack 视图作为外层框架，这样就可以使用 navigationTitle 修饰符为整个界面设置界面标题，同时使用 navigationBarTitleDisplayMode 修饰符，让标题内容居中显示。

确定好界面布局之后，接下来设计“常规设置”栏目的内容。在“常规设置”栏目中，有两个开关配置项：消息通知、深色模式。开关配置项由图标、文字和开关组成。

9.1.1　消息通知

为了使代码结构更加清晰，本节使用单独构建视图的方法来搭建“消息通知”开关配置项。notificationToggleView 视图如图 9-3 所示。

```
// 参数声明
@State private var isBellSlash: Bool = false

// 常规设置
Section {
    notificationToggleView
}

// 消息通知
private var notificationToggleView: some View {
    Toggle(isOn: $isBellSlash) {
        HStack {
            Image(systemName: "bell")
                .font(.system(size: 20))
            Text("消息通知")
        }
    }
}
```

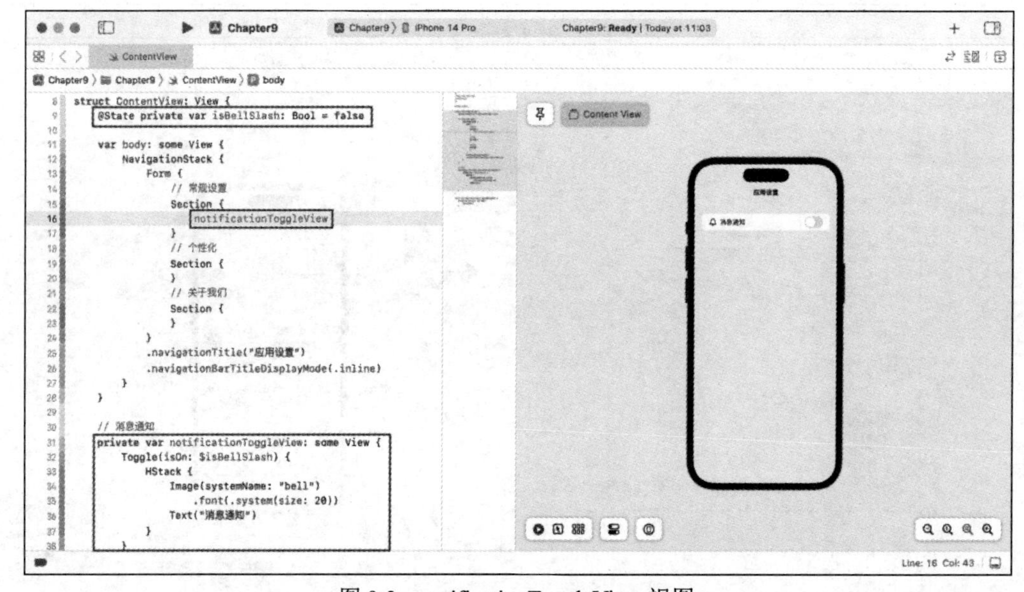

图 9-3　notificationToggleView 视图

上述代码单独创建了 notificationToggleView 视图，用于呈现开启消息通知的界面样式。由于需要使用 Toggle（开关）视图，这里声明了 isBellSlash 参数用于绑定 Toggle 视图的状态。

在样式方面，这里使用 Image 视图来显示 SF 符号图片，并使用 Text 视图和 HStack 来完成消息通知视图的标题内容。

9.1.2　深色模式

“深色模式”开关配置项的内容与 notificationToggleView 视图基本一致，本节采用与 9.1.1 节相同的方式来实现其内容。darkModeToggleView 视图如图 9-4 所示。

```
// 参数声明
@State private var isDark: Bool = false

// 常规设置
Section {
    notificationToggleView
```

```
    darkModeToggleView
}

// 深色模式
private var darkModeToggleView: some View {
    Toggle(isOn: $isDark) {
        HStack {
            Image(systemName: "moon.stars")
                .font(.system(size: 20))
            Text("深色模式")
        }
    }
    .preferredColorScheme(isDark ? .dark : .light)
}
```

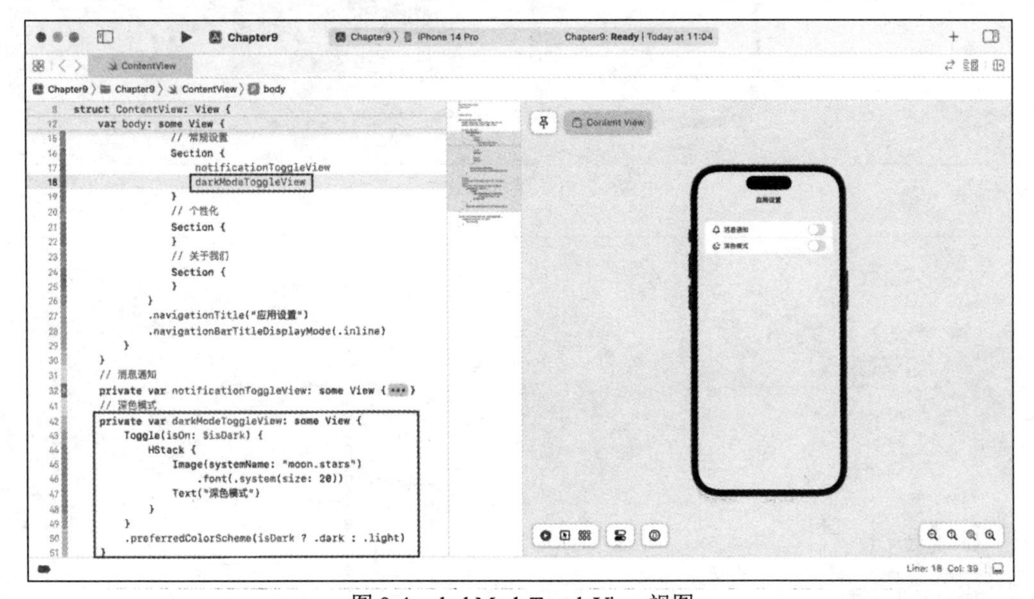

图 9-4　darkModeToggleView 视图

在上述代码中，darkModeToggleView 视图用于显示“深色模式”开关配置项的内容，并将其放置在 notificationToggleView 视图的下方。

应用中深色模式效果的切换，可以通过 SwiftUI 提供的 preferredColorScheme 方法来实现，通过判断 isDark 参数的状态，切换当前显示的颜色场景。

此时在实时预览窗口中，可以查看切换深色模式的效果，如图 9-5 所示。

在实现“常规设置”栏目主体内容之后，接下来为这个栏目添加标题和微调样式。添加“常规设置”栏目标题如图 9-6 所示。

```
// 常规设置
Section {
    notificationToggleView
    darkModeToggleView
} header: {
    Text("常规设置")
}
.padding(.vertical, 3)
```

图 9-5　切换深色模式的效果

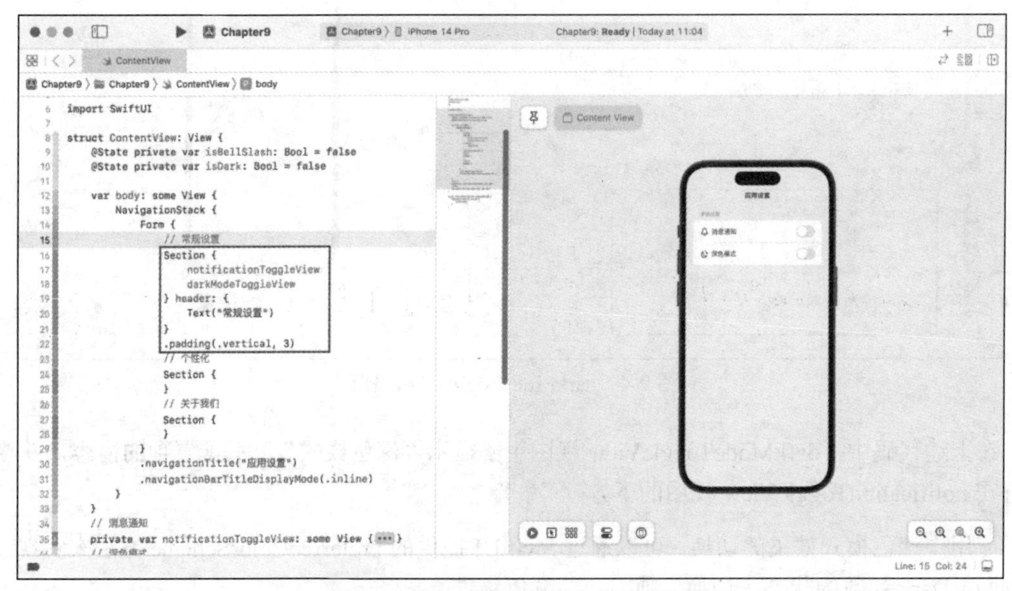

图 9-6　添加“常规设置”栏目标题

上述代码在“常规设置”栏目的 Section 代码块后，增加 header（头部）方法，设置栏目头部内容为 Text 视图，显示“常规设置”文字。另外，为了让栏目内的开关配置项布局更加和谐，这里增加了 padding 修饰符，并设置开关配置项在垂直方向（vertical）上增加一些距离。

9.2　搭建“个性化”栏目

可以看到“个性化”栏目中有 3 个配置项：主题颜色、系统语言和字体大小。

各配置项除了项目的图标和文字结构一致，其承载的功能完全不同，这需要开发者对 SwiftUI 提供的基础视图有一定的了解，并借助内置的视图实现相应的功能。

9.2.1　主题颜色

在 SwiftUI 最新的版本中，新增了一种用于颜色配置的选择器视图——ColorPicker（颜色选择器）视图。

SwiftUI 将单色选择、渐变色选择等相关操作，甚至弹窗触发等交互动作都继承到 ColorPicker 视图中，开发者可以非常方便地使用此视图来实现颜色配置的功能。

ColorPicker 视图的使用方式也非常简单，只需要声明相关颜色参数，并调用相关视图即可。colorPickerView 视图如图 9-7 所示。

```
// 参数声明
@State private var selectedColor: Color = .blue

// 个性化
Section {
    colorPickerView
}

// 主题颜色
private var colorPickerView: some View {
    ColorPicker(selection: $selectedColor, label: {
        HStack {
            Image(systemName: "paintbrush")
                .font(.system(size: 20))
            Text("主题颜色")
        }
    })
}
```

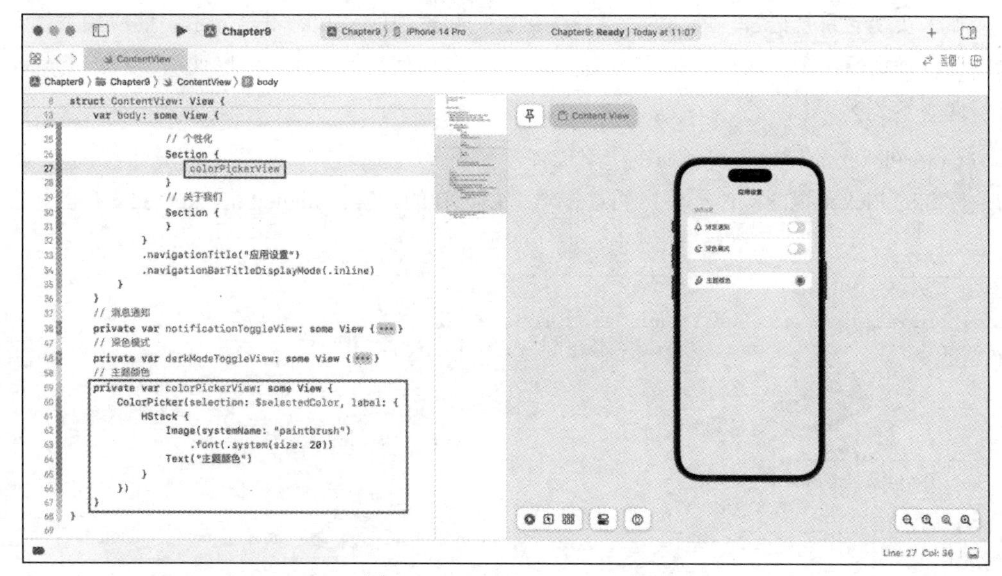

图 9-7　colorPickerView 视图

上述代码声明 Color 类型的参数 selectedColor 作为 ColorPicker 视图的初始颜色，并将其绑定到 ColorPicker 视图的 selection 参数中。

在 ColorPicker 视图的 label 参数的闭包中，完善了“主题颜色”配置项的样式内容，最后将 colorPickerView 视图添加到“个性化”栏目对应的 Section 视图中。

在实时预览窗口，可以体验 ColorPicker 视图封装好的功能，ColorPicker 操作流程如图 9-8 所示。

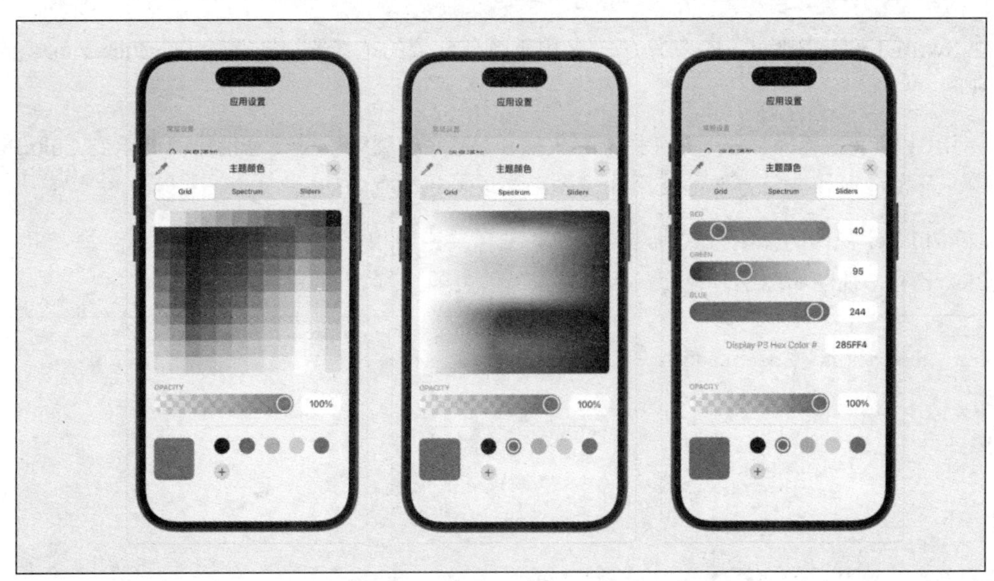

图 9-8　ColorPicker 操作流程

ColorPicker 支持纯色块颜色、光谱颜色、RGB 颜色 3 种颜色，也可以保存用户使用过的颜色，极大程度地帮助开发者节省了开发时间。

9.2.2　系统语言

接下来实现“系统语言”配置项，“系统语言”配置项的交互逻辑是显示当前应用使用语言，并且内置多种语言供用户选择。在 SwiftUI 中，对于多项选择的操作，可以使用常规的 Picker（选择器）视图来实现。

与 ColorPicker 的使用方式类似，使用选择器需要声明选择器的默认选择，不同的是，由于使用的是标准的 Picker 视图，还需要声明选择器可以选择的内容。languagePickerView 视图如图 9-9 所示。

```
// 参数声明
@State private var selectedLanguage: String = "简体中文"
@State private var languages = ["简体中文", "繁体中文", "英文"]

// 个性化
Section {
    colorPickerView
    languagePickerView
}

// 系统语言
private var languagePickerView: some View {
    Picker(selection: $selectedLanguage, label:
        HStack {
            Image(systemName: "waveform")
                .font(.system(size: 20))
            Text("系统语言")
        }
    ) {
        ForEach(languages, id: \.self) { language in
```

```
                Text(language)
            }
        }
}
```

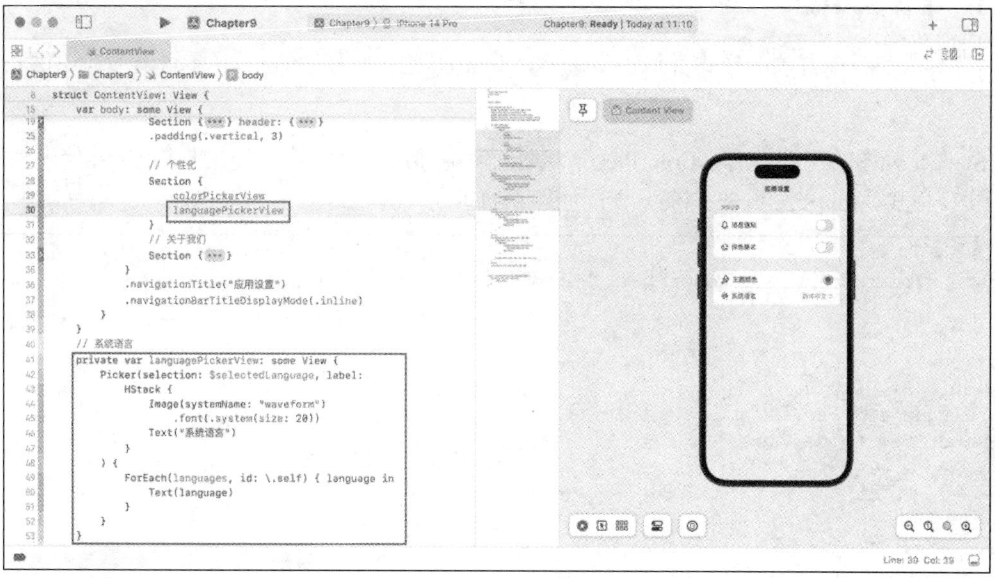

图 9-9　languagePickerView 视图

上述代码声明了两个参数，其中 selectedLanguage 参数作为 Picker 的默认选项，languages 数组则作为 Picker 可选项的内容。

在“系统语言”配置项的实现上，这里单独创建了 languagePickerView，并使用 Picker 视图作为主体样式。除了在 Picker 视图参数中设置绑定选项和实现配置项样式，在闭包中使用 ForEach 方法遍历 languages 数组的数据，并以文本的形式进行呈现。

同样在实时预览窗口中，可以体验 Picker 视图的操作流程，如图 9-10 所示。

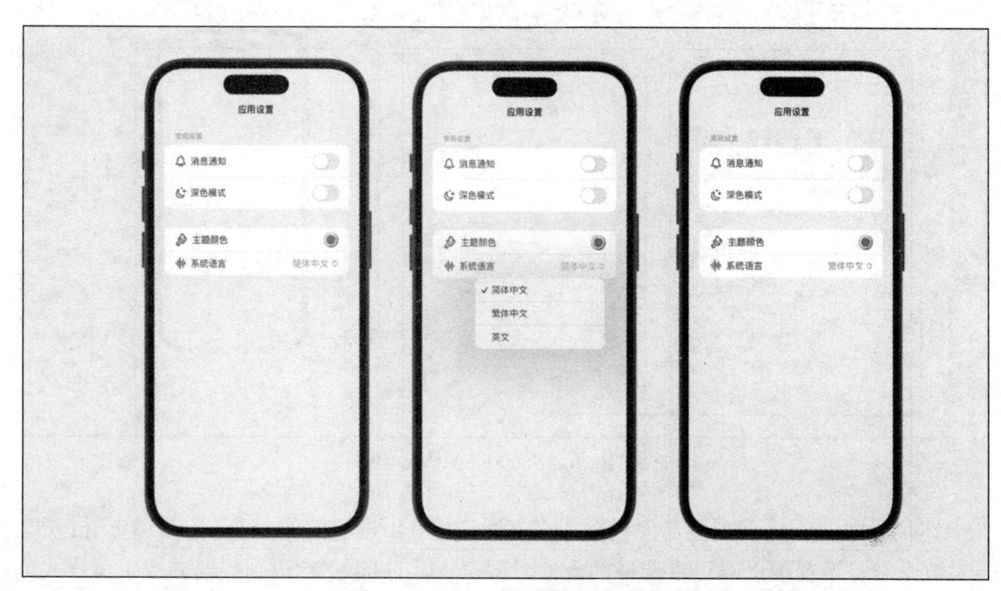

图 9-10　Picker 视图的操作流程

除了默认样式，Picker 还提供了其他样式供开发者进行选择，开发者可根据实际开发需求，使用 pickerStyle（选择器样式）修饰符切换不同样式。

9.2.3　字体大小

“字体大小”配置项的样式类似于步进器，SwiftUI 也内置了 Stepper（步进器）视图供开发者使用。

Stepper 视图的使用方式与 ColorPicker 视图的使用方式类似，需要声明默认值，并使用 Stepper 视图实现样式。fontSizeStepperView 视图如图 9-11 所示。

```
// 参数声明
@State private var selectedNumber: Int = 17

// 个性化
Section {
    colorPickerView
    languagePickerView
    fontSizeStepperView
}

// 字体大小
private var fontSizeStepperView: some View {
    Stepper(value: $selectedNumber, in: 1 ... 48, label: {
        HStack {
            Image(systemName: "a.circle")
                .font(.system(size: 20))
            Text("字体大小: " + "\(selectedNumber)")
        }
    })
}
```

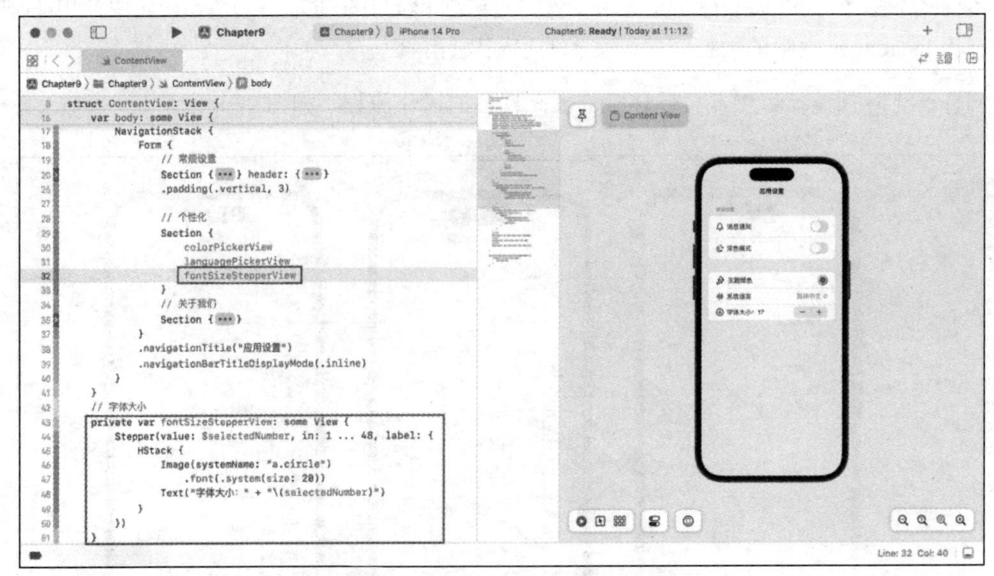

图 9-11　fontSizeStepperView 视图

在上述代码中，Stepper 视图需要设置 3 个参数，其中步进器的值 value 需要绑定 Int 类型的参数，in 参数则需要设置步进器可以选择的数值范围，最后的 label 参数则需要完成主体样式的内容的设置。

为了显示步进器的当前数组，在其主体样式的 Text 视图中，使用字符串拼接的方法，并将 selectedNumber 参数的值转换为 String 类型进行展示。

在实现了“个性化”栏目的 3 个配置项之后，同样添加栏目标题的内容。添加“个性化”栏目标题如图 9-12 所示。

```
// 个性化
Section {
    colorPickerView
    languagePickerView
    fontSizeStepperView
} header: {
    Text("个性化")
}
.padding(.vertical, 6)
```

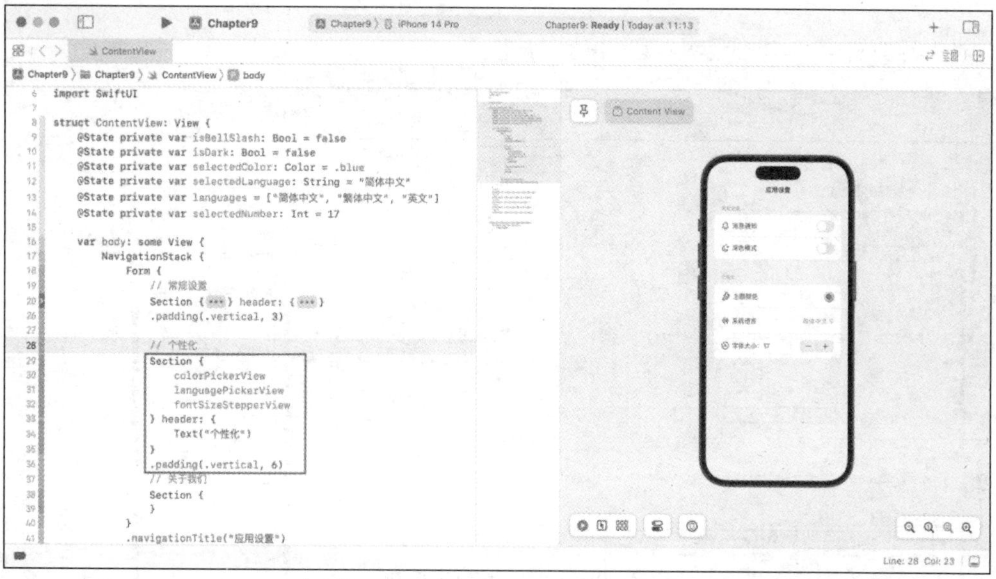

图 9-12　添加“个性化”栏目标题

在上述代码中，“个性化”栏目同样使用 header 设置栏目标题，但由于 ColorPicker 视图、Picker 视图、Stepper 视图默认占用的视图的尺寸大小不一致，因此在 padding 修饰符的设置上，需要设置一个较大的距离，才能使“个性化”栏目的布局看起来相对比较规整。

9.3　搭建“关于我们”栏目

在 Apple Store 的上架要求中，要求开发者必须在应用中提供用户反馈渠道、隐私政策和用户协议等信息。而在市场上常见的产品设计方案中，产品经理通常将这部分内容都集中放在“应用设置”界面中的“关于我们”栏目，并通过相应的功能实现。

“关于我们”栏目中需要实现 3 个配置项：意见反馈、去 Apple Store 评分和关于应用。

9.3.1　意见反馈

“意见反馈”可以使用 Button 视图实现，当用户单击“意见反馈”按钮时，触发相应的操作。

feedbackBtnView 视图如图 9-13 所示。

```
// 关于我们
Section {
    feedbackBtnView
}

// 意见反馈
private var feedbackBtnView: some View {
    Button(action: {

    }) {
        HStack {
            Image(systemName: "ellipsis.message")
                .font(.system(size: 20))
            Text("意见反馈")
        }
    }
    .buttonStyle(PlainButtonStyle())
}
```

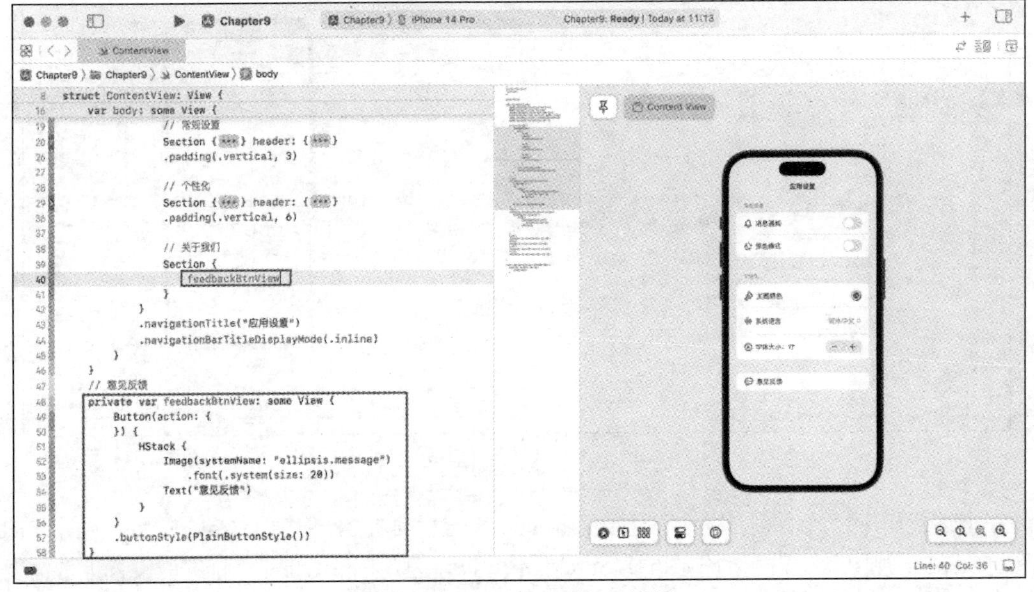

图 9-13　feedbackBtnView 视图

上述代码在 feedbackBtnView 视图中使用 Button 视图作为主体结构，由于 Button 视图的默认样式的前景色为蓝色，还需要使用 buttonStyle 修饰符将样式调整为 PlainButtonStyle（常规按钮样式）。

“意见反馈”最常见的设计方案之一是将其作为一个操作入口，当用户单击“意见反馈”按钮时，跳转进入“意见反馈”界面。用户在“意见反馈”界面中填写信息，单击“提交”按钮后，系统将用户反馈信息保存并发送至服务器。

当然，开发者也可以利用 iOS 的本地应用功能，例如邮件和短信，来实现应用内的意见反馈，这种设计方案可以让用户直接使用他们熟悉的工具来反馈意见，从而优化应用的使用体验。

9.3.2　去 Apple Store 评分

“去 Apple Store 评分”的实现方式与“意见反馈”的类似，可将其作为一个 Button 视图，appReviewBtnView 视图如图 9-14 所示。

```
// 关于我们
Section {
    feedbackBtnView
    appReviewBtnView
}

// 去 Apple Store 评分
private var appReviewBtnView: some View {
    Button(action: {
    }) {
        HStack {
            Image(systemName: "star")
                .font(.system(size: 20))
            Text("去 Apple Store 评分")
        }
    }
    .buttonStyle(PlainButtonStyle())
}
```

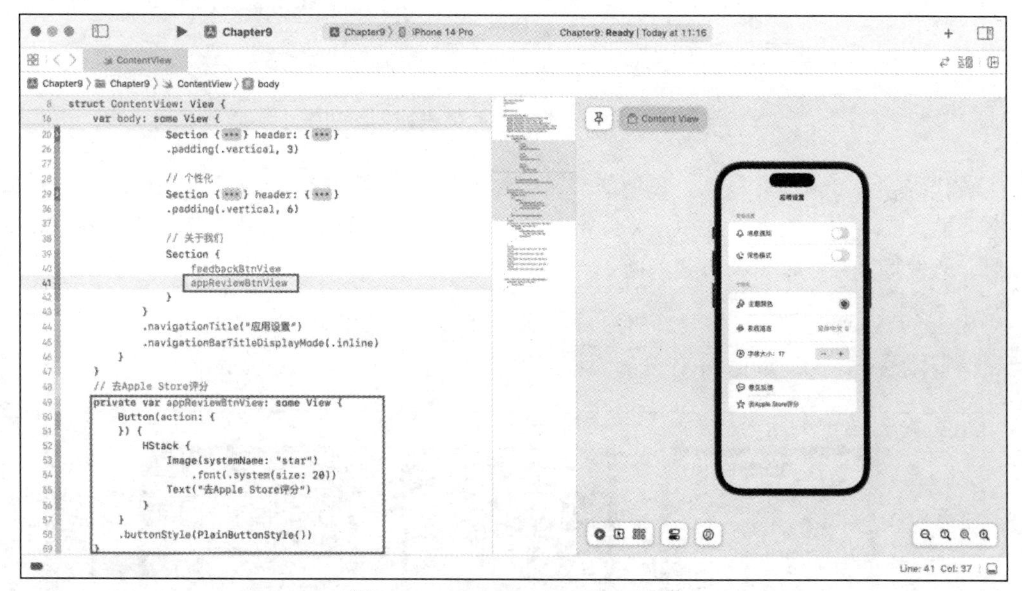

图 9-14　appReviewBtnView 视图

在上述代码中，appReviewBtnView 视图与 feedbackBtnView 视图的代码结构基本一致，在 Section 中将其添加到 feedbackBtnView 视图下方。

接下来，实现在 Apple Store 中评分的功能，可以使用 StoreKit 框架调用与评分相关的 API 来实现。实现在 Apple Store 中评分的功能如图 9-15 所示。

```
// 引入框架
import StoreKit

// 调用方法
appReview()
```

```
// Apple Store 评分方法
func appReview() {
    if let scene = UIApplication.shared.connectedScenes.first(where: {
        $0.activationState == .foregroundActive
    }) as? UIWindowScene {
        SKStoreReviewController.requestReview(in: scene)
    }
}
```

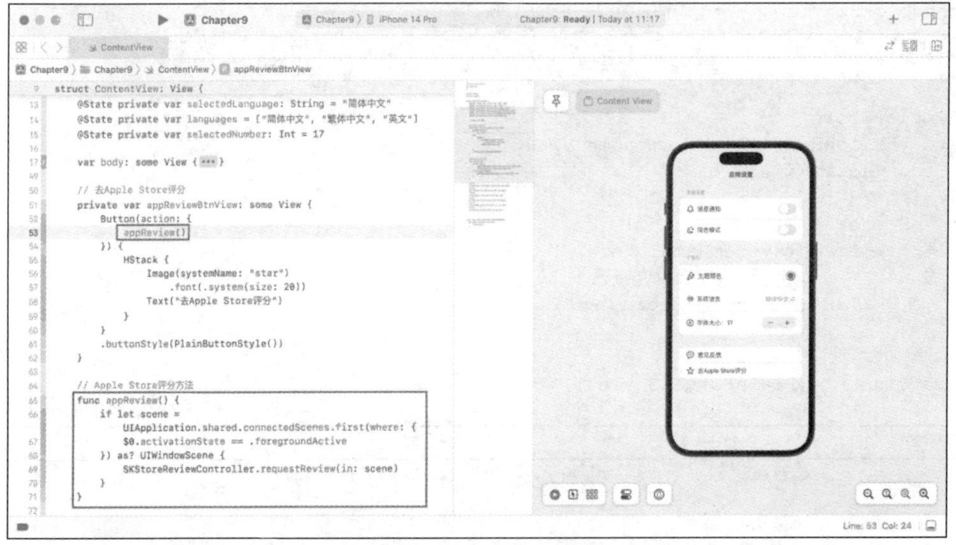

图 9-15　实现在 Apple Store 中评分的功能

上述代码导入 StoreKit 框架，以便能够调用与评分相关的 API。创建了 appReview 方法来触发评分界面，在 appReview 方法中，首先获取了当前应用的所有连接场景，当找到 Apple Store 的场景时，触发场景并以弹窗的方式返回。

完成 appReview 方法后，将其添加到 appReviewBtnView 视图的单击事件中。然后可以在实时预览窗口中体验在 Apple Store 中评分的流程，评分操作流程如图 9-16 所示。

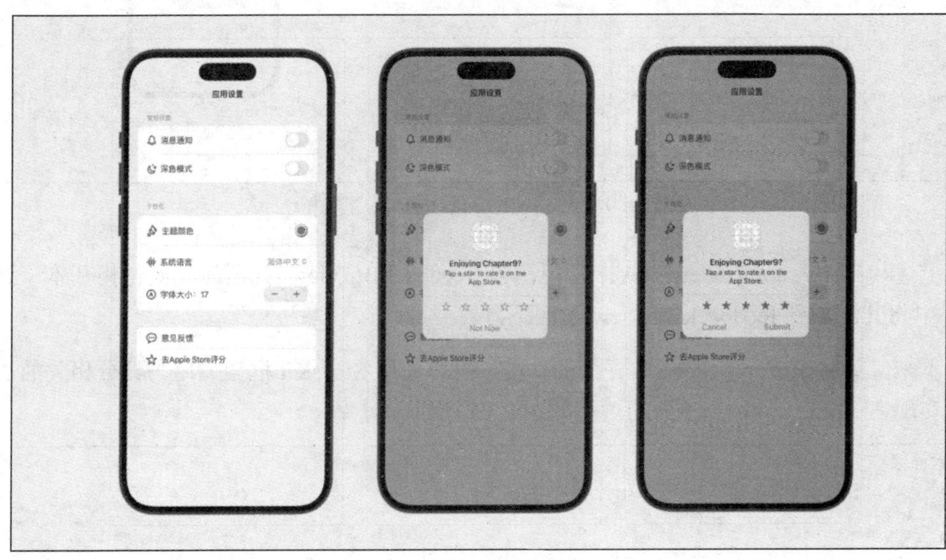

图 9-16　评分操作流程

9.3.3 关于应用

“关于我们”栏目的最后一项是“关于应用”配置项，同理，首先单独搭建按钮视图，aboutAsBtnView 视图如图 9-17 所示。

```
// 关于我们
Section {
    feedbackBtnView
    appReviewBtnView
    aboutAsBtnView
}

// 关于应用
private var aboutAsBtnView: some View {
    Button(action: {
    }) {
        HStack {
            Image(systemName: "person")
                .font(.system(size: 20))
            Text("关于应用")
        }
    }
    .buttonStyle(PlainButtonStyle())
}
```

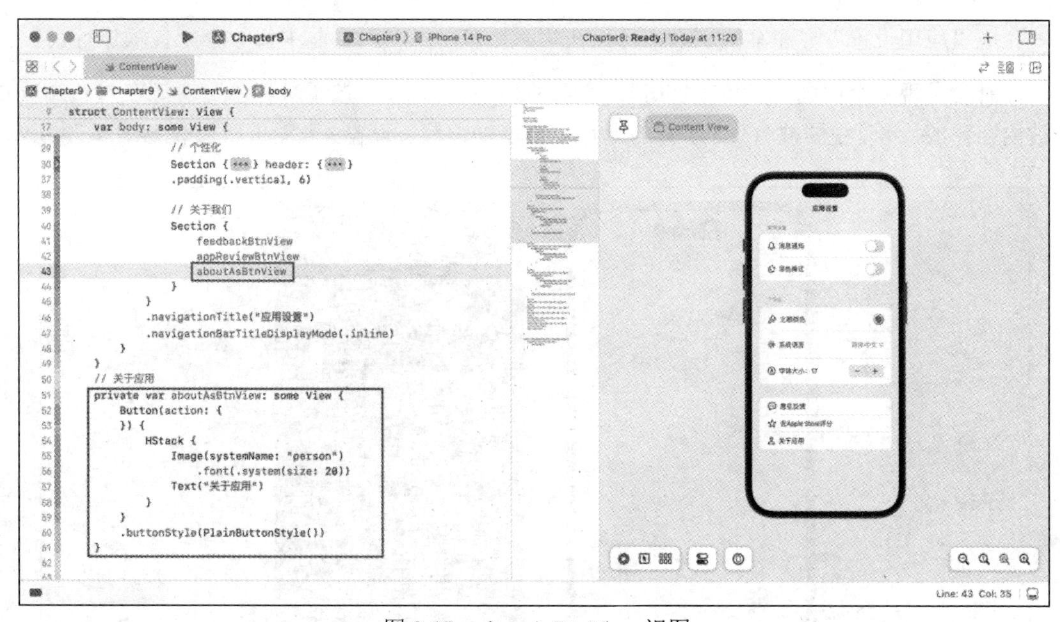

图 9-17　aboutAsBtnView 视图

在上述代码中，aboutAsBtnView 视图与 feedbackBtnView 视图的实现方式基本一致，完成单独的视图搭建后，将 aboutAsBtnView 视图放置在 Section 最后的位置。

最后，再添加栏目标题和设置配置项之间的间距，添加“关于我们”栏目的标题，如图 9-18 所示。

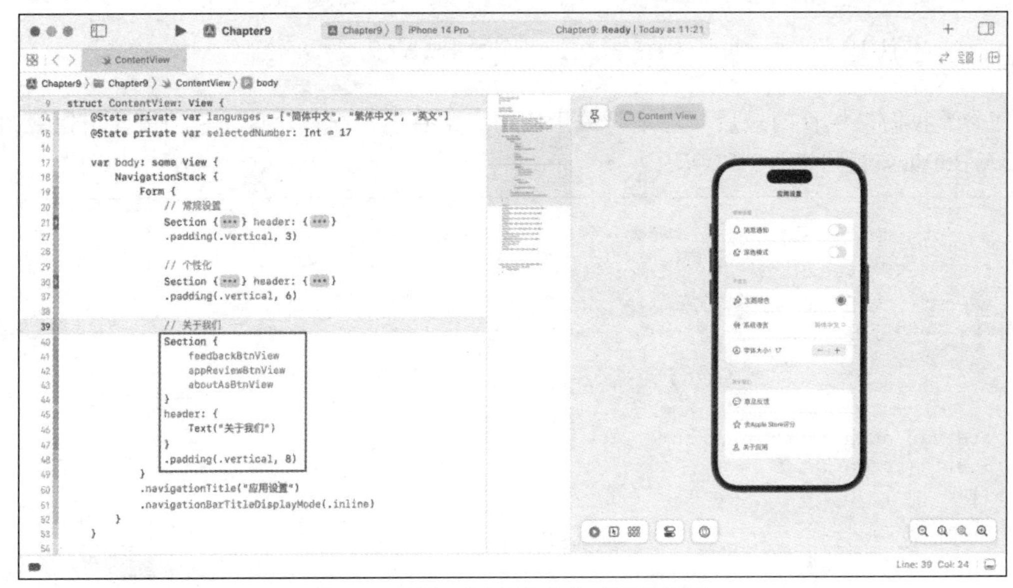

图 9-18　添加“关于我们”栏目的标题

9.4 实现参数持久化方法

完成“应用设置”界面案例之后，可以在实时预览窗口中对界面中每一个配置项进行设置。

此时会发现一个问题，当单击实时预览窗口底部的“Live”按钮时，由于资源在重新加载时会被内存释放，此时视图被渲染，所有的配置项都恢复为默认设置。视图重新加载如图 9-19 所示。

图 9-19　视图重新加载

在实际开发过程中，需要保存配置项设置的结果，以便在下次打开应用时，能够使用户获得更加符合自身习惯的设置。在 SwiftUI 中，可以通过对象存储机制（UserDefaults）来存储参数对象。

9.4.1　UserDefaults

UserDefaults 是一种以键值对（Key-Value）的方式来存储参数对象的数据存储方式，以 notificationToggleView 视图声明的 isBellSlash 参数为例，存储对象的键为 Bool 类型的 isBellSlash 参数，值为默认值 false。

可以将 isBellSlash 更改为使用 UserDefaults 读取 isBellSlash 初始值，并在每次更新参数值时更新 UserDefaults 中的值。实现对象存储方法如图 9-20 所示。

```
// 参数赋值
@State private var isBellSlash: Bool = UserDefaults.standard.bool(forKey: "isBellSlas
h")

// 监听更新参数值
.onChange(of: isBellSlash) { newValue in
    UserDefaults.standard.set(newValue, forKey: "isBellSlash")
}
```

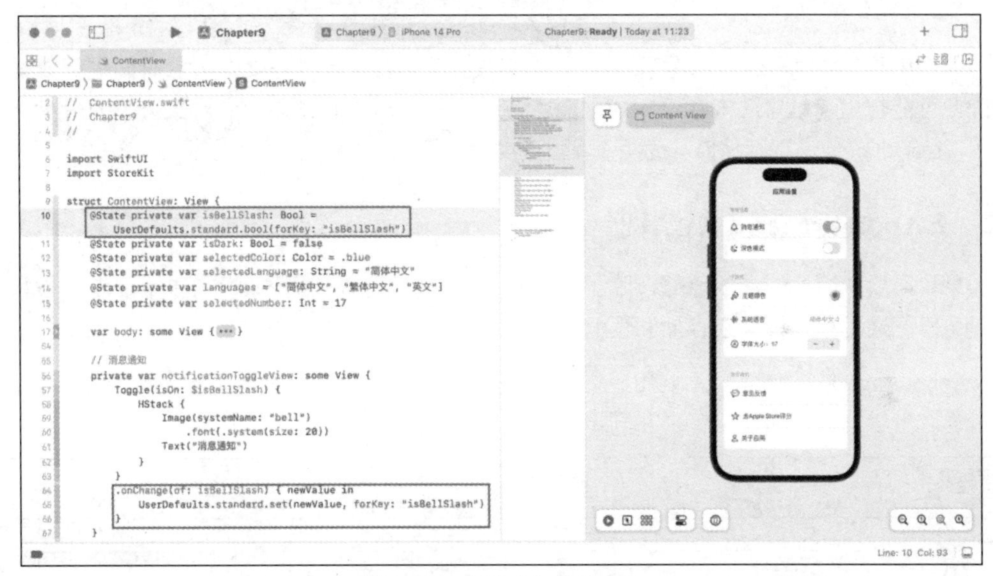

图 9-20　实现对象存储方法

在上述代码中，通过 UserDefaults.standard.bool(forKey:)，可以将 isBellSlash 参数的默认值修改为之前保存的参数值。若之前从未保存过参数值，则参数的默认值为 false。

对于 notificationToggleView 视图中的 Toggle 视图，本节使用 onChange（监听改变）修饰符，对 isOn 参数进行监听，当其发生改变时，使用 UserDefaults 的 set 方法将改变后的值 newValue 更新到 isBellSlash 参数的值中。

在实时预览窗口中可以看到，当单击开关使其变为“开启”状态时，再单击“Live”按钮，虽然视图会被重新加载，但开关仍旧保持“开启”状态。isBellSlash 参数持久化存储效果如图 9-21 所示。

需要注意的是，UserDefaults 目前只能存储 Data（数据）、String（字符串）、Number（数字）、Date（日期）、Array（数组）、Dictionary（字典）6 种数据类型的数据。如果开发者需要存储其他类型的数据，那么需要自行将数据类型转换为 Data 类型才能存储。

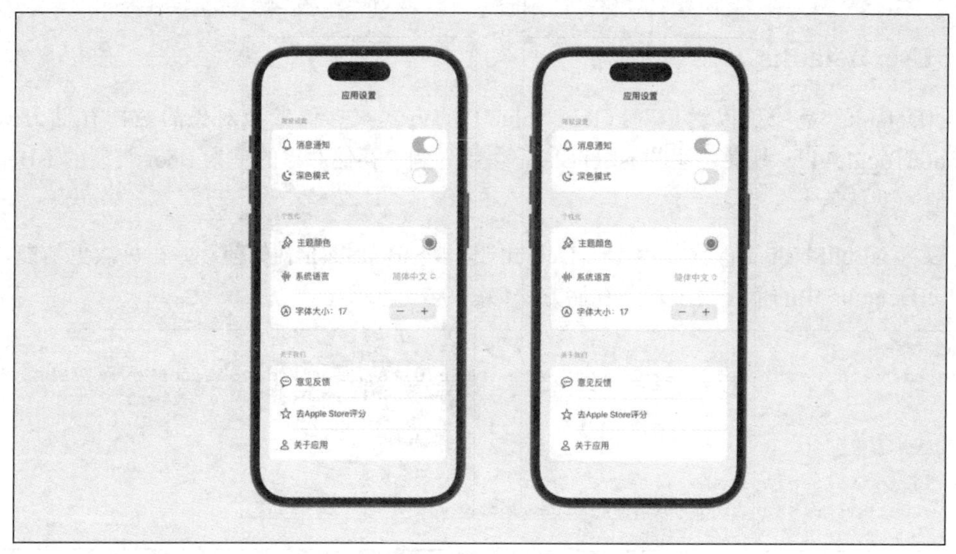

图 9-21　isBellSlash 参数持久化存储效果

另外，由于 UserDefaults 以键值对的方式存储对象，在执行时需要短暂的时间进行数据的存储，因此可能会出现对象还未存储完成视图就被强制关闭，从而导致存储对象丢失的情况。因此在使用 UserDefaults 进行存储时，最好延迟一些时间再关闭视图。

9.4.2　@AppStorage 属性包装器

如果只需要做简单的参数存储，除了 UserDefaults，还可以使用 SwiftUI 提供的@AppStorage 属性包装器，通过指定键名来存储和读取持久化数据。

@AppStorage 属性包装器主要用于处理基本的持久化数据，相当于利用 UserDefaults 对数据进行封装，可以自动完成数据管理和同步的工作，@AppStorage 属性包装器如图 9-22 所示。

```
// 参数声明
@AppStorage("isBellSlash") private var isBellSlash: Bool = false
```

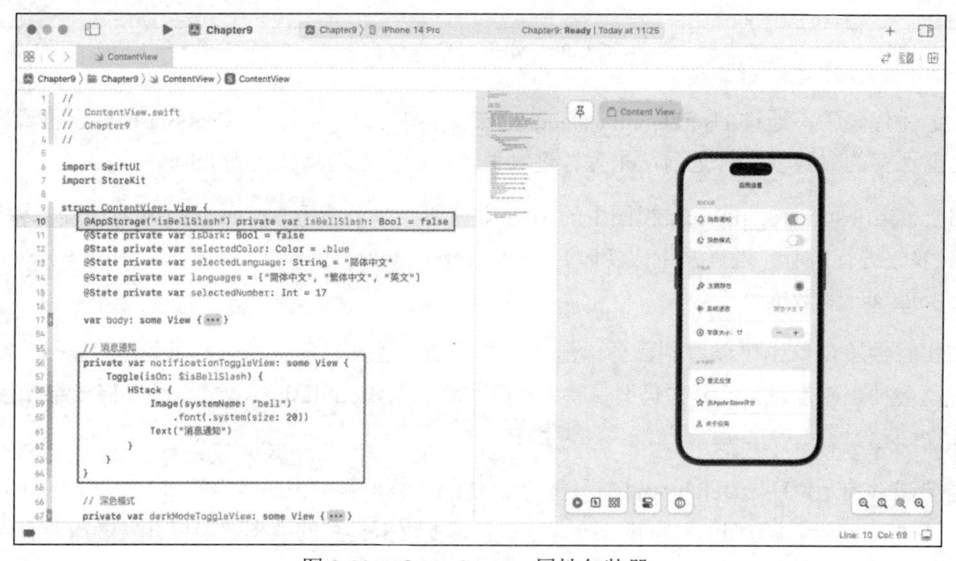

图 9-22　@AppStorage 属性包装器

上述代码使用@AppStorage 属性包装器声明了 isBellSlash 参数，并将参数存储到 isBellSlash 对象中。

由于@AppStorage 属性包装器可以自动管理持久化的数据，因此在 notificationToggleView 视图的 Toggle 视图中，我们可以直接删除 onChange 修饰符的代码块。

完成代码调整后，在实时预览窗口中，同样可以看到数据持久化的效果。

需要注意的是，@AppStorage 属性包装器的使用也有相应的限制，目前其只能支持 Bool、String、Data、Int、Double（双精度）、URL（链接）6 种数据类型，只满足简单的数据持久化的需求。

因此在实际开发过程中，读者可能还需要使用 UserDefaults 或者其他数据持久化解决方案。

第 10 章

网络请求：连接这个多彩的世界

在移动互联网时代，大多数人应该无法避免和网络打交道。

从互联网上获取信息，并将它们呈现在界面上，是每一个 iOS 开发者必备的技能。无论是资讯类、短视频类还是游戏类的应用，都需要利用网络数据交互的功能，可以把这种从本地向互联网请求数据的方式称为网络请求。

本章将创建一个名为“Chapter10”的 SwiftUI 项目，并在此项目基础上对相关内容进行讲解和分享。

10.1 从互联网上请求一张图片

首先介绍一个简单的案例：如何从互联网上请求一张图片，并将它展示在界面上。

当我们从网站上看到一张图片时，可以尝试将鼠标指针移动到图片中并双击鼠标右键，在弹出的菜单中可以看到“拷贝图像地址”选项，拷贝图像地址操作如图 10-1 所示。

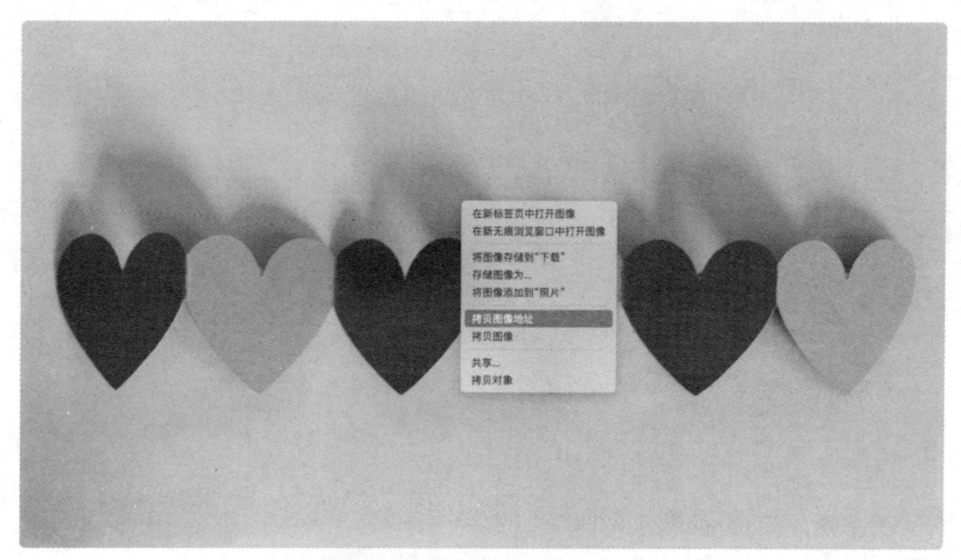

图 10-1 拷贝图像地址操作

读者应该可以理解所有网站上的图片素材都以数据的格式放置在网站的云服务器中，并在处理后以“统一资源定位符（Uniform Resource Locator，URL）”的形式返回到前端界面中。简单来说，URL 是一个指向云服务器中存放的素材资源的链接，用于连接云服务器，并告诉本地应用寻找云服务器上的哪一个资源。

此外，互联网上的很多图片素材都是具有商业版权的，因此开发者在使用这些图片素材的时候，要格外注意版权问题，尽量使用自己的或者不具有商业版权的图片素材。

10.1.1　使用 AsyncImage 视图

拷贝图像地址后，将 URL 以参数的方式进行声明，并且使用 SwiftUI 提供的 AsyncImage 视图来显示网络图片。显示网络图片如图 10-2 所示。

```
// 参数声明
let imageURL: String = "https://images.unsplash.com/photo-1516822477961-1427b7790e80?
w=375"

// 显示图片
AsyncImage(url: URL(string: imageURL))
```

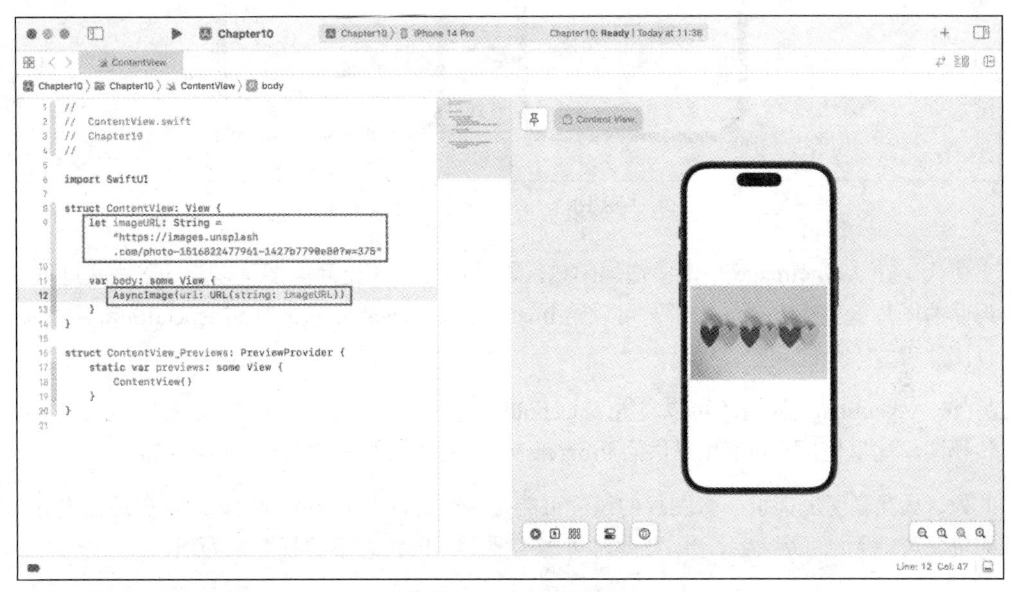

图 10-2　显示网络图片

上述代码声明了一个 String 类型的参数来存储图片对应的 URL，并使用 AsyncImage 视图来加载并显示 URL 所指向的素材内容。

但 AsyncImage 视图与 Image 视图并不是同一类视图，因此 Image 视图的相关修饰符无法直接应用到 AsyncImage 视图上。

10.1.2　添加默认视图

当需要调整网络图片的尺寸大小或者其他样式时，需要将获得的网络图片转换为 Image 视图可以接收的对象。图片转换效果如图 10-3 所示。

```
AsyncImage(url: URL(string: imageURL)) { image in
    image
        .resizable()
        .aspectRatio(contentMode: .fit)
```

```
        .cornerRadius(8)
        .padding()
} placeholder: {
    ProgressView()
}
```

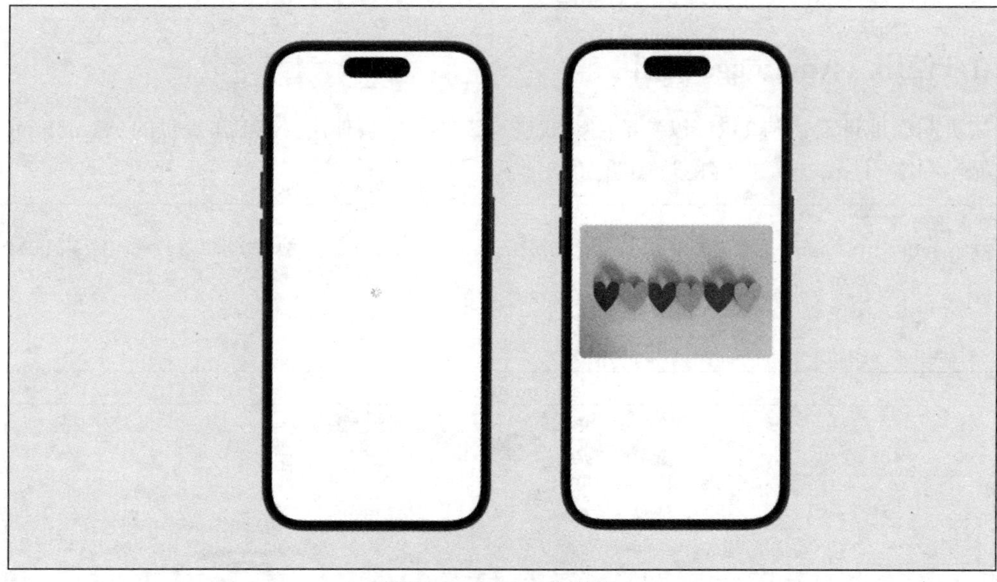

图 10-3　图片转换效果

上述代码在 AsyncImage 视图中增加闭包，将从网络请求返回的图片以 image 格式进行返回，这样返回的图片就变成 Image 视图，可以给 image 添加 resizable 修饰符和 aspectRatio 修饰符，以便进行图片尺寸大小的调整。

另外，AsyncImage 视图还可以设置 placeholder 视图的参数，用于在加载图片的过程中显示一个默认视图，这里使用 SwiftUI 提供的 ProgressView 视图来作为默认视图的样式。

此外，从互联网上请求一张图片的过程可能是复杂的，由于网络异常、地址资源丢失等问题，返回的资源可能无法正常显示，因此此时可能需要对不同状态下的视图做处理。

10.1.3　设置不同状态下的视图

可以使用 AsyncImage 视图提供的 AsyncImagePhase 参数，设置不同状态下的视图。不同状态下的视图处理如图 10-4 所示。

```
AsyncImage(url: URL(string: imageURL)) { phase in
    switch phase {
    case .empty:
        ProgressView()
    case let .success(image):
        image
            .resizable()
            .aspectRatio(contentMode: .fit)
            .cornerRadius(8)
            .padding()
    case .failure:
        Text("加载失败了")
    @unknown default:
        EmptyView()
```

```
        }
}
```

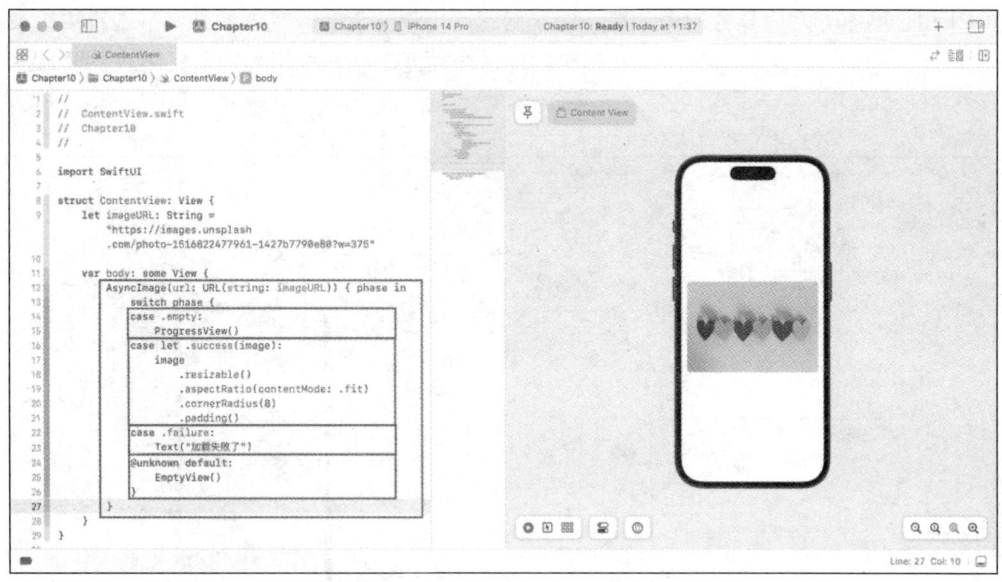

图 10-4　不同状态下的视图处理

上述代码在 AsyncImage 视图的闭包中，将从网络请求返回的图片通过 phase 进行分阶段接收，使用 switch 判断 phase 在不同阶段时的状态。

当返回 empty（空）时，显示 ProgressView 视图；当返回 success（正确）时，获得返回的 image 图片并展示；当返回 failure（错误）时，以 Text 视图进行描述；最后对于系统其他状态，可以使用 EmptyView（空）视图表示。

此时尝试更改 URL，然后在实时预览窗口中查看不同状态下的效果。AsyncImage 视图的不同状态如图 10-5 所示。

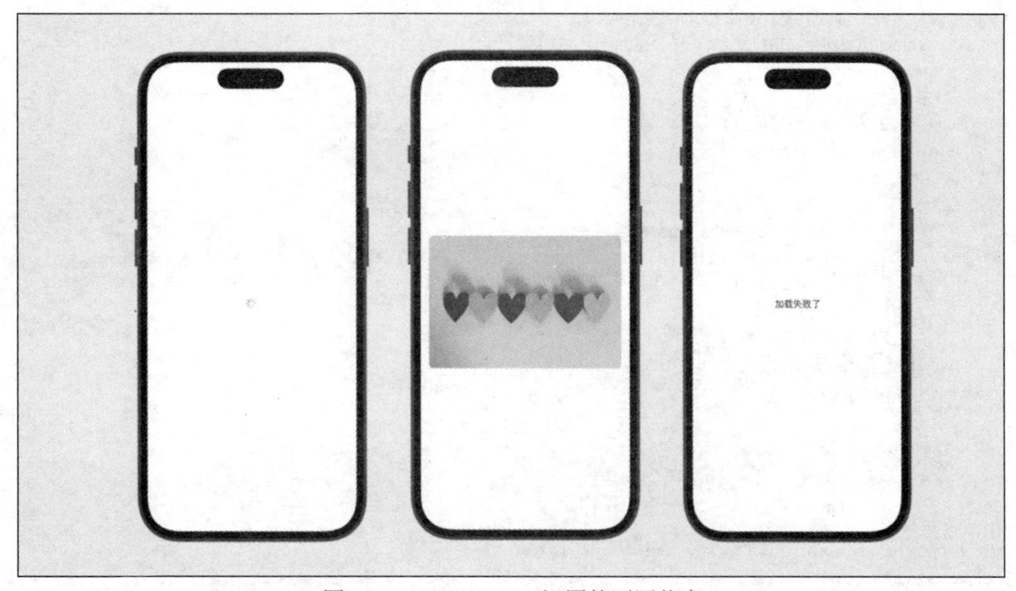

图 10-5　AsyncImage 视图的不同状态

10.1.4　实现刷新功能

对于由于网络异常而导致的图片显示错误问题，用户通常的解决方法是单击刷新按钮来重新加载当前界面的内容，可以添加一个按钮来实现这个功能。刷新按钮视图及代码块整理如图 10-6 所示。

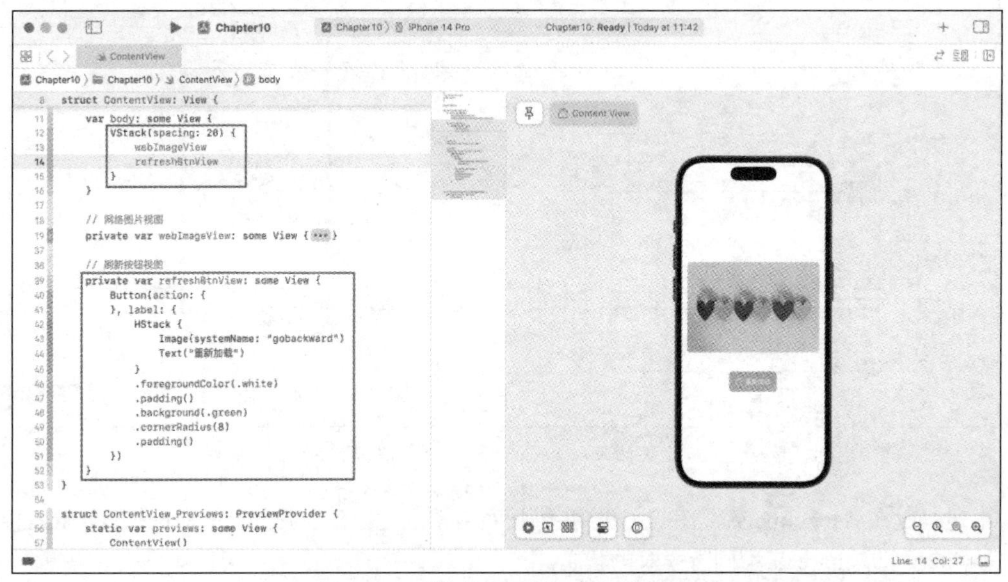

图 10-6　刷新按钮视图及代码块整理

```
// 视图布局
VStack(spacing: 20) {
    webImageView
    refreshBtnView
}

// 网络图片视图
private var webImageView: some View {
    AsyncImage(url: URL(string: imageURL)) { phase in
        switch phase {
        case .empty:
            ProgressView()
        case let .success(image):
            image
                .resizable()
                .aspectRatio(contentMode: .fit)
                .cornerRadius(8)
                .padding()
        case .failure:
            Text("加载失败了")
        @unknown default:
            EmptyView()
        }
    }
}

// 刷新按钮视图
private var refreshBtnView: some View {
    Button(action: {
    }, label: {
```

```
        HStack {
            Image(systemName: "gobackward")
            Text("重新加载")
        }
        .foregroundColor(.white)
        .padding()
        .background(.green)
        .cornerRadius(8)
        .padding()
    })
}
```

在上述代码中，当界面中存在多个视图时，可以考虑单独搭建每个视图。其中 webImageView 为网络图片视图，用于呈现从网络上请求的图片。refreshBtnView 为新增的刷新按钮视图，用于单击以重新获得网络请求。在 body 属性的视图容器布局上，使用 VStack 进行组合布局。

由于 AsyncImage 视图闭包的捕获特性，SwiftUI 无法直接检测到需要更新视图，因此要实现重新请求网络图片的逻辑，可以通过重新获得图片 ID 的方式来实现。重新刷新视图的方法如图 10-7 所示。

```
// 参数声明
@State private var imageID:UUID = UUID()

// 添加 ID
webImageView
    .id(imageID)

// 重构 ID
self.imageID = UUID()
```

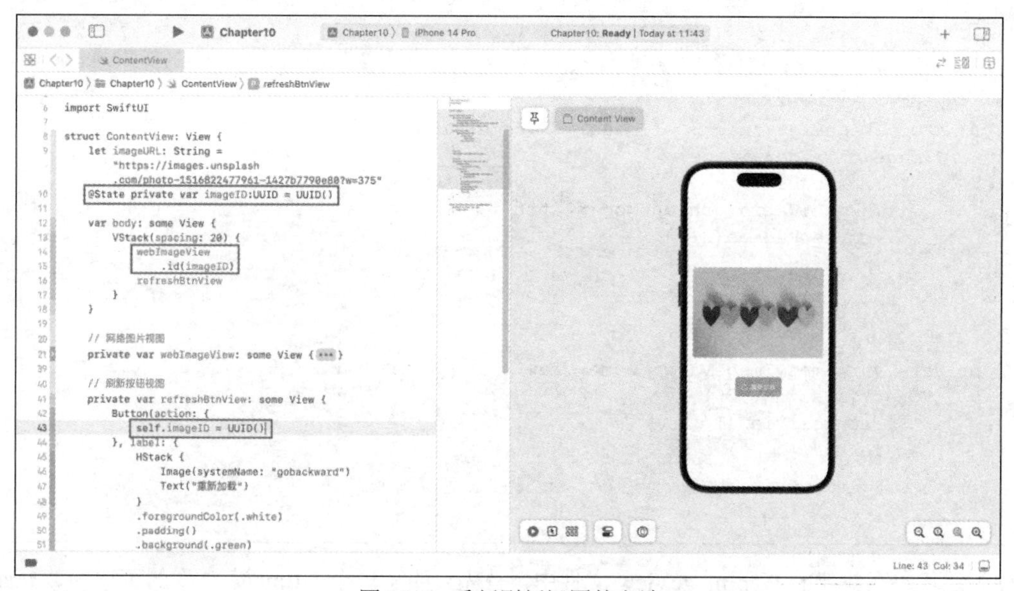

图 10-7　重新刷新视图的方法

上述代码声明了一个 UUID 类型的参数 imageID，并赋予了默认值为 UUID()，此时就得到了一个随机的 ID。可以将 ID 通过 id 修饰符添加到 webImageView 视图上，当单击 refreshBtnView 视图时，重新给 imageID 赋值。

这时通过更改 imageID，触发了 AsyncImage 视图的重新搭建，从而强制刷新和加载图片。

10.2　URLSession 网络请求框架

除了使用 SwiftUI 提供的 AsyncImage 视图，还可以考虑使用 URLSession 网络请求框架来实现显示网络图片的功能。

URLSession 网络请求框架是 Apple 官方提供的一种异步网络请求框架，允许应用在后台发起网络请求，且不影响用户当前界面的渲染。由于具备可多任务进行、缓存可配置、进度监控等特性，URLSession 网络请求框架成为 iOS 应用开发中不可或缺的网络请求工具。

10.2.1　基础视图搭建

新建一个 SwiftUI 文件，命名为“WebImageView”，并完成 webImageView 视图和默认视图的搭建。WebImageView 文件如图 10-8 所示。

```
import SwiftUI

struct WebImageView: View {
    @State private var image: UIImage? = nil

    var body: some View {
        VStack {
            if let image = image {
                webImageView(image: image)
            } else {
                emptyImageView
            }
        }
    }

    // webImageView 视图
    func webImageView(image: UIImage) -> some View {
        Image(uiImage: image)
            .resizable()
            .aspectRatio(contentMode: .fit)
            .cornerRadius(8)
            .padding()
    }

    // 默认视图
    private var emptyImageView: some View {
        VStack(spacing: 20) {
            ProgressView()
            Text("加载中")
        }
    }
}
```

上述代码在新建的 WebImageView 文件中，首先声明了一个 UIImage 类型的可选参数 image，并赋予默认值为 nil。

在视图搭建方面，这里单独搭建了两个视图：webImageView 视图、emptyImageView 默认视图。其中 webImageView 视图使用 func 定义搭建，传入 UIImage 类型的参数 image，并返回 some View 类型的视图，这是一种通过定义搭建视图的方式，该方式类似于通过 Struct 搭建视图的方式，可实现父级视图的参数值的传递功能。

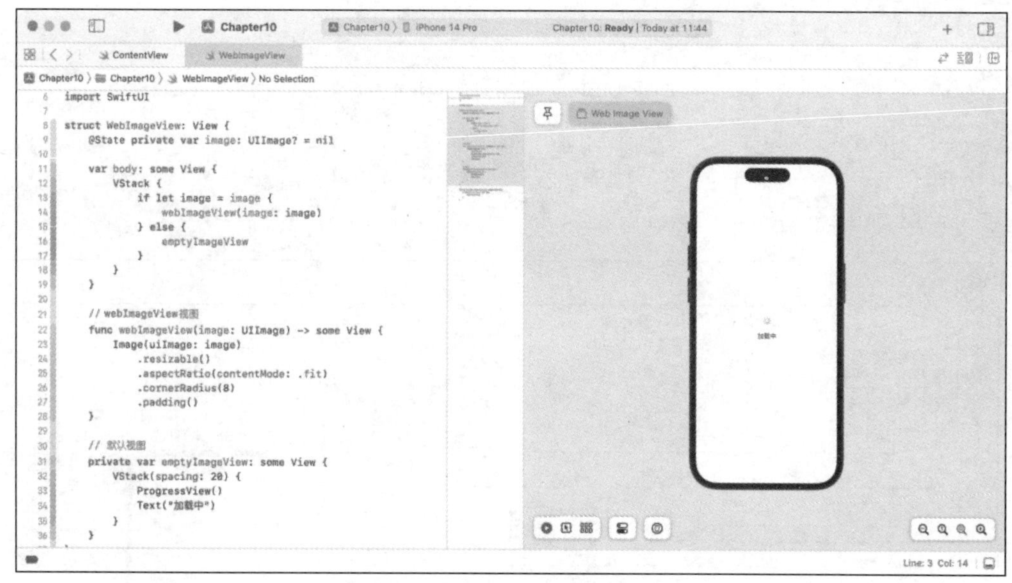

图 10-8　WebImageView 文件

emptyImageView 默认视图则是简单地使用 ProgressView 视图和 Text 视图组合的内容。最后，在 body 主体的样式构建上，通过判断 image 参数值是否为空来确定显示 webImageView 视图还是 emptyImageView 默认视图。

10.2.2　实现网络请求方法

视图搭建完成后，接下来，使用 URLSession 网络请求框架来实现网络请求方法。

本节创建一个 loadImage 方法来实现网络请求的功能，loadImage 方法如图 10-9 所示。

```
// 参数声明
let imageURL: String = "https://images.unsplash.com/photo-1516822477961-1427b7790e80?
w=375"

// 方法调用
.onAppear(perform: loadImage)

// 网络请求方法
func loadImage() {
    let session = URLSession(configuration: .default)

    let task = session.dataTask(with: URL(string: imageURL)!) { data, response, error in
        if let httpResponse = response as? HTTPURLResponse {
            // 获取 HTTP 状态码
            let statusCode = httpResponse.statusCode

            if statusCode == 200, let data = data, let fetchedImage = UIImage(data:
data) {
                // 成功获取图片数据
                DispatchQueue.main.async {
                    self.image = fetchedImage
                }
            } else {
                // 处理 HTTP 状态码错误或数据为空
                print("HTTP 状态码错误: \(statusCode)")
            }
```

```
        } else if let error = error {
            // 处理网络请求错误
            print("错误信息: \(error.localizedDescription)")
        } else {
            // 未知错误或数据为空
            print("未知错误")
        }
    }
    task.resume()
}
```

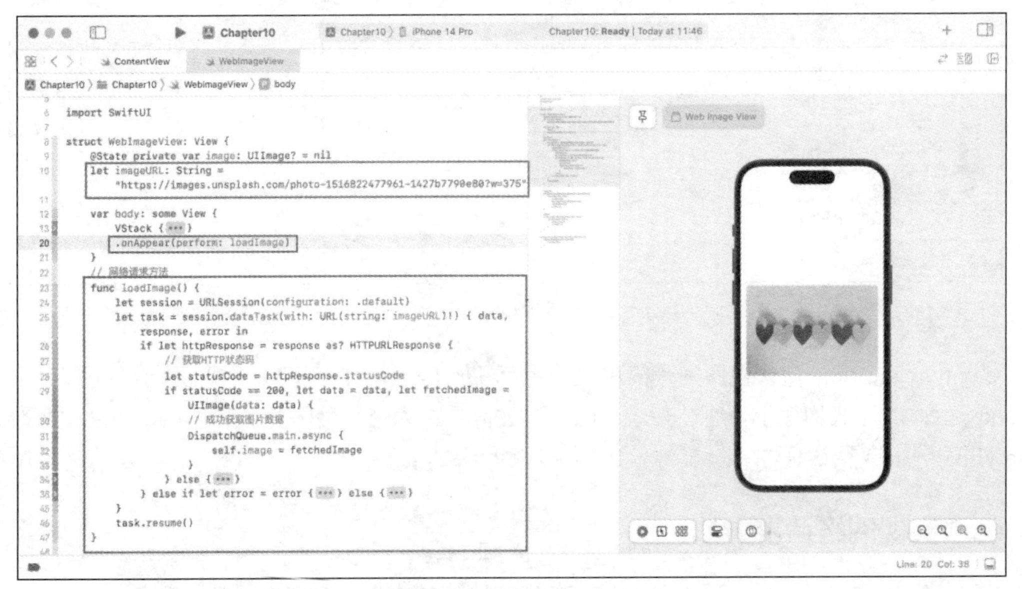

图 10-9　loadImage 方法

上述代码首先声明了一个名为“imageURL”的参数，用于传递待请求的图片的 URL。在 loadImage 方法中，创建了一个 URLSession 的实例对象 session，用于管理网络请求任务，紧接着创建了一个 dataTask 任务，通过 session 实例对象从 imageURL 传递的链接下载数据资源。

dataTask 任务可以配置 3 个参数：data 用于接收下载的数据内容，response 用于存储请求的响应信息，error 用于存储请求过程中的错误信息。

首先使用条件判断语句来检查响应是否为 HTTPURLResponse 类型。如果是该类型，就可以获取 HTTP 状态码。接下来检查 HTTP 状态码是否为 200，如果是 200，就表示网络请求成功。

当成功获取到数据资源时，首先将 data 参数值转换为 UIImage 类型的图片视图，并将其赋值给名为“fetchedImage”的变量。最后，使用主线程来更新 UI，将被赋值为图片视图的 fetchedImage 赋值给预先声明的 image 参数，从而在界面上显示图片。

在代码中，可以使用条件判断语句来处理多种情况。当网络请求发生错误时，通过该语句能够捕获错误信息，并在 Xcode 中将其输出，以便更好地排查问题。如果在下载过程中遇到了未知的错误，此时会输出一条提示信息，以便进一步查看下载任务的其他错误状态。

loadImage 方法创建完成后，在 body 视图中添加 onAppear 修饰符，当显示视图时，调用 loadImage 方法。在实时预览窗口中查看网络请求效果，网络请求效果如图 10-10 所示。

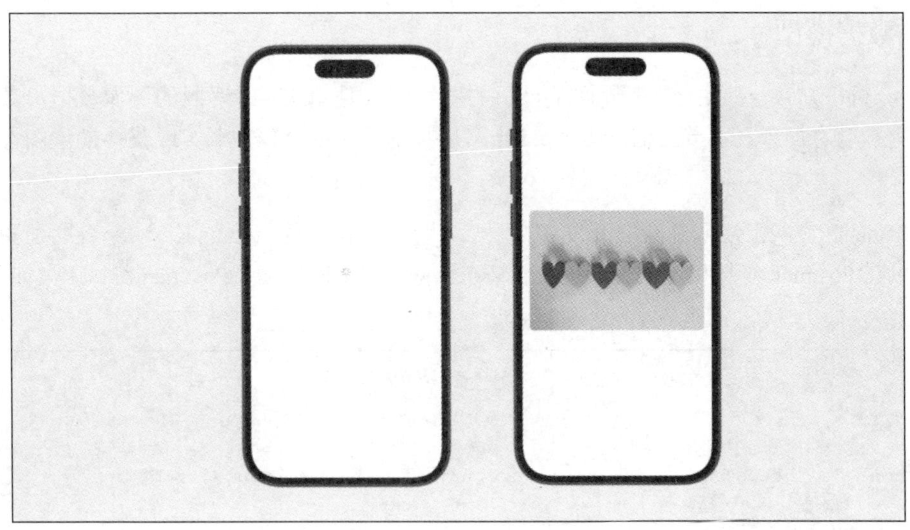

图 10-10　网络请求效果

这里读者可能会有一个疑问：UIImage 是什么？为什么使用 UIImage 而不是 Image？

UIImage 是 UIKit 框架中图片视图的使用类型，而 Image 是 SwiftUI 中图片视图的使用类型，两者之间可以相互转换。不同的是，UIImage 能够管理底层平台支持的所有图像格式的数据，而从网络请求返回的数据类型为 data，Image 无法直接解析。

因此，需要借助 UIImage 处理从网络请求返回的图像数据，然后再将 UIImage 以图像格式传递给 Image。

10.3　开发一个“壁纸推荐”界面

接下来，分享一个“壁纸推荐”界面的代码实现过程，来加强读者对 URLSession 网络请求框架的认识和理解。“壁纸推荐”界面的最终效果如图 10-11 所示。

图 10-11　“壁纸推荐”界面的最终效果

10.3.1 数据模型

初步分析可知，“壁纸推荐”界面中显示的壁纸图片是由 URL 返回的图像数据，数据会根据 URL 进行动态加载。本节将借助 Unsplash 图片共享网站的 API，来实现获得批量图像数据的功能。

在 Unsplash 官网上注册并获取开发者权限后，会得到相应的 Access Key。结合网址和 Access Key，可以在 Postman 等接口测试工具上看到请求返回的 JSON 数据。Postman 测试工具如图 10-12 所示。

```
[
  {
    "id": "1",
    "urls": {
      "small": "https://images.unsplash.com/photo-abc123-regular.jpg"
    }
    // 其他图片相关的信息
  },
  {
    "id": "2",
    "urls": {
      "small": "https://images.unsplash.com/photo-def456-regular.jpg"
    }
  },
  // 更多图片对象……
]
```

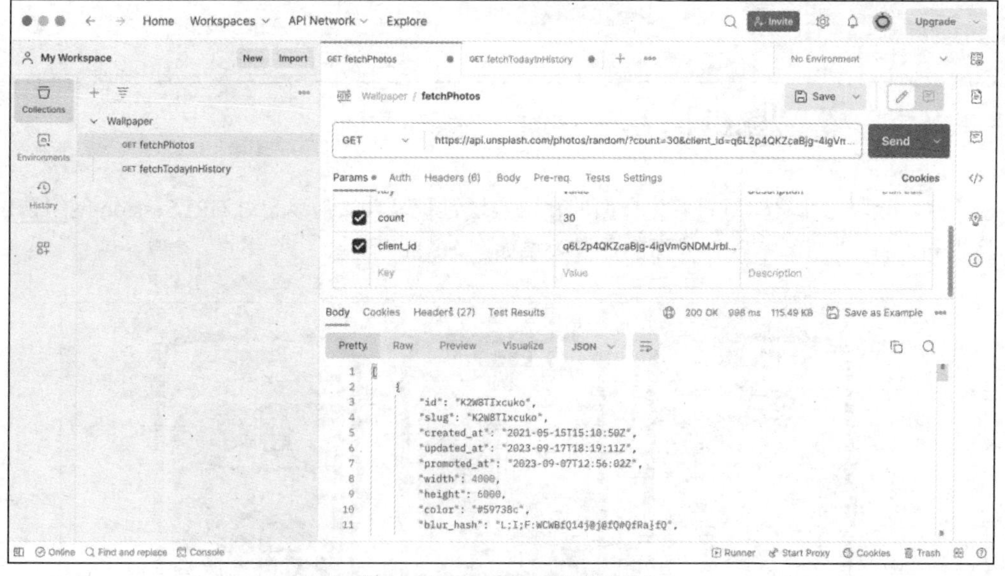

图 10-12 Postman 测试工具

在上述请求返回的 JSON 数据中，可以发现数据集的一些特点，其中 id 是每个图片数据的唯一标识符，而图像数据的 URL 位于 urls 参数闭包中。Unsplash API 返回了不同尺寸大小的图像数据，可以取 small 参数作为请求的图片 URL。

首先需要创建一个数据模型，来定义接收的数据类型。创建一个名为“Model”的文件夹和一个新的 Swift 文件，将 Swift 文件命名为“Wallpaper”，并设计好数据模型及其参数。Wallpaper

数据模型如图 10-13 所示。

```
import SwiftUI

struct Wallpaper: Codable {
    let id: String
    let urls: UnsplashPhotoUrls
}

struct UnsplashPhotoUrls: Codable {
    let small: String
}
```

图 10-13　Wallpaper 数据模型

上述代码创建的数据模型 Wallpaper 遵循 Codable 协议。Codable 协议是 Swift 标准库中的协议，用于简化 Swift 对象和 JSON 数据之间的编码和解码过程。使用 Codable 协议，开发者可以轻松地将 Swift 对象转换为 JSON 数据，以及将 JSON 数据转换为 Swift 对象。

在 Wallpaper 数据模型的闭包中，声明了两个参数，其中 id 作为接收的 URL 的唯一标识符，urls 参数是一个类型为 UnsplashPhotoUrls 的属性，该属性来源于另一个数据模型 UnsplashPhotoUrls，UnsplashPhotoUrls 数据模型用来存储不同分辨率图片的 URL。在 UnsplashPhotoUrls 数据模型中，声明了 small 参数，用于获得小尺寸分辨率的图像数据。

接下来，设计视图样式。

10.3.2　单张壁纸

以 WebImageView 文件为单张壁纸的布局样式，删除 WebImageView 中的 imageURL 参数的默认值，这样就可以从父级视图传入 URL，来实现显示不同图像数据的效果。修改后的 webImageView 视图如图 10-14 所示。

```
// 参数声明
let imageURL: String

// webImageView 视图
```

```
func webImageView(image: UIImage) -> some View {
    Image(uiImage: image)
        .resizable()
        .aspectRatio(contentMode: .fill)
        .frame(minWidth: 0, maxWidth: .infinity)
        .frame(height: 300)
        .cornerRadius(8)
}

// 默认视图
private var emptyImageView: some View {
    VStack(spacing: 20) {
        ProgressView()
        Text("加载中")
    }
    .frame(minWidth: 0, maxWidth: .infinity)
    .frame(height: 300)
    .background(Color(.systemGray6))
    .cornerRadius(8)
}

struct WebImageView_Previews: PreviewProvider {
    static var previews: some View {
    WebImageView(imageURL: "https://images.unsplash.com/photo-1516822477961-1427b7790e80?
    w=375")
```

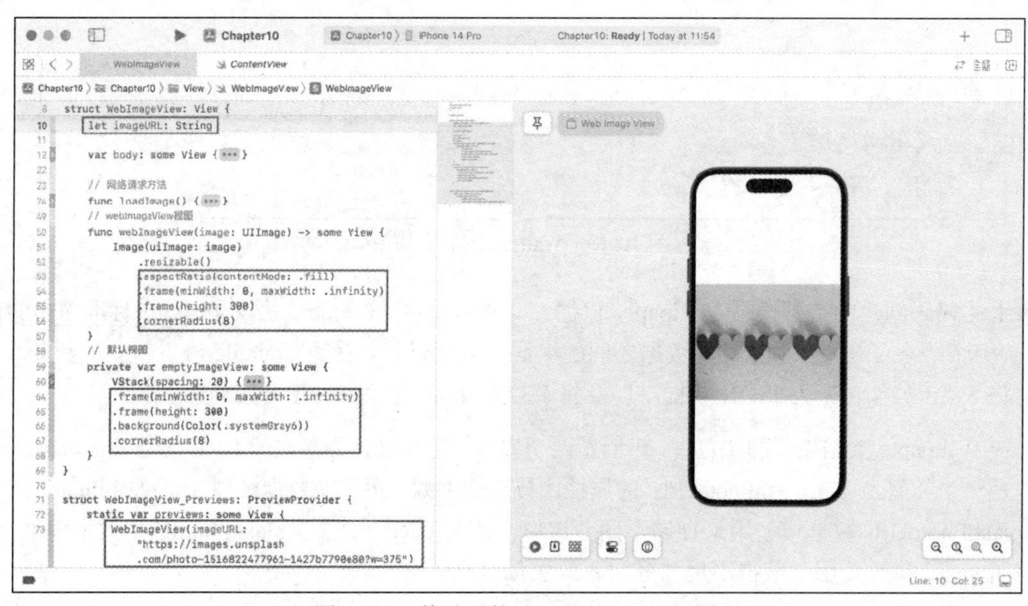

图 10-14　修改后的 webImageView 视图

上述代码注释了原有的 imageURL 参数声明，并重新声明 imageURL 参数，但此时不需要赋予默认值。由于 webImageView 视图中的参数缺少默认值，在模拟器预览时，可以先传入一个 URL，用于预览单张图像的效果。

由于请求的图片尺寸大小可能不一致，因此在 webImageView 视图中，调整了 aspectRatio 修饰符的模式为 fill（填充模式），且增加使用了 frame 修饰符设置图片显示的尺寸大小。同理，emptyImageView 默认视图也用同样的方式进行处理。

完成单张壁纸的显示视图后，接下来完成壁纸列表。

10.3.3　壁纸列表

创建一个新的 SwiftUI 文件，命名为“WallpaperGridView”，同时在 Xcode 左侧的项目文件栏中创建 View 文件夹，对项目文件进行分类管理。项目文件分类管理如图 10-15 所示。

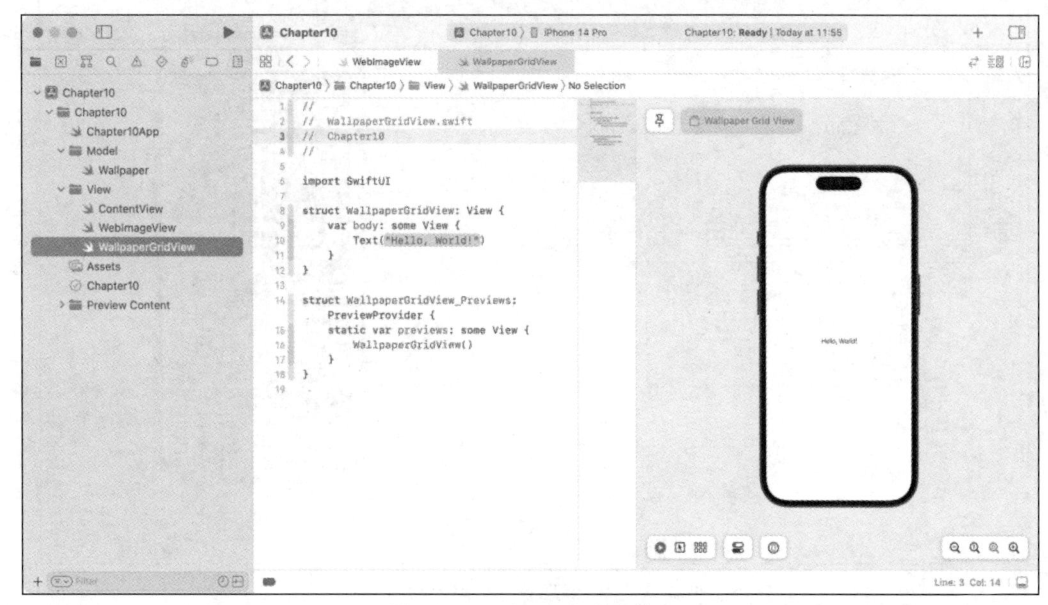

图 10-15　项目文件分类管理

在 SwiftUI 中，网格列表使用的视图有 LazyVGrid 视图和 LazyHGrid 视图两种视图，我们选择 LazyVGrid 视图作为主要视图结构。壁纸列表网格视图如图 10-16 所示。

```
// 数据源
@State private var wallpapers: [Wallpaper] = [
    Wallpaper(id: "1", urls:
        UnsplashPhotoUrls(small: "https://source.unsplash.com/random")),
    Wallpaper(id: "2", urls:
        UnsplashPhotoUrls(small: "https://source.unsplash.com/random")),
    Wallpaper(id: "3", urls:
        UnsplashPhotoUrls(small: "https://source.unsplash.com/random")),
    Wallpaper(id: "4", urls:
        UnsplashPhotoUrls(small: "https://source.unsplash.com/random")),
    Wallpaper(id: "5", urls:
        UnsplashPhotoUrls(small: "https://source.unsplash.com/random")),
    Wallpaper(id: "6", urls:
        UnsplashPhotoUrls(small: "https://source.unsplash.com/random")),
]

// 网格布局参数
private var gridItemLayout = [GridItem(.flexible()), GridItem(.flexible())]

// 网格视图
ScrollView(showsIndicators: false) {
    LazyVGrid(columns: gridItemLayout, spacing: 10) {
        ForEach(wallpapers,id: \.id) { wallpaper in
            WebImageView(imageURL: wallpaper.urls.small)
        }
    }
```

```
}
.padding(.horizontal)
```

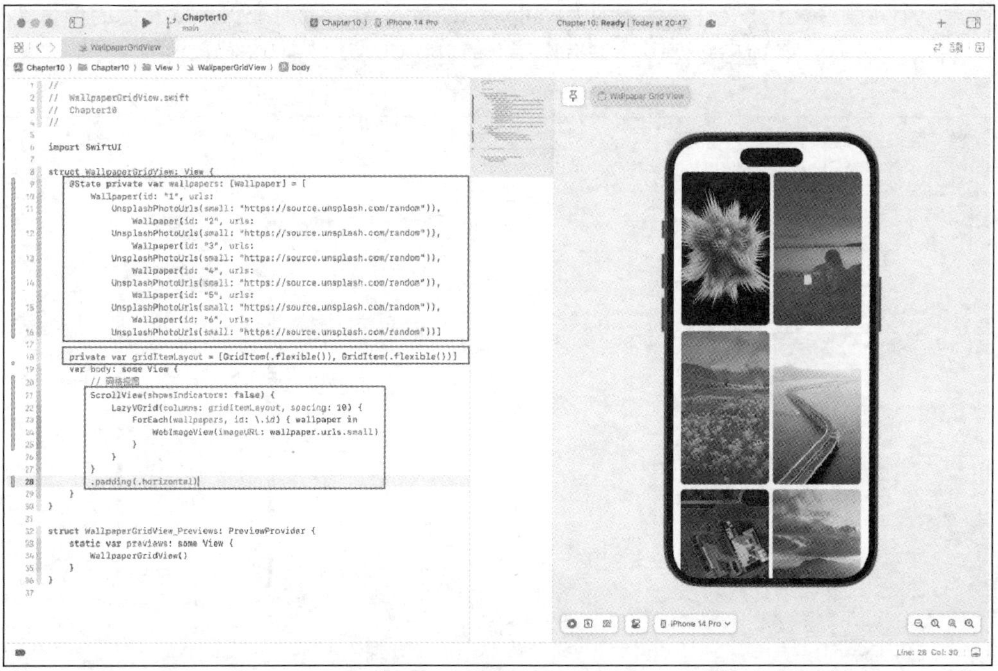

图 10-16　壁纸列表网格视图

上述代码首先声明了 wallpapers 数组作为壁纸列表的数据源，这里先使用定义好的 Wallpaper 数据模型数据，方便查看壁纸列表的最终效果。后续，这里将换成从服务器中通过网络请求的方式获得壁纸 URL。

使用 LazyVGrid 视图需要提前定义网格的列数，定义完成后，SwiftUI 将自动根据数据来确定行数，先定义网格视图为两列。

在视图搭建方面，由于会存在多行数据，视图的显示可能会超出屏幕显示范围，因此这里使用 ScrollView，并设置其显示滚动条参数 showsIndicators 为 false，以此来隐藏滚动条。

主体内容部分使用 LazyVGrid 视图，设置其列数参数 columns 的值为声明好的网格列数参数 gridItemLayout 的值，并设置列之间的距离参数 spacing 为 10。

在 LazyVGrid 视图的闭包中，通过 ForEach 函数来遍历 wallpapers 数组中的数据，使用 webImageView 视图来显示单张网络图片。

这样，便完成了"壁纸推荐"界面的主体搭建。

10.3.4　界面标题

最后，对于样式部分，需要添加界面标题，如图 10-17 所示。

```
NavigationView {
    // 壁纸列表网格视图
    .navigationTitle("壁纸推荐")
}
```

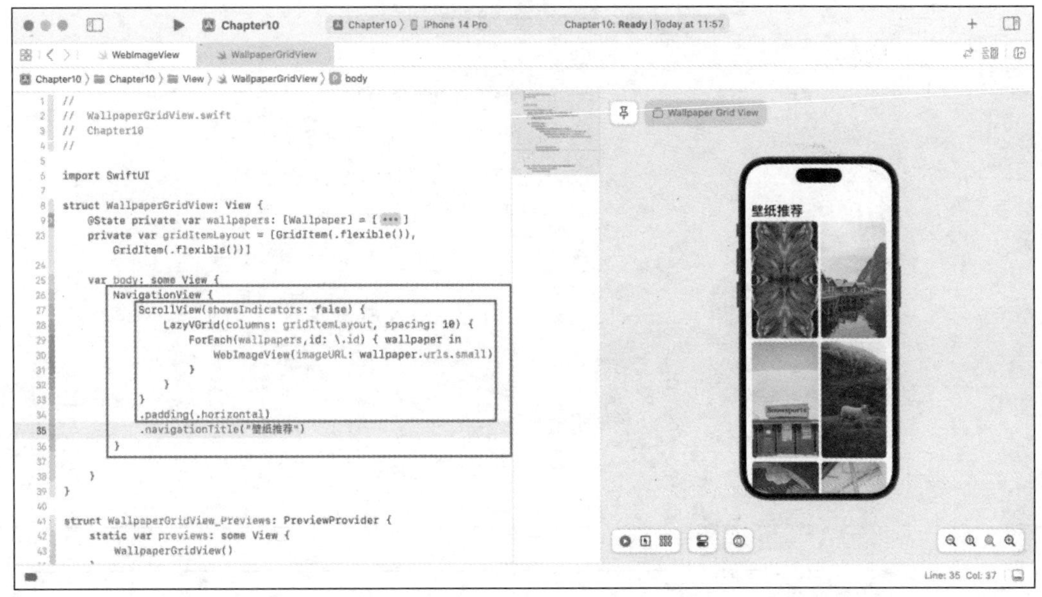

图 10-17　添加界面标题

上述代码使用 NavigationView 视图和 navigationTitle 修饰符，为“壁纸推荐”界面添加了界面标题。在实时预览窗口中，可以看到壁纸列表滚动时的标题效果。

10.3.5　网络请求

最后，使用 URLSession 网络请求框架实现网络请求，这与 10.2.2 节实现的网络请求内容一致，首先需要声明数据源的 URL，然后创建网络请求方法，并在视图展示时调用网络请求方法。实现网络请求如图 10-18 所示。

```
// 参数声明
@State private var wallpapers: [Wallpaper] = []
let unsplashURL: String = "https://api.unsplash.com/photos/random/?count=30&client_id
=你的 Access Key"

// 调用网络请求
.onAppear {
    fetchPhotos()
}

// 网络请求
func fetchPhotos() {
    let session = URLSession(configuration: .default)

    let task = session.dataTask(with: URL(string: unsplashURL)!) { data, response, error in
        if let httpResponse = response as? HTTPURLResponse {
            // 获取 HTTP 状态码
            let statusCode = httpResponse.statusCode

            if statusCode == 200, let data = data {
                // 成功获取图片数据
                do {
                    let decoder = JSONDecoder()
                    let decodedPhotos = try decoder.decode([Wallpaper].self, from: data)
```

```
                    DispatchQueue.main.async {
                        self.wallpapers = decodedPhotos
                    }
                } catch {
                    print("Error decoding JSON: \(error)")
                }
            } else {
                // 处理 HTTP 状态码错误或数据为空
                print("HTTP 状态码错误: \(statusCode)")
            }
        } else if let error = error {
            // 处理网络请求错误
            print("错误信息: \(error.localizedDescription)")
        } else {
            // 未知错误或数据为空
            print("未知错误")
        }
    }
    task.resume()
}
```

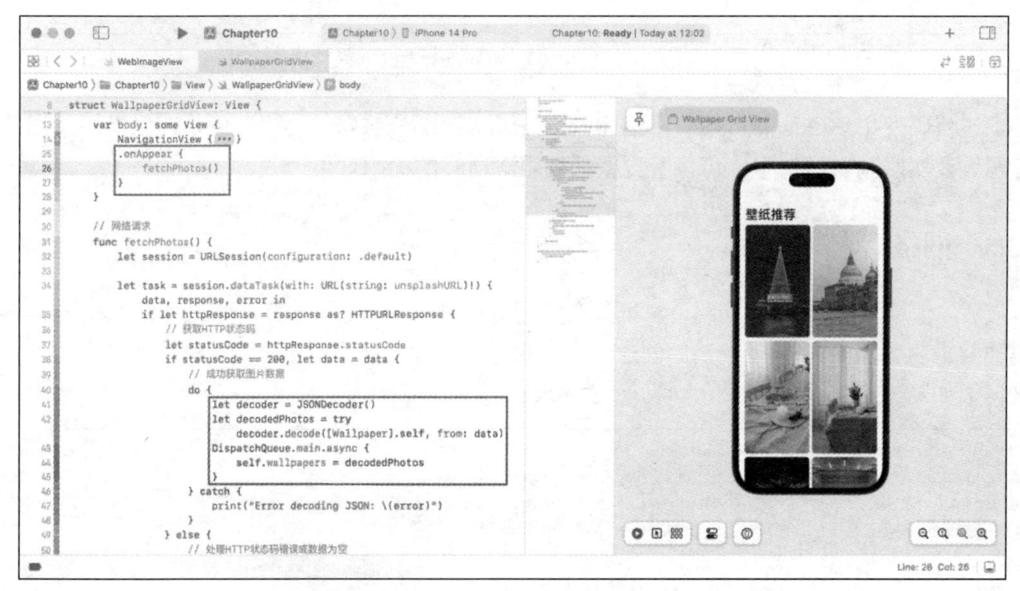

图 10-18　实现网络请求

上述代码将 wallpapers 数组中的数据清空，不需要单独定义 URL，然后声明了 unsplashURL 参数，用于获得 Unsplash API 的数据，其中 client_id 参数赋值部分需要替换成自己申请的 Access Key。

随后创建了网络请求方法 fetchPhotos，fetchPhotos 方法和在 WebImageView 文件中使用的 loadImage 基本一致，可以将其作为标准的网络请求的代码块。

不同的是，在使用 fetchPhotos 方法请求成功后，需要对请求返回的 JSON 数据进行解码。在 do-catch 函数中解码 JSON 数据，以便检查解析错误的情况。

首先创建了一个名为“decoder”的 JSONDecoder 对象。JSONDecoder 是 Swift 提供的用于解码 JSON 数据的工具，它能够将 JSON 数据转换为 Swift 对象。随即将数据解码为 Wallpaper 类型的数组类型，并将解码完成后的数据赋值给 decodedPhotos，最后在主队列上执行将 decodedPhotos

数据传递给 wallpapers 数组的异步操作。

最后，可以在实时预览窗口中查看“壁纸推荐”界面的整体效果，如图 10-19 所示。

图 10-19　“壁纸推荐”界面的整体效果

第 11 章

架构设计：深入浅出 MVVM 模式

简单的 iOS 项目文件都会包含数据模型（Data Model）、视图（View）两大部分，在前面章节的项目案例中，界面样式设计、交互操作基本上都被放在了视图项目文件里。但是当项目中界面数量增多、交互逐渐复杂时，视图中会掺杂视图界面的代码以及方法的代码，这在项目开发过程中处理起来会非常麻烦。

在本章中，读者将接触一个重要的 iOS 应用开发架构：模型-视图-视图模型（Model-View-View-Model，MVVM）模式。

MVVM 模式是项目开发中一种常见的设计模式，用于构建可维护、可测试、可扩展的应用程序。在 MVVM 模式中，视图层和视图模型（ViewModel）层相互独立，它们通过一个消息传递系统进行通信。视图层通过观察者模式监听视图模型层的状态变化，然后根据需要重新渲染视图。这种模式使得应用程序更加容易维护和扩展，这是因为任何对视图层的修改都不会影响到视图模型层。

下面将分享一个“历史上的今天”案例的代码实现过程，带领读者了解 SwiftUI 开发中的 MVVM 模式。“历史上的今天”案例的最终效果如图 11-1 所示。

图 11-1 “历史上的今天”案例的最终效果

本章将创建一个名为“Chapter11”的 SwiftUI 项目，并在此项目基础上对相关内容进行讲解和分享。

11.1　开发一个"历史上的今天"界面

首先来完成"历史上的今天"界面的设计，借助 URLSession 网络请求框架和网上的一些免费的测试 API，可以很简单地创建"历史上的今天"的数据。

11.1.1　数据模型

从 npoint.io 官网上创建示例数据后，会得到相应的测试 API，可以在 Postman 等接口测试工具上看到请求返回的 JSON 数据。Postman 的测试结果如图 11-2 所示。

```
[
  {
    id: 1,
    year: 2017,
    body: "教育部颁布新修订的《普通高等学校学生管理规定》并开始施行。"
  },
  {
    id: 2,
    year: 2011,
    body: "我国个税起征点从 2000 元上调至 3500 元。"
  },
  {
    id: 3,
    year: 2008,
    body: "全国范围内全面免除城市义务教育阶段学生学杂费。"
  },
  {
    id: 4,
    year: 1996,
    body: "《中华人民共和国职业教育法》正式施行。"
  }
]
```

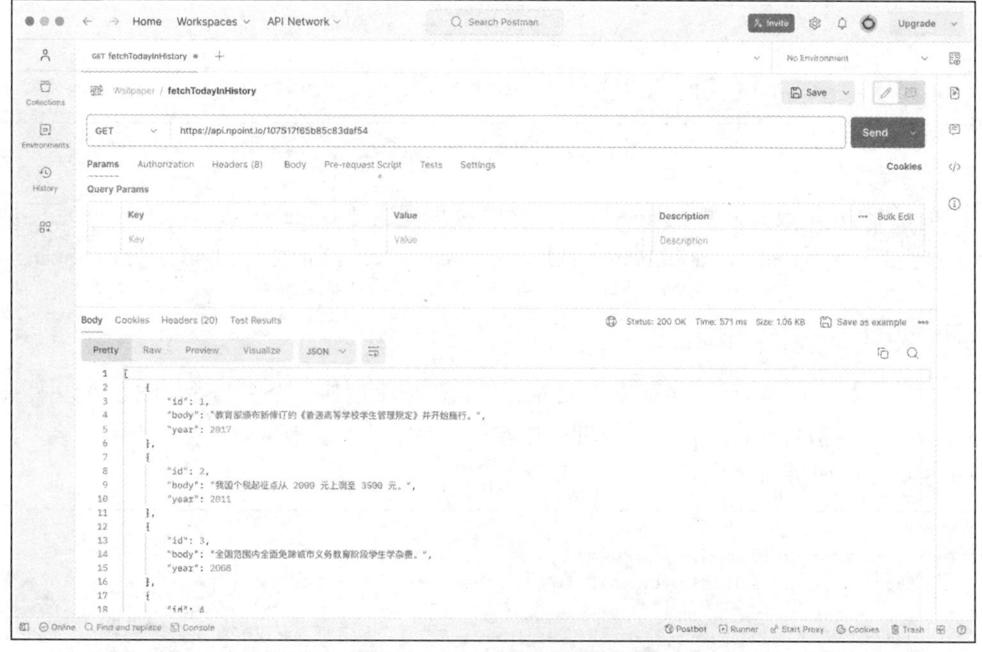

图 11-2　Postman 的测试结果

在上述请求返回的 JSON 数据中，可以发现数据集的一些特点，其中 id 为返回数据的标识符，year 为返回数据的年份参数，而“历史上的今天”的数据存放在 body 参数中。

需要创建一个数据模型，以此来定义接收的数据类型。创建一个名为“Model”的文件夹，并创建一个新的 Swift 文件，将 Swift 文件命名为“HistoryDaily”，并设计好数据模型及其参数。HistoryDaily 数据模型如图 11-3 所示。

```
import SwiftUI

struct HistoryDaily: Codable {
    let id: Int
    let year: Int
    let body: String
}
```

图 11-3　HistoryDaily 数据模型

上述代码创建了数据模型 HistoryDaily，该数据模型遵循 Codable 协议。HistoryDaily 数据模型中定义了 3 个参数：id、year 和 body。其中，id、year 参数为 Int 类型，body 参数为 String 类型。

11.1.2　视图

完成数据模型的内容后，接下来完成界面样式部分。创建一个名为“View”的文件夹，将 ContentView 文件放置在该文件夹中，并且创建一个简单的列表来呈现“历史上的今天”界面，ContentView 视图如图 11-4 所示。

```
// 参数声明
@State var historyDaily: [HistoryDaily] = [
        HistoryDaily(id: 1, year: 2017, body: "教育部颁布新修订的《普通高等学校学生管理规定》
并开始施行。"),
        HistoryDaily(id: 2, year: 2011, body: "我国个税起征点从 2000 元上调至 3500 元。"),
        HistoryDaily(id: 3, year: 2008, body: "全国范围内全面免除城市义务教育阶段学生学杂费。"),
```

```
        HistoryDaily(id: 4, year: 1996, body: "《中华人民共和国职业教育法》正式施行。")
]

// 视图
NavigationStack {
    ScrollView {
        ForEach(historyDaily,id: \.id) { item in
            TextItem(id: item.id, year: item.year, text: item.body)
        }
    }
    .navigationTitle("历史上的今天")
}

// TextItem 视图
struct TextItem: View {
    var id: Int
    var year: Int
    var text: String
    var body: some View {
        HStack(spacing: 10) {
            Text(String(year))
                .frame(maxWidth: 80,maxHeight: 120)
                .background(Color(.systemGray6))
                .cornerRadius(8)
            Text(text)
                .multilineTextAlignment(.leading)
                .frame(maxWidth: .infinity, minHeight: 80)
                .padding(.horizontal)
                .background(Color(.systemGray6))
                .cornerRadius(8)
                .lineLimit(2)
        }
        .padding(.horizontal)
    }
}
```

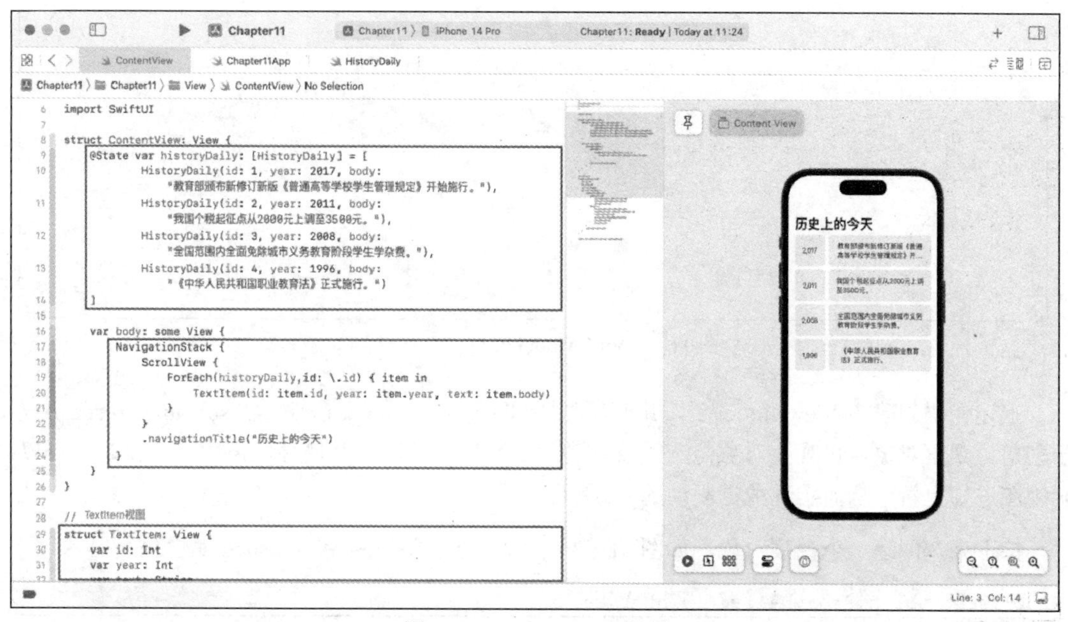

图 11-4　ContentView 视图

在上述代码中，结合前面章节介绍的内容，首先单独创建了 TextItem 视图，作为事项展示的视图框架，然后为了查看测试数据，声明了 historyDaily 数组并定义了测试数据，最后在视图的呈现上，使用 ScrollView 和 NavigationStack 视图来完善样式内容。

此时，需要从网络上请求返回数据到本地，第 10 章分享的实现方式是在当前视图上创建并调用网络请求方法，本章转向使用视图模型来分离视图和方法的代码。

11.1.3 视图模型

创建一个名为“ViewModel”的文件，并创建一个新的 Swift 文件，将新的 Swift 文件命名为“ViewModel”。首先引入 SwiftUI，并创建 ViewModel 文件的代码结构，如图 11-5 所示。

```
import SwiftUI

class ViewModel: ObservableObject {

}
```

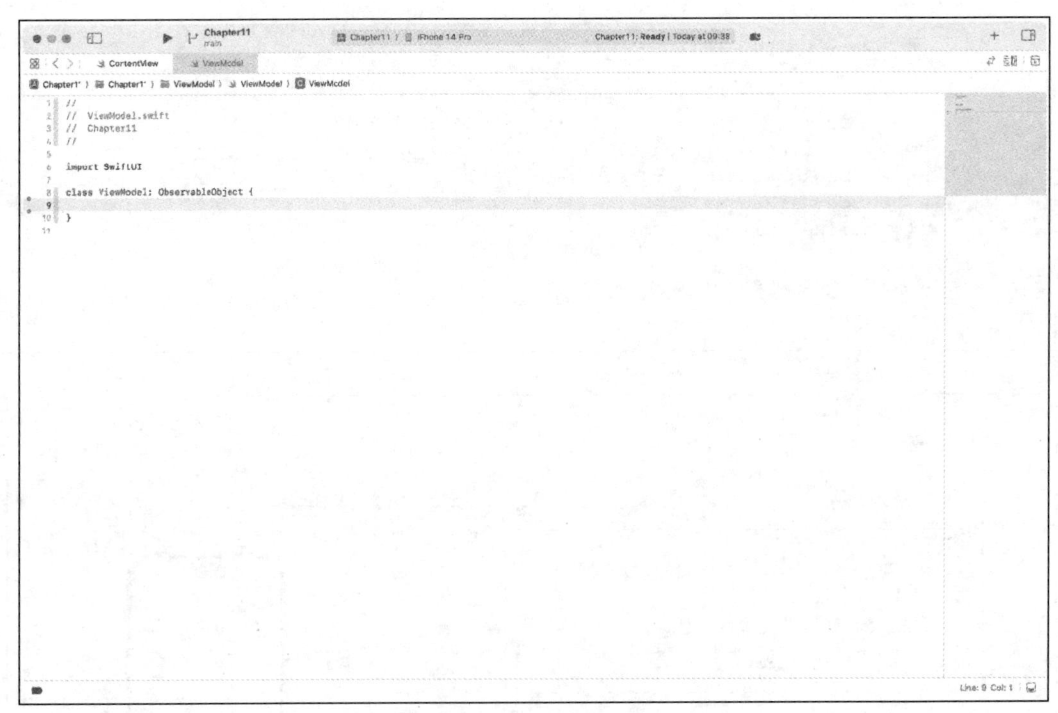

图 11-5 ViewModel 文件的代码结构

上述代码创建了 ViewModel 类，并使其遵循 ObservableObject 协议。ObservableObject 协议用于创建可观察对象，可观察对象是一种特殊类型的数据模型，当其属性的值发生变化时，可以通知视图进行更新，从而实现数据驱动的 UI 更新。

接下来，创建一个观察对象，如图 11-6 所示，这时需要使用@Published 属性包装器。

```
@Published var historyDaily: [HistoryDaily] = []
```

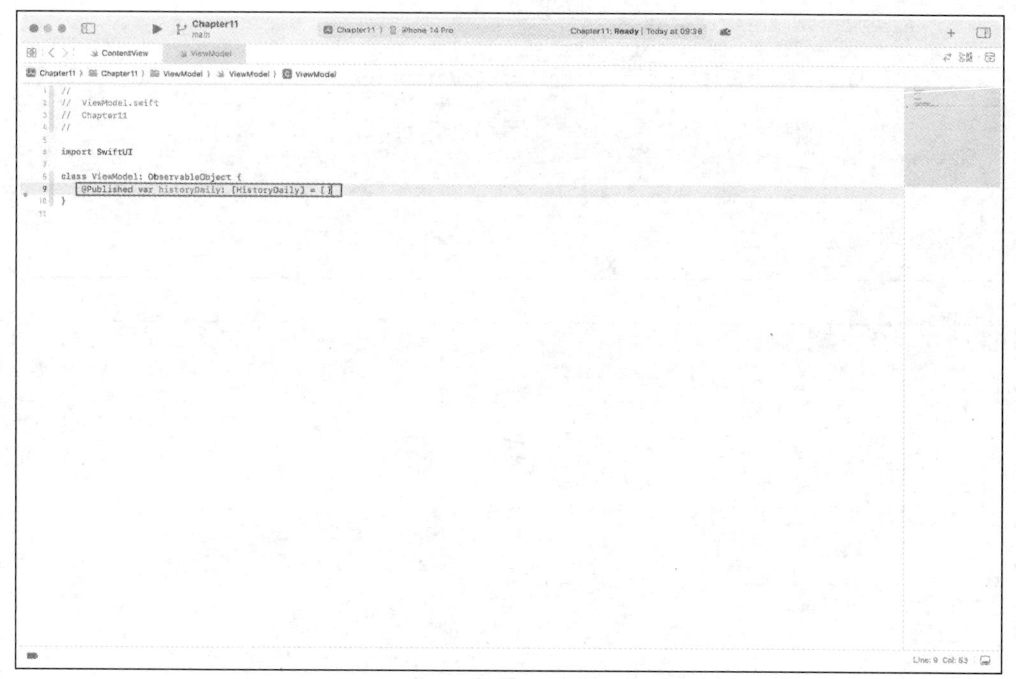

图 11-6　创建一个观察对象

上述代码创建的观察对象是符合 HistoryDaily 数据模型的数组 historyDaily，当 historyDaily 数组的值发生变化（观察对象的属性的值发生变化）时，SwiftUI 会自动发布通知，然后更新使用该数组的视图。

接下来的操作就比较简单了，使用第 10 章中分享的网络请求框架，调用网络请求方法获得数据，如图 11-7 所示，并将其传入数组中。

```
// URL 地址
let dataURL: String = " https://api.npoint.io/107517f65b85c83daf54"

// 网络请求
func fetchTodayInHistory() {
    let session = URLSession(configuration: .default)

    let task = session.dataTask(with: URL(string: dataURL)!) { data, response, error in
        if let httpResponse = response as? HTTPURLResponse {
            // 获取 HTTP 状态码
            let statusCode = httpResponse.statusCode

            if statusCode == 200, let data = data {
                // 成功获取图片数据
                do {
                    let decoder = JSONDecoder()
                    let decodedData = try decoder.decode([HistoryDaily].self, from: data)
                    DispatchQueue.main.async {
                        self.historyDaily = decodedData
                    }
                } catch {
                    print("Error decoding JSON: \(error)")
                }
            } else {
                // 处理 HTTP 状态码错误或数据为空
                print("HTTP 状态码错误: \(statusCode)")
```

```
            }
        } else if let error = error {
            // 处理网络请求错误
            print("错误信息：\(error.localizedDescription)")
        } else {
            // 未知错误或数据为空
            print("未知错误")
        }
    }
    task.resume()
}
```

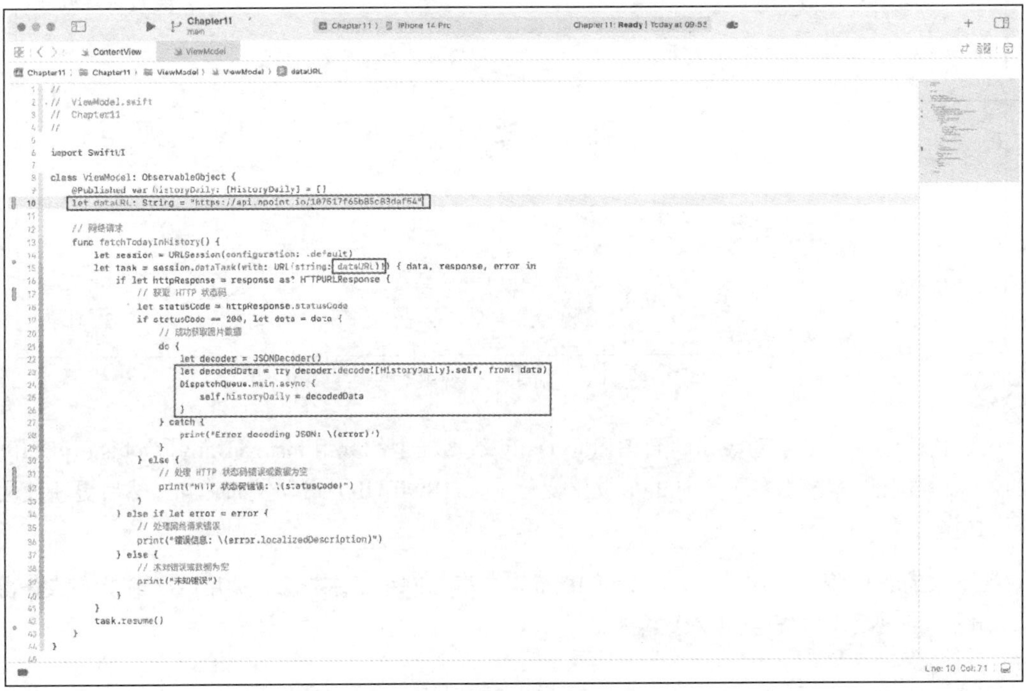

图 11-7　调用网络请求方法

在上述代码中，ViewModel 中声明了 URL 参数 dataURL，同时创建了一个网络请求方法 fetchTodayInHistory，请求来自 URL 的数据。当数据请求成功后，将返回的数据解析为 HistoryDaily 数据格式，并传回给 historyDaily 数组。

然后，就可以在视图中使用 ViewModel 中的参数和方法。回到 ContentView 中，此时使用 @StateObject 属性包装器将对象引用添加到视图中，以便视图能够观察该对象的属性。引入 ViewModel 如图 11-8 所示。

```
// 引入 ViewModel
@StateObject var viewModel = ViewModel()

// 更换数组来源
viewModel.historyDaily
```

上述代码使用@StateObject 属性包装器将 ViewModel 引入 ContentView 文件中，并且将 ForEach 中的数据源更换为 ViewModel 中的数组对象。

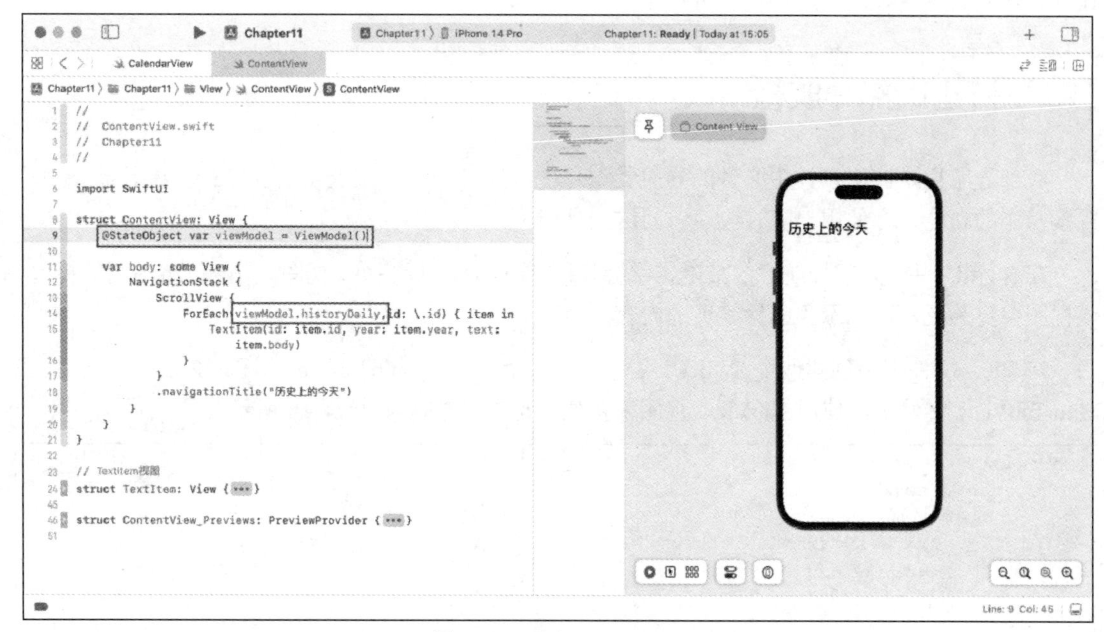

图 11-8　引入 ViewModel

接下来，在 ContentView 显示时，调用来自 ViewModel 中的网络请求方法加载数据，调用网络请求方法如图 11-9 所示。

```
.onAppear(perform: {
    viewModel.fetchTodayInHistory()
})
```

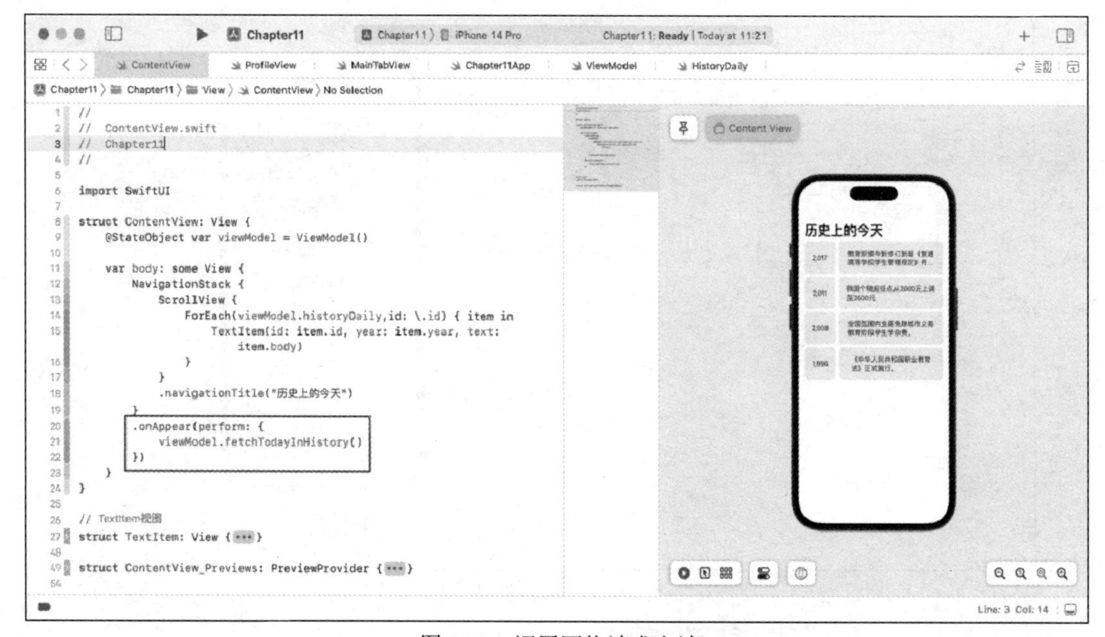

图 11-9　调用网络请求方法

本节使用 MVVM 模式实现了一个简单的“历史上的今天”界面，将网络请求方法都放置在了 ViewModel 上，通过通信来连接模型和视图，使得应用的代码块更加专注于其本身实现的内容，让项目代码具有更好的可维护性和可扩展性。

11.2　搭建底部导航栏

底部导航栏是应用设计中必备的导航类型之一，底部导航栏上通常会安排最重要且需要用户频繁操作的功能，方便用户随时快速访问这些功能。

在 SwiftUI 中，底部导航栏的搭建常常会使用 TabView（标签页）视图，用户单击不同的标签，该视图会自动更新以显示相应标签页的内容。

在 View 文件夹中创建两个 SwiftUI 文件，分别命名为“MainTabView”和“ProfileView”，在 MainTabView 文件中，使用 TabView 视图来搭建底部导航栏，如图 11-10 所示。

```
TabView {
    ContentView()
        .tabItem {
            Image(systemName: "house")
            Text("首页")
        }

    ProfileView()
        .tabItem {
            Image(systemName: "person")
            Text("我的")
        }
}
```

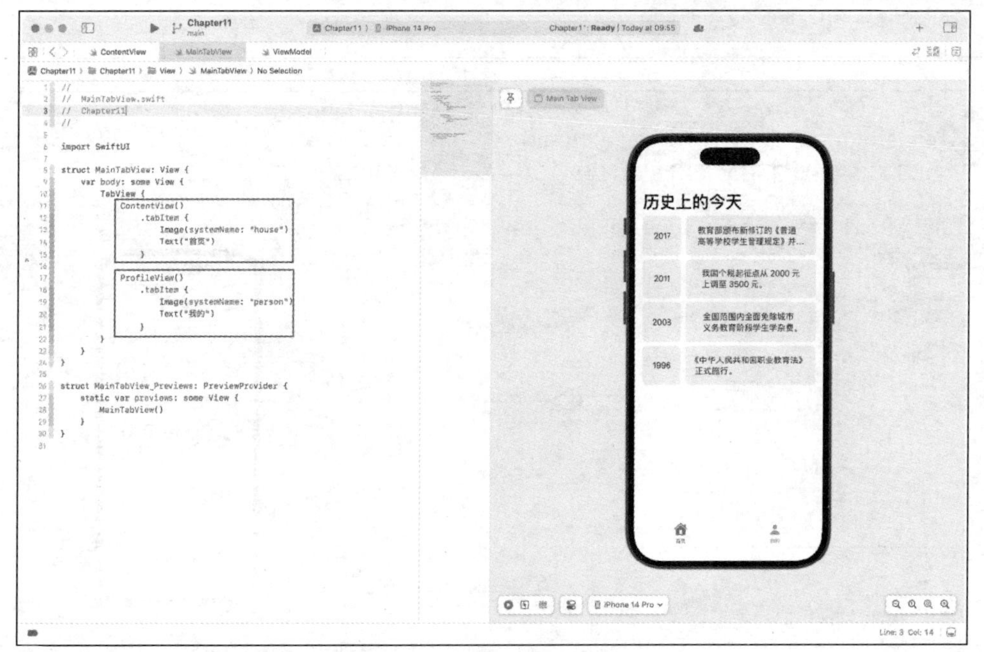

图 11-10　搭建底部导航栏

上述代码在 MainTabView 文件中使用 TabView 视图作为视图框架，在 TabView 视图的闭包中，使用 tabItem 修饰符来设置每个标签的图标和文本标签。

这样便完成了底部导航栏的搭建，现在底部导航栏有两个标签，通过单击标签，可以查看不同标签页的内容。切换“我的”标签页，如图 11-11 所示。

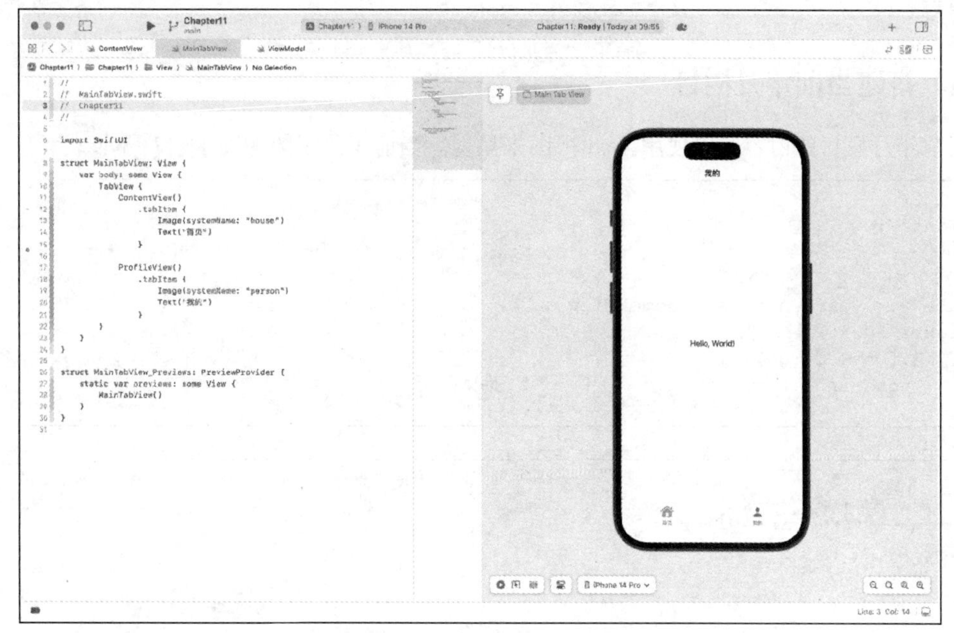

图 11-11　切换“我的”标签页

11.3　开发一个“日历”界面

接下来，再来练习开发一个界面，帮助读者更好地学习 MVVM 模式。

以简单的“日历”界面为例，在 View 文件夹中创建一个新的 SwiftUI 文件，并将其命名为“CalendarView”，在 MainTabView 文件中添加 CalendarView 标签页，如图 11-12 所示。

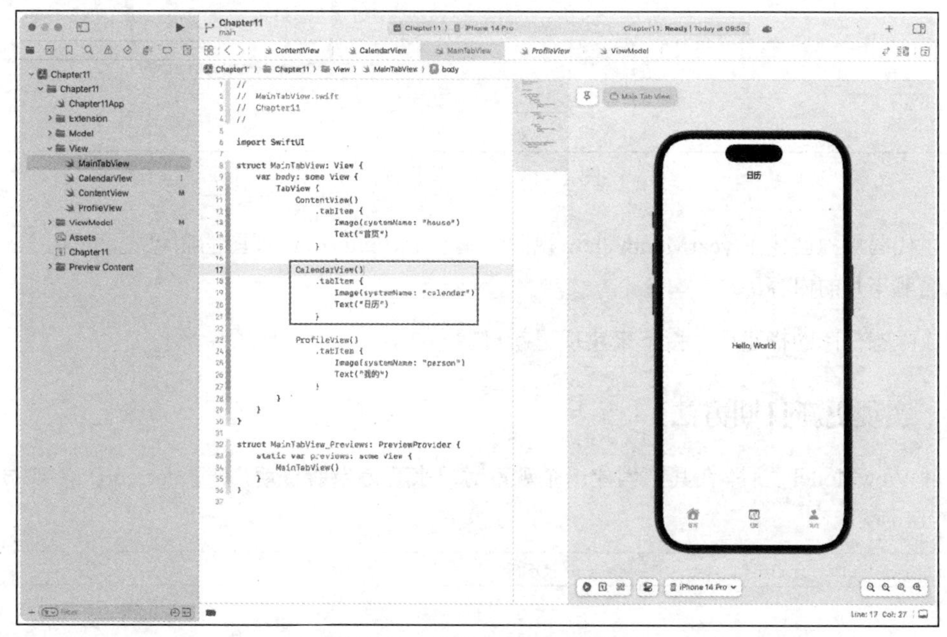

图 11-12　CalendarView 标签页

简单的“日历”界面上会显示当前年月、当前日期这两个栏目的内容，首先完成当前年月栏目的内容。

11.3.1　搭建当前年月栏目

当前年月栏目的内容可以使用 Text 视图来呈现。当前年月视图如图 11-13 所示。

```
// 使用视图
yearMonthView

// 当前年月
private var yearMonthView: some View {
    Text("2024 年 03 月")
        .font(.largeTitle)
        .padding(.top, 16)
}
```

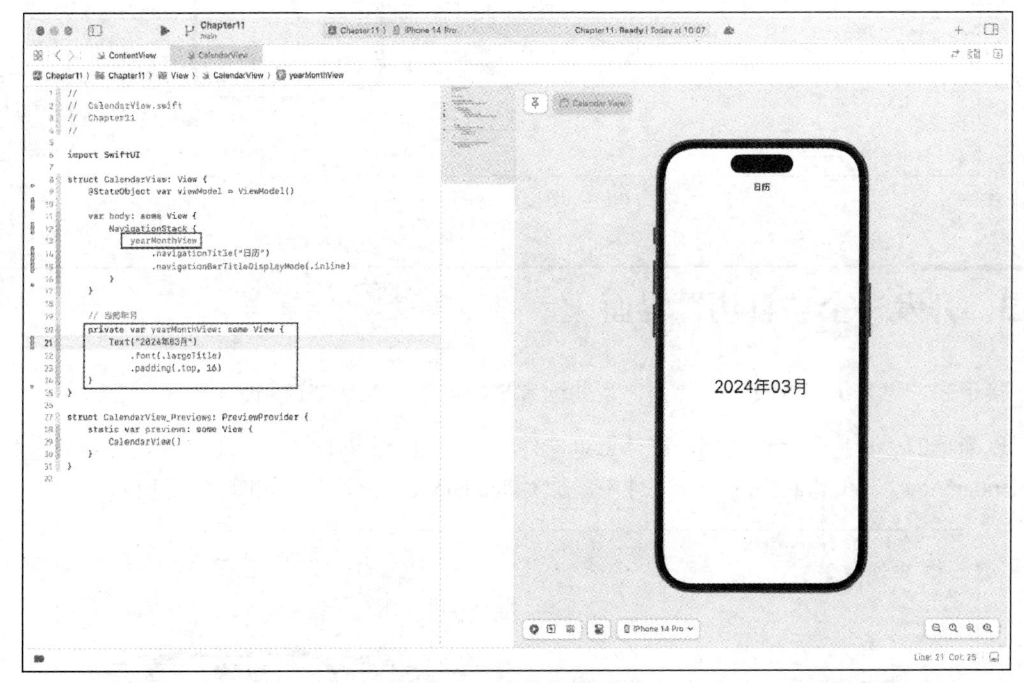

图 11-13　当前年月视图

上述代码单独创建了 yearMonthView 视图，在 yearMonthView 视图的闭包中，使用 Text 视图来显示当前年月的内容。

完成静态视图的搭建后，接下来实现更新日期方法。

11.3.2　实现更新日期方法

返回 ViewModel 文件，在其中创建一个观察对象来获得当前日期，创建 currentDate 观察对象，如图 11-14 所示。

```
@Published var currentDate: Date = Date()
```

```
//
//  ViewModel.swift
//  Chapter11
//

import SwiftUI

class ViewModel: ObservableObject {
    @Published var historyDaily: [HistoryDaily] = []
    let dateURL: String = "https://api.npoint.io/107517f65b85c83daf54"

    @Published var currentDate: Date = Date()

    // 网络请求
    func fetchTodayInHistory() { ... }
}
```

图 11-14　创建 currentDate 观察对象

在上述代码中，currentDate 为 Date 类型的观察对象，默认值为当前日期。接下来，可以在 CalendarView 视图中引入 ViewModel，并使用 currentDate 观察对象。使用 currentDate 观察对象，如图 11-15 所示。

```
// 引入 ViewModel
@StateObject var viewModel = ViewModel()

// 使用 currentDate 观察对象
Text("\(viewModel.currentDate)")
```

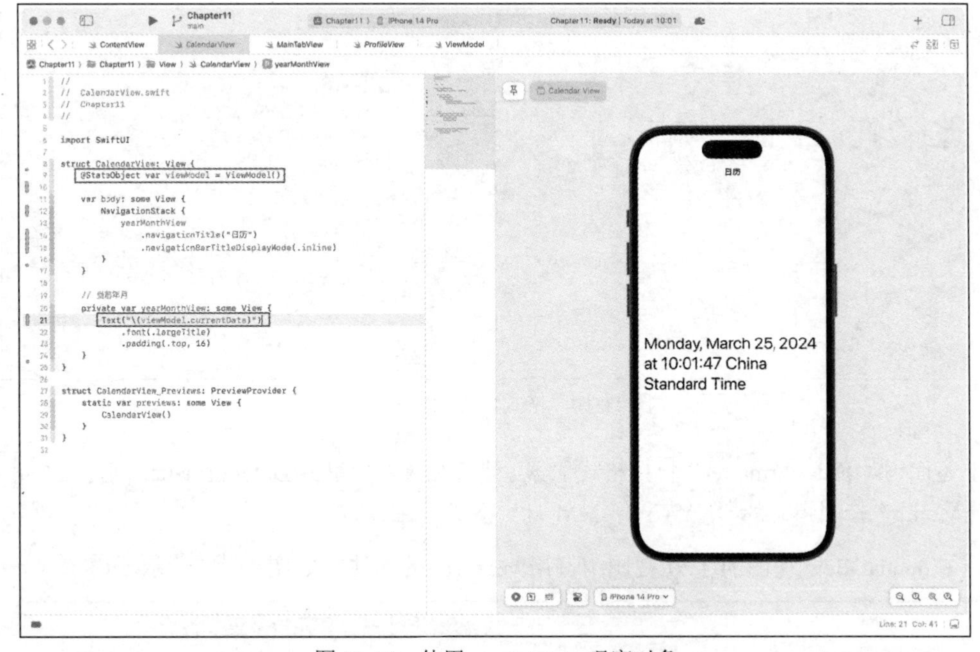

图 11-15　使用 currentDate 观察对象

在上述代码中，CalendarView 视图中引入 ViewModel，在 Text 视图中，修改显示的内容为 ViewModel 中的 currentDate 参数。由于 Text 视图中只能接收 String 类型的值，因此这里使用字符串插值来将日期格式化为文本，然后在界面上显示。

在实时预览窗口中，可以看到显示了完整的日期，但这里需要的是“YYYY 年 MM 月”格式的日期，此时还需要对日期进行格式化处理。

11.3.3 实现格式化日期拓展方法

创建一个名为“Extension”的文件夹，并创建一个 Swift 文件，将 Swift 文件命名为“Date+Extensions”。然后实现一个格式化日期拓展方法，以此来获得“YYYY 年 MM 月”格式的日期，格式化日期拓展方法如图 11-16 所示。

```
import SwiftUI

extension DateFormatter {
    static let yearMonth: DateFormatter = {
        let formatter = DateFormatter()
        formatter.dateFormat = "YYYY 年 MM 月"
        return formatter
    }()
}
```

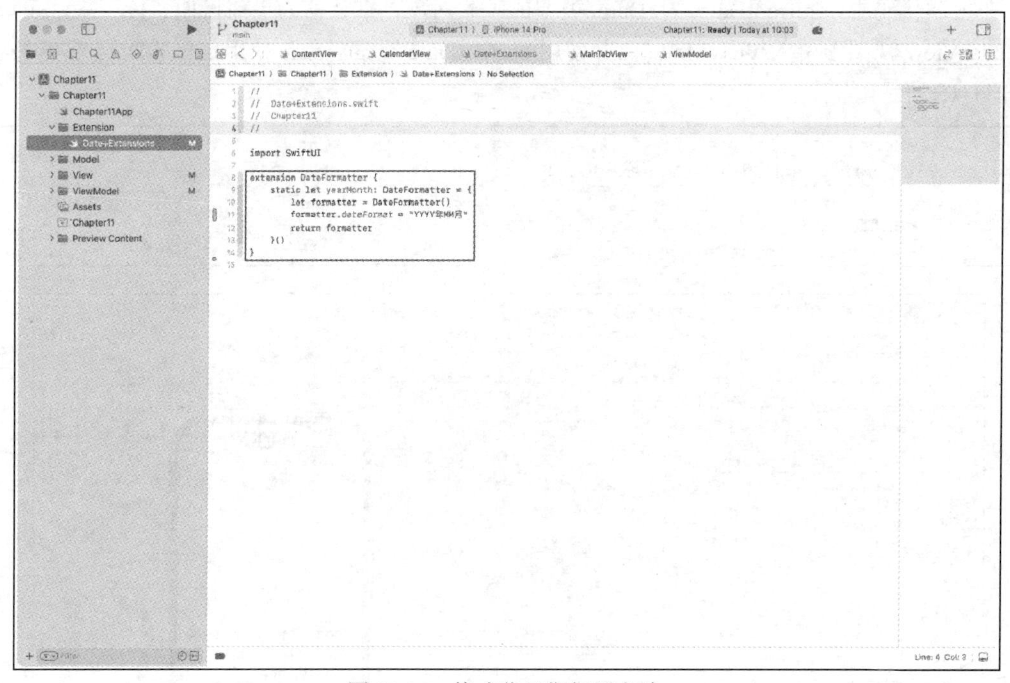

图 11-16　格式化日期拓展方法

上述代码对 DateFormatter（日期格式化器）进行拓展，这里为 DateFormatter 创建一个静态属性 yearMonth，按照指定的“YYYY 年 MM 月”格式返回日期。

在 CalendarView 视图的 Text 视图中调用 yearMonth 方法，如图 11-17 所示。

```
Text("\(viewModel.currentDate,formatter: DateFormatter.yearMonth)")
```

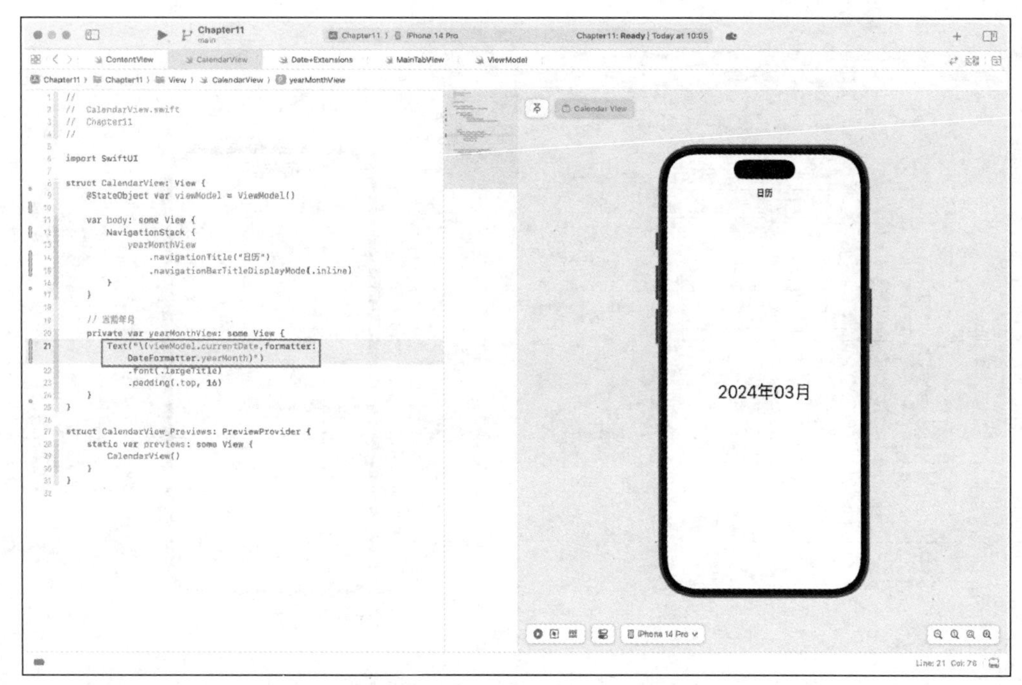

图 11-17　调用 yearMonth 方法

上述代码在 Text 视图的参数中，设置 formatter 日期格式参数的值为 yearMonth 方法。这样，便实现了只显示当前年月的内容。

11.3.4　搭建工作周栏目

工作周从周日开始，以 7 天为周期不断循环。接下来，实现工作周栏目的内容，搭建工作周栏目如图 11-18 所示。

```
// 工作周数组
let daysInWeek = ["日", "一", "二", "三", "四", "五", "六"]

// 网格参数
let gridItemLayout = Array(repeating: GridItem(), count: 7)

// 视图布局
VStack {
    yearMonthView

    LazyVGrid(columns: gridItemLayout) {
        weekView
    }
}

// 工作周
private var weekView: some View {
    ForEach(daysInWeek, id: \.self) { day in
        Text(day)
            .font(.headline)
            .frame(maxWidth: .infinity)
    }
}
```

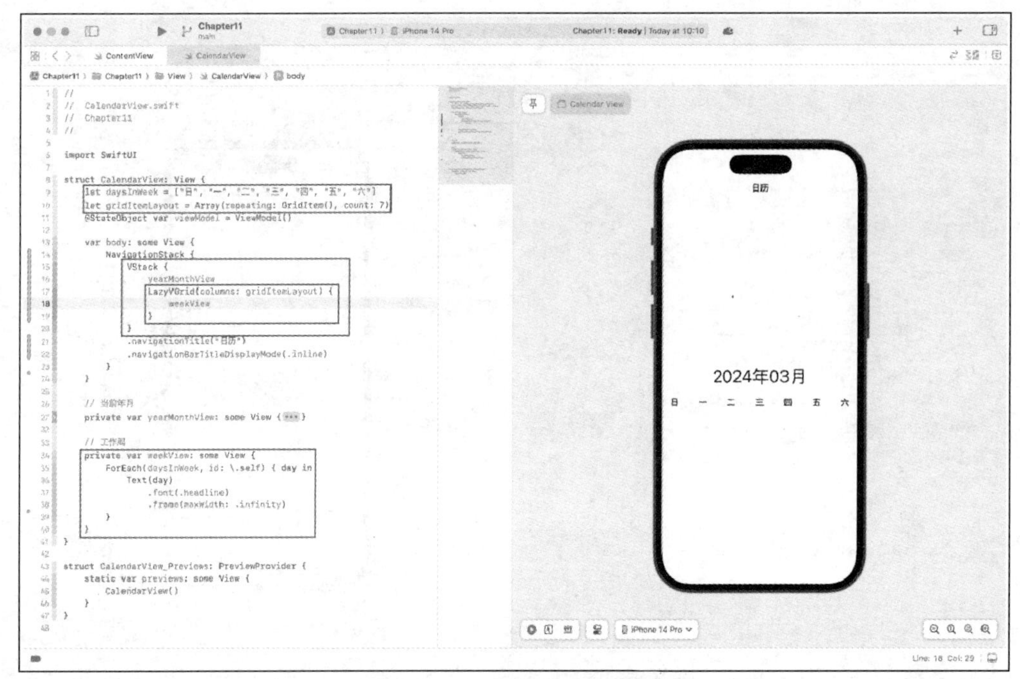

图 11-18　搭建工作周视图

上述代码首先声明了工作周数组参数 daysInWeek 和网格参数 gridItemLayout，并单独创建了 weekView 视图来显示工作周栏目的内容。

在整体视图的呈现上，使用 VStack 排列 yearMonthView 视图和 weekView 视图。由于工作周栏目后续需要和日期对应，因此使用 LazyVGrid 视图作为日历时间框架。

11.3.5　搭建日历时间栏目

日历时间栏目的内容可能稍显复杂，首先使用静态文本的方式来创建日历时间栏目的内容。创建日历时间静态视图如图 11-19 所示。

```
// 视图布局
LazyVGrid(columns: gridItemLayout) {
    weekView
    daysOfMonthView
}

// 日历时间
private var daysOfMonthView: some View {
    ForEach(1..<31, id: \.self) { day in
        Text("\(day)")
            .font(.system(size: 20))
            .frame(maxWidth: .infinity, minHeight: 48)
            .cornerRadius(8)
    }
}
```

上述代码创建了 daysOfMonthView 视图，并使用 ForEach 方法，从由数字 1 到 31（不包含）组成的数组中遍历内容，并使用 Text 视图将内容展示出来。

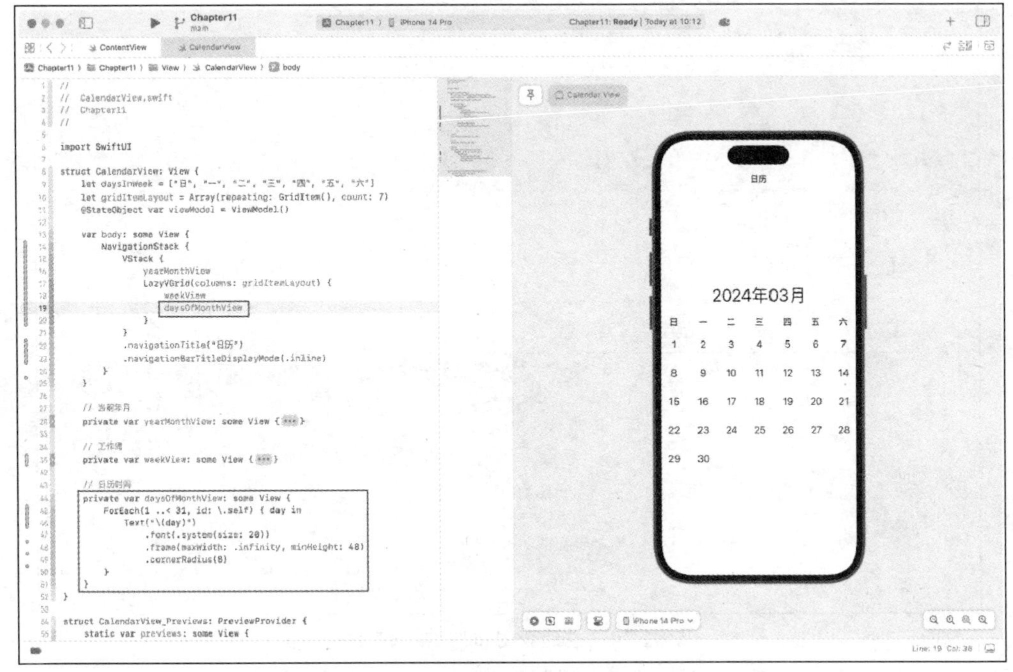

图 11-19　创建日历时间静态视图

在整体布局结构上，将 daysOfMonthView 视图放在与 weekView 视图相同的网格布局中。由此，得到了一个完整的静态“日历”界面。

接下来，要实现获得当前月份的日期数组的方法，并替换原本 daysOfMonthView 视图的静态数据源。

11.3.6　实现获得日期数组方法

回到 ViewModel 文件，创建一个方法来获得当前月份的日期数组，创建获得日期数组的方法如图 11-20 所示。

```
// 获得日期数组
func daysOfMonth() -> [Date] {
    let calendar = Calendar.current
    let range = calendar.range(of: .day, in: .month, for: currentDate)!
    let startOfMonth = calendar.date(from: calendar.dateComponents([.year, .month],
from: currentDate))!

    return (1 ..< range.count + 1).map {
        calendar.date(byAdding: .day, value: $0 - 1, to: startOfMonth)!
    }
}
```

上述代码创建了 daysOfMonth 方法，并让其返回一个日期数组。

在 daysOfMonth 方法中，首先创建了一个 Calendar 对象用于执行与日期相关的计算。其次调用了 calendar.range 方法来获取当前月份的日期范围，即从当前月份第 1 天到最后 1 天。然后调用了 calendar.dateComponents 方法获取了当前年份和月份的日期组件，并使用 calendar.date 方法将其转换为日期对象。

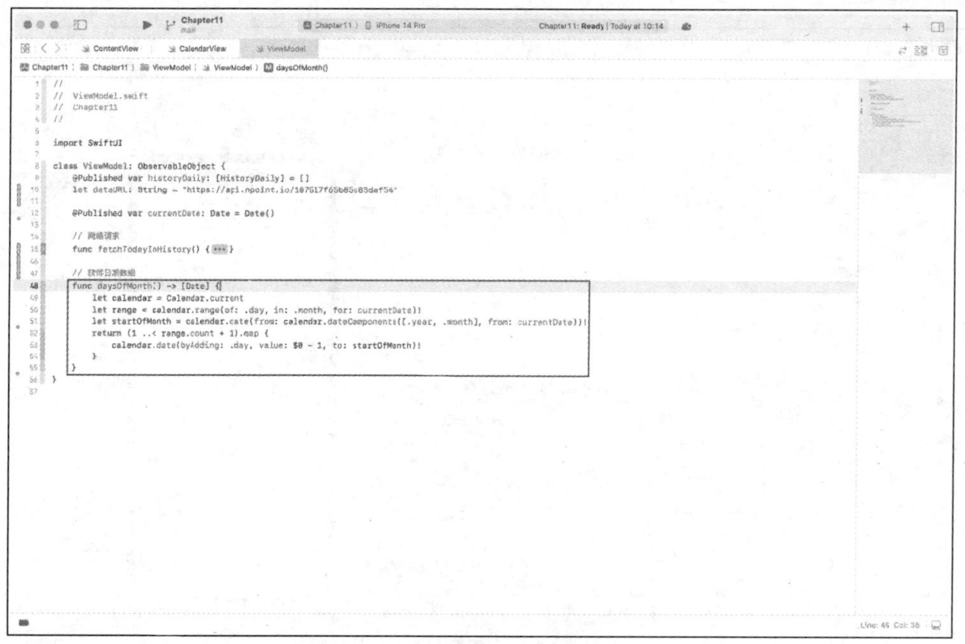

图 11-20　创建获得日期数组的方法

最后，在日期范围中调用 map 函数循环计算出每个日期，并将它们存储在数组中。于是，便得到了当前月份下所有日期的数组。

接下来，回到 CalendarView 视图中，替换 daysOfMonthView 视图的数据源，如图 11-21 所示。

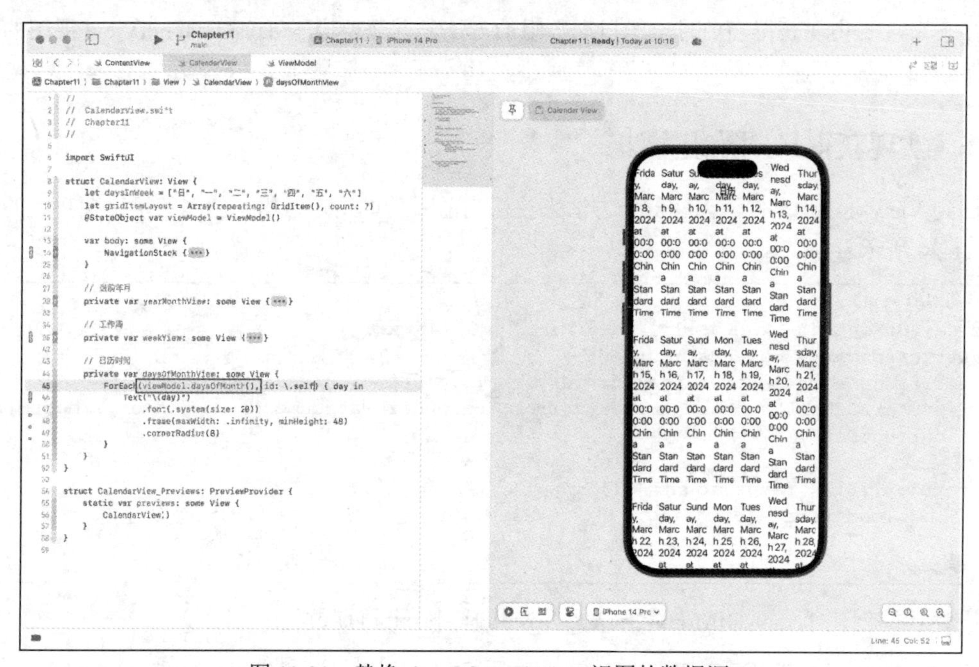

图 11-21　替换 daysOfMonthView 视图的数据源

```
// 日历时间
private var daysOfMonthView: some View {
    ForEach(viewModel.daysOfMonth(), id: \.self) { day in
        Text("\(day)")
```

```
            .font(.system(size: 20))
            .frame(maxWidth: .infinity, minHeight: 48)
            .cornerRadius(8)
    }
}
```

上述代码将 daysOfMonthView 视图中的 ForEach 函数的参数替换为 ViewModel 中的 daysOfMonth 方法，在实时预览窗口中可以看到成功获得了当前月份。

但目前也遇到了与 11.3.2 节相同的问题，由于时间没有做格式化处理，因此系统默认将所有时间格式都呈现出来，此时还需要对时间进行格式化处理。

11.3.7 实现格式化时间拓展方法

在 Extension 文件夹的 Date+Extensions 文件中，对 Date 进行拓展，格式化时间拓展方法如图 11-22 所示。

```
extension Date {
    var day: String {
        let calendar = Calendar.current
        return "\(calendar.component(.day, from: self))"
    }
}
```

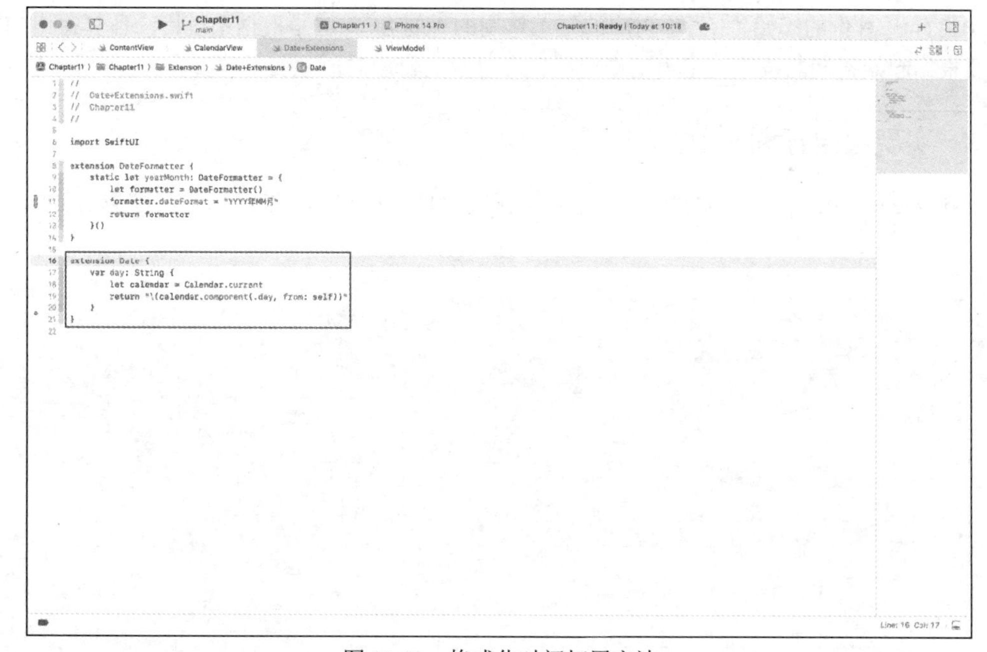

图 11-22 格式化时间拓展方法

上述代码对 Date 进行了拓展，声明了 String 类型的参数 day，从 Calendar 中获得 day 的格式，并对参数进行格式化处理。

然后，可以将 day 拓展作用于需要显示时间的内容上。调用 day 方法如图 11-23 所示。

这里还发现了一个问题：日历时间栏目的起始日期“1 号”，对应着工作周栏目的“周日”，这显然不对。

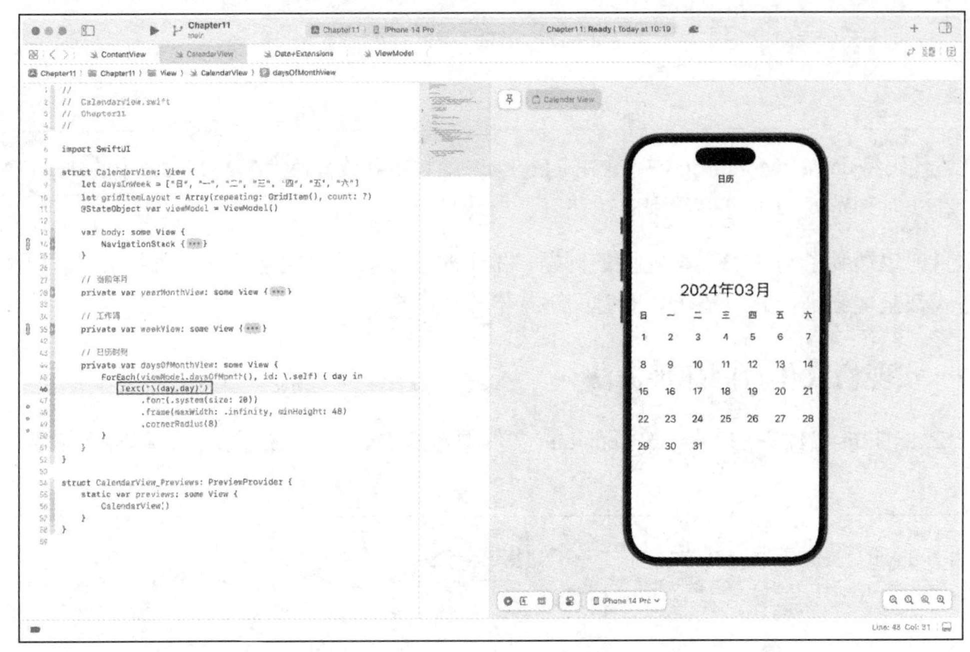

图 11-23　调用 day 方法

2023 年 9 月份的起始“1 号”对应的是工作周的“周五”，这是根据系统历法计算得出的。因此需要根据起始日期的位置，空出工作周栏目所对应的日历时间栏目的位置。

11.3.8　实现起始日期匹配方法

回到 ViewModel 文件，创建一个方法来匹配正确的起始日期，起始日期匹配方法如图 11-24 所示。

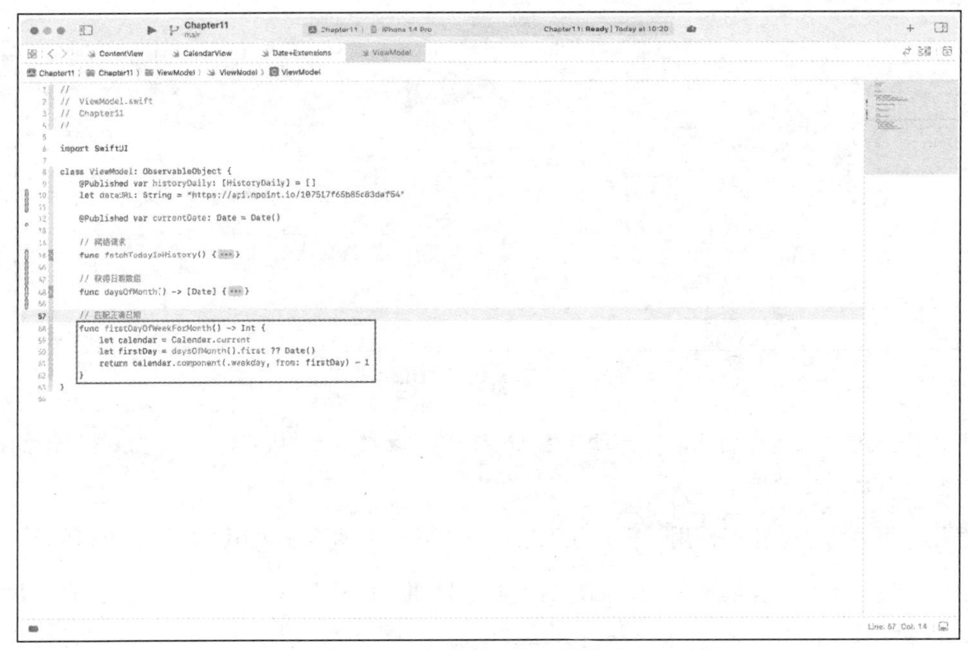

图 11-24　起始日期匹配方法

```
// 匹配正确日期
func firstDayOfWeekForMonth() -> Int {
    let calendar = Calendar.current
    let firstDay = daysOfMonth().first ?? Date()
    return calendar.component(.weekday, from: firstDay) - 1
}
```

上述代码创建了一个用于匹配正确起始日期的方法 firstDayOfWeekForMonth，并要求返回一个 Int 类型的数值。

在 firstDayOfWeekForMonth 方法中，首先从 Calendar 中获得当前日期，并从 daysOfMonth 方法中获得了起始日期，最后调用 calendar.component 方法来获得起始日期对应工作周的日期数量。

回到 CalendarView 视图中，此时创建一个内容空白的 Text 视图，通过插入空白单元格的方式来匹配正确的工作周。插入空白日期如图 11-25 所示。

```
// 视图布局
LazyVGrid(columns: gridItemLayout) {
    weekView
    firstDayOfWeekForMonthView
    daysOfMonthView
}

// 日历起始日期
private var firstDayOfWeekForMonthView: some View {
    ForEach(0 ..< viewModel.firstDayOfWeekForMonth(), id: \.self) { _ in
        Text(" ")
            .frame(maxWidth: .infinity, minHeight: 48)
    }
}
```

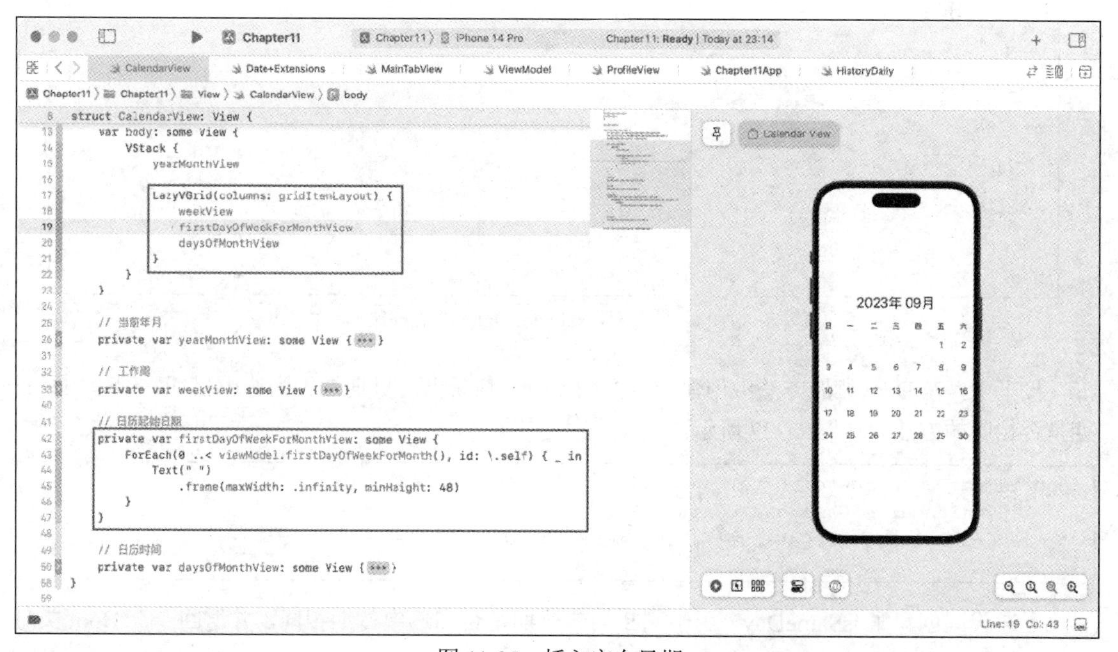

图 11-25　插入空白日期

上述代码单独创建了日历起始日期视图 firstDayOfWeekForMonthView，用于呈现空白日期的内容。从 ViewModel 中的 firstDayOfWeekForMonth 获得工作周的空白日期数量，并使用内容空白的 Text 视图来实现插入空白的单元格。

最后，将 firstDayOfWeekForMonthView 视图放置在 weekView 视图和 daysOfMonthView 视图之间，便呈现出一个正确的日历视图的效果。

11.3.9 实现选中当前日期方法

最后，实现选中当前日期的交互效果，此时需要日历在显示当前日期时实现高亮效果。首先，在 ViewModel 中声明一个观察对象，以此作为选中的日期。声明 selectedDate 观察对象如图 11-26 所示。

```
@Published var selectedDate: Date = Date()
```

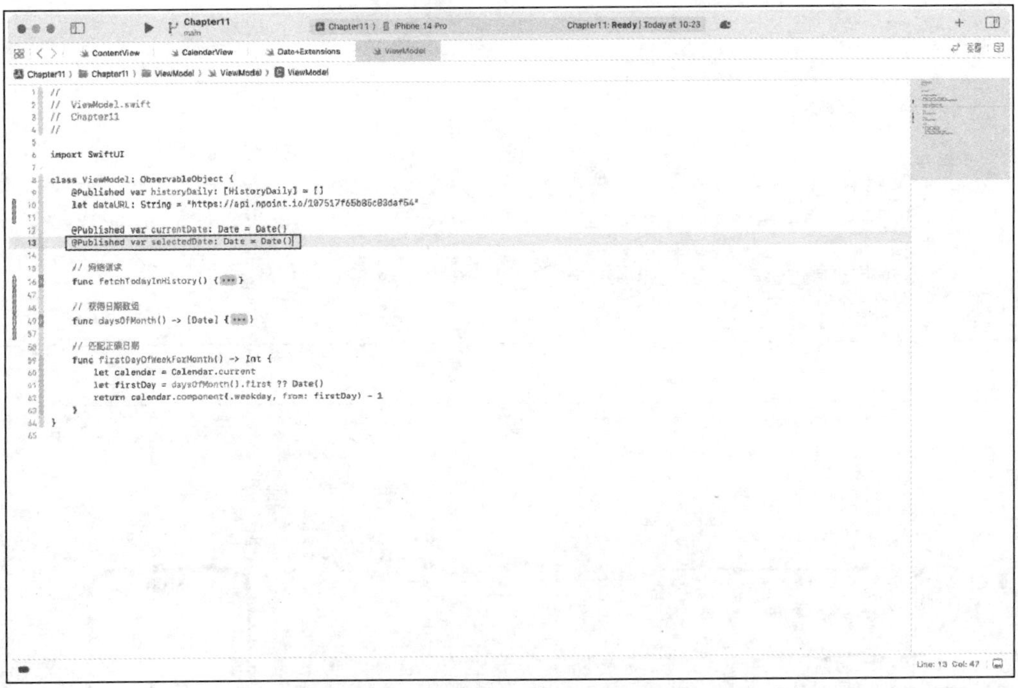

图 11-26　声明 selectedDate 观察对象

接下来，在 Date 拓展方法中创建一个方法，用于判断当前日期是否为选中日期。创建判断日期是否相同的方法，如图 11-27 所示。

```
func isSameDay(as date: Date) -> Bool {
    let calendar = Calendar.current
    return calendar.isDate(self, inSameDayAs: date)
}
```

上述代码创建了 isSameDay，用于判断当前日期是否和选中日期相同，并返回一个 Bool 类型的值，以便根据参数的不同状态显示不同的视图样式。

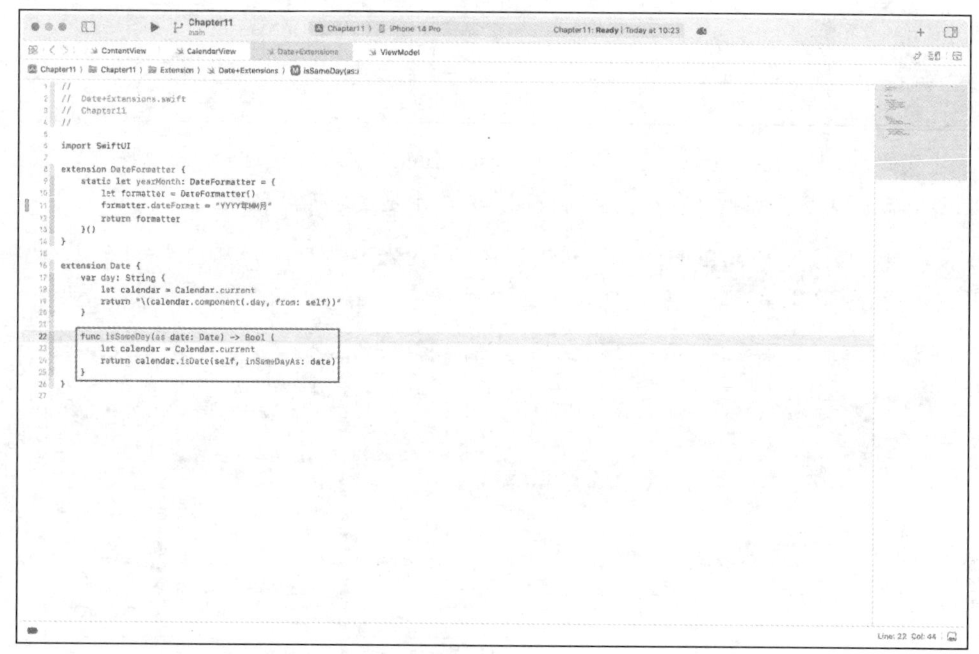

图 11-27　创建判断日期是否相同的方法

然后回到 CalendarView 视图中，为 daysOfMonthView 视图添加修饰符来凸显选中日期，如图 11-28 所示。

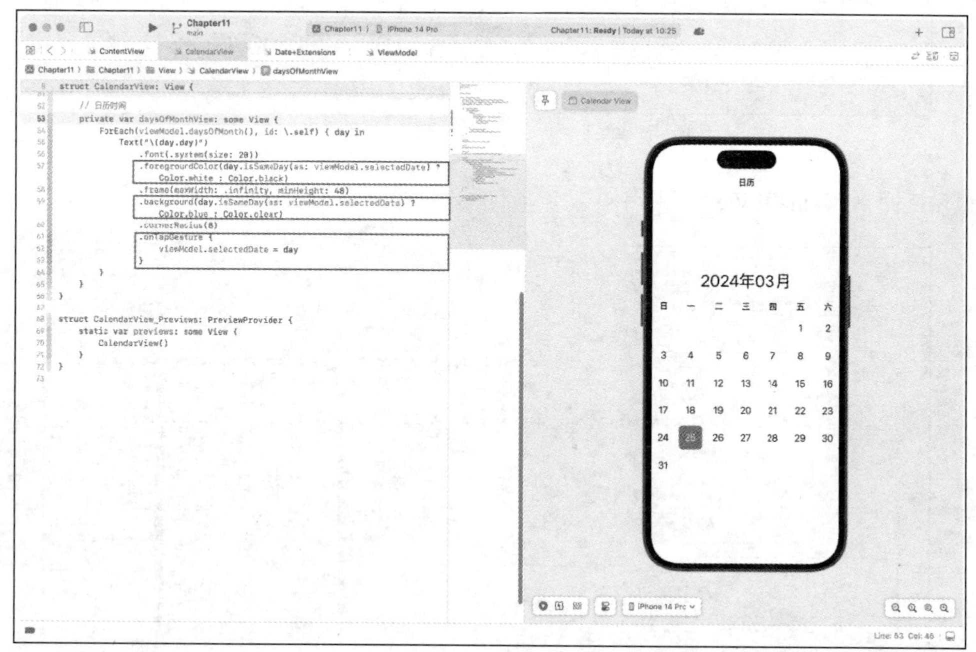

图 11-28　使用修饰符来凸显选中日期

```
// 前景色
.foregroundColor(day.isSameDay(as: viewModel.selectedDate) ? Color.white : Color.black)

// 背景色
.background(day.isSameDay(as: viewModel.selectedDate) ? Color.blue : Color.clear)
```

```
// 单击事件
.onTapGesture {
    viewModel.selectedDate = day
}
```

上述代码使用 foregroundColor 修饰符、background 修饰符来凸显选中日期，通过判断 selectedDate 是否为选中日期（默认为当前日期）来决定是否添加高亮效果。

另外，这里还添加了 onTapGesture（单击）修饰符，来实现选中单击的日期的效果。当单击其他日期时，会对应选中单击的日期，如图 11-29 所示。

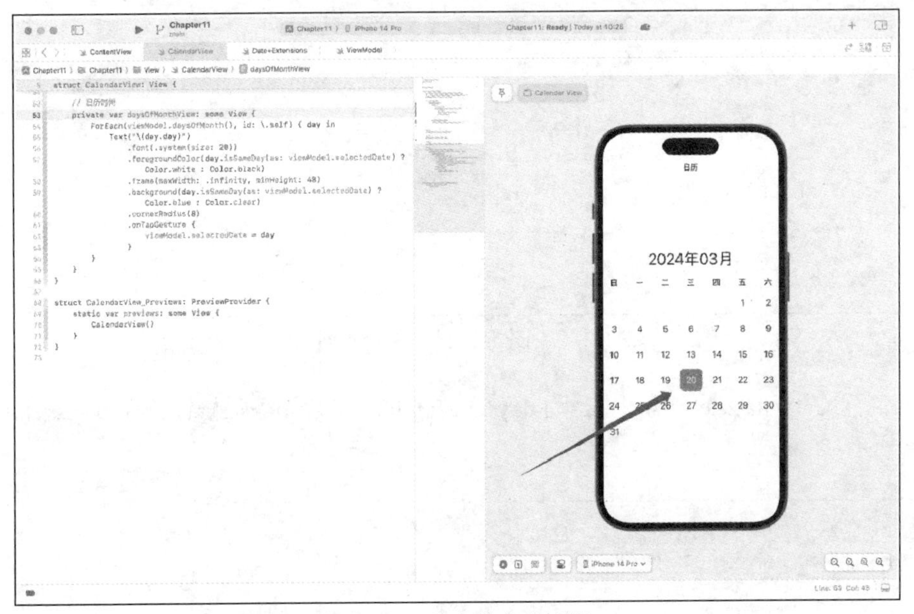

图 11-29　选中单击的日期

最后，回到 MainTabView 视图中，预览项目整体效果，如图 11-30 所示。

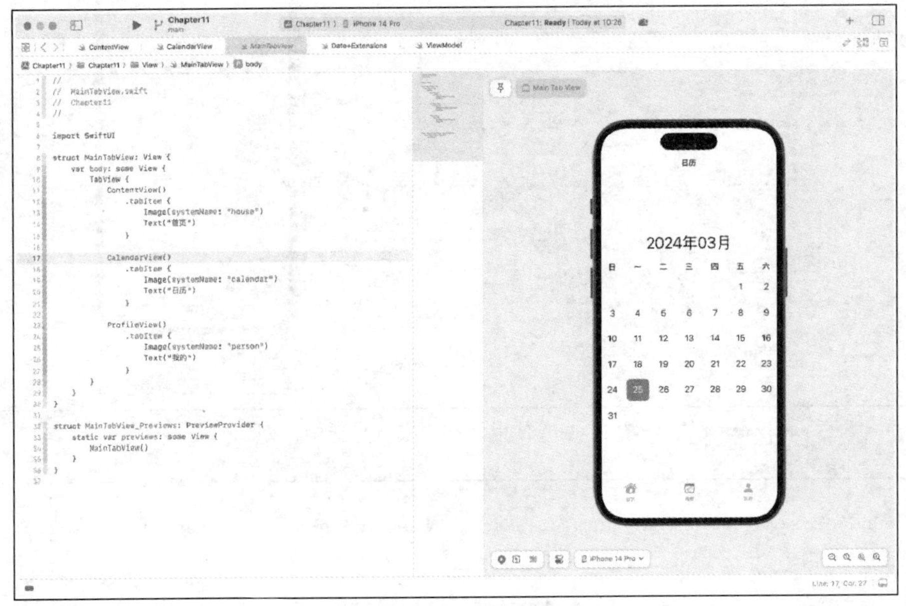

图 11-30　项目整体效果

第 12 章

设备管理：掌握 Core Services 的奥秘

每年的 iOS 版本更新都会带来一些令人惊艳的新功能，例如 iOS 11 的相册自动分类、iOS 13 的全局深色模式和 iOS 15 的实况文本等。

这些功能的创新，都得益于 Core Services（核心服务）的支持。Core Services 是 iOS 的基础组件之一，它提供了一组底层、原生、跨平台的服务，包括设备管理、文件系统、网络通信、身份验证、时间和日期等。随着 Core Services 以 API 的形式开放，开发者可以访问和操作设备的各种物理属性和特性，如摄像头、相册、网络、文件存储等，提供了更加完整和便捷的用户体验。

下面将分享一个“身份认证”界面案例的代码实现过程，带领读者了解 SwiftUI 开发中的设备管理服务。“身份认证”界面案例的最终效果如图 12-1 所示。

图 12-1 “身份认证”界面案例的最终效果

本章将创建一个名为“Chapter12”的 SwiftUI 项目，并在此项目基础上对相关内容进行讲解和分享。

12.1 开发一个“身份认证”界面

首先来完成静态界面的设计，“身份认证”界面可以划分为 3 部分：“人脸识别”栏目、“身份证正面”栏目、“身份证反面”栏目。由于 3 个栏目具有类似的 UI 样式，因此可以单独创建一个样式框架，然后通过传值的方式实现栏目内容。

12.1.1 卡片样式

首先，创建一个新的结构体，并实现单个栏目的样式内容。认证卡片视图如图 12-2 所示。

```
// 认证卡片
struct ColumnCardView: View {
    var title: String
    var desc: String
    var columnImage: String

    var body: some View {
        HStack(alignment: .top) {
            VStack(alignment: .leading, spacing: 10) {
                Text(title)
                    .font(.title2)
                    .bold()
                Text(desc)
                    .foregroundColor(.gray)
            }
            Spacer()
            Image(columnImage)
                .resizable()
                .aspectRatio(contentMode: .fill)
                .frame(width: 100, height: 100)
        }
        .padding(.horizontal, 32)
        .frame(maxWidth: .infinity, maxHeight: 160)
        .background(.white)
        .cornerRadius(16)
    }
}
```

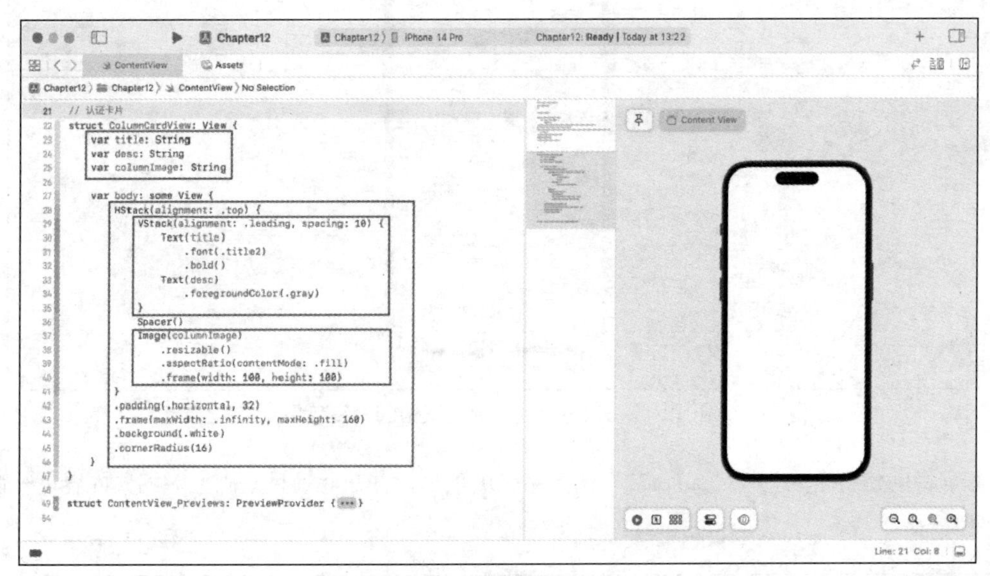

图 12-2　认证卡片视图

上述代码单独创建了认证卡片视图 ColumnCardView，在 ColumnCardView 视图中声明了 3 个参数：title（卡片标题）、desc（描述信息）、columnImage（卡片图片）。

在布局结构上，title 与 desc 纵向排布，并且采用左对齐方式。然后，这两个参数再与 columnImage 横向排布，并在视图中间使用 Spacer“撑开”视图。最后，为整个容器视图添加 background、cornerRadius 等修饰符修饰。

12.1.2　视图界面

在主视图中调用 ColumnCardView 视图来查看效果，身份认证视图样式如图 12-3 所示。

```
NavigationStack {
    ZStack {
        Color(.systemGray6).edgesIgnoringSafeArea(.all)

        VStack(spacing: 20) {
            ColumnCardView(title: "人脸识别", desc: "识别你的身份", columnImage: "camera")
            ColumnCardView(title: "身份证正面", desc: "上传身份证人像面", columnImage: 
"portrait")
            ColumnCardView(title: "身份证反面", desc: "上传身份证国徽面", columnImage: 
"backSide")

            Spacer()
        }
        .padding()
    }
    .navigationTitle("身份认证")
    .navigationBarTitleDisplayMode(.inline)
}
```

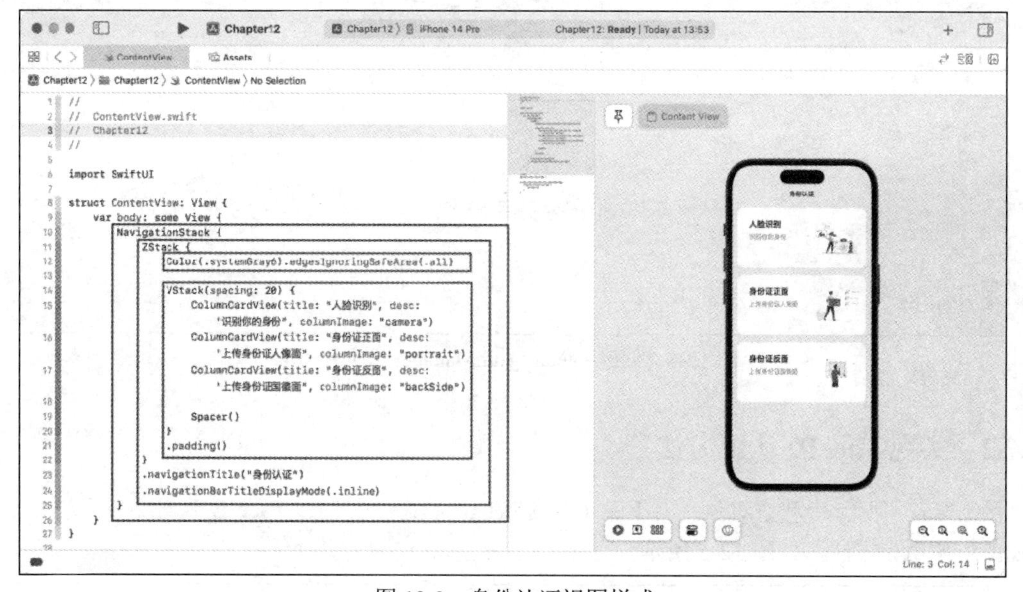

图 12-3　身份认证视图样式

上述代码首先使用 ZStack 为整个界面添加了灰色的背景，然后使用 VStack 排布了 3 个 ColumnCardView 视图，并为其参数赋予了不同的值。

最后，为整个视图添加了一个 NavigationStack 视图，并结合 navigationTitle 修饰符和 navigationBarTitleDisplayMode 修饰符，为整个界面添加了一个居中对齐的标题。

在实时预览窗口中可以看到，此时已经基本完成了静态界面的样式设计。

12.2　实现“人脸识别”栏目的功能

接下来，实现“人脸识别”栏目的功能。

2017 年，Apple 正式推出了划时代的全新机型 iPhone X，并带来了全新的安全认证框架——FaceID。用户可以通过人脸识别解锁手机、在 App Store 中购买应用、使用 Apple Pay 进行支付等。Apple 还将 FaceID 的核心服务以 API 的方式进行开放，方便开发者在应用中对其进行调用。

12.2.1　创建 FaceIDAuthManager 数据模型

创建一个名为“ViewModel”的文件夹，同时创建一个新的 Swift 文件，命名为“FaceIDAuthManager”。接下来，在 FaceIDAuthManager 文件中实现数据模型的代码块。创建 FaceIDAuthManager 数据模型如图 12-4 所示。

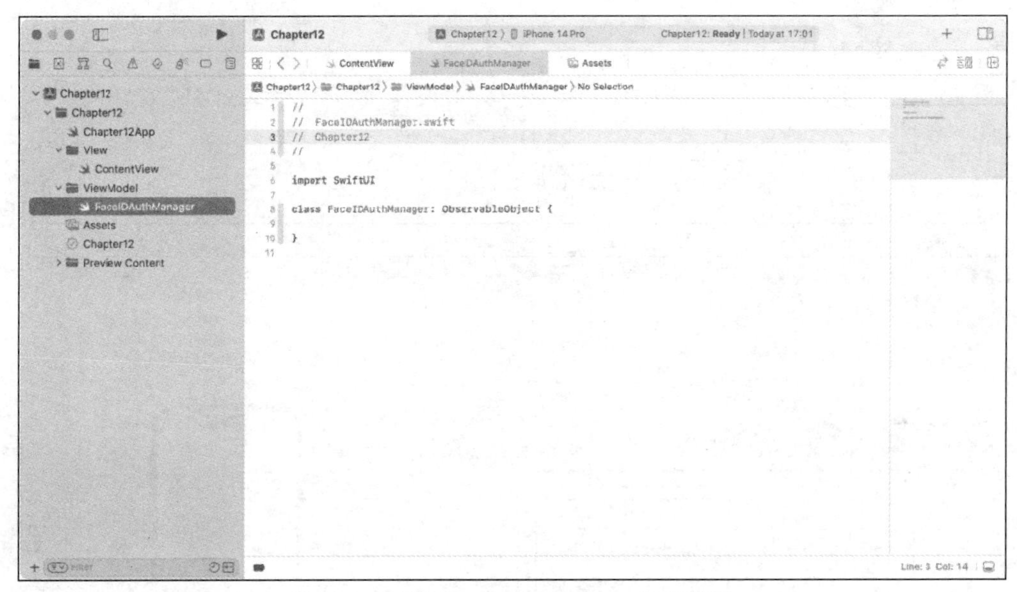

图 12-4　创建 FaceIDAuthManager 数据模型

12.2.2　实现 FaceID 认证方法

接下来，声明一个观察对象，用于表示身份认证的状态，并创建 FaceID 认证方法，以便后面在视图中调用该方法，如图 12-5 所示。

```
import LocalAuthentication
import SwiftUI

class FaceIDAuthManager: ObservableObject {
    @Published var isFaceIDAuthenticated = false

    func authenticateWithFaceID() {
        let context = LAContext()
        var error: NSError?

        if context.canEvaluatePolicy(.deviceOwnerAuthenticationWithBiometrics, error:
&error) {
```

```
            let reason = "使用 FaceID 进行认证。"
            context.evaluatePolicy(.deviceOwnerAuthenticationWithBiometrics, localized
Reason: reason) { success, _ in
                DispatchQueue.main.async {
                    if success {
                        self.isFaceIDAuthenticated = true
                        print("成功认证")
                    } else {
                        self.isFaceIDAuthenticated = false
                        print("认证失败")
                    }
                }
            }
        } else {
            print("没有身份识别")
        }
    }
}
```

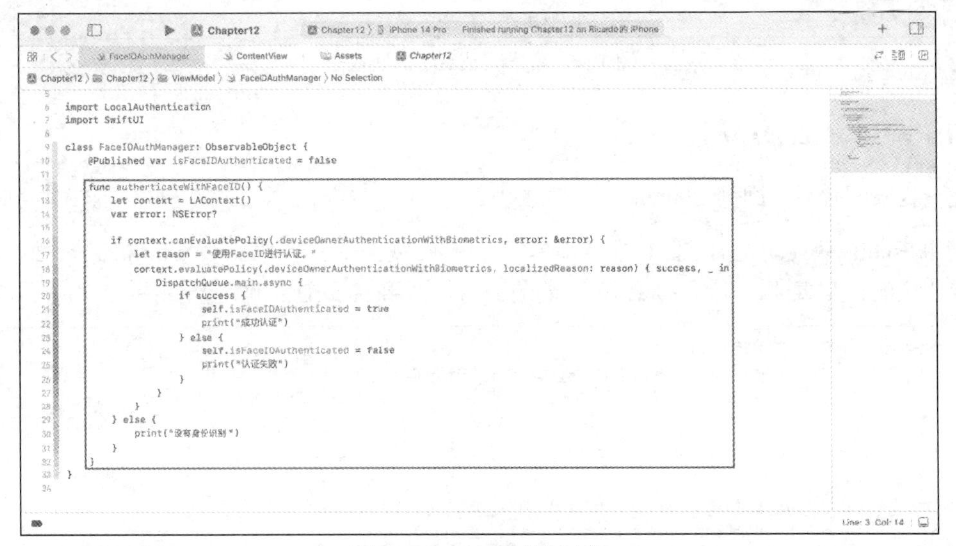

图 12-5　FaceID 认证方法

上述代码声明了观察对象 isFaceIDAuthenticated，以便判断认证状态，默认为 false。实现 FaceID 认证方法需要使用 LocalAuthentication 框架，在项目中引入了这个框架。

然后创建了身份认证方法 authenticateWithFaceID，在其闭包中，创建了一个 LAContext 的实例，它允许查询生物特征状态并执行身份认证检查。接着调用硬件设备的身份识别功能的 API，调用成功后开始进行身份识别认证。当认证通过时，可以在主线程中更新 isFaceIDAuthenticated 对象的状态为 true。

当认证失败或者设备没有身份识别功能时，输出相应的信息以便进行检查。

12.2.3　配置 FaceID 认证权限

在 iOS 设备中使用 FaceID 进行身份识别认证，还需要在 Info 配置文件中进行相关权限的配置。配置 FaceID 认证权限如图 12-6 所示。

```
Privacy - Face ID Usage Description

App 需要您的同意才能使用面容 ID 进行认证，是否允许？
```

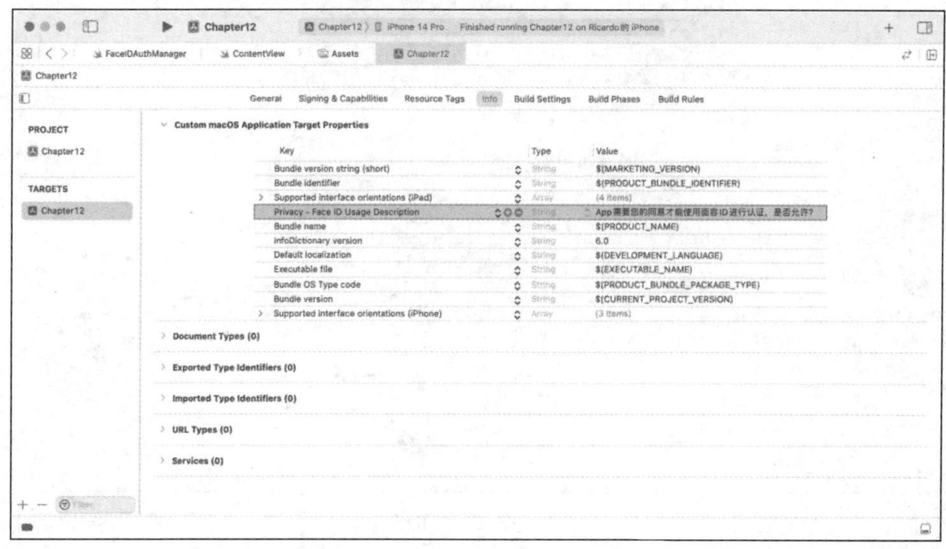

图 12-6　配置 FaceID 认证权限

12.2.4　调用 FaceID 认证功能

完成权限配置后，回到 ContentView 视图中。

调用 FaceID 认证功能的方法也非常简单，只需要在视图中引入 FaceIDAuthManager 数据模型，并创建相应的交互事件，即可完成相关功能的调用。调用 FaceID 认证功能如图 12-7 所示。

```
// 引入 FaceIDAuthManager
@StateObject var faceIDAuthManager = FaceIDAuthManager()

// 调用身份认证方法
ColumnCardView(title: "人脸识别", desc: "识别你的身份", columnImage: "camera")
    .onTapGesture {
        if !faceIDAuthManager.isFaceIDAuthenticated {
            faceIDAuthManager.authenticateWithFaceID()
        }
    }
```

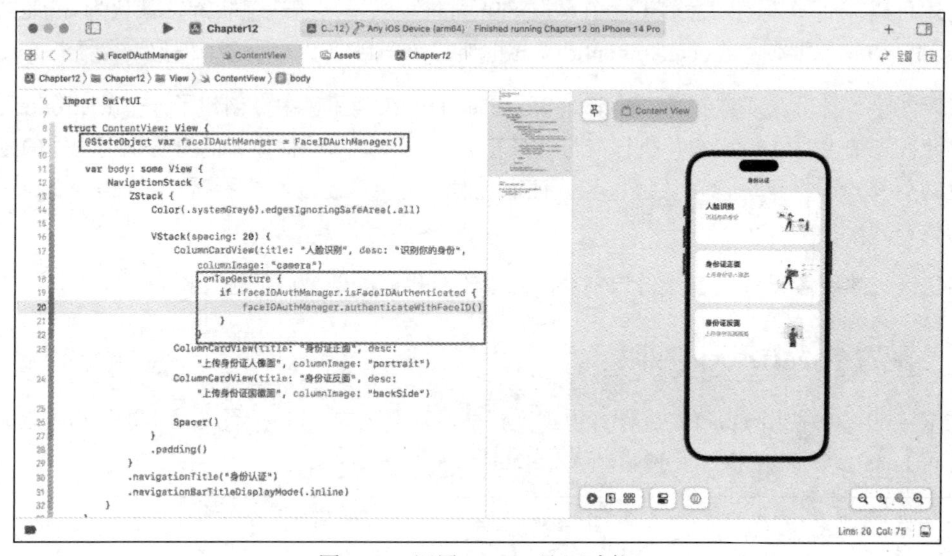

图 12-7　调用 FaceID 认证功能

上述代码在 ContentView 视图中引入了 FaceIDAuthManager 数据模型，并在“人脸识别”栏目的 ColumnCardView 视图中添加了 onTapGesture 修饰符，当单击视图时，若 isFaceIDAuthenticated 参数状态为 false，则 SwiftUI 将调用 authenticateWithFaceID 方法进行身份认证。

此时可以将应用安装到真机上，体验 FaceID 认证的全过程，如图 12-8 所示。

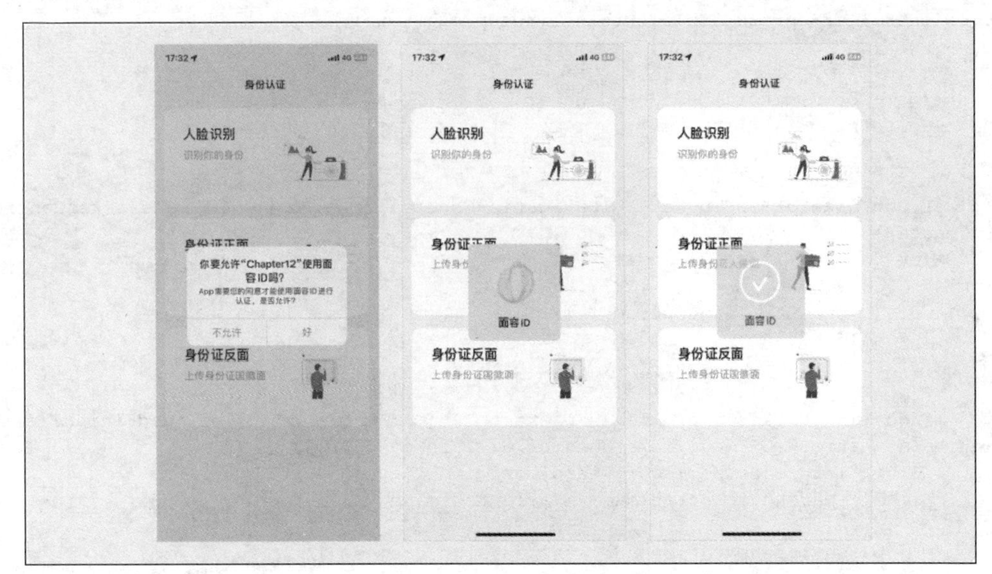

图 12-8　FaceID 认证的全过程

除了调用 FaceID 认证功能来进行识别认证，还可以根据 FaceIDAuthManager 数据模型中 isFaceIDAuthenticated 对象的状态来显示不同的视图样式，以便根据业务需求对应用进行个性化调整，在这里不做过多的拓展。

12.3　实现上传证件功能

接下来，实现“身份证正面”栏目、“身份证反面”栏目的功能。

非常可惜的是，截至目前最新版本的 SwiftUI，Apple 仍旧没有将拍照、图片上传等核心服务进行封装，开发者仍旧需要学习并使用 UIKit 的图片选择器 UIImagePickerController，以实现拍照、图片上传的功能。

12.3.1　实现拍照和图片上传方法

创建一个名为“SupportFile”的文件夹，同时创建一个新的 Swift 文件，命名为“ImageUploadView”。接下来实现拍照和图片上传的相关方法，创建 ImageUploadView 方法如图 12-9 所示。

```
import SwiftUI

struct ImageUploadView: UIViewControllerRepresentable {
    @Binding var selectedImage: UIImage?
    @Environment(\.presentationMode) var presentationMode
    let sourceType: UIImagePickerController.SourceType

    func makeUIViewController(context: UIViewControllerRepresentableContext<ImageUplo
adView>) -> UIImagePickerController {
```

```
        let imagePickerController = UIImagePickerController()
        imagePickerController.delegate = context.coordinator
        imagePickerController.sourceType = sourceType
        return imagePickerController
    }

    func updateUIViewController(_ uiViewController: UIImagePickerController, context:
 UIViewControllerRepresentableContext<ImageUploadView>) {
    }

    func makeCoordinator() -> Coordinator {
        Coordinator(self)
    }

    class Coordinator: NSObject, UINavigationControllerDelegate, UIImagePickerControl
lerDelegate {
        let parent: ImageUploadView

        init(_ parent: ImageUploadView) {
            self.parent = parent
        }

        func imagePickerController(_ picker: UIImagePickerController, didFinishPicking
MediaWithInfo info: [UIImagePickerController.InfoKey : Any]) {
            if let selectedImage = info[.originalImage] as? UIImage {
                parent.selectedImage = selectedImage
            }
            parent.presentationMode.wrappedValue.dismiss()
        }

        func imagePickerControllerDidCancel(_ picker: UIImagePickerController) {
            parent.presentationMode.wrappedValue.dismiss()
        }
    }
}
```

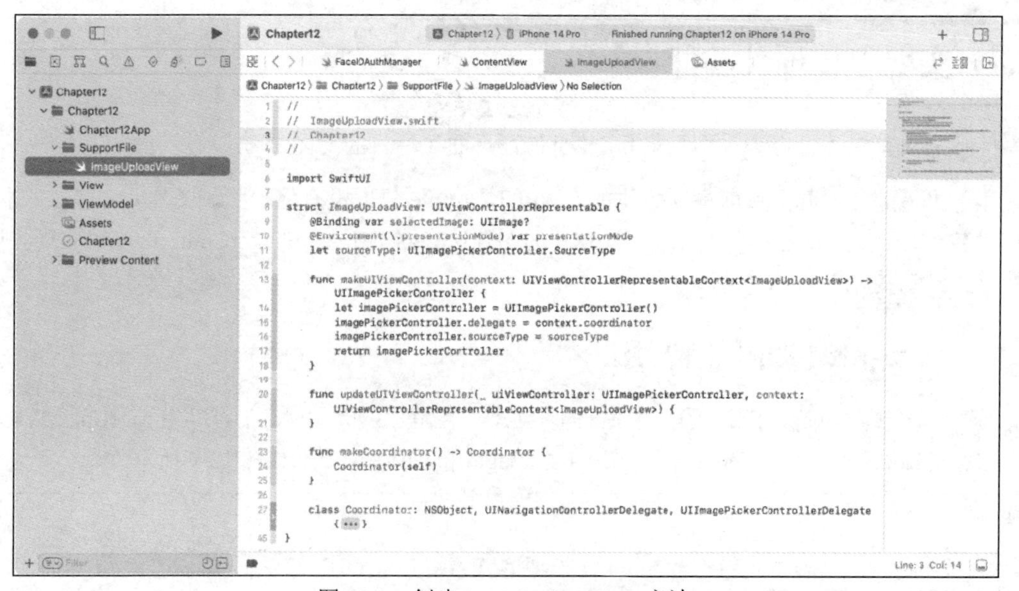

图 12-9　创建 ImageUploadView 方法

上述代码创建了一个遵循 UIViewControllerRepresentable 协议的结构体 ImageUploadView，借助 UIViewControllerRepresentable 协议，可以将 UIKit 视图控制器嵌入 SwiftUI 视图中，这样就可

以使用 UIKit 来实现拍照或者图片上传的功能。

在 ImageUploadView 结构体中，声明了 3 个参数：selectedImage（图片）、presentationMode（环境变量）、sourceType（选择器类型）。其中，selectedImage 参数存储返回的图片数据，presentationMode 参数用于回传成功后关闭图片选择器，sourceType 参数则用于方便用户选择以拍照方式还是相册方式上传图片。

参数定义完成后，创建了 3 个方法：makeUIViewController、updateUIViewController 和 makeCoordinator。开发者应重点关注 makeUIViewController 方法，makeUIViewController 方法用于创建和配置 UIImagePickerController，可以配置图片选择器的来源类型。

最后还要实现 Coordinator 类，实现选择图片和取消选择图片的功能，实现这些功能的核心逻辑是当用户成功选择了图片时，调用方法从 info 中提取出用户选择的图片，并将其存储在 selectedImage 中，然后使用 presentationMode 来关闭图片选择器。

12.3.2　配置相册和相机权限

在实现了方法后，在 iOS 设备中使用相册或者相机等，也需要在 Info 配置文件中进行相关权限的设置。配置相册和相机权限如图 12-10 所示。

```
Privacy - Photo Library Additions Usage Description

App 需要您的同意才能从相册中上传图片，是否允许？

Privacy - Camera Usage Description

App 需要您的同意才能使用相机拍摄图片，是否允许？
```

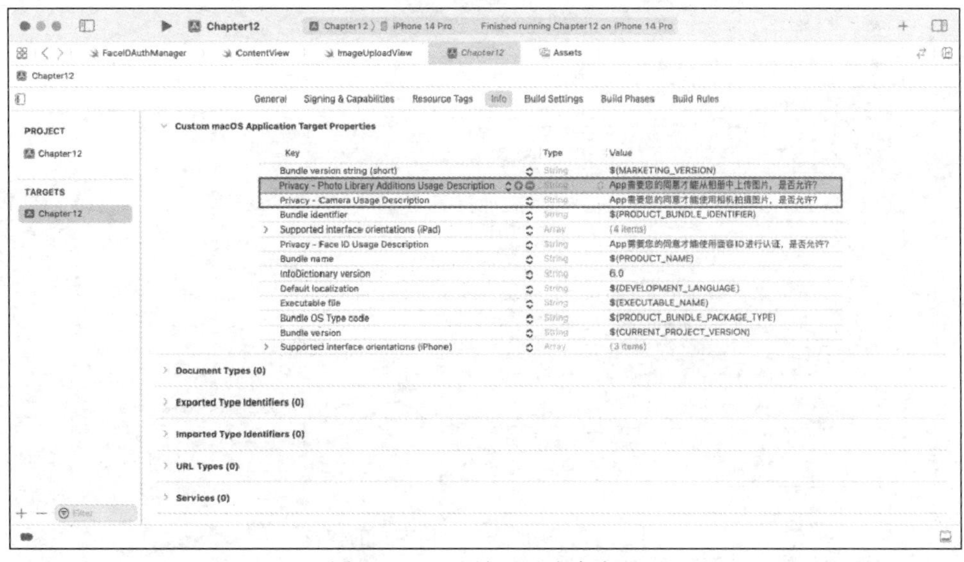

图 12-10　配置相册和相机权限

12.3.3　实现选择上传方式弹窗

由于上传证件功能可以采用调用相机拍照上传和打开相册选择图片上传两种方式，因此需要提供选择弹窗供用户选择图片上传的方式。

在 SwiftUI 中，可以使用 ActionSheet（选择器弹窗）视图来实现选择上传方式的弹窗，如图 12-11 所示。

```
// 参数声明
@State var showingImageSourceSelection:Bool = false

// 打开 ActionSheet 视图
.actionSheet(isPresented: $showingImageSourceSelection) {
    selectedImageSheet
}

// 搭建 ActionSheet 视图
private var selectedImageSheet: ActionSheet {
    ActionSheet(
        title: Text("选择上传方式"),
        buttons: [
            .default(Text("相机"), action: {
                if UIImagePickerController.isSourceTypeAvailable(.camera) {
                    // 打开相机
                } else {print("相机不可用")}
            }),
            .default(Text("相册"), action: {
                if UIImagePickerController.isSourceTypeAvailable(.photoLibrary) {
                    // 打开相册
                } else {print("相册不可用")}
            }),
            .cancel(Text("取消"))
        ]
    )
}
```

图 12-11　实现选择上传方式的弹窗

上述代码单独创建了选择上传方式弹窗视图 selectedImageSheet，它是一个 ActionSheet 视图。在 selectedImageSheet 的闭包中，设置了弹窗的 title（标题）、buttons（按钮组）参数，其中 buttons 参数闭包中，使用了 3 个按钮，分别为两个 default（默认）按钮和 1 个 cancel（取消）按钮。

在触发 default 按钮的单击事件时，可以使用 if-else 条件判断语句检查 UIImagePickerController

视图是否支持 camera（相机）和 photoLibrary（相册），只有在支持的情况下才能打开相应的应用。

在选择上传方式弹窗视图 selectedImageSheet 后，声明了 showingImageSourceSelection 参数，用于触发打开选择器弹窗。此时，我们为界面最外层的 NavigationStack 视图添加了 actionSheet 修饰符，用于打开选择上传方式弹窗视图 selectedImageSheet，在打开弹窗上，我们需要绑定 showingImageSourceSelection 参数，并设置弹窗显示的视图为 selectedImageSheet 视图。

然后，给“身份证正面”栏目、“身份证反面”栏目添加单击事件，体验打开选择器弹窗的效果，如图 12-12 所示。

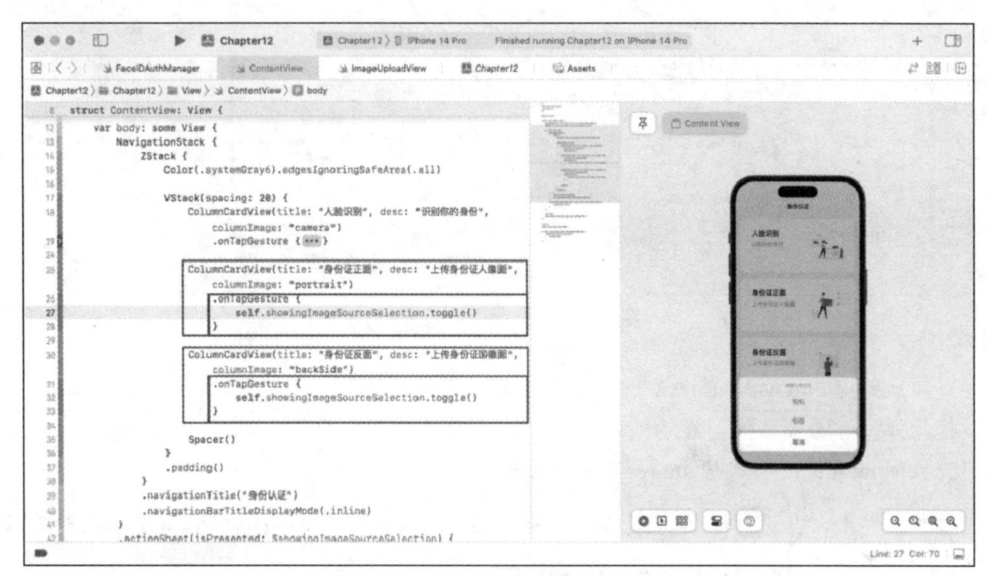

图 12-12　打开选择器弹窗的效果

12.3.4　调用图片上传方法

接下来，实现打开相机或者打开相册的功能操作。

相机与相册以弹窗的方式进行交互，当拍照完成或者在相册中选择图片上传完成后，系统会关闭弹窗。为了实现这个交互功能，需要使用 Sheet 视图，配合前面已经实现的 ImageUploadView 视图来完成。调用图片上传方法如图 12-13 所示。

```
// 参数声明
@State var showingImagePicker = false
@State var sourceType: UIImagePickerController.SourceType = .camera
@State var selectedImage: UIImage?

// 打开图片上传弹窗
.sheet(isPresented: $showingImagePicker) {
    ImageUploadView(selectedImage: $selectedImage,sourceType: sourceType)
}

// 打开弹窗并选择类型
self.sourceType = .camera
self.showingImagePicker.toggle()
```

上述代码声明了 3 个必需的参数：showingImagePicker、sourceType 和 selectedImage。其中，showingImagePicker 参数用于打开 ImageUploadView 视图，sourceType 参数用于在打开 ImageUploadView

视图时设置设备类型，selectedImage 参数用于存储回传的图像数据。

图 12-13　调用图片上传方法

为界面最外层 NavigationStack 视图添加了 Sheet 修饰符，并绑定 showingImagePicker 参数用于触发打开弹窗，而模态弹窗显示的内容为 ImageUploadView 视图，同时绑定 ImageUploadView 视图中的 selectedImage 参数和 sourceType 参数。

在触发条件上，在选择上传方式弹窗中添加相应的交互动作，当用户单击“相机”或者“相册”按钮时，可以设置 sourceType 对应的设备类型和更新 showingImagePicker 状态。

这样便成功打开了相机或者相册，在用户拍照或者在相册中选中图片后，将图像数据回传给视图。

此时可以将应用安装到真机上，体验上传图片的全过程。图片上传过程如图 12-14 所示。

图 12-14　图片上传过程

12.3.5　实现显示上传图片逻辑

最后，介绍如何将返回的图片显示在视图上。

此时会发现一个问题，在 ColumnCardView 视图中，图片的参数类型是 String 类型，而调用相机或者相册返回的图片类型是 UIImage 类型，这两者好像没有共通之处。

首先来了解在 iOS 语言体系中关于图像处理的两个阶段，在 UIkit 语言阶段中，UIkit 使用 UIImage 来显示图像数据，例如，使用 UIImage 显示本地的图像素材：

```
UIImage(named: "portrait")
```

到了 SwiftUI 语言阶段，则使用 Image 来显示图像数据，例如，使用 Image 显示本地的图像素材：

```
Image("portrait")
```

可以说，UIImage 是 Image 的前身，并且 Apple 也将两者进行了互通，使得两者之间能够进行格式转换：

```
Image("portrait") = Image(uiImage:UIImage(named: "portrait"))
```

了解了 UIImage 和 Image 的特性之后，可以将 ColumnCardView 视图的图像参数类型，统一替换成 UIImage 类型，替换参数类型如图 12-15 所示。

```
// 参数类型
var columnImage: UIImage

// 更改视图数据读取方式
Image(uiImage: columnImage)
    .resizable()
    .aspectRatio(contentMode: .fill)
    .frame(width: 100, height: 100)
    .clipped()
```

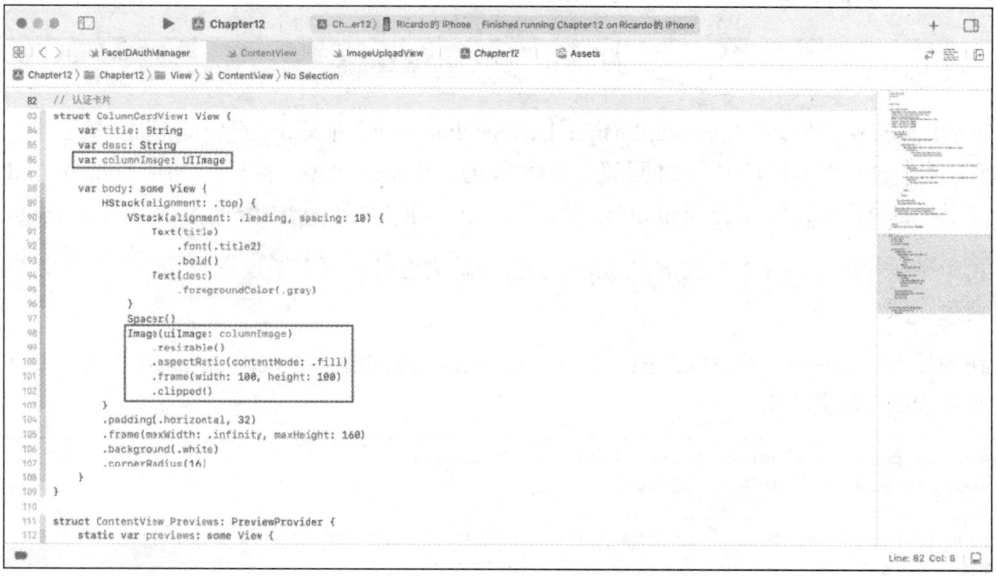

图 12-15　替换参数类型

上述代码替换了 ColumnCardView 视图中的 columnImage 参数类型，由 String 类型替换为 UIImage 类型，并且在使用 Image 视图读取图像时，使用 uiImage 参数处理图像。为了展现图像在视图中呈现的效果，这里还为 Image 视图添加了 clipped 修饰符，使图像适应 100 px×100 px 的尺寸框架。

然后回到 ContentView 视图中，还需要调整调用了 ColumnCardView 视图的部分，视图传值调整如图 12-16 所示。

```
// 参数声明
@State var portraitImage: UIImage?
@State var backSideImage: UIImage?

// 视图传值
columnImage: portraitImage ?? UIImage(named: "portrait")!
columnImage: backSideImage ?? UIImage(named: "backSide")!
```

```
struct ContentView: View {
@State var selectedImage: UIImage?
@State var portraitImage: UIImage?
@State var backSideImage: UIImage?

var body: some View {
    NavigationStack {
        ZStack {
            Color(.systemGray6).edgesIgnoringSafeArea(.all)

            VStack(spacing: 20) {
                ColumnCardView(title: "人脸识别", desc: "识别你的身份", columnImage: UIImage(named: "camera")!)
                    .onTapGesture { ••• }

                ColumnCardView(title: "身份证正面", desc: "上传身份证人像面", columnImage: portraitImage ?? UIImage(named: "portrait")!)
                    .onTapGesture {
                        self.showingImageSourceSelection.toggle()
                    }

                ColumnCardView(title: "身份证反面", desc: "上传身份证国徽面", columnImage: backSideImage ?? UIImage(named: "backSide")!)
                    .onTapGesture {
                        self.showingImageSourceSelection.toggle()
                    }

                Spacer()
            }
            .padding()
        }
        .navigationTitle("身份认证")
        .navigationBarTitleDisplayMode(.inline)
```

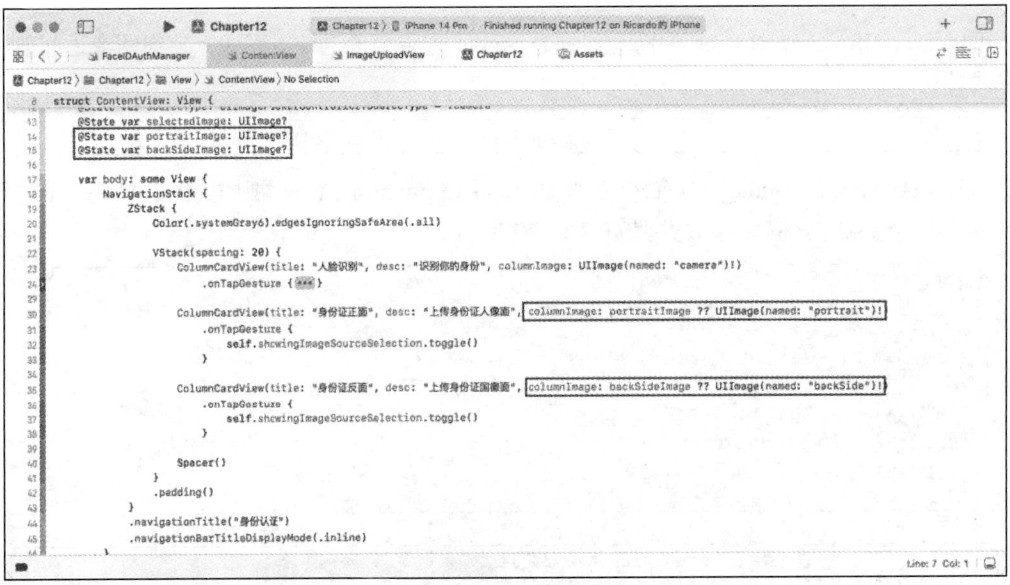

图 12-16　视图传值调整

上述代码声明了两个参数 portraitImage、backSideImage，分别表示“身份证正面”栏目中上传的图像和“身份证反面”栏目中上传的图像，类型均为 UIImage 类型。然后在调用 ColumnCardView 视图显示栏目时，可以设置 columnImage 参数的值为声明的参数 portraitImage、backSideImage。

由于参数使用了可选类型关键字“?”，当参数值为空时，可以通过设置参数值为空时的默认值来避免视图渲染报错。

在图片上传结束时，将返回的图片数据 selectedImage 的值传给 portraitImage 参数。关闭弹窗时获得返回图片如图 12-17 所示。

```
.sheet(isPresented: $showingImagePicker,onDismiss: {
    portraitImage = selectedImage
}) {
    ImageUploadView(selectedImage: $selectedImage, sourceType: sourceType)
}
```

```
//
//  ContentView.swift
//  Chapter12
//

import SwiftUI

struct ContentView: View {
    @StateObject var faceIDAuthManager = FaceIDAuthManager()
    @State var showingImageSourceSelection: Bool = false
    @State var showingImagePicker = false
    @State var sourceType: UIImagePickerController.SourceType = .camera
    @State var selectedImage: UIImage?
    @State var portraitImage: UIImage?
    @State var backSideImage: UIImage?

    var body: some View {
        NavigationStack {•••}
        .actionSheet(isPresented: $showingImageSourceSelection) {•••}
        .sheet(isPresented: $showingImagePicker,onDismiss: {
            portraitImage = selectedImage
        }) {
            ImageUploadView(selectedImage: $selectedImage, sourceType: sourceType)
        }
    }

    // 选择上传方式
    private var selectedImageSheet: ActionSheet {•••}
}

// 认证卡片
```

图 12-17　关闭弹窗时获得返回图片

上述代码在 Sheet 修饰符中，设置 onDismiss 参数，当弹窗关闭时，ImageUploadView 将返回的图片对象 selectedImage 的值传给 portraitImage，即实现了在视图上显示返回的图片对象。

此时可以将应用安装到真机上，查看图像显示的全过程，如图 12-18 所示。

图 12-18　图像显示的全过程

第 13 章

数据存储：使用 FileManager

第 9 章分享了参数的持久化存储方法，对于需要存储的应用的配置项或者单一数据，UserDefaults 和@AppStorage 属性包装器都是不错的选择。

但在项目开发中，开发者常常会面临需要将大量数据存储起来的场景，例如存储用户创建的笔记、存储用户创建的待办事项，以及存储应用提供的浏览数据等。简单的数据存储方案并不能很好地应对这些复杂的应用场景，于是开发者就需要使用更加具有针对性的数据存储方案。

Apple 在数据持久化存储方面，提供了 FileManager（文件存储）、CoreData（本地存储）、iCloud（云端存储）3 种数据存储方案以供开发者使用。其中，FileManager 方案可以通过在应用本地创建 JSON 文件的方式实现数据持久化存储。

下面将分享一个“文字控”项目的代码实现过程，带领读者学习并使用 FileManager 方案，同时实现对数据的存储、新增、删除等常规功能。“文字控”项目的最终效果如图 13-1 所示。

图 13-1 “文字控”项目的最终效果

本章将创建一个名为“Chapter13”的 SwiftUI 项目，并在此项目基础上对相关内容进行讲解和分享。

13.1　搭建底部导航栏

首先，完成底部导航栏的内容搭建。

创建一个名为“View”的文件夹，并创建两个新的 SwiftUI 文件，分别命名为“MainTabView”“NoteView”，其中 MainTabView 视图将作为底部导航栏视图。搭建底部导航栏如图 13-2 所示。

```
TabView {
    ContentView()
        .tabItem {
            Label("推荐", systemImage: "square.filled.on.square")
        }

    NoteView()
        .tabItem {
            Label("笔记", systemImage: "note.text")
        }
}
```

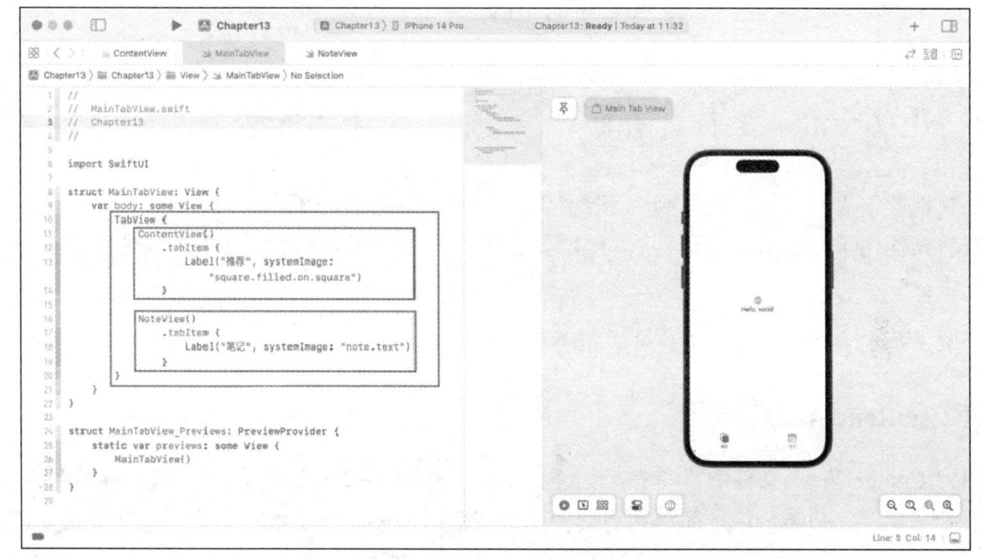

图 13-2　搭建底部导航栏

上述代码使用 TabView 视图作为底部导航栏的框架，在 TabView 视图的闭包中，ContentView 视图和 NoteView 视图作为选项卡的两个标签入口，使用 tabItem 修饰符和 Label 视图创建了一个简单的文字+图标的标签样式。

由于 TabView 视图的背景色默认为透明，因此还需要设置 TabView 视图的背景色为白色，如图 13-3 所示。

```
init(){
    UITabBar.appearance().backgroundColor = UIColor(.white)
}
```

在上述代码中，由于 SwiftUI 当前并没有提供可以单独设置 TabView 视图背景色的相关修饰符，因此在初始化 init 视图时，设置 UITabBar（TabView 视图的底层）显示时的背景色为白色。

搭建好底部导航栏后，就可以单独在相应的视图文件中开发界面。

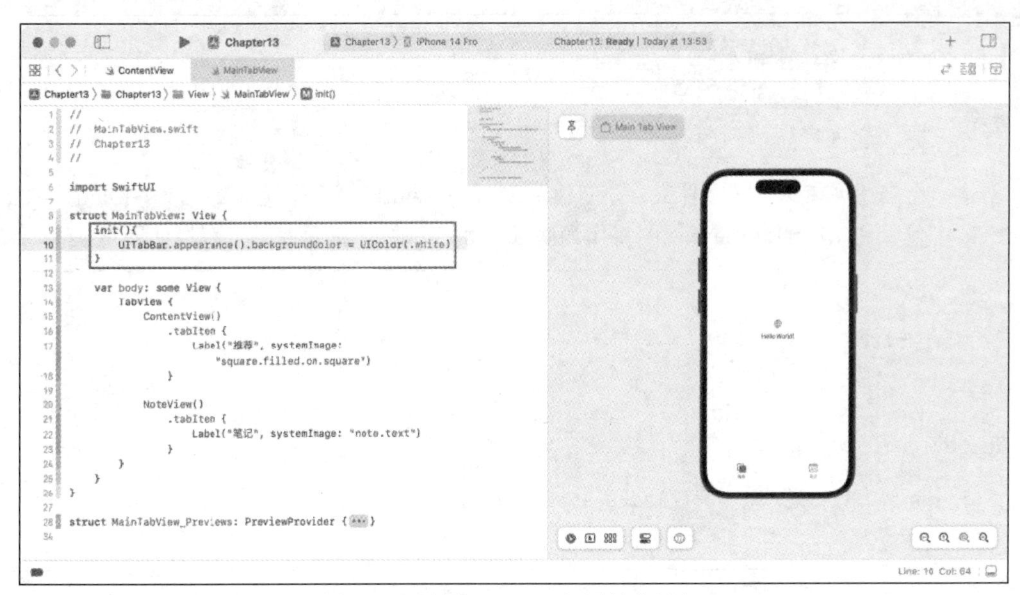

图 13-3　设置 TabView 视图的背景色

13.2　开发一个“推荐”界面

在“推荐”界面中，可以看到应用会给用户推荐一些唯美句子的卡片，用户可以通过滑动卡片来查看其他句子，当用户看到喜欢的句子时，可以单击卡片下方的“收藏”按钮，将句子存储到笔记中。

了解了基本功能后，接下来完成“推荐”界面的开发。

13.2.1　sentences 文字数组

回到 ContentView 文件中，首先来创建文字数据的部分，通常情况下，可以借助网络请求从服务器处获得文字数据。这里简单地声明一个文字数组来创建文字数据，声明文字数组如图 13-4 所示。

```
@State var sentences: [(Color,String)] = [
    (.red,"在那些心情低落经历挫折的日子，幸好有这么一些图书能赶走阴霾，治愈伤痛。"),
    (.green,"这理应是一个审美多元的年代，每个人都有爱美的权利。"),
    (.blue,"这个世界有无数种可能，专注追寻一种可能，它终将会发生。"),
    (.pink,"最好的教育方式，是真诚诉说真实的故事。"),
    (.purple,"文艺感是一直潮流的东西，很多人只是想追随潮流而已。"),
]
```

上述代码声明了一个文字数组 sentences，它是一个元组类型的数组，元组是 Swift 中的一种复合数据类型，可以将多个值组合成一个单一的值。元组通过将多个值放在括号中来声明，值之间用逗号分隔。

在 sentences 数组中，每个元组包含一个 Color 参数值和一个 String 参数值，这样就得到了与颜色和文字内容相匹配的数组数据。

图 13-4　声明 sentences 文字数组

13.2.2　文字卡片

接下来，创建文字卡片视图。

由于文字卡片需要被重复使用，因此可以采用单独创建结构体的方式来创建文字卡片视图，如图 13-5 所示。

```
// 使用文字卡片
TextCard(bgColor: sentences[0].0, text: sentences[0].1)

// 文字卡片
struct TextCard: View {
    var bgColor: Color
    var text: String

    var body: some View {
        ZStack {
            Rectangle()
                .fill(bgColor)
                .cornerRadius(16)
                .opacity(0.5)

            Text(text)
                .font(.system(size: 20))
                .foregroundColor(.white)
                .padding(32)
        }
        .frame(height: UIScreen.main.bounds.height / 3)
        .padding()
    }
}
```

在上述代码中，TextCard（文字卡片）视图的参数有两个，其中，bgColor 参数用于设置卡片背景色，text 参数用于设置文字内容。

图 13-5　创建文字卡片视图

在样式布局上，使用 ZStack 让 Rectangle 视图和 Text 视图堆叠显示。而在设置文字卡片尺寸时，使用 frame 修饰符将卡片的高度设置为屏幕高度的 1/3。

然后，在主视图中显示 TextCard 视图，给参数标签传入 sentences 数组的第一个元组的数据。

13.2.3　滑动卡片

在检查完文字卡片的样式和内容后，需要显示 sentences 数组中所有元组的数据，还需要实现滑动卡片的效果。

滑动卡片的效果也可以通过 TabView 视图来实现，创建滑动卡片视图如图 13-6 所示。

```
// 视图布局
ZStack {
    Color(.systemGray6).edgesIgnoringSafeArea(.all)
    slideCard
}

// 滑动卡片
private var slideCard: some View {
    TabView {
        ForEach(0..<sentences.count, id: \.self) { index in
            TextCard(
                bgColor: sentences[index].0,
                text: sentences[index].1
            )
        }
    }
    .tabViewStyle(PageTabViewStyle(indexDisplayMode: .never))
    .frame(height: UIScreen.main.bounds.height / 3)
}
```

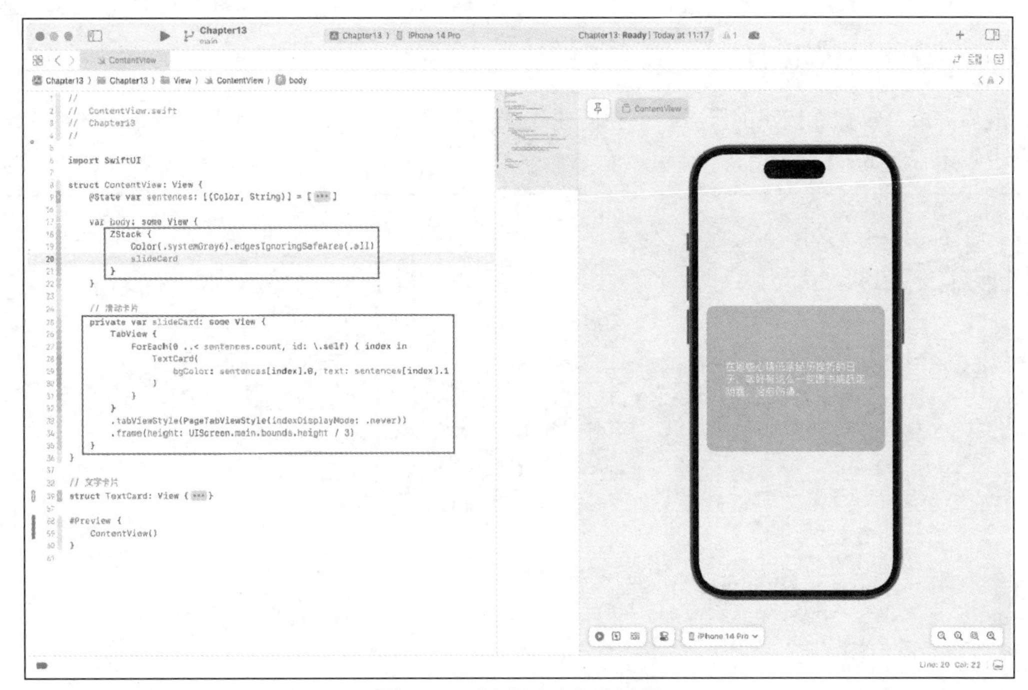

图 13-6　创建滑动卡片视图

上述代码声明了一个 slideCard（滑动卡片）视图，在 slideCard 视图的闭包中，使用 TabView 视图和 ForEach 函数来遍历显示 sentences 数组中所有元组的数据。

当将 TabView 视图的 tabViewStyle 样式设置为 PageTabViewStyle（页面选项视图样式）时，原本按照标签入口样式显示的文字卡片内容，就会转变为按照滑动卡片样式来显示。

此时可以在实时预览窗口中向左滑动文字卡片，体验类似轮播图的交互效果。滑动卡片效果如图 13-7 所示。

图 13-7　滑动卡片效果

13.2.4 “收藏”按钮

最后完成“收藏”按钮的开发，单独创建收藏按钮视图，如图 13-8 所示，并将其与 slideCard 视图进行组合布局。

```
// 视图布局
VStack(spacing: 48) {
    slideCard
    copyBtnView
}

// 收藏按钮
private var copyBtnView: some View {
    Button(action: {

    }, label: {
        Label("收藏", systemImage: "square.filled.on.square")
            .bold()
            .foregroundColor(.white)
            .padding(.vertical)
            .padding(.horizontal, 48)
            .background(.green)
            .cornerRadius(16)

    })
}
```

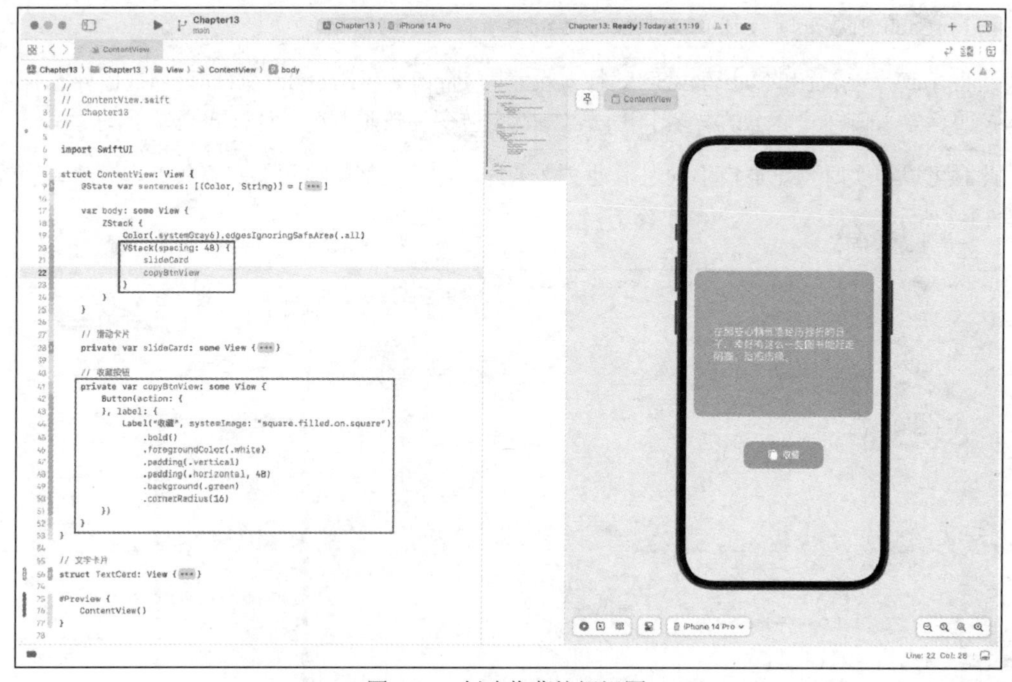

图 13-8　创建收藏按钮视图

上述代码单独创建了收藏按钮视图 copyBtnView，使用 Button 视图和 Label 视图完成了图标+文字的按钮样式的开发，最后使用 VStack 将其和 slideCard 视图进行排布。

这样，“推荐”界面的样式部分就开发完成了。

13.3　开发一个"笔记"界面

第 11 章中有类似的例子，可以采用 MVVM 模式来实现"笔记"界面。使用 MVVM 模式的优势是在"推荐"界面中单击"收藏"按钮获得的文字内容，可以通过 ViewModel 的观察对象插入"笔记"界面中。

13.3.1　数据模型

首先，创建数据模型部分。

创建一个新的文件夹，命名为"Model"。同时创建一个 Swift 文件，命名为"SentenceModel"，并完成 Model 部分的代码，创建 SentenceModel 数据模型如图 13-9 所示。

```
import SwiftUI

struct SentenceModel: Identifiable {
    var id: UUID = UUID()
    var sentence: String
    var create_time: String
}
```

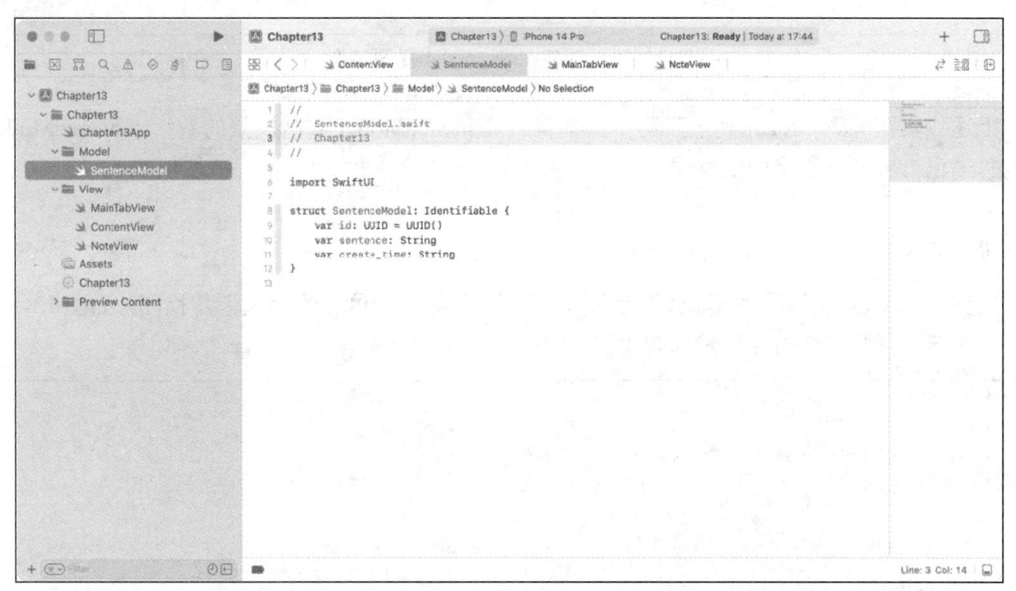

图 13-9　创建 SentenceModel 数据模型

上述代码创建了一个 SentenceModel 结构体，作为笔记内容的数据模型，并声明了笔记的相关参数：id（唯一标识符）、sentence（笔记内容）、create_time（笔记创建时间）。

13.3.2　视图模型

接下来，创建视图模型部分。

创建一个新的文件夹，命名为"ViewModel"，同时创建一个 SwiftUI 文件，命名为"ViewModel"，并完成 ViewModel 部分的代码，创建 ViewModel 视图模型如图 13-10 所示。

```
import SwiftUI

class ViewModel: ObservableObject {
    @Published var sentenceModel: [SentenceModel] = []
}
```

图 13-10　创建 ViewModel 视图模型

上述代码在 ViewModel 类中声明了一个符合 SentenceModel 数据模型的数组 sentenceModel，作为“笔记”界面中文字的数据源。

13.3.3　视图

回到 NoteView 视图中的笔记列表部分，可以先创建一个单一的笔记卡片视图，如图 13-11 所示，方便后续调整笔记卡片显示的效果。

```
// 视图布局
ZStack {
    Color(.systemGray6).edgesIgnoringSafeArea(.all)
    NoteCard(sentence: "这是一段文字", create_time: "2023-01-01")
}

// 笔记卡片
struct NoteCard: View {
    var sentence: String
    var create_time: String

    var body: some View {
        HStack {
            VStack(alignment: .leading) {
                Text(sentence)
                    .lineLimit(2)
                Spacer()
                Text(create_time)
                    .foregroundColor(.gray)
            }
            Spacer()
        }
```

```
            .frame(maxWidth: .infinity, minHeight: 60, maxHeight: 80)
            .padding()
            .background(.white)
            .cornerRadius(16)
            .padding(.horizontal)
        }
    }
```

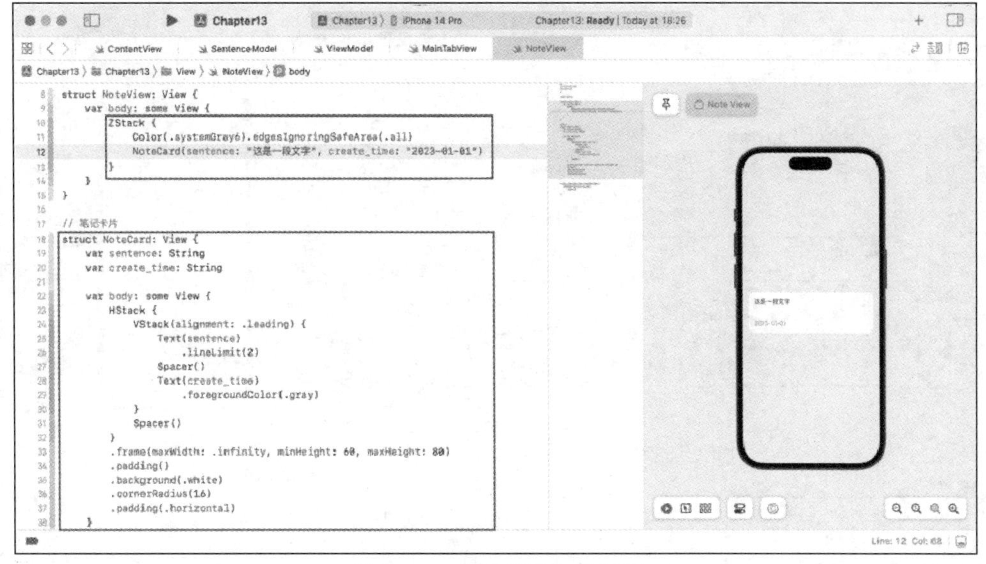

图 13-11　创建笔记卡片视图

上述代码单独创建了笔记卡片视图 NoteCard，并将笔记所需的参数 sentence、create_time 进行声明。在样式布局方面，使用 VStack 排列两个 Text 视图，再使用 HStack 和 Spacer，让笔记卡片的内容显示在左侧。最后，为整个 NoteCard 视图添加修饰符，使其呈现为圆角卡片的样式。

然后，在主视图上使用 ZStack 为“笔记”界面添加界面背景色，从而突出笔记卡片。

NoteCard 视图创建完成后，再通过遍历数据源的方式，将所有卡片的内容呈现在“笔记”界面中。创建笔记列表视图如图 13-12 所示。

```
// 引入 ViewModel
@State var viewModel = ViewModel()

// 视图布局
ZStack {
    Color(.systemGray6).edgesIgnoringSafeArea(.all)
    noteCardList
}

// 笔记列表
private var noteCardList: some View {
    ScrollView {
        ForEach(viewModel.sentenceModel) { item in
            NoteCard(sentence: item.sentence, create_time: item.create_time)
        }
    }
}
```

上述代码依旧采用单独创建视图的方式完成了 noteCardList（笔记列表）视图的创建。在 noteCardList 视图中，由于实现了笔记卡片的样式，因此在列表呈现上，使用 ForEach 函数遍历

ViewModel 中声明好的数组 sentenceModel 的数据，并且将遍历的一张张笔记卡片放在 ScrollView 中。注意，要在 NoteView 视图中引入 ViewModel 视图模型，这样才能使用 ViewModel 中声明的观察对象。

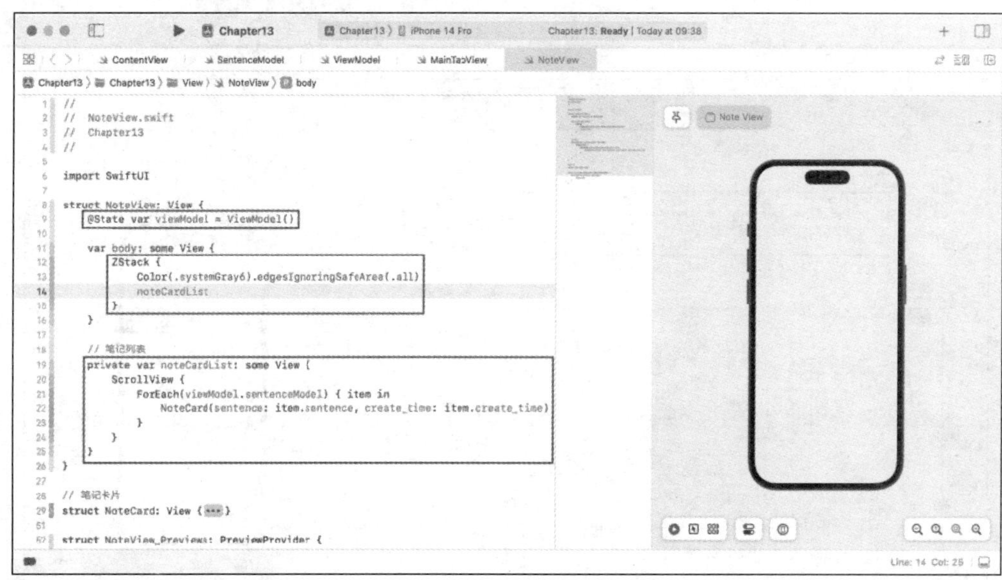

图 13-12　创建笔记列表视图

当然也可以使用 List 视图实现这个效果，决定使用什么视图取决于产品的需求，也取决于开发者对 SwiftUI 基础视图的认识。

这时候是看不到数据的，这是因为 sentenceModel 数组中还没有添加数据，因此在 NoteView 视图中看不到 NoteCard 视图。一般情况下，UI 设计师都会为空白的视图添加一张默认图，来优化用户的体验。创建默认图视图如图 13-13 所示。

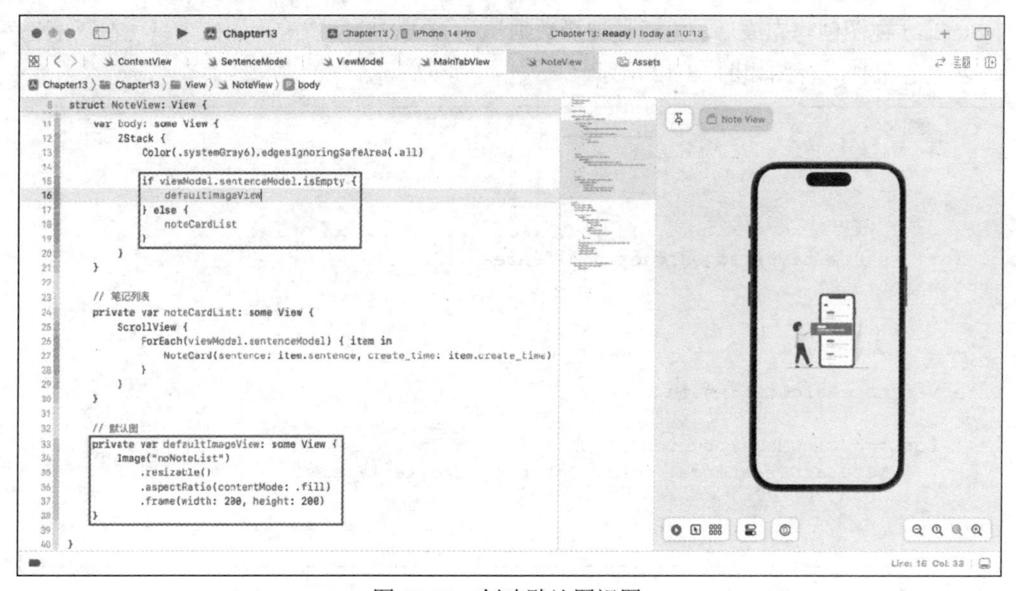

图 13-13　创建默认图视图

```
// 判断逻辑
if viewModel.sentenceModel.isEmpty {
    defaultImageView
} else {
    noteCardList
}

// 默认图
private var defaultImageView: some View {
    Image("noNoteList")
        .resizable()
        .aspectRatio(contentMode: .fill)
        .frame(width: 200, height: 200)
}
```

上述代码先在 Assets 库中导入图片素材 noNoteList，然后单独创建默认图视图 defaultImageView 来显示图片素材的内容。在主视图呈现上，通过判断 sentenceModel 数组是否为空来显示不同的视图，如果 sentenceModel 数组为空，就显示 defaultImageView 视图，否则显示 noteCardList 视图。

至此，“推荐”“笔记”这两个界面已经开发完毕，下面来实现功能交互的部分。

13.4　实现收藏文字功能

要实现收藏文字功能，首先需要获得“推荐”界面中滑动卡片当前显示的文字，后续才能将获得的文字插入“笔记”界面中，首先来实现获得文字方法。

13.4.1　实现获得文字方法

在滑动卡片时，可以创建一个参数来追踪 TabView 视图当前显示的文字的索引，然后将文字通过赋值的方式提取出来。实现获得文字方法如图 13-14 所示。

图 13-14　实现获得文字方法

```
// 参数声明
@State private var selectedTabIndex = 0
@State var sentence: String = ""

// 参数绑定
TabView(selection: $selectedTabIndex) {
    // 隐藏代码块
}

// 视图显示时
.onAppear(){
    sentence = sentences[selectedTabIndex].1
}

// 监听参数变化
.onChange(of: selectedTabIndex) { newIndex in
    sentence = sentences[newIndex].1
}
```

上述代码声明了一个参数 selectedTabIndex，用于跟踪当前选定的索引，然后将其绑定到 TabView 视图的 selection 参数上。同时声明了一个 String 类型的参数 sentence，用于存储获得的文字。

当主视图显示时，通过添加 onAppear 修饰符，将 sentences 数组中的第 selectedTabIndex 个元组中的文字赋值给 sentence。这样在视图加载时，就获得了滑动卡片当前显示的文字。

而当文字卡片进行滑动时，由于给 TabView 视图添加了 onChange 修饰符，用于监听 selectedTabIndex 参数的变化。所以当 selectedTabIndex 参数发生变化时，代表着滑动卡片的文字发生改变，那么此时就可以获得新的索引值 newIndex，并且根据 newIndex 从 sentences 数组中找到对应的文字，然后将文字赋值给 sentence，从而获得了当前显示的滑动卡片的文字。

最后可以添加一个 Text 视图，以此来检查获得的文字，如图 13-15 所示。

图 13-15　检查获得的文字

获得了卡片的文字之后，还需要实现当用户单击“收藏”按钮时，将文字添加到“笔记”界面中的功能。

13.4.2　实现添加笔记方法

回到 ViewModel 文件中，创建一个添加笔记方法，如图 13-16 所示，方便后续在视图中重复使用。

```
// 添加笔记方法
func addNote(sentence:String) {
    let newNote = SentenceModel(sentence: sentence, create_time: "")
    sentenceModel.append(newNote)
}
```

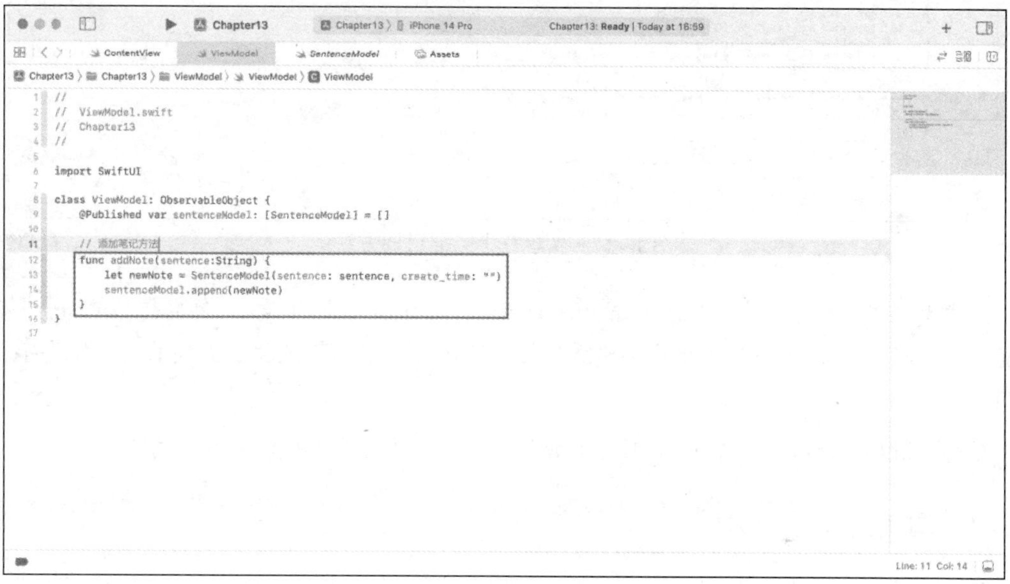

图 13-16　添加笔记方法

上述代码在 ViewModel 中创建了一个方法 addNote，并设置传入参数 sentence，在 addNote 方法中将传入的参数组合成一个符合 SentenceModel 类型的数据，最后调用 append 方法将符合 SentenceModel 类型的数据 newNote 添加到 sentenceModel 数组中。

实现添加笔记方法后，发现了一个问题，create_time 参数的类型是 String 类型，而且在实际业务场景中，当用户添加笔记时，笔记创建时间应该默认为添加笔记的时间，不需要用户手动填写。

因此，还需要实现获得当前时间方法，从而自动为 create_time 赋值。

13.4.3　实现获得当前日期方法

可以使用 Swift 中的 Date()来获得当前日期，并可以使用 DateFormatter 来进行日期的格式化，实现获得当前日期方法如图 13-17 所示。

```
// 获得当前时间方法
func getCurrentTime() -> String {
    let dateFormatter = DateFormatter()
    dateFormatter.dateFormat = "yyyy-MM-dd"
    let currentTime = Date()
    let formattedTime = dateFormatter.string(from: currentTime)
    return formattedTime
}
```

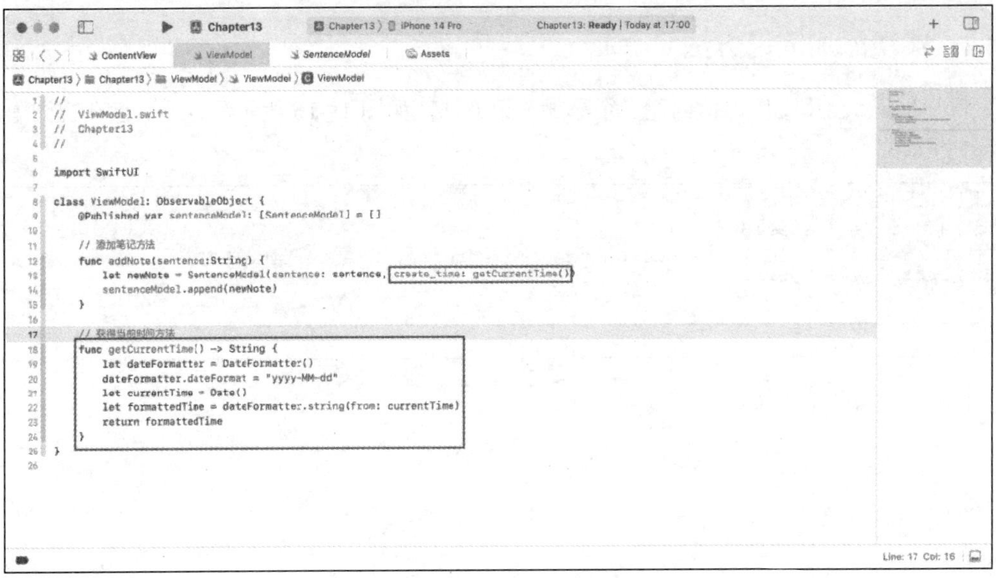

图 13-17　实现获得当前日期方法

上述代码首先创建了一个 DateFormatter 对象，用于定义日期的格式，然后使用 Date()来获取当前日期，并使用 DateFormatter 将其格式化为字符串，最后将格式化后的当前日期作为字符串返回。

然后回到 ContentView 视图中，接下来调用添加笔记方法来实现收藏文字功能。

13.4.4　调用添加笔记方法

要使用 ViewModel 文件中的相关方法，需要在视图中引入 ViewModel，并使用相关代码来调用 ViewModel 中的参数或者方法。调用添加笔记方法如图 13-18 所示。

```
// 引入 ViewModel
@State var viewModel = ViewModel()

// 调用方法
viewModel.addNote(sentence: sentence)
```

上述代码首先在 ContentView 视图中引入了 ViewModel，并在 copyBtnView 视图中调用 addNote 方法来添加笔记。

当尝试在 MainTabView 视图中查看添加笔记效果时，发现笔记并没有从“推荐”界面添加到“笔记”界面。

这是什么原因导致的呢？

检查了代码后，发现在 ContentView 视图和 NoteView 视图中，都使用@State 属性包装器来引入 ViewModel，由于@State 属性包装器的特性，导致两个界面使用了不同的实例或状态，也就是两个界面中的 ViewModel 是相互独立的，无法实现数据之间的共享。

因此，需要让多个视图使用同一个 ViewModel，才能实现数据之间的共享。

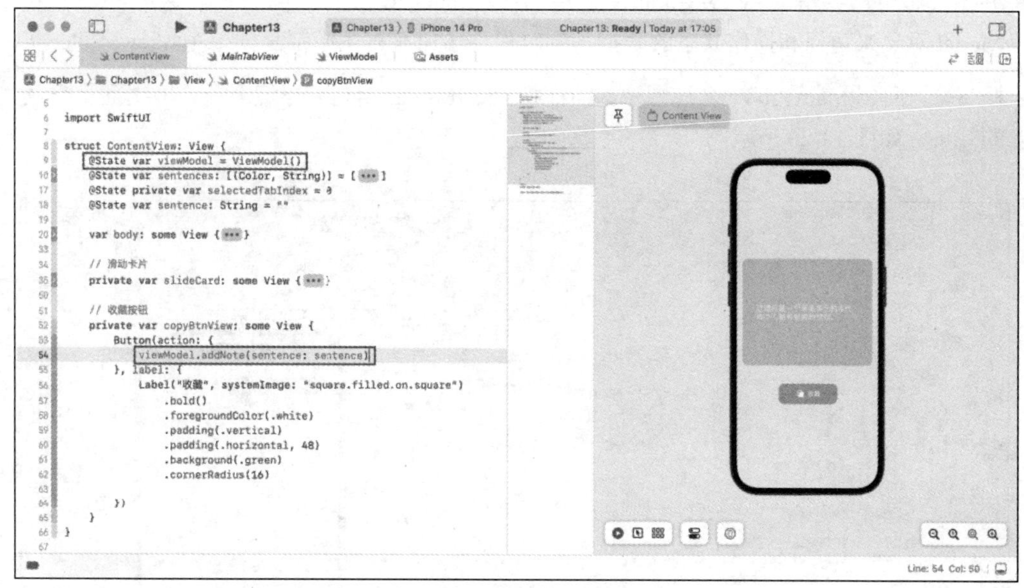

图 13-18　调用添加笔记方法

13.4.5　共享 ViewModel 实例

在 ContentView 视图和 NoteView 视图中，可以使用环境对象（@EnvironmentObject）来共享 ViewModel，将 ViewModel 设置为环境对象如图 13-19 所示。

```
// 声明共享对象
@EnvironmentObject var viewModel: ViewModel

// 设置环境对象
.environmentObject(ViewModel())
```

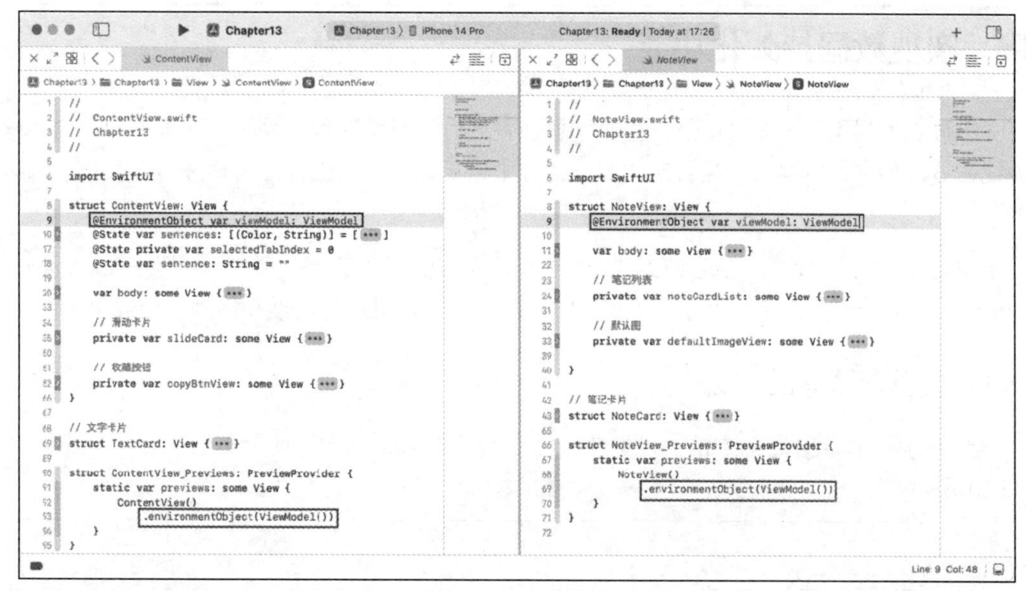

图 13-19　将 ViewModel 设置为环境对象

上述代码引用共享的 ViewModel，并将 ViewModel 设置为环境对象。这样，就可以使用 ViewModel 对象来访问和操作共享的数据，同时保证了所有视图中都是同一个 ViewModel 实例。

接下来，回到 MainTabView 视图中，同样将 ViewModel 设置为环境对象，再次预览收藏文字功能的效果，如图 13-20 所示。

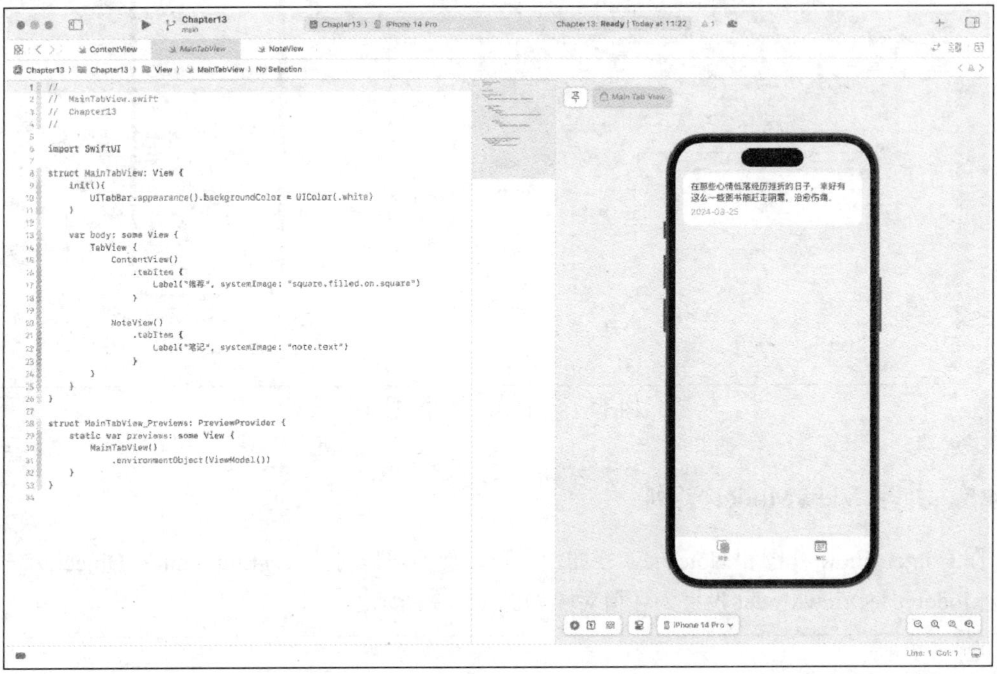

图 13-20　预览收藏文字功能的效果

从图 13-20 中可以看出，文字被顺利添加到了“笔记”界面中。

13.5　实现数据持久化功能

文字被添加到“笔记”界面后，当重新刷新视图时，会发现数据并没有被很好地存储，这是因为视图被渲染时，数据只是被暂时加载到内存中用于显示，而当视图被释放时，数据也同时被释放。

在 iOS 生态中，除了参数存储方式，Swift 还提供了沙盒存储方式，即使用 FileManager 的 Foundation 类作为数据存储的媒介，以 JSON 文件的方式将用户的数据存储到本地设备中。

13.5.1　实现存储笔记方法

本节创建一个存储笔记方法，以此来初步了解 FileManager 的使用。实现存储笔记方法如图 13-21 所示。

```
// 调用方法
saveData()

// 存储笔记方法
func saveData() {
```

```
    do {
        let data = try JSONEncoder().encode(sentenceModel)
        if let documentsDirectory = FileManager.default.urls(for: .documentDirectory,
 in: .userDomainMask).first {
            let fileURL = documentsDirectory.appendingPathComponent("sentenceModel.json")
            try data.write(to: fileURL)
        }
    } catch {
        print("保存失败信息：\(error)")
    }
}
```

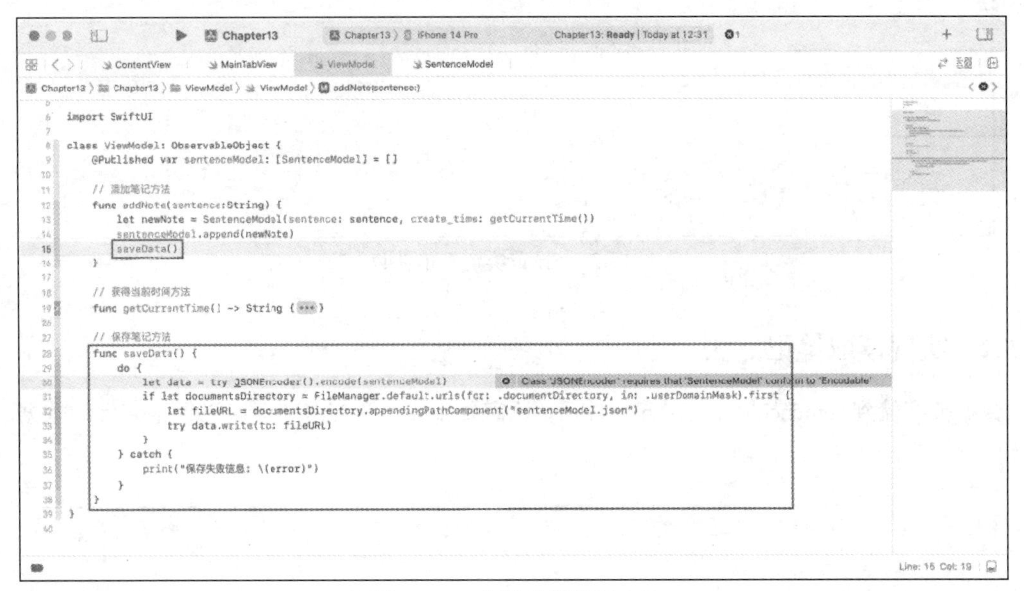

图 13-21　实现存储笔记方法

上述代码首先创建了一个存储笔记方法 saveData，其中 do-catch 是一种错误处理结构语法，旨在捕获执行代码时可能出现的错误。

然后创建了一个实例 data，使用 JSONEncoder 将 sentenceModel 数组编码为 JSON 格式的数据，并将结果存储在一个名为“data”的 Data 对象中。

接下来，尝试获取应用的 Document Directory（文档目录），在获取了文档目录的 URL 后，使用.first 获取了第一个 URL，并把它赋值给 documentsDirectory 常量。最后还需要创建一个名为“fileURL”的 URL，指向一个名为“sentenceModel.json”的文件，由于存在 FileManager 框架内置的检查机制，因此当找不到该文件时，系统会自动创建该文件。

至此，已对 sentenceModel 数组的数据进行解码，并实现了将数据存储到本地 sentenceModel.json 文件的功能。

紧接着调用 addNote 方法，当笔记内容被添加到 sentenceModel 数组后，调用 saveData 方法将数组数据存储到 sentenceModel.json 文件中，进而实现了数据持久化存储的功能。

在代码编辑区域中看到 Xcode 报错，这是因为 JSON 的编码和解码需要借助 Codable 协议，因此还需要回到 SentenceModel 数据模型文件中，确保 SentenceModel 类遵循 Codable 协议，设置类遵循的协议如图 13-22 所示。

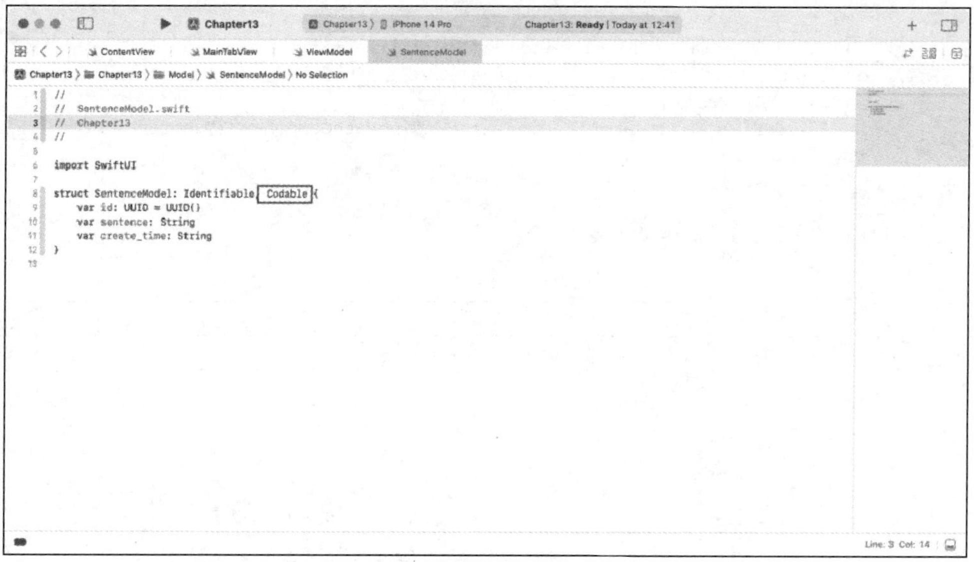

图 13-22 设置类遵循的协议

13.5.2 实现读取笔记方法

数据被存储到 sentenceModel.json 文件后，还需要添加一个方法来读取已经存储好的数据。实现读取笔记方法如图 13-23 所示。

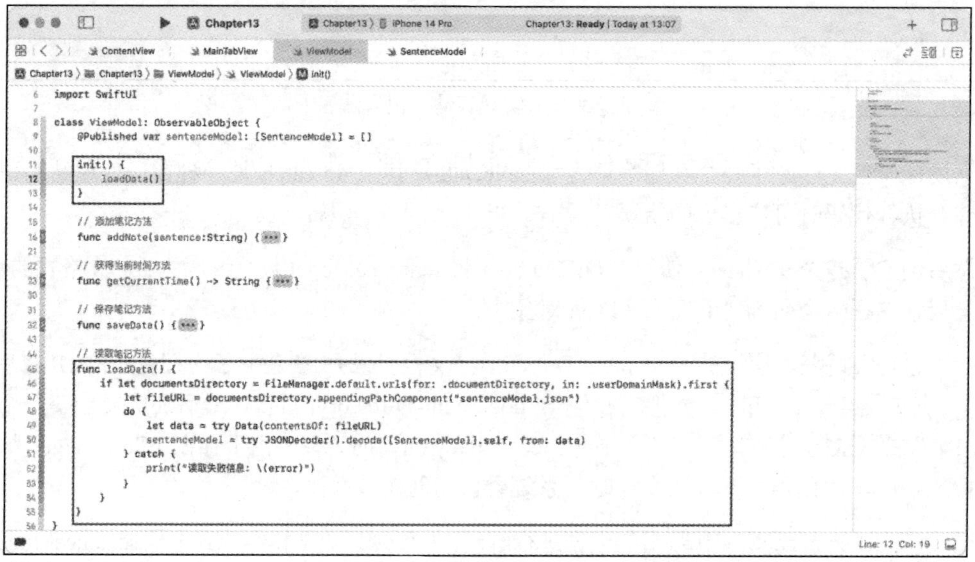

图 13-23 实现读取笔记方法

```
// 初始化时加载数据
init() {
    loadData()
}

// 读取笔记方法
func loadData() {
    if let documentsDirectory = FileManager.default.urls(for: .documentDirectory, in:
 .userDomainMask).first {
```

```
        let fileURL = documentsDirectory.appendingPathComponent("sentenceModel.json")
        do {
            let data = try Data(contentsOf: fileURL)
            sentenceModel = try JSONDecoder().decode([SentenceModel].self, from: data
)
        } catch {
            print("读取失败信息：\(error)")
        }
    }
}
```

在上述代码中，loadData 方法的代码逻辑和 saveData 方法的代码逻辑一致，都是在系统中查找 sentenceModel.json 文件。当找到文件后，使用 JSONDecoder 从文件中读取 JSON 数据，并将 JSON 数据解码为 SentenceModel 类型的对象，最后将结果存储在名为“sentenceModel”的数组中。

最后，还需要在应用初始化时调用 loadData 方法，以此在应用打开时，将持久化的数据加载到 sentenceModel 数组中。

回到 MainTabView 文件中，再来体验应用的收藏文字功能，如图 13-24 所示。

图 13-24　体验收藏文字功能

接下来，无论怎样刷新视图，“推荐”界面中的笔记数据仍旧会被存储。

13.5.3　实现删除笔记方法

最后，补充删除笔记方法，依旧在 ViewModel 文件中创建方法，实现删除笔记方法如图 13-25 所示。

```
// 删除笔记方法
func deleteNote(id: UUID) {
    if let index = sentenceModel.firstIndex(where: { $0.id == id }) {
```

```
            sentenceModel.remove(at: index)
            saveData()
        }
    }
```

```
import SwiftUI

class ViewModel: ObservableObject {
    @Published var sentenceModel: [SentenceModel] = []

    init() {
        loadData()
    }

    // 添加笔记方法
    func addNote(sentence: String) {•••}

    // 删除笔记方法
    func deleteNote(id: UUID) {
        if let index = sentenceModel.firstIndex(where: { $0.id == id }) {
            sentenceModel.remove(at: index)
            saveData()
        }
    }

    // 获得当前时间方法
    func getCurrentTime() -> String {•••}

    // 保存笔记方法
    func saveData() {•••}

    // 读取笔记方法
    func loadData() {•••}
}
```

图 13-25　实现删除笔记方法

上述代码创建了删除笔记方法 deleteNote，先传入一个 UUID 类型的参数 id，然后通过 firstIndex 方法查找匹配 id 的笔记的索引，并调用 remove 方法删除笔记。最后，需要将删除的数据重新存储到 JSON 文件，以确保更改的持久化。

然后，回到 NoteView 视图中，实现删除笔记的交互操作。调用删除笔记方法如图 13-26 所示。

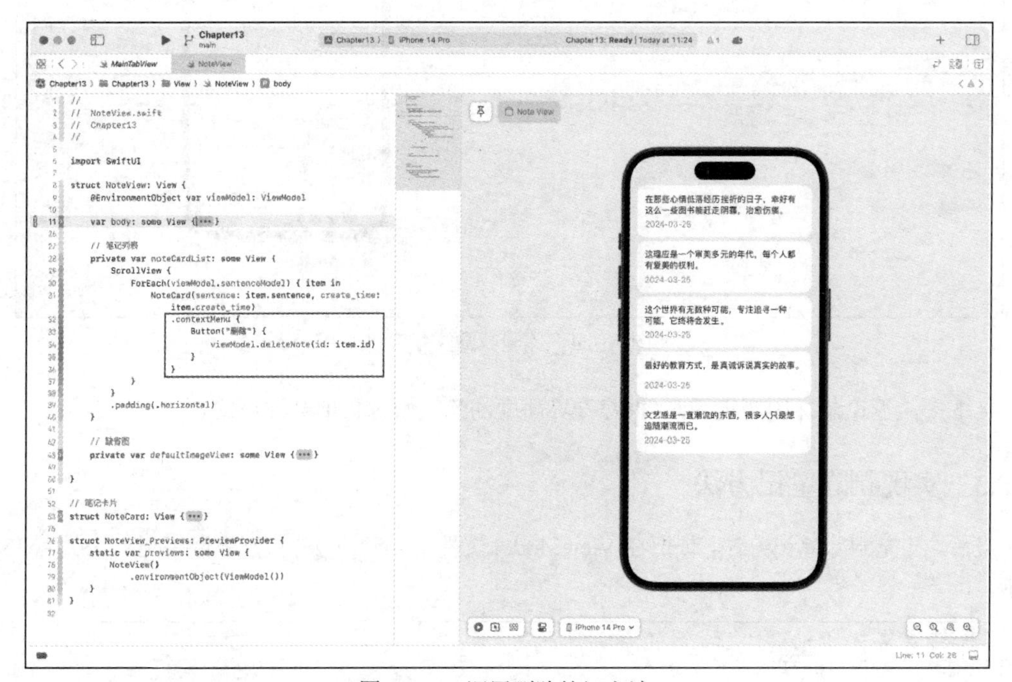

图 13-26　调用删除笔记方法

```
NoteCard(sentence: item.sentence, create_time: item.create_time)
    .contextMenu {
        Button("删除") {
            viewModel.deleteNote(id: item.id)
        }
    }
```

上述代码为 noteCardList 视图中的 NoteCard 视图添加了 contextMenu 修饰符。contextMenu 修饰符是在用户长按视图时显示的一组操作，用户使用 Button 按钮操作，当单击 Button 按钮时，调用 ViewModel 视图模型中 deleteNote 方法，根据传入的 item 笔记的 id 来删除指定笔记。

此时可以在实时预览窗口中长按笔记列表视图中的笔记卡片视图，体验删除笔记的全过程，如图 13-27 所示。

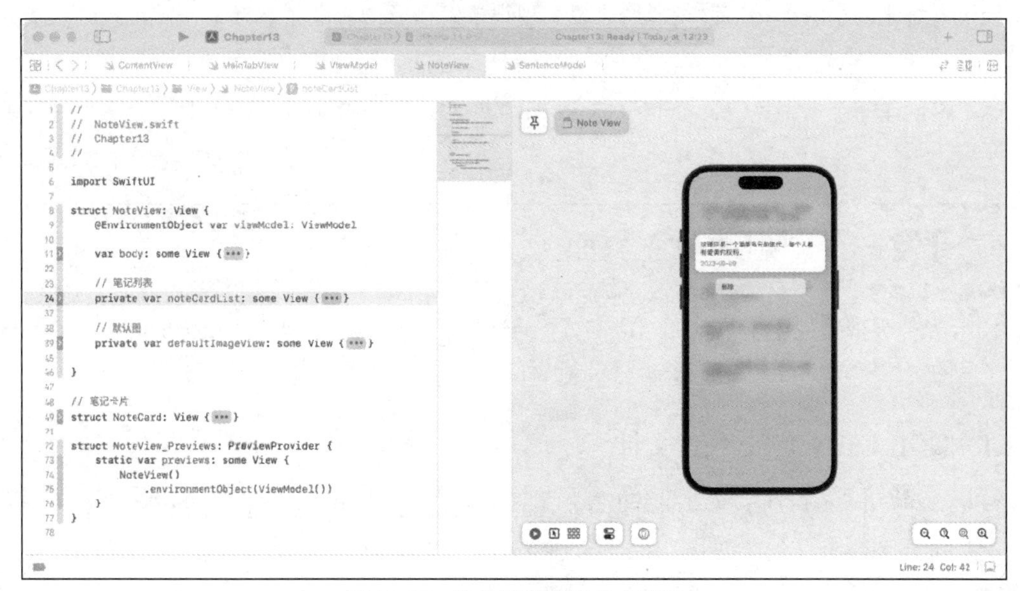

图 13-27　体验删除笔记的全流程

在视图方面，还可以为每个视图添加导航栏标题，让界面更加完善。这样就完成了整个“文字控”应用的开发。

第 14 章

项目实战：开发一款“目标人生”应用

经过系统化的学习，相信读者已经可以实现很多有创意的界面了。接下来，正式进入实战，感受独立开发一款应用的乐趣。

本章将创建一个名为“Chapter14”的 SwiftUI 项目，并在此项目基础上对相关内容进行讲解和分享。

14.1 开发一个“启动页”界面

“启动页”界面是应用中重要的组成部分，通过提供一个简洁且具有吸引力的界面，可以让用户对产品的定位和特点有一定的认知，同时也可以为应用加载数据提供缓冲时间。

14.1.1 使用 Launch Screen 文件

在 iOS 开发中，“启动页”界面可以使用 Launch Screen 文件来实现，在左侧项目文件栏中新建一个 Launch Screen 文件。创建 Launch Screen 文件，如图 14-1 所示。

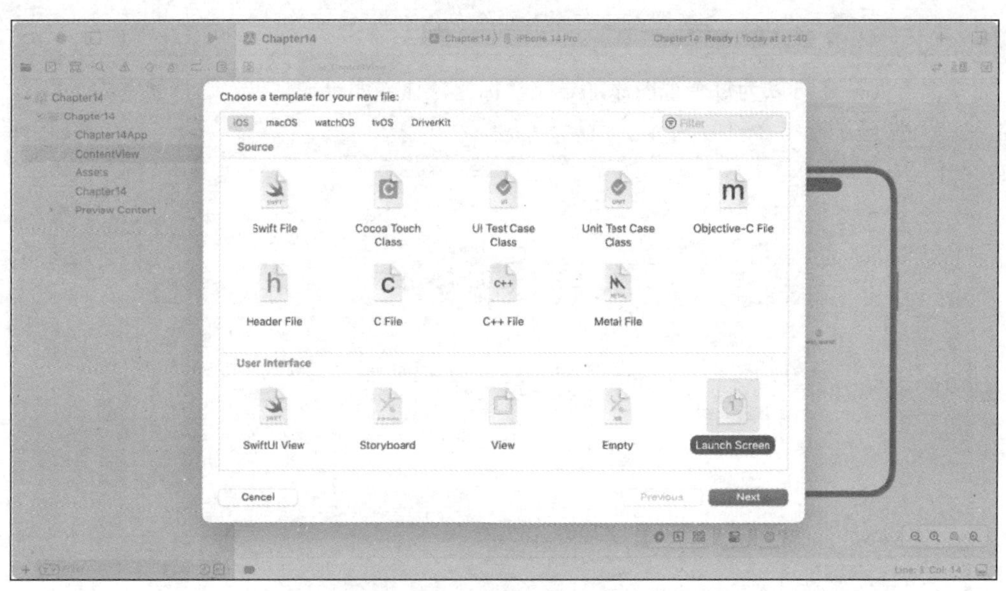

图 14-1 创建 Launch Screen 文件

如果读者之前接触过故事板（Storyboard）开发模式，就应该对 Launch Screen 有所了解。Launch

Screen 采用故事板开发模式，开发者可以通过可视化和拖曳的方式，像绘图一样构建界面。Launch Screen 界面如图 14-2 所示。

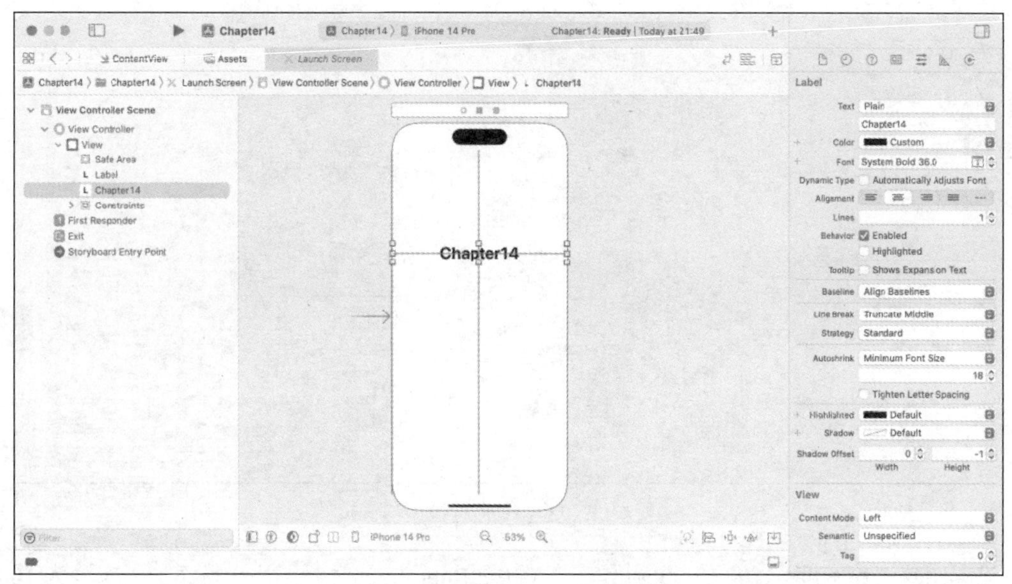

图 14-2　Launch Screen 界面

将鼠标指针移动到“Chapter14”的文字上，可以单击删除文字。随后在 Assets 库中导入一张图片素材，然后单击右上角的 Library 的“+”按钮，将图片素材拖入故事板中，如图 14-3 所示。

图 14-3　将图片素材拖入故事板中

可以发现图片素材原始尺寸较大，和绘图软件的操作方式类似，此时单击右下角操作栏中的“Add New Constraints”栏目 来设置图片素材的尺寸，如图 14-4 所示。

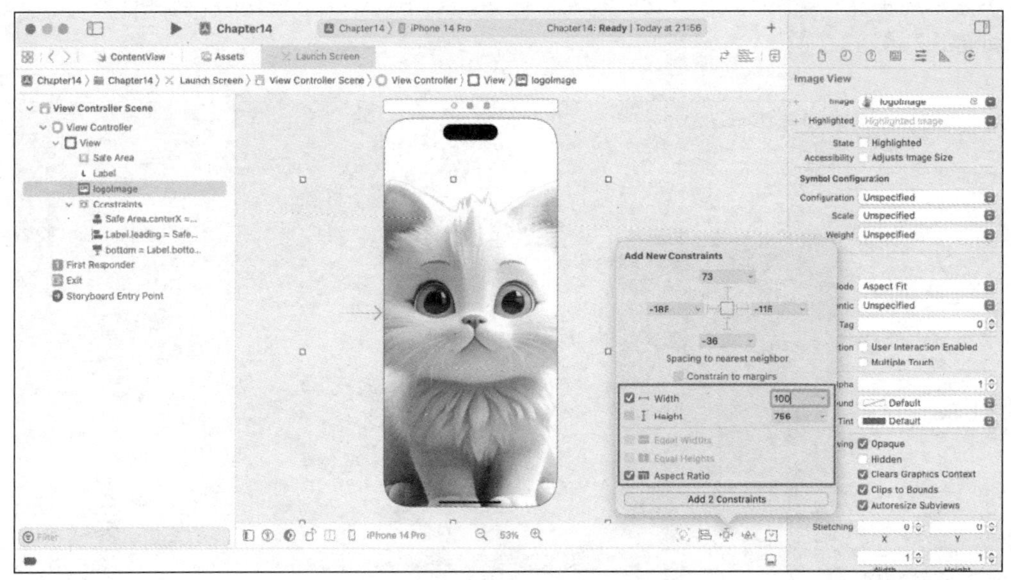

图 14-4　设置图片素材的尺寸

设置图片素材宽度为 100 px，并且勾选“Aspect Ratio”，此时对图片素材添加了宽度为 100 px 且自适应的约束条件。

设置完成后，再设置图片素材的对齐方式，单击右下角操作栏中的“Align”栏目 来设置图片素材的对齐方式，如图 14-5 所示。

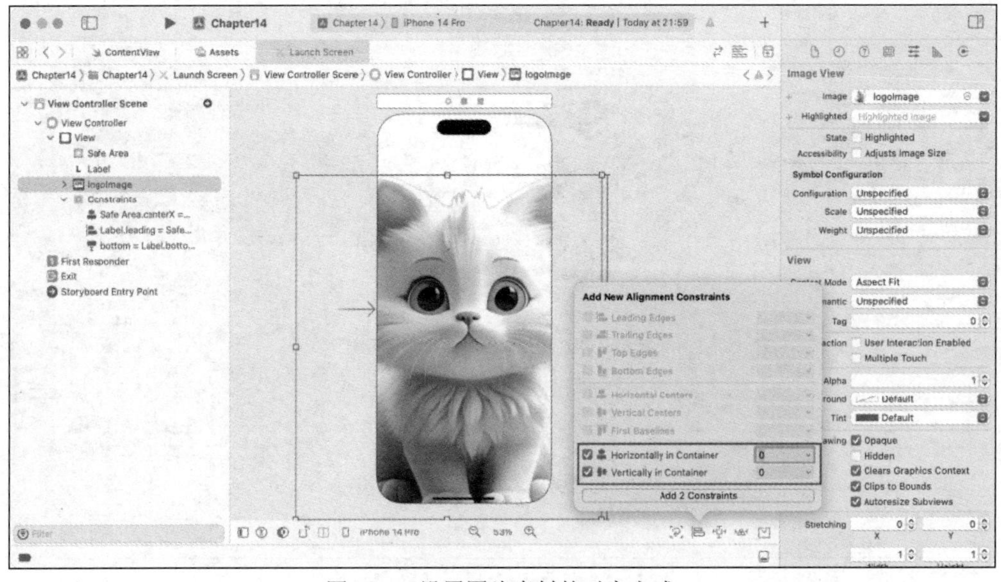

图 14-5　设置图片素材的对齐方式

勾选“Horizontally in Container”和“Vertically in Container”，设置图片素材在水平方向和垂直方向上的约束条件。设置完成后，就得到了一个在界面居中显示、宽度为 100 px 的图片素材。图片素材的最终呈现效果如图 14-6 所示。

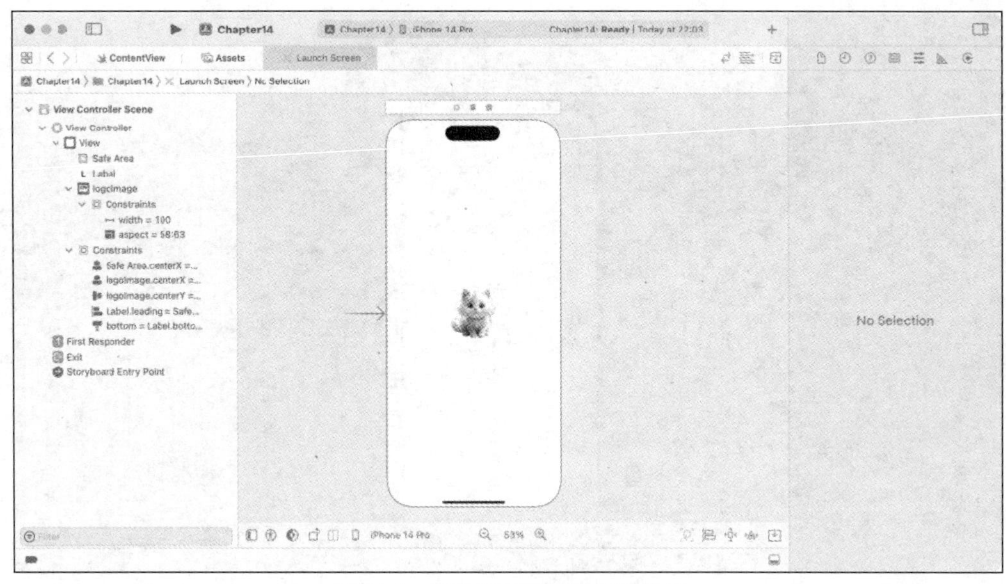

图 14-6　图片素材的最终呈现效果

14.1.2　设置 Launch Screen 来源

回到项目文件，在“General”选项卡的“App Icons and Launch Screen”栏目中，设置“Launch Screen File”为 14.1.1 节创建的 Launch Screen.storyboard 文件。设置 Launch Screen 来源，如图 14-7 所示。

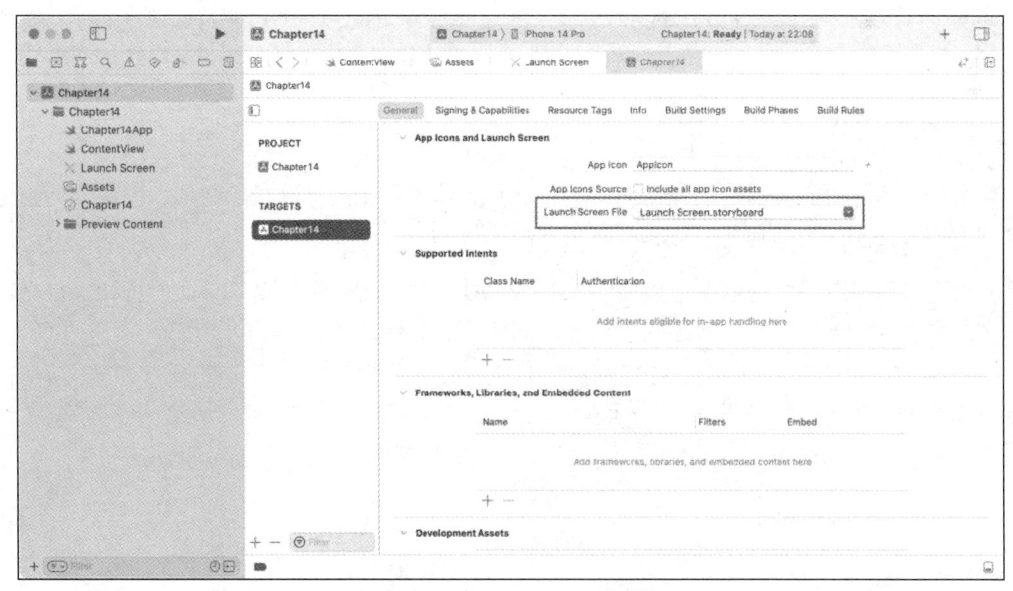

图 14-7　设置 Launch Screen 来源

14.1.3　预览“启动页”界面

完成相关设置后，启动模拟器。在应用被打开时，可以看到“启动页”界面的效果，“启动页”界面的效果如图 14-8 所示。

图 14-8 “启动页”界面的效果

14.2 开发一个“引导页”界面

为了让用户快速了解应用的核心功能及其使用方法，在用户初次打开应用时，常常需要一个“引导页”界面来辅助用户了解应用。

创建一个文件夹，命名为“View”，并创建一个新的 SwiftUI 文件，将该文件命名为“OnboardingView”，本节将基于该文件来开发一个“引导页”界面。

14.2.1 功能卡片

常规的“引导页”界面一般包含明确的目标和具体的步骤，可以通过文字、图像、动画等多种形式向用户展示应用的功能、优势、使用方法等。

结合之前章节分享的内容，可以使用 TabView 视图来作为“引导页”界面的框架。首先，创建一个功能卡片来展示单个功能视图的内容，创建功能卡片视图如图 14-9 所示。

```
// 视图调用
OnboardingPageView(imageName: "onboarding1", title: "目标打卡", description: "看见每一天的改变")

// 功能卡片
struct OnboardingPageView: View {
    var imageName: String
    var title: String
    var description: String

    var body: some View {
        VStack(spacing: 32) {
            Image(imageName)
                .resizable()
                .aspectRatio(contentMode: .fit)
                .frame(height: 320)
            VStack(spacing: 15) {
```

```
                Text(title)
                    .font(.title)
                    .bold()
                Text(description)
                    .font(.title2)
                    .multilineTextAlignment(.center)
                    .foregroundColor(.gray)
            }
        }
    }
}
```

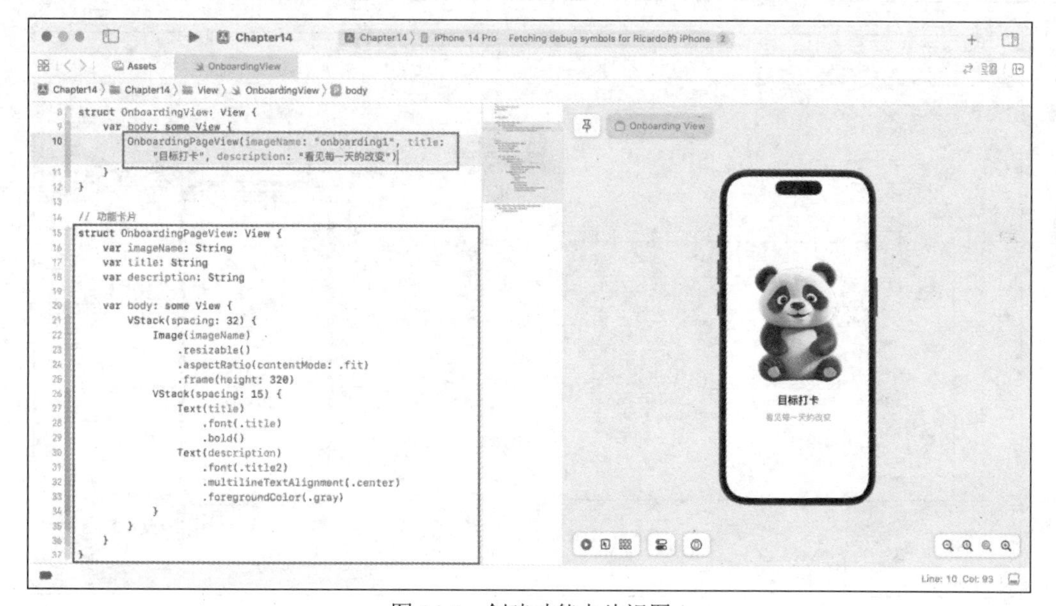

图 14-9　创建功能卡片视图

上述代码单独创建了功能卡片视图 OnboardingPageView，并声明了 3 个参数用于显示功能卡片内容，其中 imageName 参数用于显示图片素材，title 参数用于显示应用的主要功能，description 参数则用于显示功能的辅助说明。

使用 VStack、Image 视图和 Text 视图来构建界面样式，并使用相应的修饰符来调整视图样式，这里不再赘述。

紧接着，可以在主视图中调用 OnboardingPageView，并给参数赋值来查看功能卡片视图的样式效果。

14.2.2　轮播卡片

接下来，组合多个功能卡片视图，使用 TabView 视图来创建轮播卡片视图，如图 14-10 所示。

```
// 视图调用
tabPageView

// 轮播卡片
private var tabPageView: some View {
    TabView {
        OnboardingPageView(imageName: "onboarding1", title: "目标打卡", description: "
看见每一天的改变")
```

```
        OnboardingPageView(imageName: "onboarding2", title: "每日计划", description: "养成自律好习惯")
        OnboardingPageView(imageName: "onboarding3", title: "自我管理", description: "认真对待每一个目标")
        OnboardingPageView(imageName: "onboarding4", title: "付诸行动", description: "聚焦你的目标")
        OnboardingPageView(imageName: "onboarding5", title: "重启人生", description: "成为更好的自己")
    }
    .tabViewStyle(PageTabViewStyle())
    .indexViewStyle(PageIndexViewStyle(backgroundDisplayMode: .always))
}
```

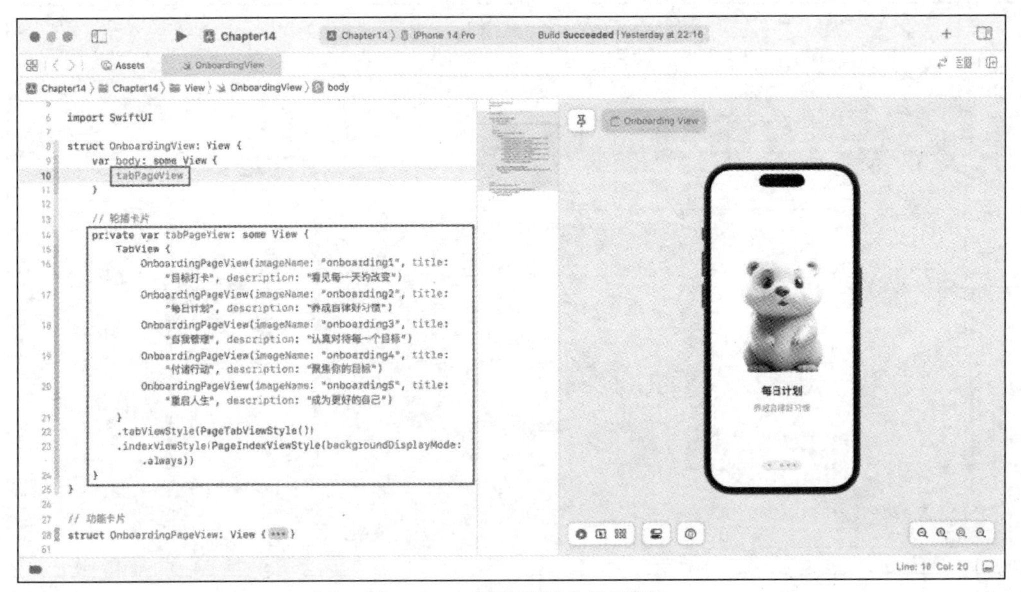

图 14-10　创建轮播卡片视图

上述代码单独创建了轮播卡片视图 tabPageView，根据 TabView 视图的功能特性，给 OnboardingPageView 视图赋予不同的值，从而显示不同的功能卡片内容。

在交互方面，添加 tabViewStyle 选项卡视图样式修饰符和 indexViewStyle 视图指引样式修饰符，引导用户进行拖动操作。

14.2.3 “开始使用”按钮

完成“引导页”界面的主体内容后，需要为该界面添加一个按钮，用于跳转到下一个界面。创建开始使用按钮视图，如图 14-11 所示。

```
// 视图布局
VStack(spacing: 48) {
    tabPageView
    startBtnView
}

// 开始使用按钮
private var startBtnView: some View {
    Button(action: {

    }, label: {
        Label("开始使用", systemImage: "paperplane")
```

```
            .foregroundColor(.white)
            .bold()
            .frame(width: 150, height: 50)
            .background(.black)
            .clipShape(Capsule())
    })
}
```

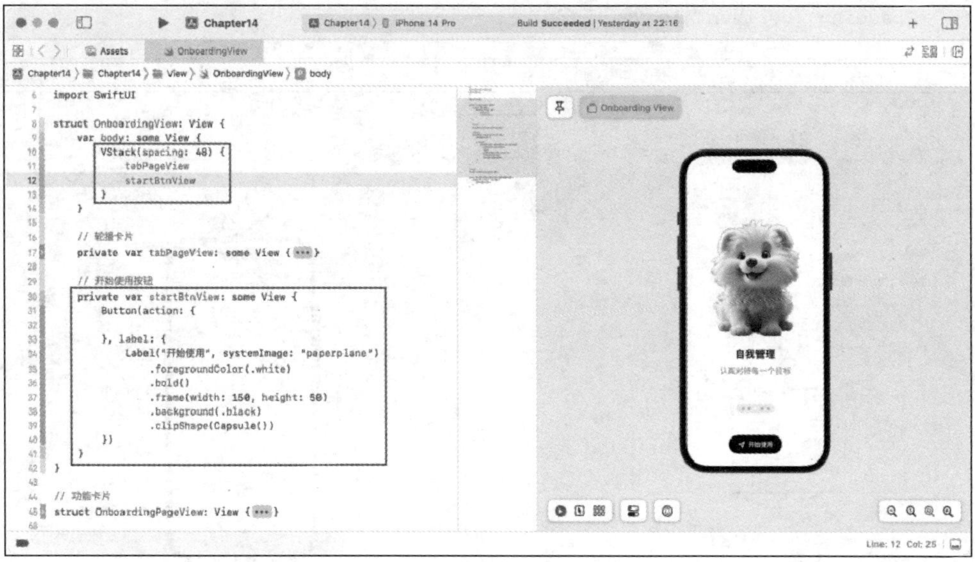

图 14-11　创建开始使用按钮视图

上述代码单独创建了开始使用按钮视图 startBtnView，使用 Button 视图和 Label 视图创建了一个简单的图标+文字的按钮样式。

在布局方面，使用 VStack 与 tabPageView 视图进行组合布局，然后就得到了一个带有跳转按钮的“引导页”界面样式。

这样，就完成了一个简单的“引导页”界面。

14.3　开发一个“创建目标”界面

在用户浏览完“引导页”界面的内容后，在正式进入应用“首页”之前，开发者希望用户完成第一个目标的创建，以此来熟悉应用的核心功能点。

创建一个新的 SwiftUI 文件，命名为“CreateGoalView”，本节用该文件来开发“创建目标”界面。

14.3.1　目标名称

“目标名称”栏目用于填写用户所希望达成的目标的内容，该栏目可以使用 TextField 视图来实现。创建目标名称视图，如图 14-12 所示。

```
// 参数声明
@State var goalText: String = ""

// 视图调用
```

```
goalTextView

// 目标名称
private var goalTextView: some View {
    TextField("写下你的目标", text: $goalText)
        .padding()
        .background(Color(.systemGray6))
        .cornerRadius(16)
        .padding(.horizontal)
}
```

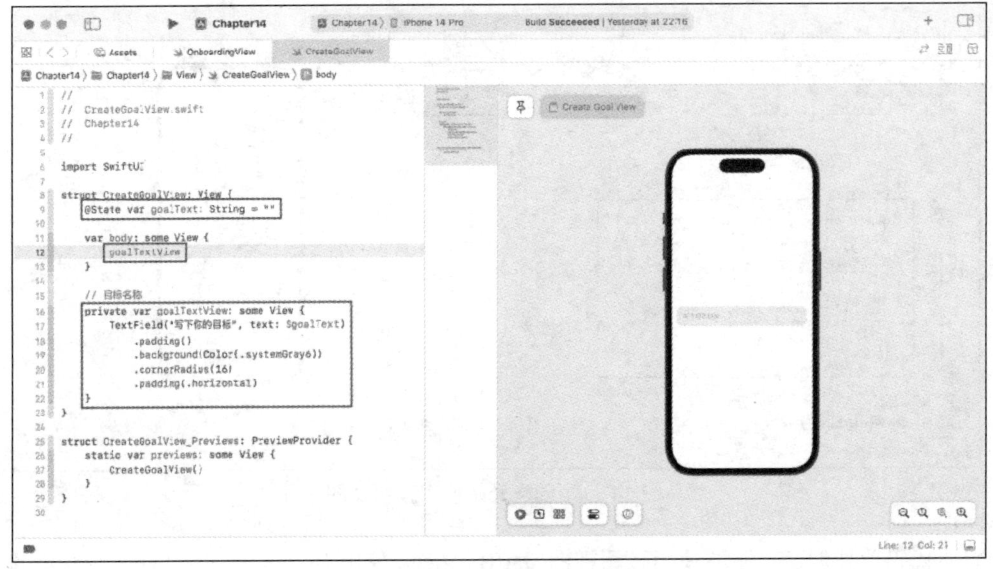

图 14-12　创建目标名称视图

上述代码单独创建了目标名称视图 goalTextView，先声明一个 String 类型的参数 goalText，然后使用 TextField 视图来搭建一个可供输入的交互视图。当用户输入内容时，goalText 参数就会暂时存储输入的内容，后面可以将 goalText 参数添加到“首页”中。

14.3.2　达成日期

目标名称视图下面是达成日期视图，为了让用户快速设置目标的达成日期，在应用设计上可以将日期选择器组件完全呈现在界面上。可以使用 DatePicker（日期选择器）视图来实现日期选择的交互。创建达成日期视图，如图 14-13 所示。

```
// 参数声明
@State var targetDate: Date = Date()

// 视图布局
VStack(spacing: 15) {
    goalTextView
    targetDatePickerView
}

// 达成日期
private var targetDatePickerView: some View {
    VStack {
        HStack {
            Text("达成日期")
            Spacer()
```

```
            Text("2023 年 09 月 13 日")
        }
        DatePicker("", selection: $targetDate, in: Date()..., displayedComponents: .date)
            .datePickerStyle(.wheel)
    }
    .padding()
    .background(Color(.systemGray6))
    .cornerRadius(16)
    .padding(.horizontal)
}
```

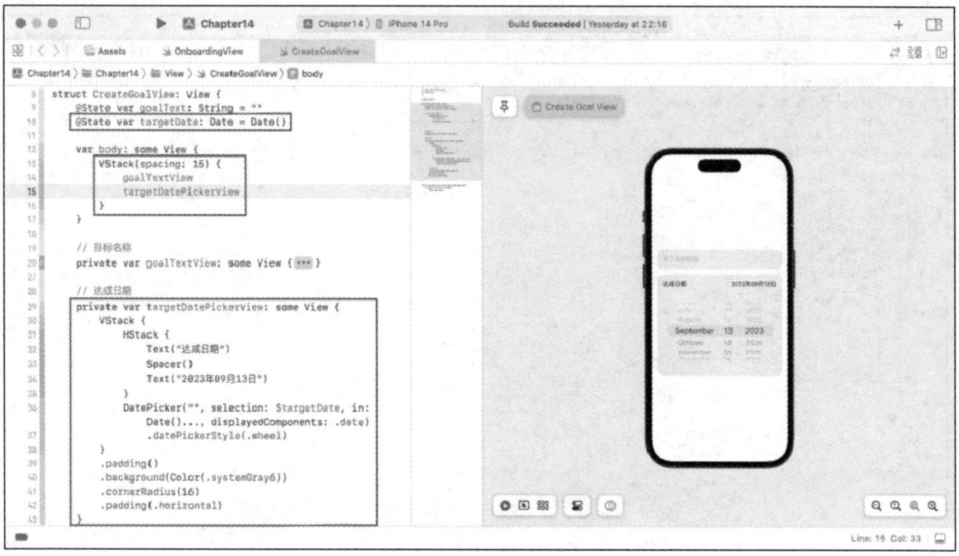

图 14-13　创建达成日期视图

上述代码单独创建了达成日期视图（targetDatePickerView），达成日期视图可以分为两部分，上面的部分是用户设置的目标的达成日期，下面的部分是可供用户快速设置目标的达成日期的日期选择器。

在日期选择器部分，声明了 DatePicker 视图所需的 Date 类型的参数 targetDate，其默认值为当前日期 Date()。

使用 DatePicker 视图作为主视图，绑定 Date 类型的参数 targetDate，并且在 in 参数中设置从当前日期 Date()开始，这样在日期选择器中就不会选择到当前日期之前的日期。

设置 displayedComponents 参数值为 date（日期），用户就可以设置年、月、日，另外也可以设置参数值为 hourAndMinute（时间）、dateAndTime（日期和时间）等其他类型。

一个关键的步骤是设置 DatePicker 视图的样式为 wheel，即滚轮式样式。日期选择器将提供滚轮式日期选择交互，用户可以通过滚动滚轮来更改日期的年、月和日。

这样，就实现了一个简单的 DatePicker 视图样式。

14.3.3　日期格式化

由于 DatePicker 视图绑定的参数 targetDate 是 Date 类型的参数，因此如果使用 Text 视图显示该参数，就需要对日期进行格式化处理。

首先对 Date 类型进行拓展。创建一个新的 Swift 文件，命名为“Date+Extensions”，用于放置关于 Date 的拓展。实现日期格式化拓展，如图 14-14 所示。

```
import SwiftUI

extension Date {
    func toString() -> String {
        let dateFormatter = DateFormatter()
        dateFormatter.dateFormat = "YYYY 年 MM 月 DD 日"
        return dateFormatter.string(from: self)
    }
}
```


图 14-14　实现日期格式化拓展

上述代码对 Date 类型进行拓展，创建了一个 toString 方法，将 Date 类型转换为 String 类型，这里设置日期的格式为“YYYY 年 MM 月 DD 日”格式，并以 String 类型将其返回。

回到 CreateGoalView 文件，只需要将拓展方法添加到 Text 视图的 Date 类型的参数值中，就可以实现日期格式的转换。这里调用 toString 方法，如图 14-15 所示。

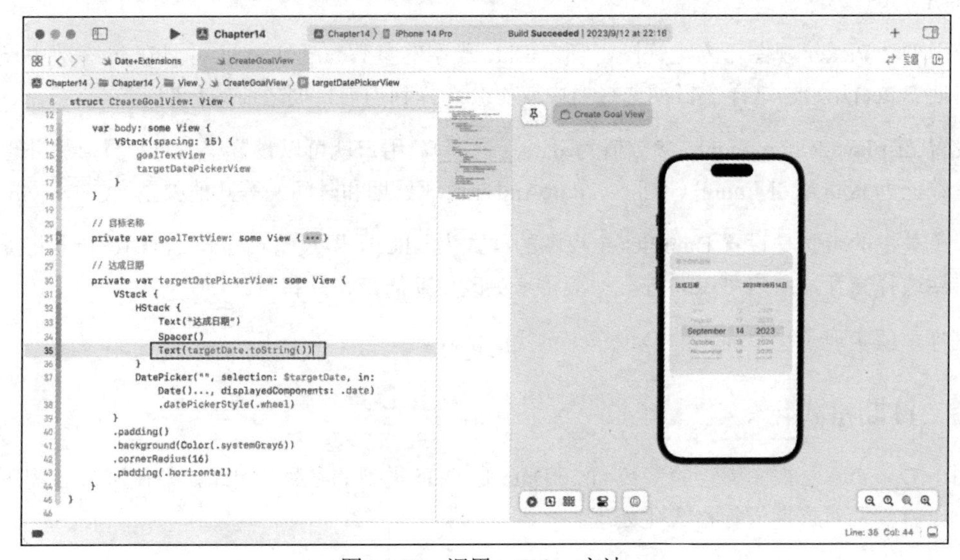

图 14-15　调用 toString 方法

```
// 日期格式化
Text(targetDate.toString())
```

上述代码直接为 Text 视图中的 targetDate 参数添加 toString 拓展方法。这样，在显示 targetDate 参数值时，Text 视图就会按照“YYYY 年 MM 月 DD 日”的格式来显示文字内容。

14.3.4　操作按钮

完成“创建目标”界面的主要内容后，最后完成操作按钮的部分。

在“创建目标”界面中有两个主要的操作按钮：关闭按钮、确定按钮。这两个按钮分别位于界面顶部的两侧，可以单独创建两个按钮的视图，并集合 NavigationStack 视图将按钮添加到界面上。

首先创建关闭按钮视图，如图 14-16 所示。

```
// 顶部导航
NavigationStack {
    // 主要视图
    .navigationBarItems(leading: closeBtnView)
}

// 关闭按钮
private var closeBtnView: some View {
    Button(action: {
    }, label: {
        Image(systemName: "x.circle.fill")
            .font(.title)
            .foregroundColor(Color(.systemGray3))
    })
}
```

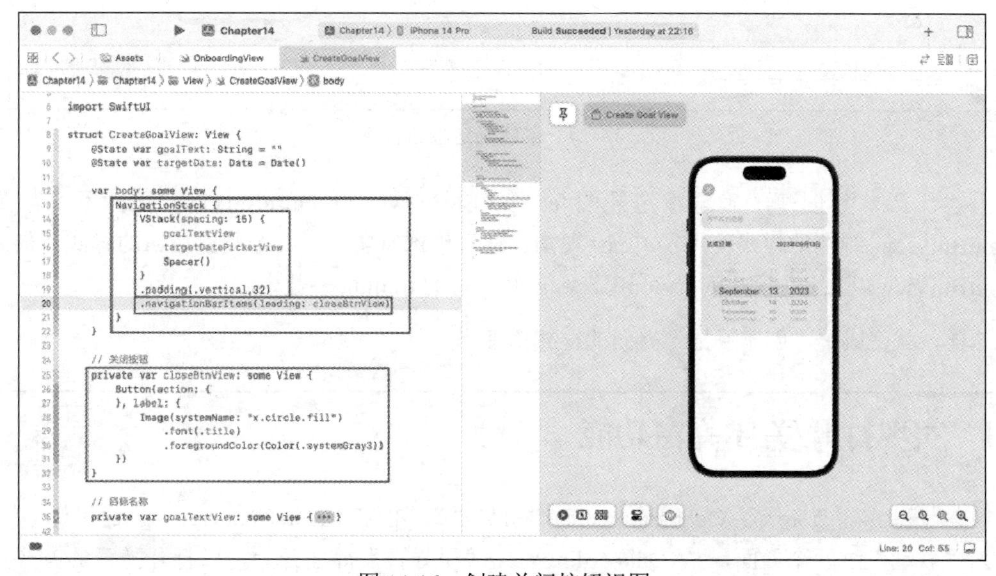

图 14-16　创建关闭按钮视图

上述代码单独创建了关闭按钮视图 closeBtnView，使用 SF 符号来构建按钮样式，并通过 NavigationStack 视图和 navigationBarItems 修饰符，将 closeBtnView 视图添加至界面左上角。

同理，接下来创建确定按钮视图，如图 14-17 所示。

```
// 导航栏按钮
.navigationBarItems(leading: closeBtnView,trailing: commitBtnView)

// 确定按钮
private var commitBtnView: some View {
    Button(action: {
    }, label: {
        Text("确定")
            .bold()
            .foregroundColor(.white)
            .padding(.vertical,10)
            .padding(.horizontal,20)
            .background(.green)
            .clipShape(Capsule())
    })
}
```

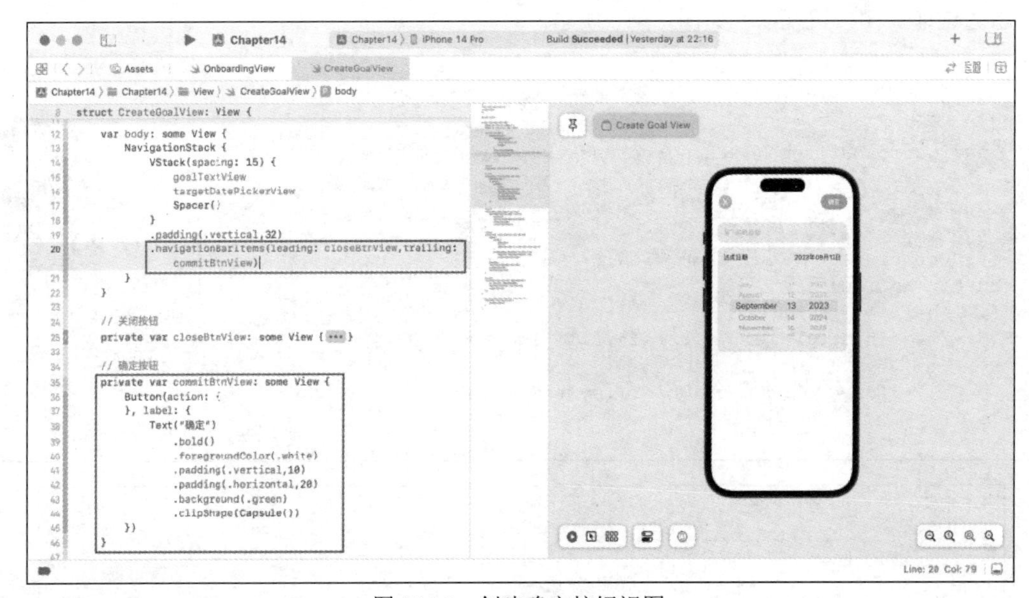

图 14-17　创建确定按钮视图

上述代码单独创建了确定按钮视图 commitBtnView，与 closeBtnView 视图不同的是，commitBtnView 视图的样式使用了 Text 视图，通过修饰符实现了一个胶囊按钮的样式。最后将 commitBtnView 视图添加到 navigationBarItems 修饰符的 trailing 参数中。

这样，就完成了"创建目标"界面的样式搭建。

14.4　实现打开/关闭弹窗功能

14.2 节和 14.3 节完成了 OnboardingView"引导页"界面和 CreateGoalView"创建目标"界面，下面来"联动"这两个界面，从 OnboardingView"引导页"界面开始，以打开弹窗的方式呈现 CreateGoalView"创建目标"界面。

14.4.1　打开弹窗

之前分享过使用 Sheet 修饰符来打开弹窗，本章依旧使用这种交互形式。在 OnboardingView

“引导页”界面中，创建触发的参数，同时实现打开弹窗的交互动作，如图 14-18 所示。

```
// 参数声明
@State var showCreateGoalView:Bool = false

// 模态弹窗
.sheet(isPresented:$showCreateGoalView) {
    CreateGoalView()
}

// 触发条件
self.showCreateGoalView.toggle()
```

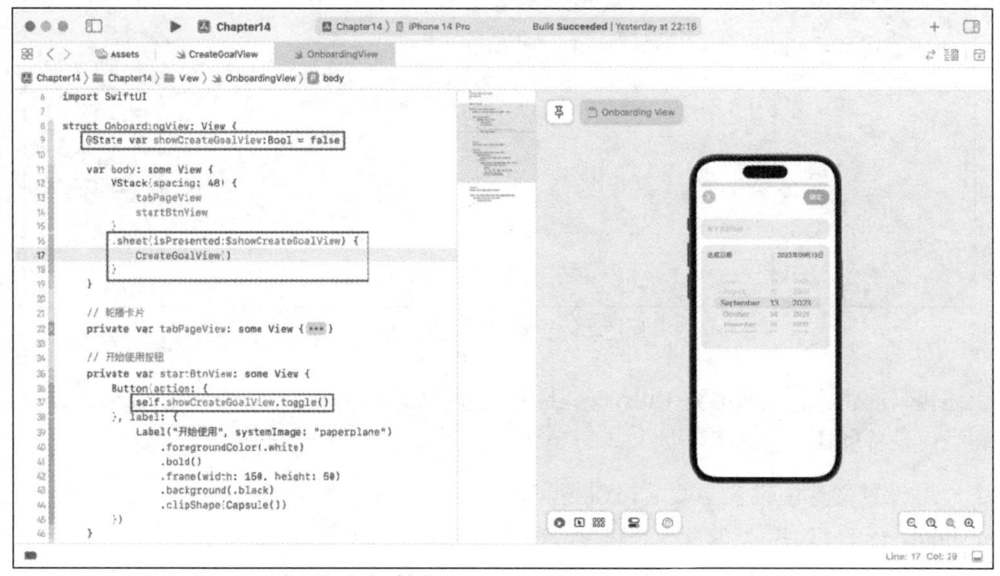

图 14-18　实现打开弹窗的交互动作

上述代码声明了 Bool 类型的参数 showCreateGoalView，用于绑定弹窗状态。在主视图中添加了 Sheet 修饰符，绑定状态参数 showCreateGoalView，模态弹窗显示的目标视图为 CreateGoalView“创建目标”界面。

随后，在 startBtnView 视图中，当单击按钮时，修改 showCreateGoalView 参数状态，触发打开弹窗的交互动作。从实时预览窗口中可以看到，视图为 CreateGoalView“创建目标”界面并且视图以整屏的方式呈现。

此时可以给模态弹窗添加弹窗状态修饰符，以此来设置弹窗的高度，并且希望弹窗的高度可以被灵活设置，因此可以创建一个通用设置文件来存放应用内共用的参数。

14.4.2　通用设置

创建一个新的文件夹，命名为“Utils”，同时创建一个名称同样为“Utils”的 Swift 文件，接下来创建一个类来存放应用中可能会被使用的共用参数。声明静态参数如图 14-19 所示。

```
import SwiftUI

class Utils {

    // 屏幕大小
```

```
    static let screenWidth = UIScreen.main.bounds.size.width
    static let screenHeight = UIScreen.main.bounds.size.height
}
```

图 14-19　声明静态参数

上述代码创建了一个通用类 Utils，并且声明了两个静态参数 screenWidth、screenHeight，用于获得当前设备屏幕的宽度和高度。

在通用设置文件中设置参数后，回到 OnboardingView“引导页”界面，为模态弹窗添加 presentationDetents 修饰符来改变模态弹窗的高度，如图 14-20 所示。

```
// 参数声明
let sheetHeight = Utils.screenHeight * 2 / 3

// 弹窗高度
.presentationDetents([.height(sheetHeight)])
```

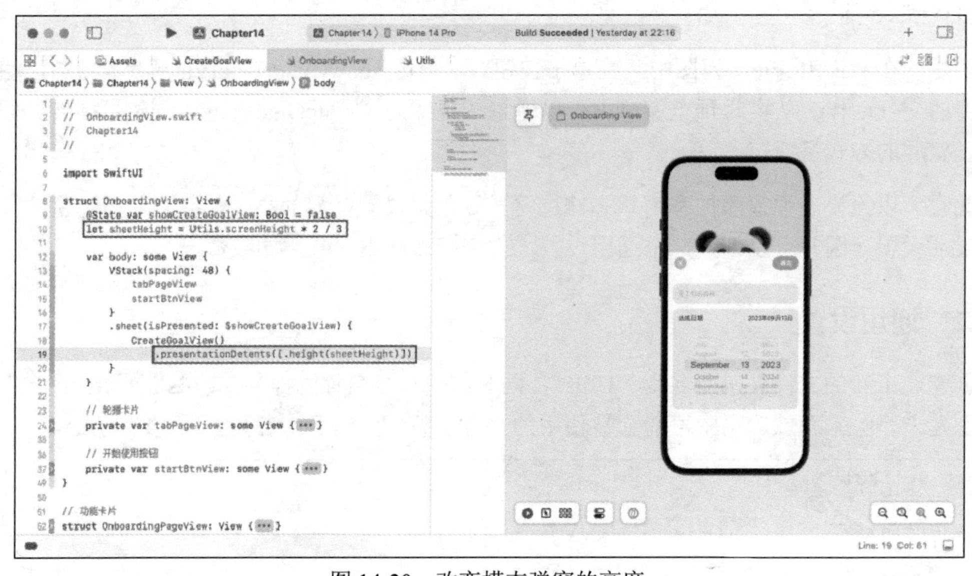

图 14-20　改变模态弹窗的高度

上述代码声明了一个表示模态弹窗高度的参数 sheetHeight，并将其赋值为屏幕高度的 2/3，屏幕高度来源于 Utils 类中的 screenHeight 参数值。然后为模态弹窗的目标界面添加了 presentationDetents 修饰符，设置弹窗的高度为 sheetHeight 参数值。这样就得到了一个只打开 2/3 目标界面的交互效果。

14.4.3　关闭弹窗

紧接着来到 CreateGoalView“创建目标”界面，实现关闭弹窗的交互动作。

可以从 SwiftUI 的环境变量中读取演示模式（presentationMode），通过控制视图的出栈来实现界面跳转的返回动作。实现关闭弹窗的交互动作，如图 14-21 所示。

```
// 声明环境变量
@Environment(\.presentationMode) var presentationMode

// 关闭弹窗
presentationMode.wrappedValue.dismiss()
```

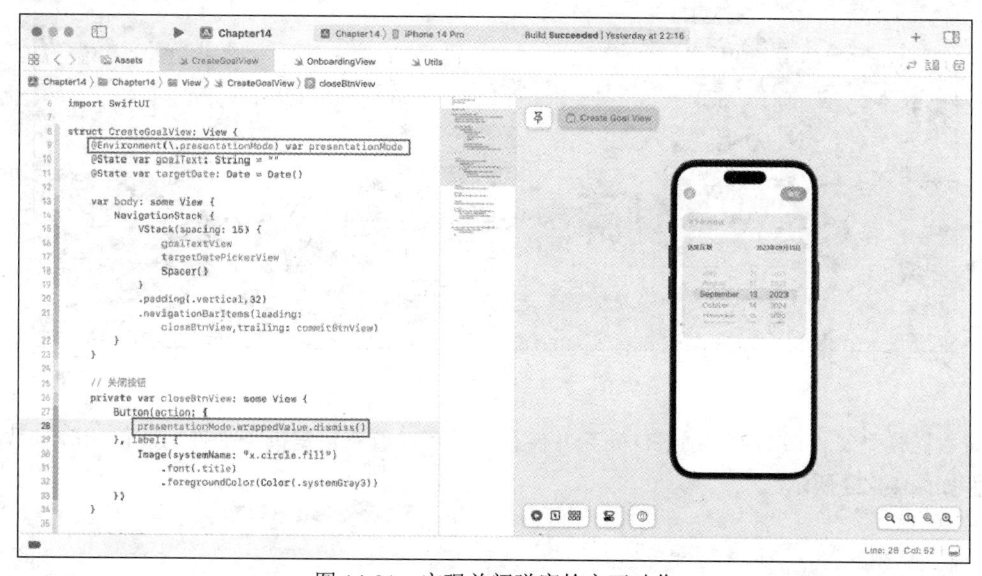

图 14-21　实现关闭弹窗的交互动作

上述代码使用了@Environment 属性包装器来声明 presentationMode 属性，通过“\.presentationMode”属性路径，SwiftUI 可以访问 presentationMode 属性值，该属性值用于管理视图的打开和关闭动作，以此实现了关闭弹窗的交互。

接下来可以回到 OnboardingView“引导页”界面，体验打开弹窗和关闭弹窗效果。

14.5　开发一个“首页”界面

“首页”界面是一款应用的核心界面，也是用户使用较多的界面，“首页”界面的设计、交互、动画等，直接决定了用户的留存率。因此在“首页”界面的设计上，需要产品经理、UI 设计师、开发工程师共同协同、共同打造并不断完善该界面的内容。

本节采用 MVVM 模式进行“首页”界面的开发，也方便后续对界面、功能的迭代优化。同时为了兼顾实现数据持久化存储功能，本节将分享使用CoreData框架方案来实现数据持久化存储。

14.5.1　数据模型

“首页”界面中主要呈现目标、达成日期、剩余时间、当前进度等信息，明确这些信息之后，需要将信息字段转换为数据模型中的参数。

首先，创建一个名为“Model”的文件夹，并在其中创建一个数据模型文件来表示目标的数据内容。在左侧项目文件栏中单击鼠标右键，创建一个类型为 Data Model 的数据模型文件，如图 14-22 所示。

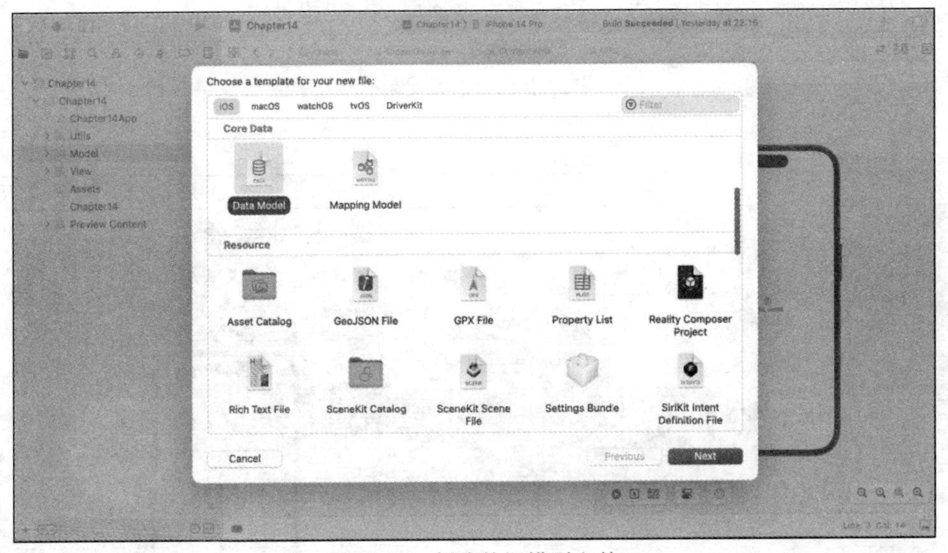

图 14-22　创建数据模型文件

将数据模型文件命名为“CoreData”并保存后，可以看到数据模型文件的界面内容。数据模型文件如图 14-23 所示。

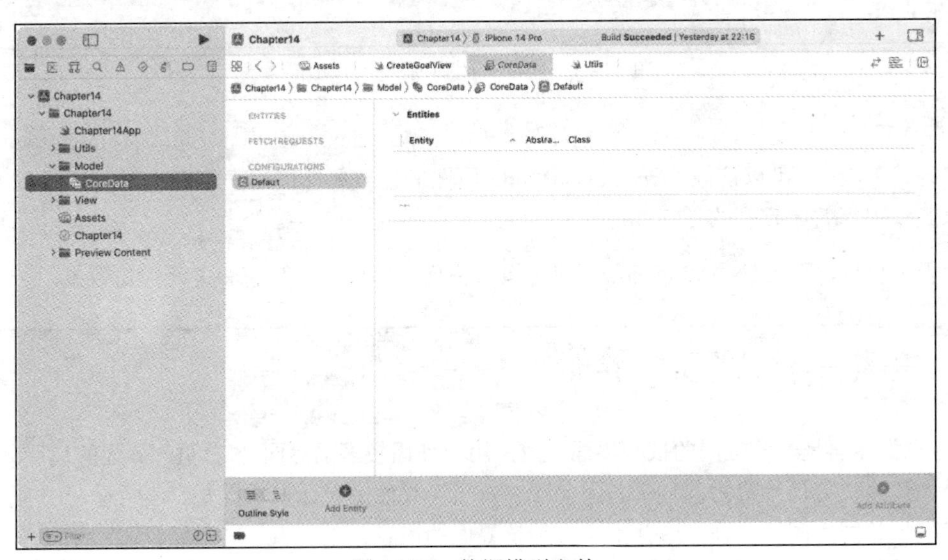

图 14-23　数据模型文件

接下来，就可以在这个数据模型文件中创建实体，并且为实体声明属性来设计数据模型。

可以将 CoreData 数据模型文件当作一个数据模型的文件夹，“实体”则相当于第 11 章中介绍的 MVVM 模式中的模型。当一款应用中使用多个模型，而且都需要实现数据持久化存储时，CoreData 框架方案是一个不错的选择。

在数据模型文件的左下角，单击“Add Entity”可以快速创建实体，这里将实体命名为“Goal”。创建 Goal 实体，如图 14-24 所示。

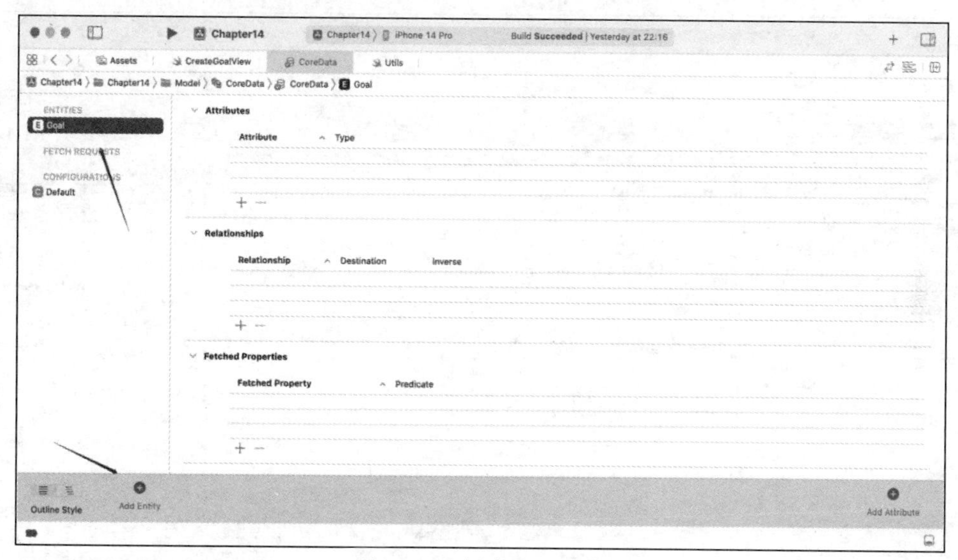

图 14-24　创建 Goal 实体

Goal 实体相当于目标的模型文件，单击“Attribute”栏目中的“+”按钮，可以为实体声明所需要的属性。声明实体属性，如图 14-25 所示。

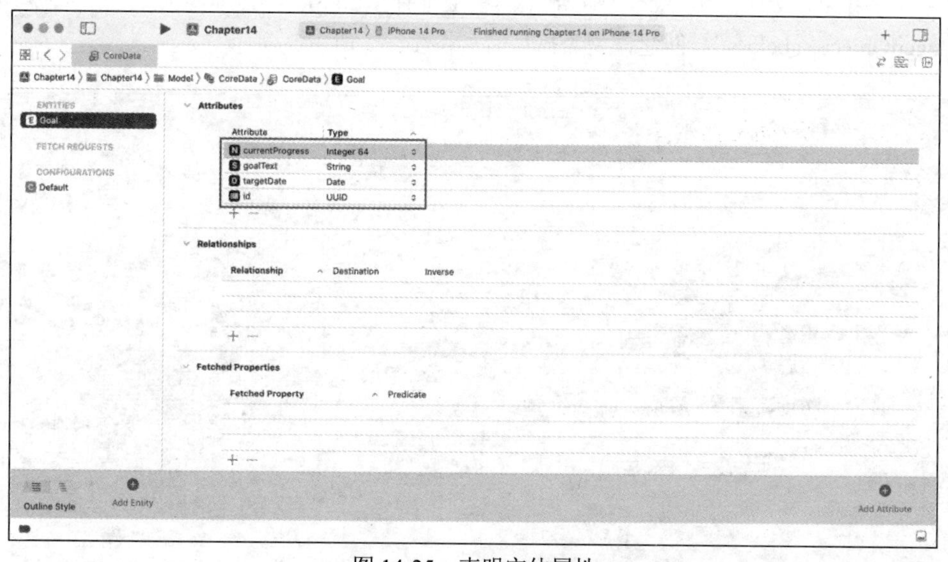

图 14-25　声明实体属性

在 Goal 实体中，声明了 4 个属性：UUID 类型的唯一标识符 id、String 类型的目标名称 goalText、Date 类型的达成日期 targetDate、Integer 64 类型的当前进度 currentProgress。

值得注意的是，在 CoreData 数据模型中需要使用和代码中使用的数据类型一致的类型，以避免出现类型不匹配的问题。如果要使用 Int 类型，那么在 CoreData 数据模型中的类型应设置为 Integer 64。

在创建新的实体后，还需要告知系统在项目中使用新创建的实体。在右侧 Inspectors 栏目中的“Class”子栏目中，设置“Module”（模块）的内容为“Current Product Module”，以及设置“Codegen”（代码基因）的内容为“Manual/None”。设置模型状态，如图 14-26 所示。

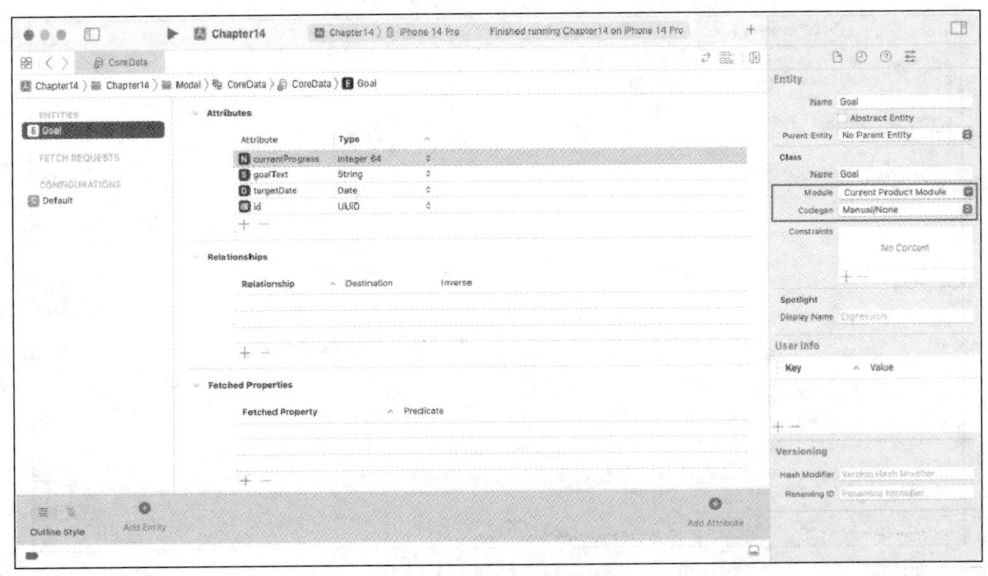

图 14-26　设置模型状态

创建好实体之后，需要根据实体创建模型类，模型类中的参数需要和实体中的参数一一配对。

选中 CoreData 文件，在 Xcode 顶部工具栏上选择“Editor”，在弹出的菜单中选择“Create NSManagedObject Subclass”。创建模型类操作，如图 14-27 所示。

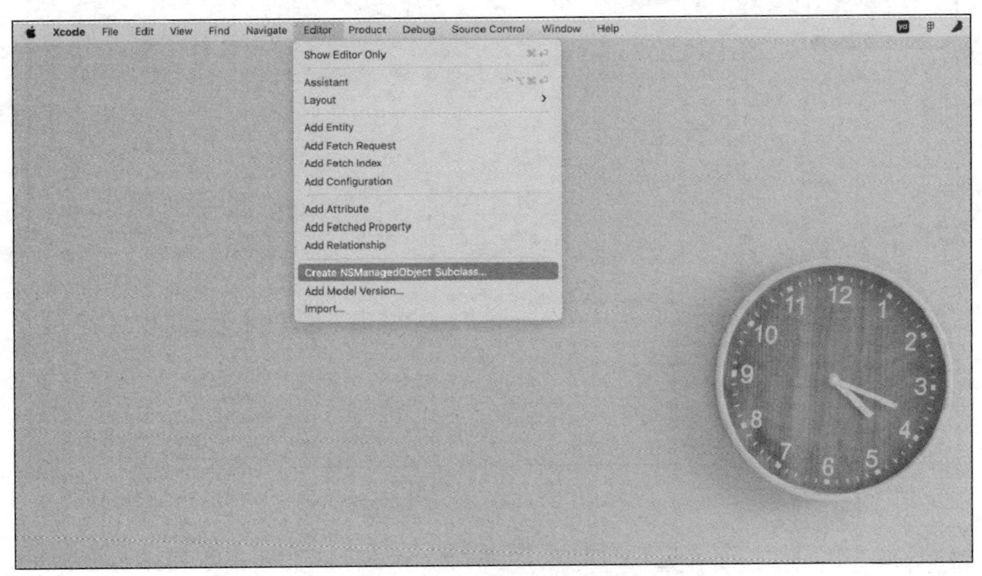

图 14-27　创建模型类操作

在弹窗中勾选“CoreData”，单击“Next”，勾选“Goal”，单击“Next”，系统将自动创建两个 Swift 文件，分别为 Goal+CoreDataClass 和 Goal+CoreDataProperties。

在 Goal+CoreDataProperties 文件中，模型类继承自 NSManagedObject 协议，其中，每个属性都使用@NSManaged 进行注释，并且对应 Goal 实体中创建的属性。

在模型类中可以看到，属性都使用了可选类型关键字“?”，这是为了避免由于必要参数值为空导致报错，当然也可以暂时删除可选类型关键字。此时也需要将 currentProgress 参数的类型修改为 Int 类型，方便后续在开发中使用该参数，模型类参数如图 14-28 所示。

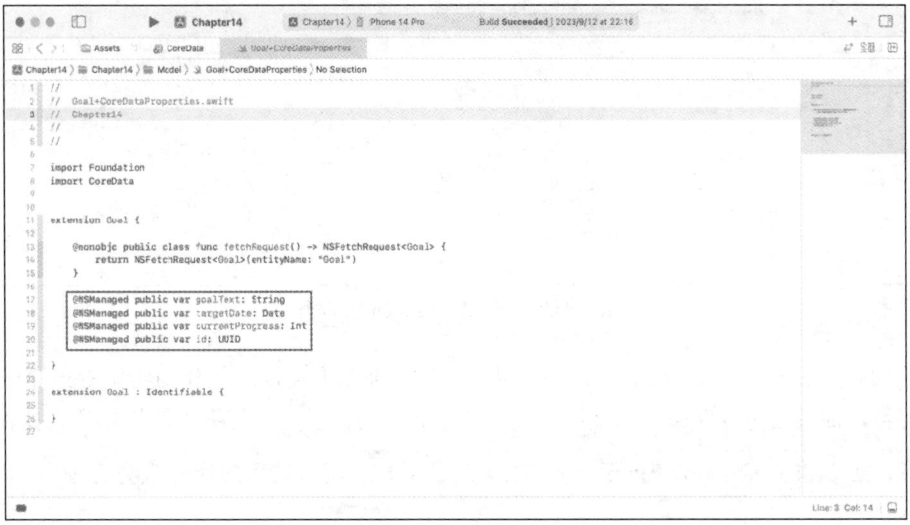

图 14-28 模型类参数

至此，已经完成了数据模型部分的内容。

14.5.2 单例模式

创建完数据模型文件之后，还需要创建管理数据的文件，用于将数据存储到持久存储区。创建一个新的 Swift 文件，命名为“Persistence”，并输入以下代码：

```
import CoreData

struct Persistence {
    static let shared = Persistence()

    let container: NSPersistentContainer

    init(inMemory: Bool = false) {
        container = NSPersistentCloudKitContainer(name: "CoreData")

        if inMemory { container.persistentStoreDescriptions.first!.url = URL(fileURLW
ithPath: "/dev/null")
        }

        container.loadPersistentStores(completionHandler: { _, error in
            if let error = error as NSError? {
                fatalError("Unresolved error \(error), \(error.userInfo)")
            }
        })
    }
}
```

创建 Persistence 单例，如图 14-29 所示。

```
//
//  Persistence.swift
//  Chapter14
//

import CoreData

struct Persistence {
    static let shared = Persistence()

    let container: NSPersistentContainer

    init(inMemory: Bool = false) {
        container = NSPersistentCloudKitContainer(name: "CoreData")

        if inMemory { container.persistentStoreDescriptions.first!.url = URL(fileURLWithPath: "/dev/null")
        }

        container.loadPersistentStores(completionHandler: { _, error in
            if let error = error as NSError? {
                fatalError("Unresolved error \(error), \(error.userInfo)")
            }
        })
    }
}
```

图 14-29　创建 Persistence 单例

上述代码是 Swift 官网提供的代码，可以让开发者非常方便地配置和初始化 CoreData 的持久化存储容器，而且它可以在应用的不同部分被共享和访问，以便进行数据的增删改查操作。

因此，可以将上述代码作为一个 CoreData 配置模板，用于启用应用的数据管理。

14.5.3　视图模型

接下来，创建视图模型，以此获得来自 Goal 实体的数据。

创建一个名为“ViewModel”的文件夹，并创建一个名为“GoalViewModel”的 Swift 文件，该文件将用来处理应用内的功能逻辑。声明 goals 数组，如图 14-30 所示。

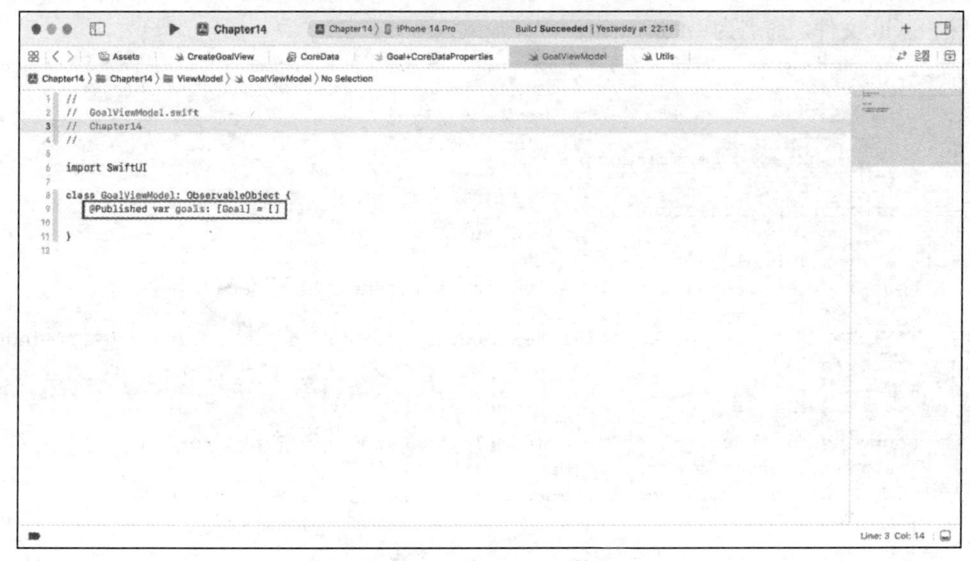

图 14-30　声明 goals 数组

```
import SwiftUI

class GoalViewModel: ObservableObject {
    @Published var goals: [Goal] = []

}
```

上述代码在 GoalViewModel 类中声明了一个符合 Goal 数据模型的数组 goals，作为“首页”界面中目标的数据源。

接下来，引入 CoreData 存储框架，然后创建一个方法获得来自 Goal 实体中的数据。实现加载数据方法，如图 14-31 所示。

```
// 引入框架
import CoreData

// 加载数据
func fetchGoals() {
    let context = Persistence.shared.container.viewContext
    let fetchRequest: NSFetchRequest<Goal> = Goal.fetchRequest()

    do {
        goals = try context.fetch(fetchRequest)
    } catch {
        print("Failed to fetch goals: \(error.localizedDescription)")
    }
}
```

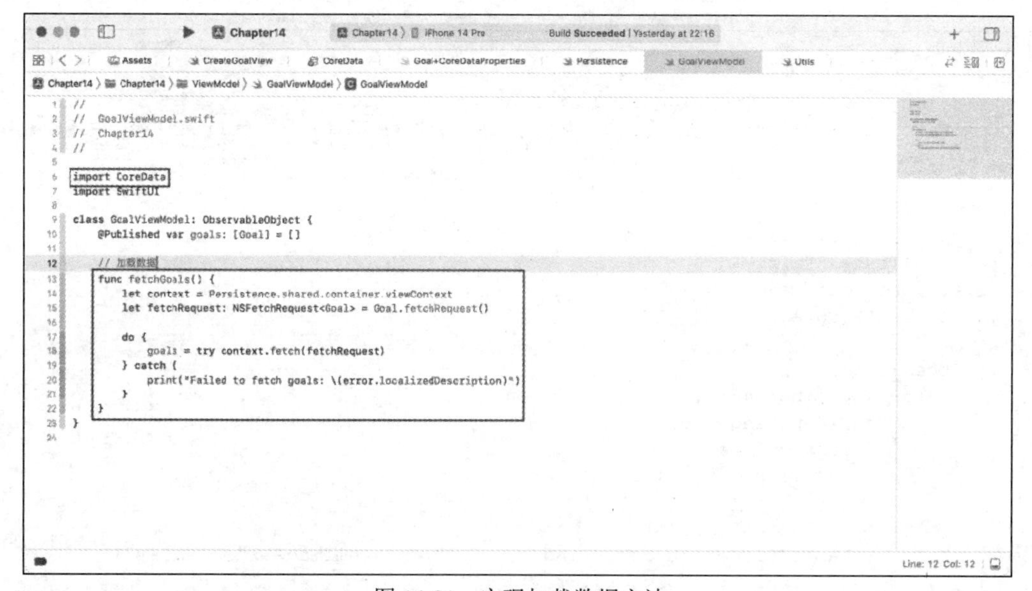

图 14-31　实现加载数据方法

上述代码创建了一个可以加载来自 Goal 实体的持久化数据的方法 fetchGoals，用于从 CoreData 存储中检索 Goal 实体的所有数据，然后将结果返回并存储在一个 goals 数组中。

此时，就可以在视图中使用 ViewModel 中的参数和方法。

14.5.4　视图

在准备完数据模型和视图模型后，接下来搭建界面的样式部分。采用主流的卡片式应用设计方案，将目标以目标卡片的方式进行呈现。

首先创建一个目标卡片视图，并将目标中的所有参数进行声明。创建目标卡片视图，如图 14-32 所示。

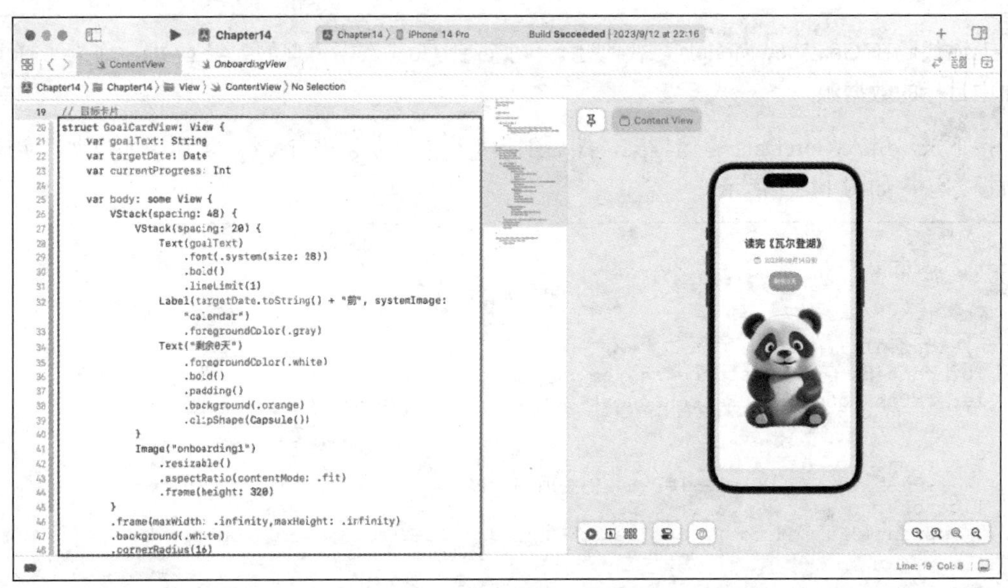

图 14-32　创建目标卡片视图

```
// 视图布局
ZStack {
    Color(.systemGray6).edgesIgnoringSafeArea(.all)
    GoalCardView(goalText: "读完《瓦尔登湖》", targetDate: Date(), currentProgress: 30)
}

// 目标卡片
struct GoalCardView: View {
    var goalText: String
    var targetDate: Date
    var currentProgress: Int

    var body: some View {
        VStack(spacing: 48) {
            VStack(spacing: 20) {
                Text(goalText)
                    .font(.system(size: 28))
                    .bold()
                    .lineLimit(1)
                Label(targetDate.toString() + "前", systemImage: "calendar")
                    .foregroundColor(.gray)
                Text("剩余 0 天")
                    .foregroundColor(.white)
                    .bold()
                    .padding()
                    .background(.orange)
                    .clipShape(Capsule())
            }
            Image("onboarding1")
                .resizable()
                .aspectRatio(contentMode: .fit)
                .frame(height: 320)
        }
```

```
        .frame(maxWidth: .infinity,maxHeight: .infinity)
        .background(.white)
        .cornerRadius(16)
        .padding()
    }
}
```

上述代码单独创建了目标卡片视图 GoalCardView，并声明了视图所需要的参数 goalText、targetDate 和 currentProgress。通过灵活运用 VStack 以及相关视图的修饰符，呈现了一个目标卡片的样式。

在主视图上，通过 ZStack 和 Color 实现了一个具有填充色的界面背景，然后给 GoalCardView 视图赋值，查看目标卡片视图的样式效果。

目前，暂时使用了静态的文字来表示剩余天数，可以在 Date+Extensions 的拓展中添加一个方法，计算从当前日期到达成日期之间的天数差值。实现获得剩余天数拓展，如图 14-33 所示。

```
extension Date {
    func daysUntilDate(_ targetDate: Date) -> Int {
        let calendar = Calendar.current
        let components = calendar.dateComponents([.day], from: self, to: targetDate)
        return components.day ?? 0
    }
}
```

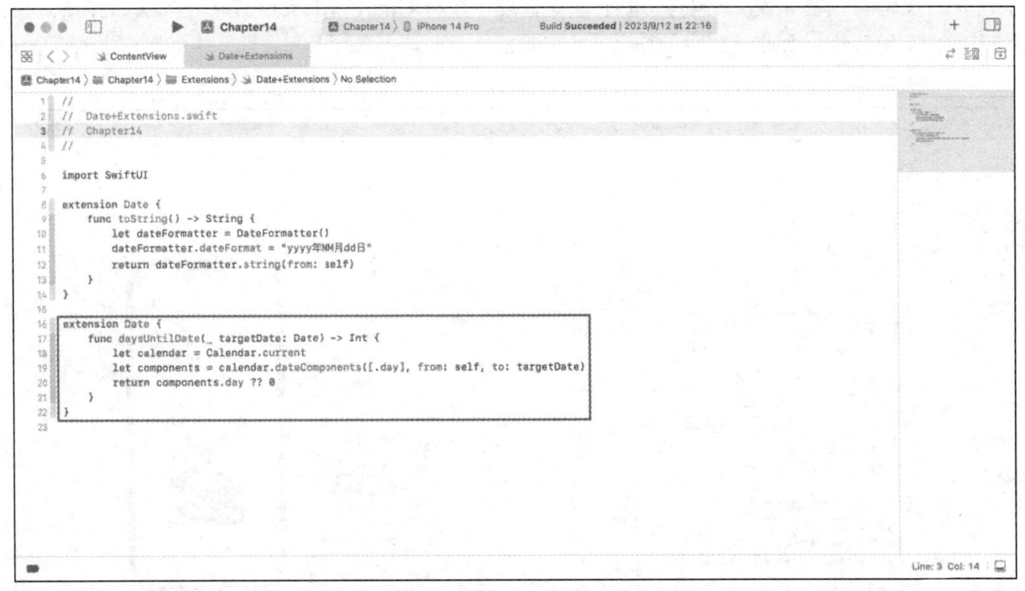

图 14-33　实现获得剩余天数拓展

上述代码创建了一个方法 daysUntilDate，用于获得剩余天数，该方法会传入达成日期，使用 Calendar 来计算从当前日期到达成日期之间的天数差值并返回一个整数表示天数差值。

回到 ContentView 文件中，调用该方法来得到动态的剩余天数数值。调用获得剩余天数方法，如图 14-34 所示。

```
Text("剩余"+"\(Date().daysUntilDate(targetDate))"+"天")
```

在上述代码中，对于显示剩余天数的 Text 视图，使用字符串拼接的方式，并调用 daysUntilDate

方法来获得当前日期和达成日期之间的天数差异。

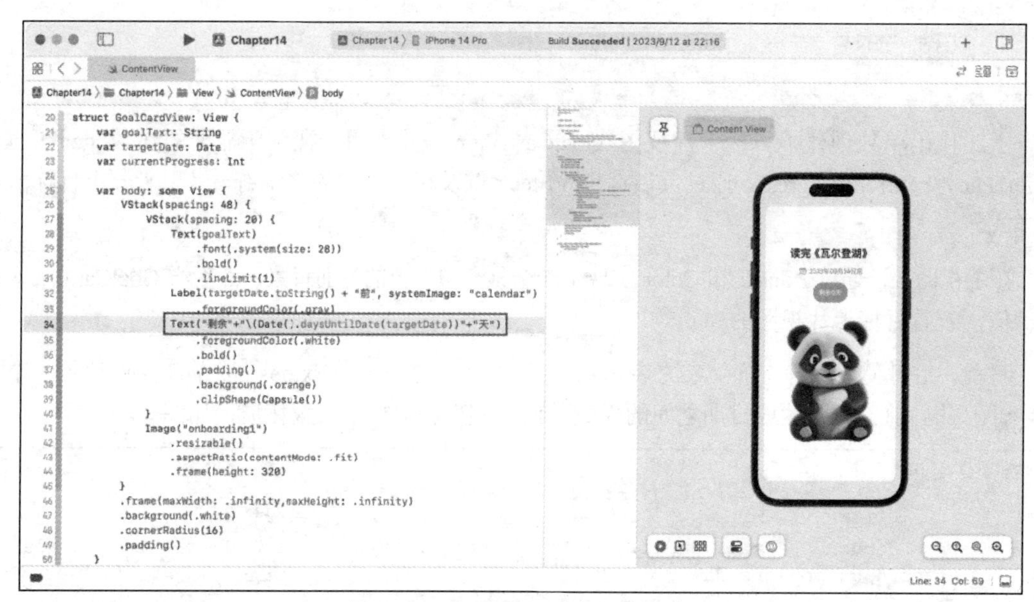

图 14-34　调用获得剩余天数方法

这里的代码块稍显杂乱，可对其进行适度整理，并将 GoalCardView 视图中显示的内容进行单独声明。整理代码块，如图 14-35 所示。

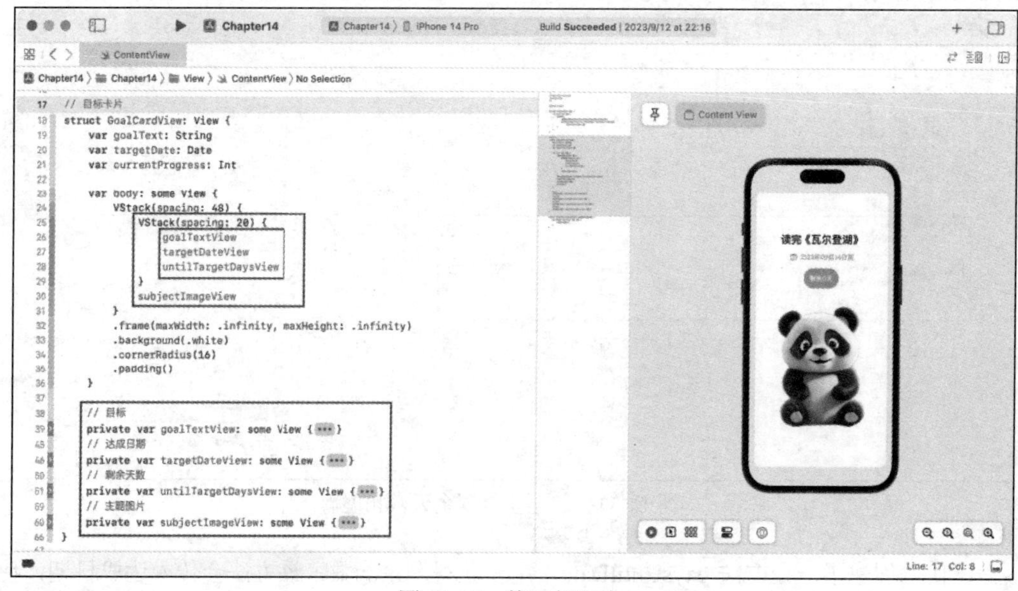

图 14-35　整理代码块

在实现单张目标卡片视图之后，回到 ContentView 的主视图中，此时需要从 GoalViewModel 视图模型的 goals 数组中获得数据，并且展示全部目标卡片视图。

首先引入 GoalViewModel 视图模型到 ContentView 视图中，然后单独创建一个视图来显示目标卡片列表。创建目标卡片列表视图，如图 14-36 所示。

```
// 引入 GoalViewModel
@ObservedObject var goalViewModel: GoalViewModel

// 视图调用
goalCardListView

// 目标卡片列表
private var goalCardListView: some View {
    TabView {
        ForEach(goalViewModel.goals) { goal in
            GoalCardView(goalText: goal.goalText,
                         targetDate: goal.targetDate,
                         currentProgress: goal.currentProgress)
        }
    }
    .tabViewStyle(PageTabViewStyle())
    .indexViewStyle(PageIndexViewStyle(backgroundDisplayMode: .always))
}
```

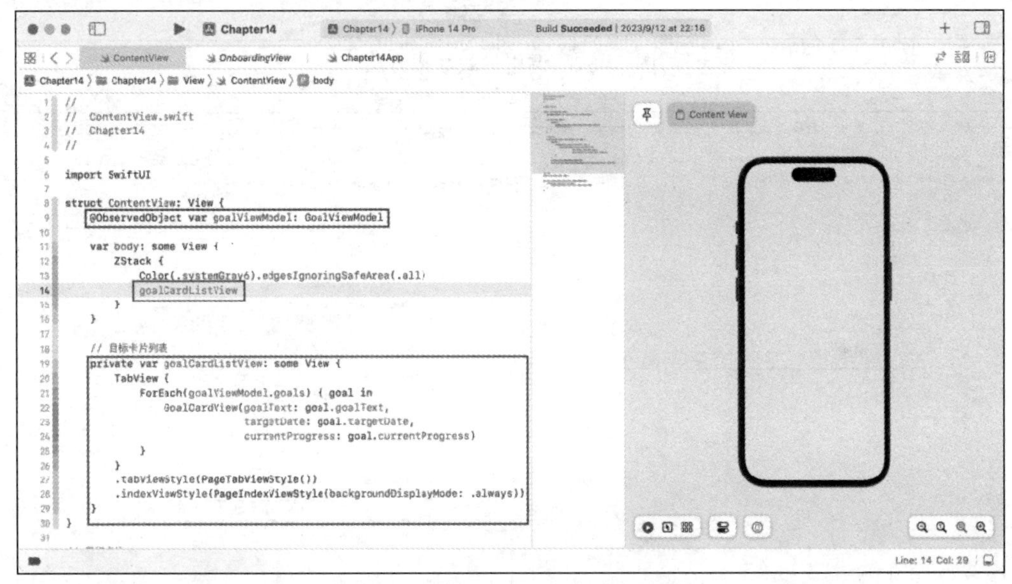

图 14-36　创建目标卡片列表视图

上述代码单独创建了目标卡片列表视图 goalCardListView，使用 TabView 视图和 ForEach 函数展示了来自 goals 数组的数据，并且将获得的 goals 数组中对应的参数值赋值给 GoalCardView 视图。

为了展示 goals 数组的数据，需要在显示当前界面时，调用之前创建的获得数据的方法，往 goals 数组中填充数据。调用加载数据方法，如图 14-37 所示。

```
// 界面显示时
.onAppear(){
    goalViewModel.fetchGoals()
}
```

上述代码为主视图添加了 onAppear 修饰符，当界面显示时，调用 fetchGoals 方法，将数据加载到 goals 数组中，再通过 goalCardListView 视图进行显示。

当然，为了使用 GoalViewModel 视图模型的参数，需要在视图中引入 GoalViewModel，而且在视图预览时，也需要同步给当前预览的视图注入上下文，如图 14-38 所示。

```
import SwiftUI

struct ContentView: View {
    @ObservedObject var goalViewModel: GoalViewModel

    var body: some View {
        ZStack {
            Color(.systemGray6).edgesIgnoringSafeArea(.all)
            goalCardListView
        }
        .onAppear(){
            goalViewModel.fetchGoals()
        }
    }

    // 目标卡片列表
    private var goalCardListView: some View {
        TabView {
            ForEach(goalViewModel.goals) { goal in
                GoalCardView(goalText: goal.goalText,
                             targetDate: goal.targetDate,
                             currentProgress:
                                goal.currentProgress)
            }
        }
        .tabViewStyle(PageTabViewStyle())
        .indexViewStyle(PageIndexViewStyle
            (backgroundDisplayMode: .always))
    }
}
```

图 14-37　调用加载数据方法

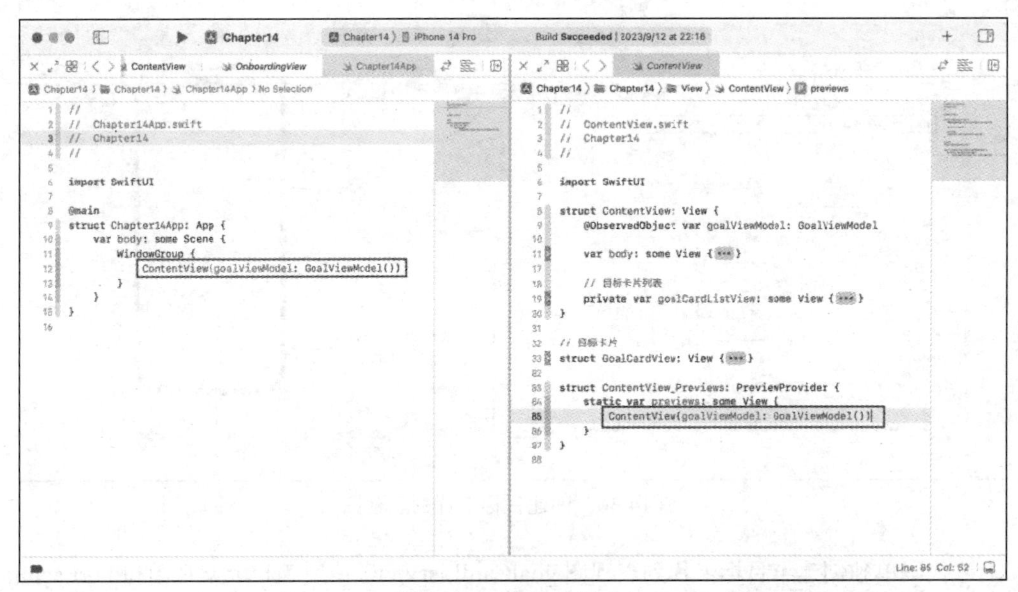

图 14-38　注入上下文

因此，这就完成了视图部分的样式开发。

此时，在实时预览窗口中注意到目标卡片列表中还没有数据，接下来实现新增目标功能。

14.6　实现新增目标功能

首先要实现一个新增目标方法，以便在视图操作中进行调用。

14.6.1　实现新增目标方法

回到 GoalViewModel 文件，接下来实现一个新增目标方法。创建新增目标方法，如图 14-39 所示。

```
// 新增目标
func addGoal(goalText: String, targetDate: Date) {
    let context = Persistence.shared.container.viewContext
    let newGoal = Goal(context: context)
    newGoal.id = UUID()
    newGoal.goalText = goalText
    newGoal.targetDate = targetDate
    newGoal.currentProgress = 0
    do {
        try context.save()
        fetchGoals()
    } catch {
        print("Failed to save goal: \(error.localizedDescription)")
    }
}
```

图 14-39　创建新增目标方法

上述代码创建了一个新增目标方法 addGoal，通过传入目标的名称 goalText 以及目标的达成日期 targetDate，然后向 CoreData 存储中添加一个新的目标数据。

在 addGoal 方法中，首先创建了一个实例 context 来获取 CoreData 的视图上下文 viewContext，然后创建一个新的 Goal 的对象 newGoal 作为新目标的记录实例。设置目标的参数的值，包含 id、goalText、targetDate、currentProgress 参数的值。

最后使用 try 方法尝试保存上下文中的更改，当保存成功时，调用 fetchGoals 方法来重新获取所有目标数据。如果保存失败，就输出错误信息，以便在出现问题时进行调试。

14.6.2　调用新增目标方法

新增目标方法创建后，如果需要在视图中使用 GoalViewModel 视图模型，就需要将 GoalViewModel 引入视图的环境中。

由于“创建目标”界面 CreateGoalView 与“引导页”界面 OnboardingView 有相关的交互，因此 GoalViewModel 在其使用的所有界面及其上级界面中都需要关联使用。将 GoalViewModel 引入到视图中，如图 14-40 所示。

```
// 引入 GoalViewModel
@ObservedObject var goalViewModel: GoalViewModel

// 预览视图
CreateGoalView(goalViewModel: GoalViewModel())
```

图 14-40　将 GoalViewModel 引入到视图中

上述代码在 CreateGoalView 视图中引入了 GoalViewModel 视图模型，并且在预览该视图时也传入了 GoalViewModel 视图模型。同时，在 CreateGoalView 视图的上级视图 OnboardingView 视图中，也需要给弹窗的目标视图 CreateGoalView 引入 GoalViewModel 视图模型。

接下来，就可以调用 GoalViewModel 视图模型中的 addGoal 方法，以此来新增目标数据。调用新增目标方法，如图 14-41 所示。

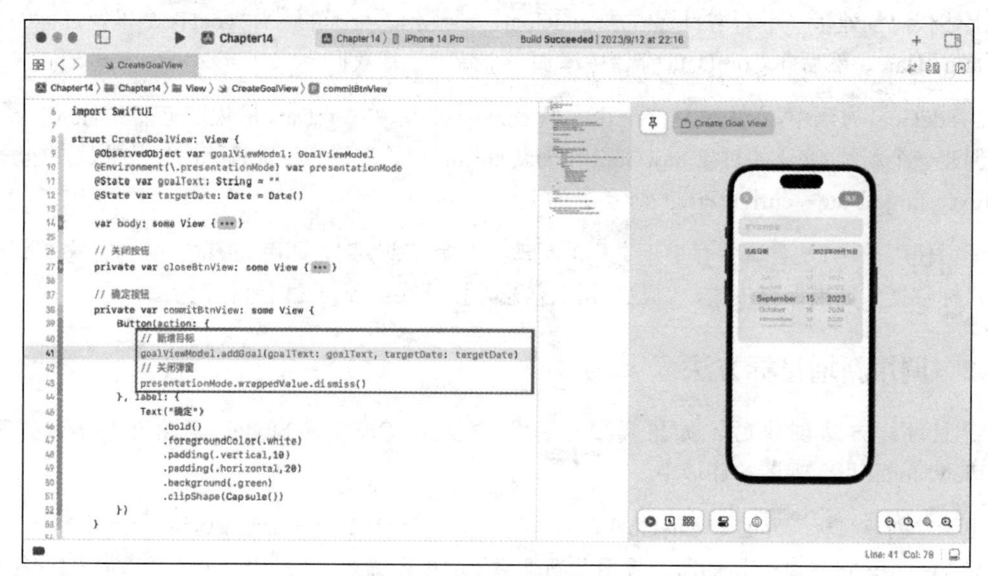

图 14-41　调用新增目标方法

```
// 新增目标
goalViewModel.addGoal(goalText: goalText, targetDate: targetDate)

// 关闭弹窗
presentationMode.wrappedValue.dismiss()
```

在单击确定按钮时，调用新增目标方法 addGoal，传入当前视图中的 goalText、targetDate 参数值来创建一个新的目标数据，在保存数据后，可以调用环境变量的 dismiss 来关闭该视图。

然后，可以在模拟器中体验新增目标的全流程。新增目标操作流程，如图 14-42 所示。

图 14-42　新增目标操作流程

除了用户初次使用时需要引导用户新增目标，在日常使用过程中，也需要在“首页”界面提供新增目标功能。

在“首页”界面上，添加界面标题和新增目标按钮，并且实现单击该按钮打开“创建目标”界面的操作。添加界面标题及新增操作按钮，如图 14-43 所示。

```
// 参数声明
@State var showCreateGoalView: Bool = false
let sheetHeight = Utils.screenHeight * 2 / 3

// 视图布局
VStack {
    topBarView
    goalCardListView
}

// 打开弹窗
.sheet(isPresented: $showCreateGoalView) {
    CreateGoalView(goalViewModel: GoalViewModel())
        .presentationDetents([.height(sheetHeight)])
}

// 界面标题&新增操作
private var topBarView: some View {
```

```
        HStack {
            Text("目标人生")
                .font(.title)
                .bold()
            Spacer()
            Button(action: {
                self.showCreateGoalView.toggle()
            }, label: {
                Label("新增", systemImage: "plus")
                    .foregroundColor(.white)
                    .bold()
                    .padding()
                    .background(.black)
                    .clipShape(Capsule())
            })
        }
        .padding(.horizontal)
    }
```

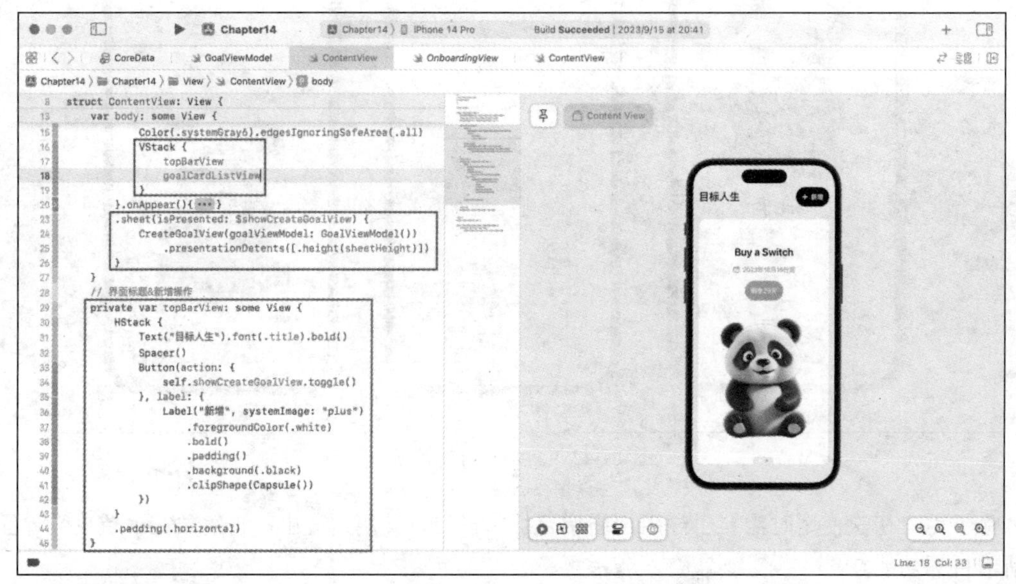

图 14-43　添加界面标题及新增操作按钮

因此，同步实现了在“首页”界面中添加界面标题及新增目标按钮和相关功能的操作。